住房城乡建设部土建类学科专业"十三五"规划教材
"十三五"江苏省高等学校重点教材（编号：2016-2-111）
高等学校土木工程专业应用型人才培养规划教材

建设工程经济

姜　慧　王　扬　主　编
陈红霞　白玉萍
高　星　张　朕　副主编
王雪青　主　审

中国建筑工业出版社

图书在版编目（CIP）数据

建设工程经济/姜慧等主编. —北京：中国建筑工业
出版社，2018.8（2022.8重印）
高等学校土木工程专业应用型人才培养规划教材
ISBN 978-7-112-22380-0

Ⅰ.①建… Ⅱ.①姜… Ⅲ.①建筑经济-高等学校-
教材 Ⅳ.①F407.9

中国版本图书馆CIP数据核字（2018）第126998号

本书是住房城乡建设部土建类学科专业"十三五"规划教材、"十三五"江苏省高等学校重点教材、高等学校土木工程专业应用型人才培养规划教材。

本书系统阐述了建设工程经济的基本原理、程序及方法，侧重工程经济知识在建设工程领域的应用。书中介绍了建设工程经济评价的基本原则、资金时间价值和现金流量、建设工程经济分析与评价的基本原理、多方案比较和选择、项目投资与融资、财务评价、国民经济评价、建设项目风险与不确定性分析、价值工程和建设项目可行性分析等内容。

本书结合应用型本科院校的办学定位，根据注册工程师对工程经济相关知识素质要求，以体现应用特色为目标，以培养学生建设工程经济应用能力为出发点，在内容上将基础理论与工程实践紧密结合，加强应用算例内容，强化学生的实际应用技能培养，方便案例教学，以提高学生学习的积极性，培养学生的自学能力和实际分析解决问题的能力。本书体系完整，内容全面，思路清晰，案例丰富，难易适当，既可作为土建类专业学生的教材，还可作为土木工程、工程经济管理人员的工作参考书。

为更好地支持本课程的教学，本书作者制作了多媒体教学课件，有需要的读者可以发送邮件至jiangongkejian@163.com索取。另本书配套微课程，以二维码的形式在各章节中。

责任编辑：仕　帅　吉万旺　王　跃
责任校对：党　蕾

住房城乡建设部土建类学科专业"十三五"规划教材
"十三五"江苏省高等学校重点教材（编号：2016-2-111）
高等学校土木工程专业应用型人才培养规划教材

建设工程经济

姜　慧　王　扬　主　编
陈红霞　白玉萍　
高　星　张　朕　副主编
王雪青　主　审

*

中国建筑工业出版社出版、发行（北京海淀三里河路9号）
各地新华书店、建筑书店经销
霸州市顺浩图文科技发展有限公司制版
北京建筑工业印刷厂印刷

*

开本：787×1092毫米　1/16　印张：20½　字数：510千字
2018年9月第一版　2022年8月第二次印刷
定价：44.00元（赠课件及配套微课程）
ISBN 978-7-112-22380-0
（32262）

高等学校土木工程专业应用型人才培养规划教材
编委会成员名单
（按姓氏笔画排序）

顾　　　问：吕恒林　刘伟庆　吴　刚　金丰年　高玉峰

主 任 委 员：李文虎　沈元勤

副主任委员：华　渊　宗　兰　苟　勇　姜　慧　高延伟

委　　　员：于清泉　王　跃　王振波　包　华　吉万旺

　　　　　　朱平华　张　华　张三柱　陈　蓓　宣卫红

　　　　　　耿　欧　郭献芳　董　云　裴星洙

出版说明

近年来，我国高等教育教学改革不断深入，高校招生人数逐年增加，对教材的实用性和质量要求越来越高，对教材的品种和数量的需求不断扩大。随着我国建设行业的大发展、大繁荣，高等学校土木工程专业教育也得到迅猛发展。江苏省作为我国土木建筑大省、教育大省，无论是开设土木工程专业的高校数量还是人才培养质量，均走在了全国前列。江苏省各高校土木工程专业教育蓬勃发展，涌现出了许多具有鲜明特色的应用型人才培养模式，为培养适应社会需求的合格土木工程专业人才发挥了引领作用。

中国土木工程学会教育工作委员会江苏分会（以下简称江苏分会）是经中国土木工程学会教育工作委员会批准成立的，其宗旨是为了加强江苏省具有土木工程专业的高等院校之间的交流与合作，提高土木工程专业人才培养质量，促进江苏省建设事业的蓬勃发展。中国建筑工业出版社是住房城乡建设部直属出版单位，是专门从事住房城乡建设领域的科技专著、教材、标准规范、职业资格考试用书等的专业科技出版社。作为本套教材出版的组织单位，在教材编审委员会人员组成、教材主参编确定、编写大纲审定、编写要求拟定、计划出版时间以及教材特色体现和出版后的营销宣传等方面都做了精心组织和协调，体现出了其强有力的组织协调能力。

经过反复研讨，《高等学校土木工程专业应用型人才培养规划教材》定位为以普通应用型本科人才培养为主的院校通用课程教材。本套教材主要体现适用性，充分考虑各学校土木工程专业课程开设特点，选择20种专业基础课、专业课组织编写相应教材。本套教材主要特点为：抓住应用型人才培养的主线；编写中采用先引入工程背景再引入知识，在教材中插入工程案例等灵活多样的方式；尽量多用图、表说明，减少篇幅；编写风格统一；体现绿色、节能、环保的理念；注重学生实践能力的培养。同时，本套教材编写过程中既考虑了江苏的地域特色，又兼顾全国，教材出版后力求能满足全国各应用型高校的教学需求。为满足多媒体教学需要，我们要求所有教材在出版时均配有多媒体教学课件。

本套《高等学校土木工程专业应用型人才培养规划教材》是中国建筑工业出版社成套出版区域特色教材的首次尝试，对行业人才培养具有非常重要的意义。今年正值我国"十三五"规划的开局之年，本套教材有幸整体入选《住房城乡建设部土建类学科专业"十三五"规划教材》。我们也期待能够利用本套教材策划出版的成功经验，在其他专业、其他地区组织出版体现区域特色的教材。

希望各学校积极选用本套教材，也欢迎广大读者在使用本套教材过程中提出宝贵意见和建议，以便我们在重印再版时得以改进和完善。

中国土木工程学会教育工作委员会江苏分会

中国建筑工业出版社

2016 年 12 月

前　言

"建设工程经济"是土木工程专业、工程管理专业等土建类专业的一门主要专业课程，该课程旨在培养和提高学生从事建设工程技术经济分析和评价的能力，本书正是为满足这一要求而编写的。

建设工程经济是研究技术与经济的关系以及国际活动规律的学科，它是利用经济学的理论和方法，研究如何有效配置各种技术资源，进行技术和经济最佳组合的综合性学科。

本教材在内容的选取上体现应用型本科人才培养"适理论、强实践"的原则，在进行理论研究的基础上，结合注册工程师执业资格考试中对建设工程经济知识的要求，侧重于提高学生的建设工程经济应用能力，同时又使学生具有一定的可持续发展性。在编写过程中努力保证全书的系统性和完整性，所选的内容体现实用性、可应用性。为使学生在学习过程中能真正掌握各种分析方法，培养学生独立分析和解决问题的能力，在进行了理论讲解后还配有适量的例题，进行案例教学。

全书共分为12章，由徐州工程学院姜慧、王扬任主编，天津大学王雪青任主审，全书由姜慧、王扬统稿。其中第1、6、9章由徐州工程学院姜慧编写，第2章由徐州工程学院王扬和三江学院陈红霞编写，第3、4章由三江学院陈红霞编写，第5、12章由徐州工程学院王扬、白玉萍编写，第7、8章由常州工学院高星编写，第10章、案例由徐州工程学院张朕编写，第11章由徐州工程学院王扬、白玉萍编写。

在编写过程中，作者参阅和引用了很多专家、学者的教材、论著中的有关资料，在此表示衷心的感谢。天津大学肖艳老师对教材编写提出了宝贵意见和建议，徐州工程学院土木工程学院李梁老师、王圣程老师、刘瑞雪老师参与了梳理资料及排版工作，徐州工程学院土木工程学院学生陈秀莲、谢维雪子、张程、梁国庆、施敏、许婷、梁辉韵、韩文强等参与了部分章节习题的编写工作。

由于编者的水平所限，不足之处在所难免，敬请广大读者批评指正。

编者

2018 年 7 月

目　　录

第1章 绪 论

本章要点及学习目标

本章要点：

建设工程经济是建设工程技术与经济的交叉学科，是对工程技术问题进行经济分析的系统理论和方法，也是应用经济学的重要组成部分，本章主要介绍工程经济学研究的基本原理、内容、特点及发展，了解建设工程经济分析的意义、步骤和基本原则。

学习目标：

要求学生熟悉建设工程经济的研究内容、特点和基本原则，明确工程技术在实际应用中的两重性，理解工程与经济的关系及建设工程经济的分析方法，增强学生工程技术与经济相结合的观念。

1.1 建设工程经济概念、研究对象和内容

1.1.1 建设工程经济的概念

1.1.1.1 建设工程的含义

建设工程是指为人类生活、生产提供物质技术基础的各类建筑物和工程建设的统称，是人类有组织、有目的、大规模的经济活动。建设工程按照自然属性可分为建筑工程、土木工程和机电工程三类，涵盖房屋建筑、市政、矿山、海洋、民航等。

建设工程的主要内容有生产工艺的设计与制定、生产设备的设计与制造、检测原理与设备的设计与制造、原材料的研究与选择、土木工程的勘测设计与施工设计、土木工程的施工建设等。此外，人们习惯上将某个具体的工程项目简称为工程，如建设项目的三峡水电工程、青藏铁路工程、北京奥运会场馆建设工程、大型炼油厂工程、核电站工程、高速公路建设工程、企业的技术改造及改扩建工程等，还有生产经营活动中的技术开发项目、软件开发项目、新工艺及设备的研发项目等都具有工程的含义。建设工程经济学中的工程既包括工程技术方案、技术措施，也包括工程项目。

1.1.1.2 工程经济的含义

工程经济就是把科学研究、生产实践、经验积累中所得到的科学知识有选择地、创造性地应用到经济活动和社会活动中，使得自然资源、人力资源和其他资源得到有效利用，满足人们的需要。

工程经济偏重科学知识的应用。与科学家发现各种自然现象规律不同，工程技术人员是把这些知识用于特定的系统，在解决特定问题时把知识、能力和物质手段有效融合，为

社会提供需要的商品和劳务。

1.1.1.3　工程与经济之间的关系

工程与经济之间关系密切，相辅相成。工程是实现人们理想的手段，经济是人们所追求、期待的目标，两者之间存在手段和目的的逻辑关系。一方面，工程中包含着经济。工程技术进步是经济发展的必要条件，经济的发展离不开各种技术手段的应用。另一方面，经济必须依附于工程，经济发展是工程技术进步的动力和方向，决定工程技术的先进性，工程的产生与建设具有明显的经济目的性。

在日益增长的工程活动中，工程师和管理人员经常面临各种经济方案的决策问题，如不同的设计方案如何优选？机器设备是更新还是维修？不同工期的工程施工投标报价应如何比较？一个工程项目的投资方案是否满足项目业主的经济性要求？市政项目的经济效益如何评价？这些问题都需要运用工程经济分析方法进行科学比较分析，做出正确决策，努力实现技术因素与经济因素的最佳结合。

1.1.1.4　建设工程经济的概念

建设工程经济是建设工程技术学与经济学的交叉学科，是以工程项目为对象，以经济分析方法为手段，研究工程领域的经济问题和经济规律，研究如何有效利用资源和提高经济效益的学科。

建设工程经济学是对建设领域工程技术问题进行经济分析的系统理论与方法。建设工程经济学是在资源有限的条件下，运用工程经济学分析方法，对建设工程技术（项目）各种可行方案进行分析比较，选择并确定最佳方案的科学。其核心任务是对建设工程项目技术方案的经济决策。

1.1.2　建设工程经济学的研究对象与内容

1.1.2.1　建设工程经济学研究对象

1）建设工程经济学是研究建设工程与经济的相互关系，以期达到技术与经济最佳结合的学科。建设工程经济学的实质是寻求建设工程技术与经济效果的内在联系，揭示两者协调发展的内在规律，促使技术的先进性和经济性的合理性统一。

2）建设工程经济学是研究建设工程技术的实践效果，寻求提高经济效果的途径与方法的学科。

3）建设工程经济学是研究如何通过技术创新与进步来促进经济增长的学科。

1.1.2.2　建设工程经济学主要研究内容

1）建设工程经济学学科本身的建设。即包括研究建设工程经济的含义、作用，该学科在国民经济重大地位和作用，它的研究对象、内容、基本理论和方法等一系列问题。

2）建设项目论证比较分析。一个建设项目目标的实现会有多个方案，建设工程经济学的重要任务就是通过计算相关的评价指标，分析方案间的关系后，在众多方案中选择最优方案。

3）财务评价和国民经济评价。财务评价是站在企业或投资人立场上分析项目的财务收益和成本，而国民经济评价是从整个国家（或国民经济）的角度考察项目的经济效果和社会效果。

4）建设工程项目不确定性分析。经济系统的复杂多变、方案决策时使用的预测或估算数据与将来的实际数据的偏差等因素会导致方案决策风险。进行建设工程项目不确定分析，可以了解各种外部条件发生时对投资方案经济效果的影响程度，了解投资方案对各种外部条件变化的承受能力，以加强对风险的把握和控制，在此基础上做出的决策，在一定程度上可以避免决策失误造成的巨大损失，有助于决策的科学化。

　　5）价值工程原理。价值工程原理应用于对技术方案、工程项目的比较和优选，一是研究如何用最低的寿命周期成本实现产品、作业或服务的必要功能；二是通过对物质环境的功能分析、功能评价和功能创新，寻求提高经济效果的途径与方法。

　　6）设备更新经济分析。设备更新经济分析是指对在技术上或经济上不宜继续使用的设备，用新的设备更换或用先进的技术对原有设备进行局部或全部改造。或者说是以结构先进、技术完善、效率高、耗能少的新设备，来代替物质上无法继续使用，或经济上不宜继续使用的陈旧设备。

　　7）工程项目可行性研究。工程项目可行性研究是工程项目投资前期的重要工作，可行性研究的工作质量直接影响到工程项目决策的科学性，主要通过市场研究和技术可行性分析，编制可行性研究报告，进行项目可行与否的决策。

1.1.2.3　建设工程经济学的研究任务

　　通过建设工程经济学课程的学习，对拟建的投资项目在决策之前进行详细、周密、全面地调查研究，综合论证项目投资的必要性、可行性、有效性、合理性，并从多个可能方案中，选择技术先进、适用可靠、经济合理的建设方案，为国家和建设部门制订建设技术政策、技术方案和技术措施提供经济依据，为建设技术的不断创新设计合理的运行机制。

1.2　工程经济学的产生与发展

1.2.1　国外工程经济学的产生与发展

　　工程经济学的产生至今有100多年的历史，已经成为较为成熟的应用经济学的学科之一。1887年，美国的土木工程师惠灵顿（A. M. Wellington）出版的著作《铁路布局的经济理论》是其诞生的标志。书中首次将成本分析方法应用于铁路最佳长度和路线的曲率选择问题，开创了工程领域的经济评价工作，并且第一次明确指出，"工程经济并不是建造艺术，而是一门少花钱多办事的艺术"。到了1930年，美国斯坦福大学土木工程学系格兰特教授（E. L. Grant）出版了《工程经济学原理》教科书，书中以复利为基础探讨了投资决策的理论和方法，他的理论和贡献得到了社会的承认，从而奠定了经典工程经济学的基础，他被西方誉为"工程经济学之父"。历经40多年的发展，工程经济学终于形成了一门独立、系统化的工程经济分析的学科。

　　20世纪30年代，美国在开发田纳西河流域时，开始推行"可行性研究"方法，把工程技术和工程项目的经济问题推向一个新的阶段。第二次世界大战结束以后，各国越发重视技术进步对经济增长的促进作用。此后，随着数学和计算技术的发展，运筹学、概率论、数理统计等方法得到广泛应用，系统工程、计量经济学、最优化技术等飞跃发展，工程经济学研究取得重大进展。

　　1951年，乔尔. 迪安（Joel Dean）教授出版了《管理经济学》，在对公司资产投资的研究方面，把计算现金流现值方法应用到资本支出的分析上，在投资收益和风险分析上起到重要作用，开创了应用经济学的新领域。1961 年，乔尔.迪安（Joel Dean）教授的《资本预算》一书不仅展现了现金流量的贴现方法，而且开创了资本限额分配的现代分析方法。

20 世纪 60 年代以后，工程经济学研究主要集中在风险投资、决策敏感性分析和市场不确定性分析等方面。

1968 年，偏重于研究工程企业经济决策分析的德加莫（DeGarmo）教授的《工程经济》一书以投资决策形态和决策方案的比较研究，开辟了工程经济学对经济计划和公用事业的应用研究途径。

1978 年，布西（L. E. Bussey）出版了《工业投资项目的经济分析》，全面系统地总结了工程项目的资金筹集、经济评价、优化决策以及项目的风险和不确定性分析等。

1982 年，里格斯（J. L. Riggs）出版了《工程经济学》，系统阐明了货币的时间价值、货币管理、经济决策和风险与不确定性分析等，把《工程经济学》的学科水平向前推进了一大步。

上述经济学者的研究与贡献，促进了工程经济学与相关学科的交流与发展。此后，工程经济学在美国得到进一步的发展，形成相对完善的理论体系。同时，工程经济学在苏联、英国、日本等世界其他国家也得到广泛的重视和应用，各国结合自己国家研究情况，纷纷推出各自分析工程与经济的方法与学科，使工程经济的内容更加丰富。

20 世纪 90 年代以后，西方工程经济学不再局限于传统的对工程项目或技术方案本身的经济效益的微观研究，出现了中观经济和宏观经济研究的新趋势。工程经济中的微观经济效益分析正逐渐同宏观经济效益分析、社会效益研究、环境效益评价等结合在一起，如，分析项目对行业技术进步、所在地区经济发展影响；考察项目对生态环境及可持续发展的影响；结合国家的经济制度、政策以及国际经济环境变化等宏观问题进行工程经济学研究。可以预见，随着科学技术的发展和人类社会的进步，工程经济学的研究方法还会不断创新，工程经济学的理论会不断完善，工程经济学的研究领域会更加深入。

1.2.2　我国工程经济学的产生与发展

我国的工程经济学研究开始于 20 世纪 50 年代初期，引进了苏联的投资决策体制，采用了"方案研究""建设建议书""技术经济分析"等类似可行性研究的方法，取得了较好的效果。

20 世纪 60 年代末至 70 年代末，我国国民经济发展缓慢，基本建设前期工作削弱，很多建设项目违背了经济规律，否定工程经济分析的必要性，不讲经济效益，盲目追求项目建设速度，造成了工程建设项目的巨大经济损失，挫伤了学者和专业技术人员研究应用工程经济学的积极性，从而使我国的工程经济学发展陷入停滞，人才出现断层。20 世纪 80 年代开始，我国工程经济迅速发展，工程经济学的应用和研究又重新受到国家重视，各地高校也将工程经济学列为一些专业的必修课。1983 年，国家计委要求重视投资前期工作，明确规定把项目可行性研究纳入基本建设程序。1985 年，我国政府决定对项目实行"先评估、后决策"制度，规定建设项目，特别是大中型重点建设项目和限额以上的技术改造项目，都必须经过有资格的咨询公司的评估。

20 世纪 90 年代以来，随着我国社会主义市场经济体制逐步确立，我国建设经济研究吸收了国外先进的工程项目管理经验，又结合我国工程管理的实际，逐步形成了一套完整的工程经济理论体系和方法。现在，在项目投资决策分析、项目评估和管理中，已经广泛地应用工程经济学的原理和方法。随着经济的全球化和全球信息技术的飞速发展，建设工程经济学的发展也趋于信息化，将复杂的经济问题借助电脑和网络技术，大大提高了工作效率。

1.3 建设工程经济分析的基本步骤和基本原则

1.3.1 建设工程经济分析的基本步骤

一个完整的建设工程经济分析与评价活动，包括以下七个主要阶段：

1. 调查研究，确定目标

首先要确立工作目标，这是方案评价论证的基础。设定的目标要满足人们的需要，因此，只有通过市场调查，寻找经济环境中显性和隐性的需求，才能由需求形成问题，由问题产生目标，然后依照目标去寻求最佳方案。目标要具体明确，而且要有长远观点和全局观点，并要分清主次。

2. 寻找关键要素

关键要素即实现目标的制约因素，只有找到了主要矛盾，确定了系统的各种关键要素，才有可能采取有效措施，为目标的实现扫清道路。寻找关键要素是一个系统分析的过程，需要树立系统思想方法，综合地运用各种相关学科的知识和技能。

3. 提出备选方案

为达到已确立的目标，综合考虑相关制约因素，可采取各种不同途径，提出多种可供选择的方案。

4. 评价方案

对提出的各种备选方案进行评价，首先要使不同方案具有可供比较的基础，要根据评价的目标要求来建立方案的指标体系，将参与分析的各种因素定量化；其次，将方案的投入和产出转化为统一的用货币表示的收益和费用，最终通过评价方案的数学模型进行综合运算、分析对比，从中选出最优方案。

5. 方案决策

决策是在若干方案中选择确定最优方案的过程。决策的核心问题是通过对备选方案经济效果的分析和比较，从中选择最满意的实施方案，决策对工程项目建设的效果具有决定性影响。在决策时，工程技术人员、经济分析人员和决策者应特别注重信息交流和沟通，减少由于信息不对称带来的分歧，使得各方人员充分了解各方案的工程经济特点和各方面的效果，提高决策的科学性和有效性。

6. 方案判断

对决策方案的判断有满意和不满意两种结果，满意则方案进行到下一步实施阶段，不满意则需要重新进行方案的构思或修改，在对各种方案重新分析计算基础上，再进行定量和定性分析比较，选出最优方案，对其进行判断，重复过程直至满意为止。满意的方案即根据需要实施。

7. 方案实施

将选定方案与既定目标进行比较，符合条件就予以采纳并实施。建设工程经济分析的一般程序如图 1-1 所示。

```
┌─────────────────────┐
│  确定经济目标与评价标准  │◄──┐
└──────────┬──────────┘   │
           ▼              │
┌─────────────────────┐   │
│   调查研究  收集资料   │   │
└──────────┬──────────┘   │
           ▼              │
┌─────────────────────┐   │
│    比较评价备选方案    │◄──┤
└──────────┬──────────┘   │
           ▼              │
┌─────────────────────┐   │
│      方案决策        │   │
└──────────┬──────────┘   │
           ▼              │
        ╱─────╲    不满意   │
       ╱ 判断  ╲──────────┘
        ╲─────╱
           │满意
           ▼
┌─────────────────────┐
│      方案实施        │
└─────────────────────┘
```

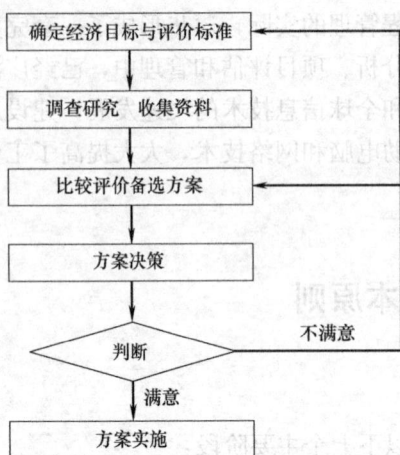

图 1-1　建设工程经济分析一般程序

1.3.2　建设工程经济分析的基本原则

1.3.2.1　资金的时间价值原则

工程经济学中一个最基本的概念是资金具有时间价值。资金时间价值是指资金在使用和流通过程中随着时间推移而产生的增值，它也可被看成是资金的使用成本。资金不会自动随时间变化而增值，只有在投资和再投资过程中随着时间的推移才可能发生增值，所以这个时间价值一般用无风险的投资收益率来代替，因为理性个体不会将资金闲置不用。它随时间的变化而变化，是时间的函数，随时间的推移而发生价值的变化，变化的那部分价值就是原有的资金时间价值。

1.3.2.2　现金流量原则

现金流量是非常重要的指标，是指企业在一定会计期间按照现金收付实现制，通过一定经济活动（包括经营活动、投资活动、筹资活动和非经常性项目）而产生的现金流入、现金流出及其总量情况的总称。例如：销售商品、提供劳务、出售固定资产、收回投资、借入资金等，形成企业的现金流入；购买商品、接受劳务、购建固定资产、现金投资、偿还债务等，形成企业的现金流出。衡量企业经营状况是否良好，是否有足够的现金偿还债务，资产的变现能力等用的是现金流量而不是会计利润，会计利润是会计账面数字，而非手头可用的现金。可见现金流量是反映项目发生的实际现金的流入与流出，而不反映应收、应付款项及折旧、摊销等非现金性质的款项。

1.3.2.3　增量分析原则

对不同方案进行评价和比较必须从增量角度进行，即用两个方案在成本、收益等方面的差额部分进行分析，得到各种差额评价指标，再与基准指标对比，进而对方案进行比较、选优。具体分析过程所采用的方法是剔除法，即对所有备选方案分别进行两两比较，依次剔除次优方案，最终保留下来的方案就是备选方案中经济性最好的方案。增量分析符合人们对不同事物进行选择的思维逻辑。对不同方案进行选择和比较时，应从增量角度进行分析，即考察增加投资的方案是否值得，将两个方案的比较转化为单个方案的评价问题，使问题得到简化，并容易进行。

1.3.2.4　机会成本原则

机会成本是指由于资源的有限性，考虑了某种用途，就失去了其他被使用而创造价值的机会。在面临多方案择一决策时，要考虑机会成本，被舍弃的选项中的最高价值者是本次决策的机会成本。因此，机会成本又称为择一成本、替代性成本。

1.3.2.5　有无对比原则

在方案比选时，将有这个项目和没有这个项目时的现金流量情况进行对比，或是将某一项目实现前和实现后所出现的各种效益费用情况进行对比。通过比较有无项目两种情况下项目的投入物和产出物可获量的差异，识别项目的增量费用和效益，目的是度量项目所带来的增量效益。"有无对比"求出项目的增量效益，排除了项目实施以前各种条件的影响，突出了项目活动的效果。

1.3.2.6 风险收益的权衡原则

投资任何项目都是存在风险的，因此必须考虑方案的风险和不确定性因素。不同项目的风险和收益是不同的，对风险和收益的权衡取决于人们对待风险的态度。一般情况下，选择高风险的项目，其收益也较高。

1.3.2.7 可比性原则

进行比较方案的效益和费用必须具有可比条件，如具备满足需要的可比性、消耗费用的可比性、价格指标的可比性、时间的可比性。

1）满足需要上的可比。要求相互比较的技术方案具有同一的满足需要，如框架结构和钢结构都可以作为建筑物的结构形式。任何技术方案，其主要目的是为了满足一定的需要，在进行方案比较时，要求各方案具有满足需要上的可比，即物化指标上的可比。

2）消耗费用上的可比。进行比较的方案，其消耗费用所包括的内容、计算原则、方法应保持一致。一般来说，应该将从项目建设开始到产品产出全过程的费用进行比较。

3）价格指标的可比。对技术方案进行经济计算时必须采用合理一致的价格，一般采用现行价格。

4）时间因素的可比。需满足两个基本要求：一是对经济寿命不同的备选方案进行比较时，应采用相同的计算期；二是技术方案在不同时间（时刻）发生的费用支出和经济收益不能简单地相加，而必须考虑时间因素的影响。

1.4 建设工程经济的研究方法

工程经济学是工程技术与经济相结合的交叉学科，具有实践性、综合性、系统性的特征，它不是创造和发明新技术，而是对成熟的技术选用、分析、评价。因此，要掌握运用科学的研究方法，去解决工程技术实践中大量出现的技术方案的决策问题。研究建设工程经济主要有以下几种方法。

1.4.1 方案比较方法

方案比较法是工程经济分析的基本方法。任何一项技术项目，如技术开发项目、设备更新项目、技术改造项目等，总有实现目标不同的技术路径、技术措施以及不同的投资方式，存在不同的替代方案。因此，通过方案比较与选择找到优选方案，是提高项目决策科学性的重要途径。

1.4.2 动态分析方法

动态分析方法是工程经济学研究的最基本方法，主要考虑两个内容：一是项目使用资金的时间价值；二是项目发展过程中环境条件的变化。前者强调评价技术方案的投入资金与产出的收益必须用复利计算，真实反映技术方案的效益价值。后者是指对工程项目分析时，不仅考虑现在市场环境下项目经济效益，而且要针对未来市场环境价格的变化预测工程项目效益和可能面临的风险，为科学决策提供依据。

1.4.3 定性与定量相结合的方法

工程经济学在进行工程项目分析评价过程中，必须将定性方法与定量方法相结合，既要运用定量分析方法进行工程项目的经济评价、项目的不确定性分析、项目财务评价与国民经济评价、设备更新决策分析等，又要运用定性分析方法对项目可行性研究中的资源评价、建设规模与产品方案、实施进度、后评价等非经济效果内容进行分析研究，只有将这两种方法相结合，才能对工程经济方案进行合理科学评判。

1.4.4 系统分析方法

系统分析是工程经济分析的最基本的方法，它能在不确定的情况下，确定问题的本质和起因，明确咨询目标，找出各种可行方案，并通过一定标准对这些方案进行比较，帮助决策者在复杂的问题和环境中做出科学抉择。在进行工程项目决策时，我们可以把一个复杂的工程项目看成一个独立、完整、开放的系统，项目的独立完整需要我们树立全局观念，把局部工作、子项目的工作视为实现项目总目标的手段或过程。项目的开放性要求我们将项目与外部社会环境紧密结合，从技术、物质、劳动力、信息等方面实现项目组织与社会环境之间物质、能量、信息的交换。在进行项目可行性决策时，不仅分析工程项目的微观效益，还要考虑项目社会效益。

1.5 建设工程经济在工程领域中的地位和作用

建设工程经济全面系统地介绍了工程经济分析方法，这些方法在建设工程领域的应用非常广泛。建设工程项目具有复杂性、综合性、投资大、建设周期长等特点，使得其管理趋于多元化、专业化，在工程项目实施过程中，纯技术或纯经济工作人员已经远远不能满足工程项目管理需求，参与项目管理的工程师（或项目管理人员）必须具备技术、经济及管理的综合能力。工程师的传统工作是把科学家的发明转变为有用的产品。而今，工程师不仅要提出新颖的技术发明，还要能够对其实施的结果进行熟练的财务评价，甚至还要关注工人的安全、环境影响、消费者保护等方面的内容。

在工程项目管理中，建设工程经济具有重要地位和作用，主要体现在以下几个方面。

1.5.1 可以提高工程建设项目决策的科学性

根据经济学的基本理论与方法，结合建设项目特点，以建设项目的实施过程为主，运用相应的技术经济手段，选择技术上先进、经济上合理的建设方案。

1.5.2 可以实现项目实施的效益目标

根据国家和有关部门制定的各项政策、法律法规，进行建设项目的有效管理，保证建设项目最佳效益目标的实现。

1.5.3　可以有效降低项目投资风险

每一个投资项目，都有建设期和项目的生产运营期，这一时间长度又叫项目生命周期。项目生命周期存在很多不确定性，可能会给项目带来若干不利影响，这就是项目风险。工程经济分析可以在预投资期，对项目可能面临的经济损失进行预测评估，分析敏感因素，选择风险较小的方案，寻求抵御风险的对策，使投资风险降到最低。

1.5.4　可以合理实现资源优化配置

由于资源具有稀缺性，如何合理有效配置现有资源，向社会提供足够多的产品，以满足人们物质文化生活的需要，是工程经济要解决的重要问题之一。

因此，建设工程经济是现代项目管理人员必备的基础知识，我国现行的诸多建设领域的执业资格考试中必考的基础课程，涉及工程经济学知识点的执业资格实施情况见表1-1。一个称职的工程师（或项目管理人员）必须具备技术知识和相应的工程经济学知识，才能使其工作更为有效。

对工程经济学知识有要求的执业资格名称、管理部门与实施时间　　　　表 1-1

序号	名　　称	管理部门	实施时间
1	监理工程师	住房城乡建设部	1992. 07
2	房地产估价师	住房城乡建设部	1995. 03
3	资产评估师	财政部	1996. 08
4	造价工程师	住房城乡建设部	1996. 08
5	结构工程师	住房城乡建设部	1997. 09
6	咨询工程师(投资)	国家发展和改革委员会	2001. 12
7	一级建造师	住房城乡建设部	2003. 01
8	设备监理师	国家质量监督检验检疫总局	2003. 10
9	投资建设项目管理师	国家发展和改革委员会	2005. 02

本章小结

（1）建设工程经济学是对工程技术问题进行经济分析的系统理论与方法，是在资源有限的条件下，运用工程经济学分析方法，对建设工程技术（项目）各种可行方案进行分析比较，选择并确定最佳方案的学科。它的核心任务是对建设工程项目技术方案的经济决策。

（2）建设工程经济学研究内容包括学科本身建设、建设项目论证比较分析、财务评价和国民经济评价、项目不确定性分析、价值分析等。

（3）建设工程经济分析的基本步骤：调查研究，确定目标；寻找关键要素；提出备选方案；评价方案；决策。

（4）建设工程经济学的研究任务是对拟建的投资项目在决策之前进行详细、周密、全面的调查研究，综合论证项目投资的必要性、可能性、有效性、合理性，并从多个可能方案中，选择技术先进、适用、可靠、经济合理的建设方案，为决策者提供经济依据，为建设技术的不断创新设计合理的运行机制。

（5）建设工程经济分析的基本原则：资金的时间价值原则；现金流量原则；增量分析原则；机会成本原则；有无对比原则；风险收益的权衡原则；可比性原则。

（6）建设工程经济是现代工程项目管理人员必备的基础知识，是我国现行的诸多建设领域的执业资格考试中一门必考的基础课程。

思考与练习题

1-1　建设工程经济学的研究对象和内容是什么？

1-2　建设工程经济的研究方法有哪些？

1-3　简述建设工程经济分析的基本步骤和原则。

1-4　简述建设工程经济的地位和作用。

第 2 章 现金流量与资金时间价值

本章要点及学习目标

本章要点：

本章主要介绍现金流量与资金时间价值的概念、含义及现金流量图的绘制方法，名义利率与实际利率的换算，资金时间价值的单利复利基本计算公式，等值的意义与等值的计算。

学习目标：

了解单利复利含义，熟悉现金流量的基本要素，掌握现金流量图的绘制。掌握资金时间价值概念，熟练掌握六个资金等值计算公式，掌握名义利率和有效利率的相关资金等值计算，运用现金流量图熟练进行现金流量分析。

2.1 现金流量

在进行工程经济分析时，可把所分析的投资项目视为一个系统，从项目发生第一笔资金开始到项目终结为止的整个时间称为项目的寿命期。在进行经济分析时，不一定选用项目的寿命周期为分析期，而是选用一个计算期来分析，每个项目在计算期中，会投入资金、花费成本、获取收益，这些均可看成是以资金形式发生的资金流入或资金流出，形成现金流量。

2.1.1 现金流量的含义

2.1.1.1 现金流量的概念

现金流量（cash flows）是指某特定的经济系统在一定时期（年、半年、季等）各时间点上实际发生的现金与现金等价物的流入或资金流出量。其中现金指企业库存现金以及可以随时用于支付的存款。现金等价物是指企业持有的期限短、流动性强、易于转换为已知金额现金、价值变动风险很小的投资。本书中没有特别指明，所有的"现金"都包括现金与现金等价物，其是随时或者很快支付的资产，流动性很强。

通常定义流入系统的资金称为现金流入，为正值，用 CI 表示。流出系统的资金称为现金流出，为负值，用 CO 表示；同一时点上现金流入与流出的代数和称为净现金流量，用 NCF 表示。现金流入、现金流出以及净现金流量统称为现金流量。现金流量的构成可以用图 2-1 表示。

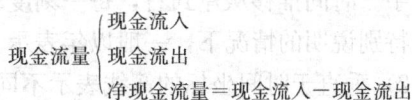

现金流量一般以计息期（年、季、月等）

现金流量 $\begin{cases} \text{现金流入} \\ \text{现金流出} \\ \text{净现金流量＝现金流入－现金流出} \end{cases}$

图 2-1 现金流量的构成

为时间计量单位。净现金流量可能为正值、负值或为零，"正"值表示流入大于流出，"负"值则表示流入小于流出。具体时点净现金流计算公式为：

$$NCF_t = CI_t - CO_t \qquad (2-1)$$

式中　　NCF_t——t 时点的净现金流量；

　　　　CI_t——t 时点的现金流入；

　　　　CO_t——t 时点的现金流出。

2.1.1.2　确定现金流量应注意的问题

1）现金流量的内涵和构成因工程经济分析的范围和方法不同而不同。在工程项目财务评价时，按照现行财税制度和市场价格确定现金流量，称为财务现金流量。在工程项目国民经济评价时，从国民经济角度出发，按照资源优化配置原则和影子价格确定国民经济效益费用流量。

2）工程经济学中现金流量与发生的时间相对应，赋予时间性。

3）工程经济学中现金流量是系统实际收到或支出的资金，而不是资金的转移。即现金流量必须是实际发生的，每一笔现金流量都有可靠的凭证验证。例如，不应将应收账款和应付账款等作为现金流量。

4）工程经济学中以投资角度所讲的现金流量，泛指可以用货币度量的（实物）资源或财富，甚至包括未变现的资产增值，不只是包括货币现金。如新建项目需要原单位的土地，原土地账面价值是 100 万元，现在如果卖的话市场价值 150 万元，则现在项目土地的投资应该是 150 万元。

5）工程经济学中研究的现金流量是未来方案发生的估计值或观察值、预测值，估计的精确性很重要。

2.1.2　现金流量图

一个工程项目的建设和实施一般都要经历较长一段时间，在这个时间内，现金流量的发生次数比较频繁，而且不同的时间点上发生的现金流量大小可能是任意大小。这些现金流量种类繁多，发生的时间不同、大小各异、属性不同，有的属于现金流入，有的属于现金流出。为了便于分析，通常用图的形式来表示各个时间点上发生的现金流量。将现金流量表示在二维坐标图上，称为现金流量图。

2.1.2.1　现金流量图的概念

现金流量图是表示某一特定经济系统各时间点的现金流入、流出的一种图示。即把经济系统的现金流量绘入一时间坐标图中，表示出各现金流入、流出与相应时间点的对应关系。运用现金流量图，可以全面、形象、直观地表达经济系统的资金运动状态。

2.1.2.2　现金流量图的绘制方法

1）绘制一个二维坐标矢量图。横轴表示时间轴，时间轴上刻有时刻点，并标注有时刻数字。时间推移从左到右，每一刻度表示一个计息周期。可取年、半年、季、月等，在不做特别说明的情况下，一般以年表示。纵轴表示现金流入和现金流出。

2）垂直于时间坐标的箭线表示不同时间点的现金流量的大小和方向。箭头向上表示现金流入，向上为正，表示收入；箭头向下表示现金流出，向下为负，表示支出。箭头末端应标明现金流量金额，现金流量数值大小应与箭线长度成比例。

3) 箭线与时间轴的交点即为现金流量发生的时间点。每个计息期的终点为下一计息周期的起点，各时间点称为节点。第一个计息期的起点为零点，表示投资起始点或者分析期起点。

4) 现金流量图因借贷双方"立脚点"不同，理解不同。现金流入和现金流出总是针对特定系统而言的。例如，企业向银行贷款，对企业来说是现金流入，对银行来说就是现金流出。

2.1.2.3　现金流量图的构成要素

现金流量图的构成具有三个要素：现金流量的大小、方向和时间点。其中大小表示资金金额，方向指项目的现金流入或流出，时间点是指现金流入或流出所发生的时间。

2.1.2.4　现金流量图中现金流量的标准

现金流量图中各现金流量的确定，一般有两种处理方法：一种是建设工程经济分析中常用的，其规定是建设期的投资标在期初，生产期的流入和流出均标在期末；另一种方法是在项目财务评价中常用的，时点标注遵循期末习惯假设，无论现金的流入还是流出均标示在期末。本书在工程项目经济评价一章中采用期末习惯假设，其余相关部分采用第一种处理方法，资金流动时点有明确要求的按要求处理。

【例 2-1】　某项目第一年年初支出现金 2200 元，在第二年年初（第一年年末）收入现金 200 元，在第二年年末和第三年年末收入现金 250 元，第四年年末和第五年年末收入现金 300 元。试绘制现金流量图。

【解】　该项目的现金流量图如图 2-2 所示。

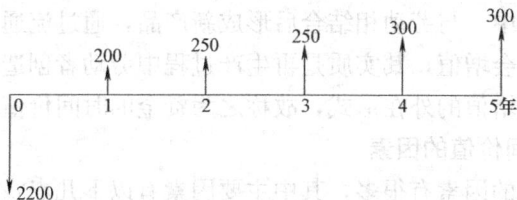

图 2-2　某项目现金流量图

2.1.3　现金流量与工程项目

任何一个工程项目在建成之前都需要论证决策、建设施工和管理等，这些都需要支出费用，而且这些费用的支出在实践中一般是以现金的形式支付的，这就是现金的流出。而项目建成投产运营后，一般既有营业成本税金等现金的流出，也有营业活动等带来的现金流入。更进一步讲，一个工程项目在不同的阶段主要有哪些现金流入与流出呢？工程项目的现金流量既有事后的核算，也有事前的估计。前者在会计学中会有详细地论述，这里主要研究后者。国家发改委和建设部于 2006 年 7 月 3 日发布的《建设项目经济评价方法与参数》非常注重现金流量，共涉及四个现金流量表，包括项目投资现金流量表、项目资本金现金流量表、投资各方现金流量表和财务计划现金流量表。具体内容在第 6 章建设项目财务分析中再进行详细介绍。

2.2 资金的时间价值

2.2.1 资金时间价值的概念

在日常生活中，今年的 1 元钱是否等于明年的 1 元钱呢？答案是否定的。因为资金存在时间价值。

2.2.1.1 资金时间价值的概念

资金时间价值是指资金在使用和流通过程中，随时间的推移而产生的增值，增值的这部分价值就叫做原有资金的时间价值，它是关于时间的函数。如某人年初存入银行 100 元，若年利率为 10%，年末可从银行取出本息 110 元，这 10 元的增值就是资金时间价值的表现形式。

资金具有时间价值并不意味着资金本身能够增值，而是因为资金代表一定量的物化产物，并在生产与流通过程中与劳动相结合，才会产生增值。对于资金的时间价值，可以从两方面来理解：

从投资者角度看，是资金在生产与交换活动中给投资者带来的利润。资金投入生产经营后，数额随时间持续不断增长，资金的增值特性使其具有时间价值。

从消费者角度看，资金时间价值体现为放弃现期消费的损失所做的必要补偿。资金用于投资就不能用于现期消费，牺牲现期消费是为了能在将来获得更多的消费。

资金时间价值实质：在商品经济中，资金购买到一定量的劳动资料、劳动对象、劳动报酬，投入到生产领域中，与劳动相结合后形成新产品，通过流通领域形成资金增值。资金的这种循环本身并不会增值，其实质是再生产过程中劳动者创造的价值。资金的这种增值采取了随时间推移而增值的外在形式，故称之为资金的时间价值。

2.2.1.2 影响资金时间价值的因素

影响资金时间价值的因素有很多，其中主要因素有以下几点：

1) 资金的使用时间。在单位时间的资金增值率（利率）一定的条件下，资金的使用时间越长，资金的时间价值就越大；反之，就越小。例如，如果银行存款利率为 1.5%（跟存款时间无关），则 1 万元存入银行，一年后的收益为 150 元（资金价值为 150 元），两年后的收益为 302.25 元（第一年的收益也有资金时间价值）。

2) 资金数量的大小。在其他条件不变的情况下，资金的数量越大，资金的时间价值越大；反之，越小。例如，如果银行一年期存款利率为 1.5%，则 1 万元存入银行，一年后的收益为 150 元（资金价值为 150 元），而 2 万元存入银行，一年后的收益为 300 元。

3) 资金投入和回收的特点。在总投资一定的条件下，前期投入的资金越多，资金的负效益越大；反之，负效益越小。在资金回收额一定的情况下，距离投入期较近时间回收的资金越多，则资金的时间价值越大；反之，距投入期较远时回收的资金较多，则资金的时间价值就越小。如表 2-1 中，方案乙优于方案甲；表 2-2 中，方案丙优于方案丁。

4) 资金的周转速度。资金周转越快，在一定时间内等量资金的时间价值越大；反之，越小。

资金投入对资金时间价值的影响   表 2-1

年份	0	1	2	3	4	5
方案甲	−900	−100	50	100	200	300
方案乙	−100	900	50	100	200	300

资金回收对资金时间价值的影响   表 2-2

年份	0	1	2	3	4	5
方案丙	−1000	500	400	300	200	100
方案丁	−1000	100	200	300	400	500

任何技术方案的实施，都有一个时间上的延续过程，由于资金时间价值的存在，不同时点发生的现金流无法直接加以比较。只有通过一系列资金等值换算，将发生在不同时间点上的现金流转化到同一时间点上，再进行对比，才能符合客观情况。如探明一个有工业价值的矿山，目前立即开发可获利 100 亿元，若 5 年后开发，由于价格上涨，可获利 175 亿元，如果不考虑时间价值，根据 175 亿元大于 100 亿元，可以认为 5 年后开发有利。如果考虑资金的时间价值，现在获得 100 亿元可用于其他投资，平均每年获利 15%，则 5 年后将有 200 亿元，因此可认为目前开发更有利。

资金时间价值是客观存在的。在投资中要充分利用该原理最大限度地获得资金的时间价值，即如何使资金的流向更加合理和易于控制，从而使有限的资金发挥更大的作用；如何尽量早期回收资金；如何加速资金周转，提高建设资金的使用效益。任何资金积压和闲置现象都是在损失资金的时间价值。这种考虑了资金时间价值的经济分析方法，使方案的评价和选择变得更加现实和可靠，是建设工程经济学讨论的重要内容之一。

2.2.2 资金时间价值的计算

通过前面的分析可以看出，我们一般使用利率（如银行存款利率）和利息表示资金时间价值的大小和进行资金时间价值的计算。即利息和利率是资金时间价值的表现形式。在实际生活中，还会根据实际情况用利润率、收益率以及利润、收益、分红、股息等具体形式来表现。这里主要讲解利率与利息的计算。

2.2.2.1 利率和利息

利息是指占用资金所付出的代价或者是放弃近期消费所得到的补偿，是衡量资金时间价值的绝对尺度。利息的计算公式如下：

$$I_n = F_n - P \tag{2-2}$$

式中 I_n——n 期末利息和；

       F_n——本利和；

       P——本金。

利率：一个计息周期内所得的利息与借款本金之比，通常用百分数表示，是衡量资金时间价值的相对尺度。

$$i = \frac{I_1}{P} \times 100\% \tag{2-3}$$

式中 i——利率；

I_1——单位时间内的利息。

利率的高低主要由以下因素决定：

1) 社会平均利润率。利率随社会平均利润率的变化而变化。通常情况下，平均利润率是利率的最高界限。因为如果利率高于利润率，无利可图就不会有人去借款。

2) 借贷资本的供求情况。在平均利润率不变的情况下，借贷资本供过于求，利率便下降；反之，供不应求，利率便上升。

3) 借贷风险。借出资本要承担一定的风险，风险越大，利率也就越高。

4) 通货膨胀。通货膨胀对利息的波动有直接影响，资金贬值往往会使利息无形中成为负值。

5) 借出资本的期限长短。贷款期限长，不可预见因素多，风险大，利率就高；反之，贷款期限短，不可预见因素少，风险小，利率就低。

2.2.2.2　单利和复利

利息计算有单利和复利之分。当计息周期在一个以上时，就需要考虑单利与复利的问题。

1) 单利：是指在计算利息时，仅用本金计算利息。即本金生息，利息不生息。

n 期末单利本利和计算公式：

$$F_n = P(1+ni) \tag{2-4}$$

式中　F_n——本利和；

　　　P——本金；

　　　i——利率；

　　　n——计算利息的次数。

推导：第1年　$F_1 = P + P \times i = P(1+i)$

　　　第2年　$F_2 = F_1 + P \times i = P(1+i) + P \times i = P(1+2i)$

　　　……

　　　第 n 年 $F_n = F_{n-1} + P \times i = P[1+(n-1)i] + P \times i = P(1+ni)$

【例2-2】　某人借入1000元，年利率为10%，4年末偿还，采用单利法计算各年的利息和本利和。

【解】　详见表2-3单利方式利息计算表。

单利方式利息计算表　　　　　　　　　　　　　　　　表2-3

使用期	年初款额	单利年末计息	年末本利和	年末偿还
1	1000	1000×10%＝100	1100	0
2	1100	1000×10%＝100	1200	0
3	1200	1000×10%＝100	1300	0
4	1300	1000×10%＝100	1400	1400

单利的利息额仅由本金所产生，其新生利息，不在加入本金产生利息。由于没有反映资金随时都在"增值"的规律，即没有完全反映资金的时间价值，因此，单利在工程经济分析中使用较少。

2) 复利：指在计算利息时，不仅本金计算利息，利息到期不付也要计算利息。即本金生息，利息也生息，"利滚利"。

n 期末复利本利和计算公式：

$$F_n=P(1+i)^n \tag{2-5}$$

推导：第 1 年 $F_1=P+P\times i=P(1+i)$

       第 2 年 $F_2=F_1+F_1\times i=F_1(1+i)=P(1+i)^2$

       ……

       第 n 年 $F_n=F_{n-1}\times(1+i)=P(1+i)^{-1}\times(1+i)=P(1+i)$

具体计算过程见表 2-4。

复利法利息和本利和计算   表 2-4

计算周期	期初本金	本期利息	期末本利和
1	P	$P\times i$	$P(1+i)$
2	$P(1+i)$	$P(1+i)\times i$	$P(1+i)^2$
3	$P(1+i)^2$	$P(1+i)^2\times i$	$P(1+i)^3$
……	……	……	……
n	$P(1+i)^{n-1}$	$P(1+i)^{n-1}\times i$	$P(1+i)^n$

【例 2-3】 数据同【例 2-2】采用复利计算各年的利息和本利和。

【解】 详见表 2-5。

复利方式利息计算表   表 2-5

使用期	年初款额	复利年末计息	年末本利和	年末偿还
1	1000	$1000\times10\%=100$	1100	0
2	1100	$1100\times10\%=110$	1210	0
3	1210	$1210\times10\%=121$	1331	0
4	1331	$1331\times10\%=133.1$	1464.1	1464.1

两个例题的比较：同一笔借款在利率和计息期均相同的情况下，用复利计算的利息金额比用单利计算的大 64.1 元。如果本金越大，利率越高，年数越多，两者的差距越大。差额所反映的就是利息的资金时间价值。复利法的思想符合社会再生产过程中资金运动的规律，完全体现了资金的时间价值。

我国现行的财税制度规定：投资贷款实行差别税率并按复利计算，而为了储户方便，存款实行差别税率按单利计算。

2.2.3 资金等值原理

由于资金时间价值的存在，使不同时间上发生的现金流量无法直接加以比较。在比较某技术方案时，应该对方案的各项投资与收益进行对比，而这些投资或收益往往发生在不同的时期，于是就必须将其按照一定的利率折算至某一相同时间点，进行等值计算，使之具有可比性。

二维码 2-1
资金等值计算

所谓资金的等值是指在考虑资金时间价值的情况下，在不同的时间点发生的绝对值不等的资金具有相等的经济价值。例如，在年利率为 4.22％的条件下，今年的 100 元钱与明年的 104.22 元是等值的。那么要比较今年的 100 元和明年的 110 元，就可以直接比较

104.22元和110元的大小关系，最后得出结论，在4.22%的条件下，今年的100元资金价值小于明年的110元。由此可见，运用资金的等值原理，可以将不同时点发生的资金换算至某一相同时点，比较换算之后的同一时点的资金数值大小即可。

影响资金等值的因素有三个：资金额的大小、资金发生的时间、利率的高低。

其中，利率是关键性因素，在考察资金等值问题的时候必须以相同利率作为计算依据进行比较计算。

【例2-4】 王某向银行贷款20万元，在4年内以年利率5%还清全部本金和利息（刚好在第4年年末还清）。有四种还法：

方式一，第4年年末一次性还清本金和利息，中途不作任何偿还。

方式二，在4年中仅在每年年末归还当年利息，即每年年末归还银行1万元，最后一年将本金还清，即最后一年还钱21万元。

方式三，将所借本金分期均匀偿还，同时偿还到期利息。

方式四，每年等额偿还本金和利息。

那么，这四种还法哪一种还法最划算呢？

【解】 根据资金等值三要素，这四种还法所还资金数额、还款总时间和还款利率均相同，因此，四种还法的资金是等值的，而且都和0点的20万元等值。

所以，工程经济分析中，方案的比选都采用等值概念进行分析，等值是一个十分重要的概念。

2.2.4　资金时间价值的基本参数

1）P：现值。在利息计算中一般代表本金。表示资金发生在某一特定时间序列始点上的价值。在建设工程经济分析中，它表示在现金流量图中0点的投资数额或投资项目的现金流量折算到0点时的价值。折现计算法是评价投资项目经济效果时经常采用的一种基本方法。将时点处资金的时值折算为现值的过程称为折现。求现值的过程即为将一个时点上的现金流量"从后往前"算到目标时点，该目标时点为所分析时间段的期初点（并不一定为整个计算期的0点）。

2）F：终值（将来值）。在利息计算中一般代表本利和。表示资金发生在某一特定时间序列终点上的价值。其含义是指期初投入或产出的资金转换为计算期末的期终值，即期末本利和的价值。求终值的过程即为将一个时点上的现金流量"从前往后"算到目标时点，该目标时点为所分析时间段的期末点（并不一定为整个计算期的n点）。

3）A：等额年金或年值。即在n次等额的支付中，每次支出或收入的金额。表示各年等额收入或支付的金额，即在某一特定时间序列期内，每隔相同时间（一个计息周期）收支的等额款项。在工程经济分析中，若无特殊说明，一般约定A发生在期末，如第1年年末、第2年年末。

4）i：利率、折现或贴现率、收益率。在工程经济分析中，把未来的现金流量折算为现在的现金流量时所使用的利率称为折现率。

5）n：期数（年）。在利息计算中是指计算利息的次数；指投资项目从开始投入资金到项目的寿命周期终结为止的期限内，计算利息的次数，通常以"年"为单位。期数在经济分析中一般代表工程项目的寿命。

注意，这里的现值、终值等概念都是相对的。一般地，将 $t+k$ 时点上发生的资金折现到第 t 个时间点，则第 t 时间点上的金额是现值，$t+k$ 时间点的等值金额则为相应的终值。例如，某项目第 5 年年末的值相对于 0~4 几个时点来说是终值，但是对于 5 点以后的时点来说就是现值。

资金时间价值计算的核心就是资金的等值计算，这样才能计算项目各个时期发生的现金流量的真实价值，从而进行经济评价。

2.2.5 资金时间价值计算的基本公式

资金时间价值计算为复利计算，以式（2-5）为基础。下面分一次支付（也称整付）和等额支付两种类型进行介绍，并在此基础上，介绍两种特殊情况下的变额现金流量序列。图 2-3 表示资金时间价值计算的几种类型。

1. 一次支付终值公式（已知 P，求 F）

一次支付是指现金流量的流入或流出均在一个时点上一次发生，其现金流量图如图 2-4 所示。对于考虑的系统，在考虑资金时间价值的条件下，现金流入恰恰能补偿现金流出。

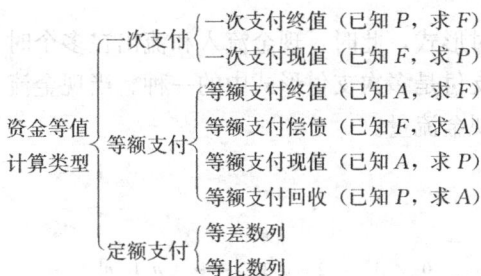

图 2-3 资金时间价值计算的几种类型

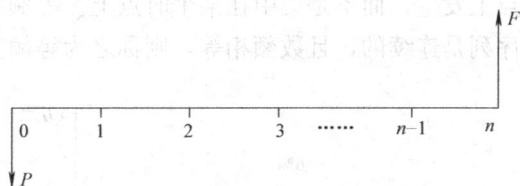

图 2-4 一次支付现金流量图

一次支付终值公式就是已知现值 P，利率 i，计息周期数 n，求终值 F。这与推导复习法求解利息时的本利和计算公式相同，结果为式（2-6），即：

$$F=P(1+i)^n \tag{2-6}$$

其中 $(1+i)$ 称为一次支付终值系数，通常用 $(F/P, i, n)$ 来表示。

因此式（2-6）可以改写为如下形式：

$$F=P(F/P,i,n) \tag{2-7}$$

本书附录有复利系数表可供计算时查阅。需要说明的是，所有的复利系数都是与现金流量数值无关的量，而仅与 i 和 n 两者相关。当 i 为特定取值时（如 5%，10% 等），根据 i、n，查找相应的复利系数值。

【例 2-5】 王某向银行贷款 200000 元，银行的年利率为 5%，问第 5 年年末一共可以取出多少钱？

【解】 本题在前面讲解资金等值时出现过，为第一种还款方式。属于一次支付终值类型。即已知 P，求 F。用图 2-5 表示。

由式（2-6）可得：$F=P(1+i)^n=200000\times(1+$

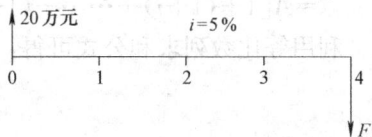

图 2-5 【例 2-5】现金流量图

$5\%)^5=200000\times1.2763=255260$ 元

也可以查复利系数表中的一次支付终值系数 $(F/P, 5\%, 5)$ 为 1.2763，所以：

$$F=P(F/P,i,n)=200000\times1.2763=255260 \text{ 元}$$

2. 一次支付现值公式（已知 F，求 P）

由式（2-7）可直接导出：

$$P=F(1+i)^{-n} \tag{2-8}$$

式中，$(1+i)^{-n}$ 系数称为一次支付现值系数，通常用 $(P/F, i, n)$ 来表示，因此，式（2-8）也可表示为：

$$P=F(P/F,i,n) \tag{2-9}$$

【例 2-6】 如果银行的年利率为 6%，某人在 5 年后获得 50000 元，现在应存入银行多少元？

【解】 本题属于一次支付现值类型。即已知 F，求 P。用图 2-6 表示。

$$P=F(1+i)^{-n}=50000\times(1+6\%)^{-5}=50000\times0.7473=37365 \text{ 元}$$

也可以查复利系数表中的一次支付现值系数 $(P/F, i, n)$ 为 0.7473，所以：

$$P=F(P/F,i,n)=50000\times0.7473=37365 \text{ 元}$$

3. 等额支付终值公式（已知 A，求 F）

在工程经济实践中，多次支付是最常见的支付形式，此时，现金流入和流出在多个时点上发生，而不是集中在某个时点上。等额年金支付是多次支付形式中的一种。当现金流序列是连续的，且数额相等，则称之为等额支付现金流量。

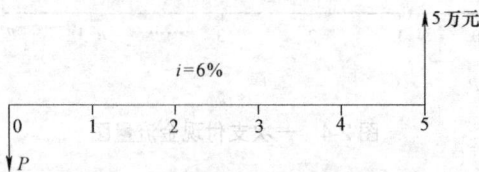

图 2-6 【例 2-6】现金流量图　　　　　图 2-7 等额支付终值现金流量图

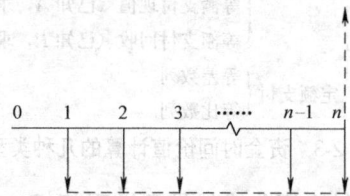

图 2-7 为等额支付终值现金流量图，从第 1 年末至第 n 年末有一等额的现金流序列，每年的金额 A 称为年金。在考虑资金时间价值的条件下，1 至 n 年内系统的总现金流出恰能补偿总现金流入，则第 n 年末的现金流入 F 的计算公式为：

第 1 年　$F_1=A(1+i)^{n-1}$

第 2 年　$F_2=A(1+i)^{n-2}$

……

第 n 年　$F_n=A$

$$F=A(1+i)^{n-1}+A(1+i)^{n-2}+\cdots+A(1+i)+A$$
$$=A[1+(1+i)+\cdots+(1+i)^{n-2}+(1+i)^{n-1}]$$

利用等比数列求和公式可得：

$$F=A\left[\frac{(1+i)-1}{i}\right] \tag{2-10}$$

式中，$\dfrac{(1+i)-1}{i}$ 称为等额支付终值系数，通常用 $(F/A, i, n)$ 来表示。

因此，式（2-10）也表示为：

$$F=A(F/A,i,n) \tag{2-11}$$

【例 2-7】 某人每年年末存入银行 2 万元，连续存 5 年，年利率为 10%，求第 5 年年末可从银行取出多少钱？

【解】 $F=A(F/A,i,n)=2\times(F/A,10\%,5)=2\times6.1051=12.2102$ 万元

【例 2-8】 某企业从每年的折旧费中保留 5 万元，现已有 20 万元，今后 6 年仍然这样累计下去，利率为 10%，问第 6 年年末这笔保留的折旧基金总额是多少？

【解】 $F=20(F/P,10\%,6)+5(F/A,10\%,6)=74.02$ 万元

4. 等额支付偿债基金公式（已知 F，求 A）

等额支付偿债基金公式的含义是为了筹集未来 n 年后所需的一笔资金，在每个计息期期末等额存入一笔资金 A，即已知 F，求 A。等额支付偿债基金公式是等额支付终值公式的逆运算，类似于日常商业活动中的分期付款业务。

其计算公式为：

$$A=F\left[\frac{i}{(1+i)^n-1}\right] \tag{2-12}$$

式中，系数 $\dfrac{i}{(1+i)^n-1}$ 称为等额支付偿债基金系数，记为 $(A/F, i, n)$。

因此，式（2-12）也可表示为：

$$A=F(A/F,i,n) \tag{2-13}$$

【例 2-9】 某厂欲积累一笔设备更新基金，用于第 4 年年末更新设备。预计此项设备投资总额为 500 万元，银行利率为 12%，问每年年末至少要存入多少钱？

【解】 $A=F(A/F,i,n)=500\times(A/F,12\%,4)=500\times0.2092=104.6$ 万元

5. 等额支付现值公式（已知 A，求 P）

如果希望在今后 n 年内，每年年末都能取得一笔等额的资金 A，在利率 i 的情况下，现在必须投入多少钱，现金流量图如图 2-8 所示。

要把 n 年内系统的总现金流入转化为与之等值的总现金流出 P。

即已知每年的等额年值 A、利率 i 和计息周期 n，求现值 P。

类似于日常生活储蓄中的整存零取。

图 2-8 等额支付现值现金流量图

利用 $F=A\left[\dfrac{(1+i)^n-1}{i}\right]$ 和 $F=P(1+i)^n$ 可以得出：

$$P=A\left[\frac{(1+i)^n-1}{i(1+i)^n}\right] \tag{2-14}$$

式中，系数 $\dfrac{(1+i)^n-1}{i(1+i)^n}$ 称为等额支付现值系数，记为 $(P/A, i, n)$。

因此，式（2-14）也可表示为：

$$P=A(P/A,i,n) \tag{2-15}$$

【例 2-10】 某人为了在 10 年内，每年年末都能从银行取出 2 万元，利率为 10%，问现在应该存入多少钱？

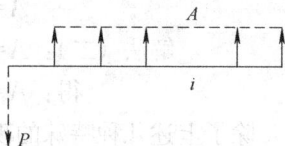

【解】　$P=A(P/A,i,n)=2×(P/A,10\%,10)=2×6.1446=12.29$ 万元

【例 2-11】　某人每年年初存入银行 500 元，连续存 8 年，若银行利率为 8%，此人第 8 年年末可从银行取出多少钱？相当于现值多少？

【解】　$F=500(F/A,8\%,8)(F/P,8\%,1)=5743.98$ 元

$$P=500+500(P/A,8\%,7)=3103$$ 元

6. 等额支付资本回收公式（已知 P，求 A）

等额支付资本回收公式是等额支付现值公式的逆运算。在期初一次投入资金数额为 P，在 n 年内全部收回，则在利率 i 的情况下，求每年年末应等额回收的资金 A。即已知现值 P、利率 i 和计息周期 n，求等额年值 A。

$$A=P\left[\frac{i(1+i)^n}{(1+i)^n-1}\right] \tag{2-16}$$

式中，系数 $\frac{i(1+i)^n}{(1+i)^n-1}$ 称为等额支付资本回收公式，通常用 $(A/P,i,n)$ 来表示。

因此，式（2-16）也可表示为：

$$A=P(A/P,i,n) \tag{2-17}$$

资金回收系数是一个重要的系数，其含义是对应于工程方案的初始投资，则在方案寿命期内每年至少要回收的金额。

【例 2-12】　一台施工机械价值 10 万元，希望 5 年内收回全部投资，若折现率为 8%，问每年应至少等额回收多少钱？

【解】　$A=P(A/P,i,n)=10×(A/P,8\%,5)=10×0.2505=2.505$ 万元

【例 2-13】　某企业向银行贷款 3000 万元购买一台设备，假设该设备使用期为 10 年，基准折现率为 8%，使用期内大修等费用每年约需 30 万元，试问经营这台设备每年至少应获得多少收益才不会亏本？

【解】　解法（一）：$30(P/A,8\%,10)+3000=A(P/A,8\%,10)$

$$A=[30(P/A,8\%,10)+3000](A/P,8\%,10)$$

解法（二）：$A=3000(A/P,8\%,10)+30$

得：$A=477.09$ 万元

除了上述几种特殊的现金流量外，在许多工程经济问题中，现金流量为多次不等额支付。需要灵活运用上述几种形式的现金流量进行组合计算，得到最终要求时点的资金价值。

2.2.6　资金时间价值计算公式应用应注意的问题

本节主要介绍了资金时间价值计算的有关公式。为了便于理解和记忆，现将以上 6 个公式汇总于表 2-6。

资金时间价值计算公式汇总表　　　　　　　　　　　　　　　表 2-6

系数名称	求	已知	标准代号	代数式	计算公式	说明
复利终值系数	F	P	$(F/P,i,n)$	$(1+i)^n$	$F=P(F/P,i,n)$	一次支付
复利现值系数	P	F	$(P/F,i,n)$	$(1+i)^{-n}$	$P=F(P/F,i,n)$	

续表

系数名称	求	已知	标准代号	代数式	计算公式	说明
等额支付终值系数	F	A	$(F/A, i, n)$	$\dfrac{(1+i)^n-1}{i}$	$F=A\,(F/A, i, n)$	
等额支付偿债基金系数	A	F	$(A/F, i, n)$	$\dfrac{i}{(1+i)^n-1}$	$A=F(A/F, i, n)$	等额多次支付
等额支付现值系数	P	A	$(P/A, i, n)$	$\dfrac{(1+i)^n-1}{i(1+i)^n}$	$P=A(P/A, i, n)$	
等额支付资本回收系数	A	P	$(A/P, i, n)$	$\dfrac{i(1+i)^n}{(1+i)^n-1}$	$A=P(A/P, i, n)$	

从表 2-6 中可以看出，各种系数之间具有以下关系：

复利终值系数与复利现值系数互为倒数；

等额支付终值系数与等额支付偿债基金系数互为倒数；

等额支付现值系数与等额支付资本回收系数互为倒数；

等额支付资本回收系数＝等额支付偿债基金系数＋i，　$(A/P, i, n)=(A/F, i, n)+i$。

在工程经济分析中，现值比终值使用更为广泛。因为用终值进行分析，会使人感到评价结论的可信度较低；而用现值概念容易被决策者接受。为此，在工程经济分析时应当注意以下两点：

1）正确选择折现率。折现率是决定现值大小的一个重要因素，必须根据实际情况选用。

2）注意现金流量的分布情况。从收益角度来看，获得的时间越早、数额越大，其现值就越大。因此，应使建设项目早日投产，早日达到设计生产能力，早获收益，多获收益，才能达到最佳经济效益。从投资角度看，投资支出的时间越晚、数额越小，其现值就越小。因此，应合理分配各年投资额，在不影响项目正常实施的前提下，尽量减少建设初期投资额，加大建设后期投资比重。

2.3　名义利率与实际利率

前述公式中讲到的计息周期一般都是以年为单位的。但在实际应用中，计息周期并不一定以一年为周期，可以是半年、季度、月。同样的年利率，由于计息周期的不同，本金所产生的利息也不同。因而，当不以年为计息周期时，需要用到名义利率和实际利率的概念进行资金的价值计算。

2.3.1　周期利率

用于表示计算利息的时间单位称为计息周期，通常是年、半年、季，也可以是月、周或日。计息周期所对应的利率称为周期利率。例如：某笔住房抵押贷款按月还本付息，其月利率为 1%，计息周期为月，月利率 1% 就是周期利率。

2.3.2　名义利率

在复利计算中，一般是采用年利率。但年利率的计息周期可能等于一年也可能短于一年，若利率为年利率，而实际计息周期小于一年（如年、月、季等），则这种年利率叫名义利率。

例如：年利率为12%，每年计息12次（即按月计息），12%则为名义利率，实际相当于月利率为1%。

$$名义利率\ r＝周期利率×每年的计息次数\ m \tag{2-18}$$

2.3.3　实际利率

若利率为年利率，实际计息周期也是一年，这种年利率即为实际利率。

例如：年利率为12%，每年计息1次（即按年计息），12%则为实际利率。

根据名义利率和计息次数，得周期利率为$\frac{r}{m}$。

利率周期末本利和为：
$$F＝P\left(1+\frac{r}{m}\right) \tag{2-19}$$

该利率周期内产生的利息为：$I＝F－P＝P\left[\left(1+\frac{r}{m}\right)^{m}-1\right]$

根据利率定义，得实际利率：
$$i＝\frac{I}{P}\left(1+\frac{r}{m}\right)^{m}-1 \tag{2-20}$$

上面的公式是一年中复利计息次数有限时，名义利率与实际利率的换算公式。当每年中的复利计息次数m无限增加时，则年实际利率为：

$$i_{连}＝\lim_{m\to\infty}\left(1+\frac{r}{m}\right)^{m}-1＝\lim_{m\to\infty}\left[\left(1+\frac{r}{m}\right)^{\frac{m}{r}}\right]^{r}-1＝e^{r}-1 \tag{2-21}$$

这种计息方式称为连续复利。

由式（2-20）可知，当$m＝1$时，实际利率等于名义利率；当$m＞1$时，实际利率大于名义利率，而且m越大，两者相差也越大。

由于计息的周期长短不同，同一笔资金在占用时间相等的情况下，所付的利息却不相同，这就会影响方案的经济效益指标，所以需要将名义利率换算为实际利率。

【例2-14】　某施工企业希望从银行借款500万元，借款期限2年，期满一次还本。经咨询有甲、乙、丙、丁四家银行愿意提供贷款，年利率均为8%。其中，甲要求按月计算并支付利息，乙要求按季度计算并支付利息，丙要求按半年计算并支付利息，丁要求按年计算并支付利息。则对该企业来说，借款实际利率最低的银行是哪家？

【解】　甲银行的年实际利率为$i＝\left(1+\frac{r}{m}\right)^{m}-1＝\left(1+\frac{8\%}{12}\right)^{12}-1＝(1+0.067\%)^{12}-1＝8.30\%$；

乙银行的年实际利率为$i＝\left(1+\frac{r}{m}\right)^{m}-1＝\left(1+\frac{8\%}{4}\right)^{4}-1＝(1+2\%)^{4}-1＝8.24\%$；

丙银行的年实际利率为$i＝\left(1+\frac{r}{m}\right)^{m}-1＝\left(1+\frac{8\%}{2}\right)^{2}-1＝(1+4\%)^{2}-1＝8.16\%$；

丁银行的8%为年实际利率；

因为丁银行的实际利率最低，所以应选择丁银行。

在进行分析计算时，对名义利率一般有两种处理方法：①将其换算为实际利率后，再进行计算；②直接按单位计息周期利率来计算，但计息期数要作相应调整。

【例 2-15】 某人现在存款 1000 元，年利率 $i=10\%$，计息周期半年，复利计息，问 5 年末存款金额多少元？

【解】 （1）按年实际利率计算，计息周期半年，则每年计息次数是 2 次，计息周期利率 $\dfrac{r}{m}=\dfrac{10\%}{2}=5\%$，则年实际利率是：

$$i=\left(1+\frac{r}{m}\right)^m-1=\left(1+\frac{10\%}{2}\right)^2-1=(1+5\%)^2-1=10.25\%$$

查复利系数表：当 $i=10\%$ 时，$(F/P, 10\%, 5)=1.6105$

当 $i=12\%$ 时，$(F/P, 12\%, 5)=1.7623$

利用线性内插法求得当 $i=10.25\%$ 时，

$$(F/P,10.25\%,5)=1.6105+\frac{1.7623-1.6105}{12\%-10\%}\times(10.25\%-10\%)=1.6295$$

则 5 年末本利和 $F=1000\times(F/P, 10.25\%, 5)=1000\times1.6295=1629.5$ 元

（2）按计息周期利率，计息周期利率 $\dfrac{r}{m}=\dfrac{10\%}{2}=5\%$，计息次数 $2\times5=10$，则：

$$F=1000\times(F/P,10\%/2,2\times5)=1000\times1.6289=1628.9 \text{ 元}$$

上述两法计算结果略有差异，实际利率不是整数，无表可查，在利率间用线性内插法计算时引起系数有微小差异。此差异虽小，但计算较繁琐，故用计息周期利率计算较简单。

本章小结

本章在提出现金流量概念及现金流量图绘制的基础上，着重介绍了资金时间价值的意义、衡量尺度及计算公式。

（1）现金流量概念及现金流量图绘制是资金时间价值计算的基础。

（2）利息与利率、单利与复利、计息周期、名义利率与实际利率都是计算资金时间价值的基本概念。

（3）根据资金支付方式和等值换算的时间不同，本章介绍了资金等值计算的一次性支付和等额支付两种类型，共 6 个计算公式（表 2-6），每种类型都可以通过计算公式来分别计算现值、终值、年值等资金等值数据，可以将不同时间点上的资金实现等值。

（4）影响资金时间价值的因素：资金的使用时间，资金数量的多少，资金投入和回收的特点，资金的周转速度。

思考与练习题

一、思考题

2-1 为什么要研究资金的时间价值？资金时间价值是如何产生的？

2-2 什么是现金流量图？构成要素有哪些？绘制时应注意哪些问题？

2-3 什么是利息、利率？单利和复利的区别是什么？试举例说明。

2-4 如何理解资金的等值？资金等值对工程经济实践有何用处？

2-5 什么是名义利率和实际利率？两者有何关系？

二、选择题

2-6 关于现金流量图的绘制规则的说法，正确的是（   ）。

A. 对投资人来说，时间轴上方的箭线表示现金流出

B. 箭线长短与现金流量的大小没有关系

C. 箭线与时间轴的交点表示现金流量发生的时点

D. 时间轴上的点通常表示该时间单位的起始时点

2-7 下列关于现金流量的说法中，正确的是（   ）。

A. 收益获得的时间越晚，数额越大，其现值越大

B. 收益获得的时间越早，数额越大，其现值越小

C. 收益获得的时间越早，数额越小，其现值越大

D. 收益获得的时间越晚，数额越小，其现值越小

2-8 当年名义利率一定时，每年的计息次数越多，这年实际利率（   ）。

A. 与年名义利率的差值越大

B. 与年名义利率的差值越小

C. 与计息周期利率的差值越小

D. 与计息周期利率的差值趋于常数

2-9 年利率8%，按季度复利计息，则半年期实际利率为（   ）。

A. 4.00%   B. 4.04%   C. 4.07%   D. 4.12%

2-10 在进行资金等值测算时，下面哪些系数之间关系的表达是正确的（   ）。

A. $(F/P, i, n)=1/(P/F, i, n)$ B. $(F/A, i, n)=1/(A/F, i, n)$

C. $(P/A, i, n)(A/P, i, n)=1$ D. $(A/P, i, n)=(A/F, i, n)+i$

三、计算分析题

2-11 某人向银行借款2万元，约定4年后归还。若银行借款年利率为4.5%，试分别用单利和复利计息计算3年后此人应还给银行多少钱？哪种还款方式合算？

2-12 某工程投资100万元，第三年建成投产，投产后每年净收益300万元，第5年年初追加投资500万元，当年见效且每年净收益增加为750万元。该项目计算期为10年，无残值，请绘制该项目的现金流量图。

2-13 某企业为4年后的第5年年初至第7年年末每年投资100万元建立一个新项目，已知年利率为10%，则该企业现在应该准备的资金数量怎么表达？请写出表达式。

2-14 若年利率为5%，试求图对应的现值、终值和等额年金。

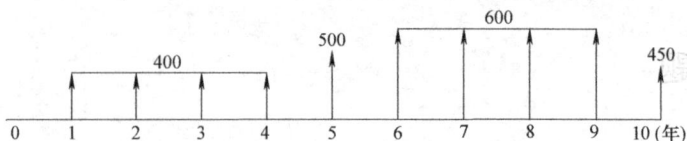

图2-9 题2-14图

2-15 某企业贷款200万元投资建设一个项目，3年建成并投产，同时开始用每年的收益来等额偿还贷款，分10年还完，贷款年利率为7%。问该企业每年等额偿还多少钱

给银行?

2-16 某公司现在存款 P 万元,存款期限 10 年,现在有多种利率投资方式可供选择,问,该公司若希望 10 年后本利和是现在存款的 2 倍,应选择年利率为多少的投资方式?

2-17 某工程基建 5 年,于每年年初投资 200 万元,年利率 5%,每半年计息一次,试计算投资期初的现值及第 5 年末的终值。

2-18 赵先生向银行申请住房贷款,贷款 40 万元,贷款期限 20 年。银行贷款利率为 6%,按月计息。如果赵先生每月等额还款,每月应还给银行多少钱?若银行每半年记一次息,则赵先生每个月还款多少?

2-19 从现在起若每年年末存入银行 4 万元,连续存 7 年,按年利率 7% 计息,7 年末可得多少钱?若是每年年初存入 4 万元,7 年末可得多少?

2-20 某企业获得 8 万元贷款,偿还期 4 年,年利率 10%,试就以下 4 种还款方式,分别计算各年还款额(本金数额和利息数额),以及还款终值。

① 每年年末还 2 万元本金和所欠利息;

② 每年年末只还所欠利息,本金在第四年年末一次还清;

③ 每年年末等额偿还本息;

④ 第四年年末一次还清本息。

2-21 某人每年年初从银行贷款 4 万元,连续贷款 5 年,5 年后一次性偿还本息。银行约定计算利息的方法有以下三种:

① 年贷款利率为 6%,每年计息一次;

② 年贷款利率为 4.8%,每半年计息一次;

③ 年贷款利率为 4.5%,每季度计息一次。

试计算三种还法的一次性还本付息额。此人应选择哪一种还法?

2-22 某家庭以 4000 元/m² 的价格,购买了一套建筑面积为 120m² 的住宅,首付款 30%,70% 为住房抵押贷款,银行为其提供了 15 年的住房抵押贷款,该贷款的年利率为 6%,按月等额还款。如该家庭在按月等额还款 5 年后,欲于第六年初一次性还清银行贷款,问一次性需还款多少?

第 3 章　建设工程经济分析与评价的基本原理

本章要点及学习目标

本章要点：

本章主要介绍重要的工程经济要素：投资、收入、成本、税金和利润，这些是构成一个完整投资方案的内容；具体介绍工程经济评价方案的基本指标：净现值、内部收益率和投资回收期，并按照静态指标和动态指标的分类，对这些指标的概念、计算和经济含义进行了详细地讲解；简要介绍公益性项目的费用效益分析。

学习目标：

要求掌握工程经济要素的关系，熟悉投资、成本和利润的基本构成。熟练掌握净现值、内部收益率、投资回收期等指标的计算，并通过计算结果进行方案的评价。

二维码 3-1
工程经济要素

3.1　工程经济要素

在工程经济分析中我们是借助于现金流量进行的，而构成现金流量的基本要素是项目的投资、收入、成本、税金和利润。这些构成了工程经济分析的基本经济要素。

3.1.1　投资

3.1.1.1　投资的概念

投资的概念有广义和狭义之分。广义的投资是指人们的一种有目的的经济行为，即以一定的资源投入某项计划，以获取所期望的报酬的过程。如提供咨询、提供劳务、投资办企业、银行存款、发放贷款等而获得收益的活动都可以称为投资。狭义的投资是指人们在社会经济活动中为实现某种预定的生产、经营目标而预先垫付的资金。如建工厂、买股票、买债券等而预先投入的资金都叫投资。本章所说经济要素中的投资指狭义的投资。

3.1.1.2　投资的主体

投资的主体是项目。所谓项目是指在一定的约束条件下（主要是限定的资源和时间），具有明确目标的一次性任务（或活动）。项目也有广义和狭义之分。广义的项目泛指一切符合项目定义，具备项目特点的一次性任务（或活动）；最常见的项目有：开发项目（如开发某新产品）、建设项目（如修建一条高速公路）、科研项目以及工业生产项目等。狭义的项目专指建设项目。

3.1.1.3　建设项目投资及构成

1. 建设项目总投资

　　建设项目总投资是指投资主体为获取预期收益，在选定的建设项目上所需投入的全部资金。建设项目按用途可分为生产性建设项目和非生产性建设项目。

　　2. 建设项目总投资的内容

　　根据工程项目建设与经营的要求，生产性建设项目要形成一定的生产能力，其总投资包括固定资产投资、建设期利息和流动资产投资三部分，而非生产性建设项目总投资只有固定资产投资，不包括流动资产投资。本章所涉及的项目都是生产性建设项目。

　　按形成资产法分类，建设项目总投资最终形成固定资产、无形资产、递延资产和流动资产四类资产。

　　1）固定资产费用

　　固定资产是指使用年限在 1 年以上，单位价值在一定限额以上，在使用过程中始终保持原有物质形态的资产。固定资产主要包括房屋、建筑物、机械、运输设备和其他与生产经营有关的设备、器具、工具等。不属于生产经营主要设备的物品，单位价值在 2000 元以上，使用年限超过两年的也作为固定资产。

　　(1) 固定资产原值：项目建成投产时核定的固定资产值，其大小等于购入或自创固定资产时所发生的全部费用。

　　(2) 固定资产残值：项目寿命期结束时，固定资产的残余价值（一般指当时市场上可以实现的价值）。

　　(3) 固定资产净值：固定资产使用一段时间后所具有的价值，其大小等于固定资产原值扣除累计的折旧费。

　　(4) 固定资产折旧：固定资产在使用中会逐渐磨损和贬值，使用价值逐步转移到产品中去，这种伴随固定资产损耗发生的价值转移称为固定资产折旧。转移的价值以折旧的形式计入成本，通过产品销售以货币的形式回到投资者手中。固定资产折旧常用直线折旧法和加速折旧法。在工程经济分析中常采用直线折旧法中的平均年限法。

　　平均年限法是把应计提折旧的固定资产价值按其使用年限平均分摊的一种方法。其计算公式：

$$折旧额＝（固定资产原值－固定资产残值）/折旧年限 \tag{3-1}$$

$$折旧额＝固定资产原值×（1－固定资产预计净残值率）/折旧年限 \tag{3-2}$$

　　【例 3-1】　某固定资产原值为 20000 元，预计净残值率为 5%，折旧年限为 5 年，则按平均年限法计算年折旧率、年折旧额及第 3 年末账面净值分别为多少？

　　【解】　根据式（3-1）得：

$$f=\frac{1-S}{T}×100\%=\frac{1-5\%}{5}×100\%=19\%$$

$$D=K_0 f=20000×19\%=3800 \text{ 元}$$

$$K_3=K_0-3D=20000-3800×3=8600 \text{ 元}$$

　　平均年限法计算简单，因此被广泛应用。但它不能准确反映固定资产实际损耗情况，不利于投资的尽快回收，在出现新设备而使原设备提前淘汰时，可能由于未提足折旧而承担经济损失。此种情况需要采用加速折旧方法。

　　(5) 固定资产重估值：在许多情况下，由于各种原因，固定资产净值往往不能反映当时固定资产的真实价值，需要根据社会再生产条件和市场情况对固定资产重新估价，估得的价值即为固定资产重估值。

2）无形资产费用

无形资产是指一定价值或可以为所有者带来经济利益，能在比较长的时期内持续发挥作用且不具有独立实体的权利和经济资源。无形资产包括专利权、著作权、商标权、土地使用权、专有技术、商誉等。

无形资产费用是指直接形成无形资产的建设投资，即形成专利权、非专利权技术、商标权、土地使用权和商誉等所需要的建设投资。无形资产的摊销采用直线法、产量法和加速摊销法。

直线法又称平均年限法，是将无形资产的应摊销金额均衡地分配于每一会计期间的一种方法。其计算公式如下：

$$无形资产年摊销额＝无形资产取得总额/使用年限 \tag{3-3}$$

【例3-2】 2010年1月，甲公司以银行存款12000000元购入一项土地使用权（不考虑相关税费）。该土地使用权年限为20年，则该土地使用权每月摊销额是多少？

【解】 根据式（3-3）得该土地使用权每月摊销额＝12000000÷20÷12＝50000元

这种方法的优点是计算简便，易于掌握。缺点是就符合会计的客观性原则和配比原则的要求而言，不够理想。对稳定性强的无形资产，如商标权、著作权、土地使用权等适合采用这种摊销方法。

3）其他资产费用

其他资产费用是指除货币资金、交易性金融资产、应收及预付款项、存货、长期投资、固定资产、无形资产以外的资产。其他资产费用主要包括开办费、长期待摊费用和其他长期资产。开办费指企业在筹建期间，除应计入有关财产物资价值以外所发生的各项费用，包括人员工资、办公费、培训费、差旅费、印刷费、注册登记费以及不计入固定资产价值的借款费用等。长期待摊费用指摊销期在一年以上的已付费用，如经营性租入固定资产较大改良支出和固定资产大修理支出等。其他长期资产一般包括国家批准储备的特种物资、银行冻结存款以及临时设施和涉及诉讼中的财产等。

4）预备费用

预备费用是为了工程建设实施阶段，可能发生的风险因素导致的建设费用的增加而预备的费用。预备费用包括涨价预备费和基本预备费两大类。

（1）基本预备费

基本预备费主要为解决在施工过程中，经上级批准的设计变更和国家政策性调整所增加的投资以及为解决意外事故而采取措施所增加的工程项目费用，又称工程建设不可预见费。主要指设计变更、施工过程中可能增加工程量的费用，具体包括以下五个方面：

① 在进行设计和施工过程中，在批准的初步设计范围内，必须增加的工程和按规定需要增加的费用（含相应增加的价差及税金）。

② 在建设过程中，工程遭受一般自然灾害所造成的损失和为预防自然灾害所采取的措施费用。

③ 在上级主管部门组织施工验收时，验收委员会（或小组）为鉴定工程质量，必须开挖和修复隐蔽工程的费用。

④ 由于设计变更所引起的废弃工程发生的费用，但不包括施工质量不符合设计要求

而造成的返工费用和废弃工程。

⑤ 征地、拆迁的价差。

基本预备费按工程费用（即建筑工程费、设备及工器具购置费和安装工程费之和）和工程建设其他费用，两者之和乘以基本预备费的费率计算。

$$基本预备费＝（工程费用＋工程建设其他费用）×基本预备费率 \qquad (3-4)$$

（2）涨价预备费

涨价预备费是指建设期间内利率、汇率或价格等因素的变化而预留的可能增加的费用。涨价预备费的内容包括：人工、设备、材料、施工机械的价差费，建筑安装工程费及工程建设其他费用调整，利率、汇率调整等增加的费用。涨价预备费的计算方法，一般是根据国家规定的投资综合价格指数，按估算年份价格水平的投资额为基数，采用复利方法计算。具体计算方法详见第 5 章固定资产投资中涨价预备费相关内容。

3.1.2 收入

收入指企业在生产经营活动中所取得的营业收入。

对于销售产品的收入计算公式为：

$$收入＝产品销售数量×产品单价 \qquad (3-5)$$

工程经济分析中，收入是现金流入的一个主要项目。

3.1.3 成本

3.1.3.1 总成本费用

总成本费用指在运营期（生产期）内为生产产品或提供服务所发生的全部费用。即在一定时期内（财务、经济评价中按年计算）为生产和销售所有产品而花费的全部费用。

3.1.3.2 总成本构成

总成本费用的构成按照是否构成产品实体，可以由制造成本法（生产成本法）和生产要素法两种方法确定。本章采用的是生产成本法，总成本包括制造成本和期间费用两部分。制造成本是指企业为生产经营商品等发生的各项直接支出，包括直接人工费用、直接材料费用、制造费用以及其他直接支出。期间费用是指发生在生产期间，但又不计入产品生产成本的各种费用，包括销售费用、管理费用和财务费用，如图 3-1 所示。

1. 制造成本费用构成

1）直接人工费用：在生产过程中直接从事产品生产、加工而发生的工人的工资性消耗，它包括直接从事产品生产人员的工资、补贴和奖金等。

图 3-1 总成本构成图

2）直接材料费用：在生产过程中直接为产品生产而消耗的各种物资，包括原材料、辅助材料、备品配件、外购半成品、燃料、动力、包装物等费用。

3）制造费用：发生在生产单位的间接费用，指生产部门为组织产品生产和管理生产而发生的各项费用，包括生产单位管理人员的工资、职工福利费以及生产单位房屋建筑物、机械设备的折旧费、修理维护费、机械物资消耗费用、低值易耗费、取暖费、水电

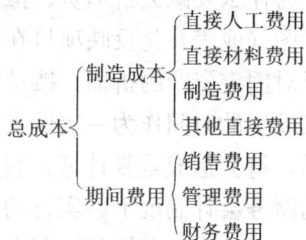

费、办公费、差旅费、运输费、保险费、设计制图费、试验检验费、劳动保护费等。

2. 期间费用构成

1）销售费用：企业在销售商品过程中发生的费用，包括企业销售商品过程中发生的运输费、装卸费、包装费、保险费、展览费和广告费，以及为销售本企业商品而专设的销售机构（含销售网点、售后服务网点等）的职工工资及福利费、类似工资性质的费用、业务费等经营费用。

2）管理费用：企业为组织和管理企业生产经营所发生的管理费用，包括企业的董事会和行政管理部门在企业的经营管理中发生的，或者应当由企业统一负担的公司经费（包括行政管理部门职工工资、修理费、物料消耗、低值易耗品摊销、办公费和差旅费等）、工会经费、待业保险费、劳动保险费、董事会费、聘请中介机构费、咨询费（含顾问费）、诉讼费、业务招待费、房产税、车船使用税、土地使用税、印花税、技术转让费、矿产资源补偿费、无形资产摊销、职工教育经费、研究与开发费、排污费、存货盘亏或盘盈（不包括应计入营业外支出的存货损失）、计提的坏账准备和存货跌价准备等。

3）财务费用：企业为筹集生产经营所需资金等而发生的费用，包括应当作为期间费用的利息支出（减利息收入）、汇兑损失（减汇兑收益）以及相关的手续费等。

3.1.3.3 几种常见的成本

1. 经营成本

在工程经济分析中，为了计算方便，从总成本费用中分离出一种经营成本。它是建设工程经济中分析现金流量时所使用的特定概念。作为项目运行期的主要现金流出，经营成本涉及项目生产及销售企业管理过程中的物料、人力和能源的投入费用，能够在一定程度上反映企业的生产和管理水平，其构成为：经营成本＝外购原材料、燃料和动力费＋工资及福利费＋其他费用。

经营成本与总成本的关系为：经营成本是项目总成本费用扣除固定资产折旧费、无形资产及递延资产摊销费和利息支出以后的全部费用。用公式表述为：

$$经营成本＝总成本费用－折旧费－摊销费－利息支出 \qquad (3-6)$$

为什么要减去折旧费、摊销费和利息支出呢？因为在工程经济分析中，其使用的现金流量图（或表）是反映项目在计算期内逐年发生的现金流入和流出。总成本费用中的折旧费是对固定资产的折旧，摊销费是对递延资产和无形资产的摊销，而这三种资产的投资已在其发生的时间作为一次性支出计为现金流出，如果再以折旧和摊销的形式算作费用支出的话，将会造成重复计算。利息支出是指建设期投资贷款或借款在生产期发生的利息。在目前财务会计制度下，实行的是税后还贷，即借款的本金用折旧费、摊销费和税后利润来归还，而生产经营期间的利息可计入财务费用。在考察全部投资时，不分自有资金和借贷资金，把资金全部看作自有资金，不发生利息支出，因而必须从总成本费用中扣除。

从上面的分析可以得出结论：经营成本是生产经营期发生的生产经营费用，属于各年的现金流出。折旧费和摊销费只是构成总成本的内容，而不是现金流出。利息是否为现金流出要看是项目投资现金流量还是资本金现金流量，对于前者属于内部流转，对于后者则是现金流出。

2. 固定成本和可变成本

产品成本按照其与产量的关系可分为固定成本和可变成本。

1) 固定成本：在一定的生产规模内，不随产量变动而变动的成本。如生产单位固定资产的折旧费、修理费、管理人员工资及职工福利费、办公费和差旅费等。这些费用的总额不随产量的增加而增加，也不随产量的减少而减少。但当产量增加时，这些费用分摊到单位产品上的成本会减少；当产量减少时，分摊到单位产量上的成本会增加。因此，在生产规模内，应尽量增加产量，以减少单位产品的分摊成本。

2) 可变成本：随着产量变动而成比例变动的成本。如产量增加一倍，成本增加一倍；产量减少一半，成本减少一半，但一定时期的单位产品成本是不变的。如产品生产中消耗的直接材料费用、直接人工费用、直接燃料动力费用、直接包装费用等。

所有的可变成本均为经营成本，固定成本中则包含了经营成本（如管理人员工资及福利费等）、折旧费、摊销费和利息支出。

3. 沉没成本

沉没成本是指由于过去的决策已经发生的，而不能由现在或将来的任何决策改变的成本。这些已经发生不可收回的支出，如时间、金钱、精力等，称为"沉没成本"。

沉没成本是一种历史成本，对现有决策而言是不可控成本，不会影响当前行为或未来决策。从这个意义上说，在投资决策时应排除沉没成本的干扰。例如，某企业现在有一个决策，是否接受一笔生产订单？那么在生产规模以内，原有的固定资产投资就是沉没成本，它不会因为是否接受生产订单而发生变化，它在建厂初期就已经发生了。对企业来说，沉没成本是企业在以前经营活动中已经支付现金，而经营期间摊入成本费用的支出。因此，固定资产、无形资产、递延资产等均属于企业的沉没成本。沉没成本一旦形成就不可避免。因此，在决策过程中分清哪些是沉没成本非常重要。

4. 机会成本

机会成本是指资源用于某种用途后放弃了其他用途而失去的最大收益。在投资经济学中，我们常常假设资源是稀缺的（事实也是这样）或者有限的，资源只能投资到一些项目或部分项目。资源的稀缺性和替代性也要求将资源优化配置，即将有限的资源投入到投资者付出代价最小的地方。这样，投资者就必然要放弃将资源投入到其他项目中，这就出现了机会成本。机会成本是投资决策中经常采用的一种成本，尤其在项目的国民经济分析中经常采用。

5. 边际成本

边际成本是指在任何产量水平上，增加一个单位产量所需要增加的工人工资、原材料和燃料等变动成本。理论上来讲，边际成本表示当产量增加一个单位时，总成本增加多少。一般而言，随着产量的增加，总成本增加，但增加量递减，从而边际成本下降，也就是说的是规模效应。任何增加一个单位产量的收入不能低于边际成本，否则必然会出现亏损。只要增加一个产量的收入能高于边际成本，即使低于总的平均单位成本，也会增加利润或减少亏损。因为边际成本考虑的是单位产量变动所增加的成本，故固定成本可以视为不变，边际成本实际上是生产一个单位产品时所增加的可变成本的数额。

3.1.4 税金

税金是指企业或纳税人根据国家税法规定应该向国家缴纳的各种税款。税金是企业和纳税人为国家提供资金积累的重要方式，也是国家对各项经济活动进行宏观调控的重要杠杆。税收是国家凭借政治权利参与国民收入分配与再分配的一种方式，具有强制性、无偿性和固定性的特点。

我国现行税制体系是一个由多种税组成的复税制体系，按征税对象的不同分为流转税、所得税、资源税、财产税、行为税、农业税和特定目的税七大类。

3.1.4.1　流转税类

流转税类是指以纳税人商品生产、流通环节的流转额或者数量以及非商品交易的营业额为征税对象的各种税，主要在生产、流通或者服务业中发挥调节作用，包括的税种有增值税、消费税、关税。

1. 增值税

增值税是对中华人民共和国境内销售或进口货物，提供加工、修理修配劳务，以及销售服务、无形资产或者不动产实现的增值额征收的一个税种，增值税纳税人分为一般纳税人和小规模纳税人两类。一般纳税人按照销项税额抵扣进项税额的办法计算缴纳应纳税额，小规模纳税人则实行简易办法计算缴纳应纳税额。2018 年 5 月 1 日起统一增值税小规模纳税人的年销售额标准为 500 万元。目前我国增值税税率有 16％、10％、6％三档。增值税的公式为：

$$一般纳税人的应纳增值税额＝当期销项税额－当期进项税额 \tag{3-7}$$

【例 3-3】　某企业 2004 年产品销售收入为 8000 万元，本年度内购买原材料、燃料、动力等支出 2000 万元，试计算该企业全年应纳增值税额。

【解】　该企业全年的产品销售收入就是当期销项税额，而购买原材料、燃料、动力等的支出就是当期进项税额，该企业没有享受任何优惠税收政策，所以适合的增值税税率应为 16％。因此，该企业全年应纳增值税额为：

$$(8000－2000)×16％＝960 万元$$

2. 消费税

消费税是国际上普遍采用的对特定的某些消费品和消费行为征收的一种间接税。我国征收消费税的消费品主要有白酒、小汽车、摩托车、汽车轮胎、石脑油、润滑油、溶剂油、航空煤油、燃料油、高尔夫球及球具、木制一次性筷子、实木地板、游艇、高档手表共 14 个税目。消费税的税率在 3％～45％之间，有的实行比例税率，有的实行定额税率。与增值税不同，消费税是一种价内税，并且与增值税交叉征收，即对应消费品既要征收增值税，又要征收消费税。

3.1.4.2　特定目的税类

特定目的税是指国家为了达到某种特定目的而对特定对象和特定行为征收的一类税，包括城市维护建设税、土地增值税。

1. 城市维护建设税

城市维护建设税是以纳税人实际缴纳的增值税、消费税和营业税税额为依据所征收的一种税，主要目的是筹集城镇设施建设和维护资金。城市维护建设税是一种附加税，其税率根据城镇规模设计。纳税人所在地在市区的，税率为 7％；纳税人所在地在县城、镇的，税率为 5％；纳税人所在地不在市区、县城或镇的，税率为 1％。城市维护建设税，以纳税人实际缴纳的产品税、增值税、营业税税额为计税依据，分别与产品税、增值税、营业税同时缴纳。计算公式为：

$$应纳城市维护建设税额＝实际缴纳的增值税、消费税、营业税税额×适合的税率 \quad (3-8)$$

2. 土地增值税

土地增值税是对有偿转让国有土地使用权及地上建筑物和其他附着物产权、取得增值性收入的单位和个人征收的一种税。它同时具有增值税和资源税双重特点，是一种以特定的增值额为征收依据的土地资源税类。凡是转让国有土地使用权及地上建筑物和其他附着物产权、取得增值性收入的单位和个人都是纳税人。

土地增值税的税率从 $30\%\sim60\%$，采用四级超额累进税率。第一级税率适用于增值额超过扣除项目金额的 50% 部分，税率为 30%；第二级税率适用于增值额超过扣除项目金额的 50% 部分，但未超过扣除项目金额的 100% 部分，税率为 40%；第三级税率适用于增值额超过扣除项目金额的 100% 部分，但未超过扣除项目金额的 200% 部分，税率为 50%；第四级税率适用于增值额超过扣除项目金额的 200% 部分，税率为 60%；土地增值税采用扣除法和评估法计算增值额。

3.1.4.3 教育费附加和地方教育费附加

目前，由税务部门征收的与教育相关的规费包括教育费附加税和地方教育附加税。其中：教育费附加 1986 年征收，征收标准为实际缴纳"三税"（即增值税、营业税、消费税）税额的 3%；地方教育附加是一项地方政府性基金，征收标准为单位和个人（包括外商投资企业、外国企业及外籍个人）实际缴纳的增值税、营业税和消费税税额的 2%。

$$应纳教育费附加＝（营业税＋增值税＋消费税）×3\% \quad (3-9)$$
$$应纳地方教育费附加＝（营业税＋增值税＋消费税）×2\% \quad (3-10)$$

3.1.4.4 所得税类

所得税是指以单位或个人在一定时期内的纯所得为征收对象的一类税，主要是在国民收入形成后，对生产经营者的利润和个人的纯收入发挥调节作用，包括企业所得税、外商投资企业和外国企业所得税、个人所得税。在工程经济分析中，常用的是企业所得税。企业所得税是指对中华人民共和国境内的一切企业（不包括外商投资企业和外国企业），就其来源于中国境内外的生产经营所得和其他所得而征收的一种税。计算公式为：

$$所得税＝应纳税所得额×适合的税率 \quad (3-11)$$
$$应纳税所得额＝销售收入－总成本－销售税及附加－弥补以前年度亏损 \quad (3-12)$$

公式中的销售税及附加即以上提及的增值税、消费税、营业税、城市建设维护费和教育费附加等。

3.1.5 利润

3.1.5.1 利润总额

利润是企业在一定的期间生产经营活动中的最终财务成果，是收入与费用配比相抵后的余额，它能够综合反映出企业的管理水平和经营水平。企业利润有利润总额和净利润两种。如果收入大于费用，企业的净利润为正，说明企业盈利；如果收入小于费用，企业的净利润为负，说明企业亏损。

按照现行财务制度规定，利润总额的计算公式为：

$$利润总额＝营业利润＋投资净收益＋补贴收入＋营业外收入－营业外支出 \quad (3-13)$$

在项目评价时，为简化计算，通常假定项目不发生其他业务利润，也不发生投资净收益、补贴收入、营业外收支净额，故本期的利润总额为：

$$利润总额＝销售收入－总成本－销售税金及附加 \tag{3-14}$$

【例 3-4】 某工程咨询企业 2016 年的营业利润为 500 万元，该企业本年营业外收入 40 万元，营业外支出 25 万元，该企业利润总额是多少？

【解】 利润总额＝营业利润＋营业外收入－营业外支出＝500＋40-25＝515 万元

3.1.5.2   税后利润

税后利润又称为净利润，是指利润总额扣除所得税后的余额。其计算公式为：

$$净利润＝利润总额－所得税 \tag{3-15}$$

3.1.5.3   可分配利润

在公司的净利润中扣除职工福利及奖励基金，再加上年初未分配利润后即得可分配的利润总额。用公式表示为：

$$可分配利润＝净利润＋年初未分配利润－中外合资企业提取职工福利及奖励基金 \tag{3-16}$$

3.1.5.4   利润的分配

企业年度净利润，除法律、行政法规另有规定外，税后按照以下顺序分配：

(1) 被没收财务损失，违反税法规定支付的滞纳金和罚款；

(2) 弥补企业以前年度亏损；

(3) 提取法定公积金，用于弥补亏损，按照国家规定转增资本等；

(4) 提取公益金，主要用于企业职工福利设施支出；

(5) 向投资者分配利润，企业以前年度未分配的利润，可以并入本年度向投资者分配。

注：法定盈余公积金的提取比例一般是当年净利润的 10%。

3.1.6   总成本、销售收入和利润之间的关系

根据上面的分析，可以通过图 3-2 表示总成本、销售收入和利润之间的关系。

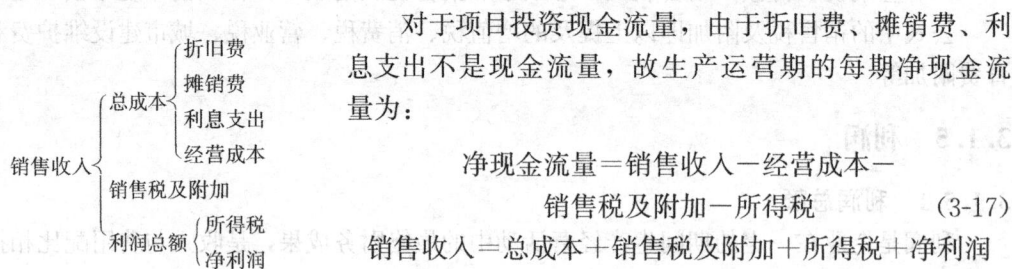

图 3-2   总成本、收入和利润的关系图

对于项目投资现金流量，由于折旧费、摊销费、利息支出不是现金流量，故生产运营期的每期净现金流量为：

$$净现金流量＝销售收入－经营成本－$$
$$销售税及附加－所得税 \tag{3-17}$$
$$销售收入＝总成本＋销售税及附加＋所得税＋净利润 \tag{3-18}$$

故有：

$$净现金流量＝折旧费＋摊销费＋利息支出＋净利润 \tag{3-19}$$

对于资本金投资现金流量，利息支出是现金流出，且生产经营期还要偿还借款本金，故生产运营期的每期净现金流量为：

净现金流量＝销售收入－经营成本－支出当期销售税金及附加－所得税－借款本息偿还

$$(3-20)$$

销售收入＝总成本＋销售税金及附加＋所得税＋净利润 $\qquad (3-21)$

故有：

净现金流量＝折旧费＋摊销费＋净利润－借款本金偿还 $\qquad (3-22)$

上述各经济要素均对应生产经营期每一期的取值。

3.2 工程项目经济评价指标

对技术方案进行经济性分析，其核心内容是经济效果的评价。经济效果的评价指标是多种多样的，它们从不同角度反映技术方案的经济性。评价建设项目经济效果的好坏，取决于两个方面，一是基础数据的完整可靠，二是选取评价指标的合理性及计算方法的正确性。因此，选择正确的经济评价指标及方法非常重要。

3.2.1 经济评价指标体系

由于工程项目的复杂性，任何一个具体的评价指标往往难以达到全面评价项目的目的。不同项目预期目标不尽相同，需要采用不同的指标予以反映。工程项目的评价指标可以从不同的角度进行分类，在对项目进行经济效益分析时，应尽量选用不同类型的指标同时分析，以保证评价的合理性和全面性。建设工程经济分析涉及的指标和方法非常多，其中根据是否考虑资金的时间价值，则可将建设项目经济评价指标分为静态指标和动态指标，并构建相应的指标体系。本节的主要内容就是结合上述工程项目评价的具体指标，从静态和动态两个角度介绍相应的经济评价指标体系及方法。

按建设项目评价时是否考虑资金的时间价值，建设项目经济评价指标可分为静态评价指标和动态评价指标两大类。不考虑资金时间价值的评价指标称为静态评价指标，考虑资金时间价值的评价指标称为动态评价指标。如图 3-3 所示。

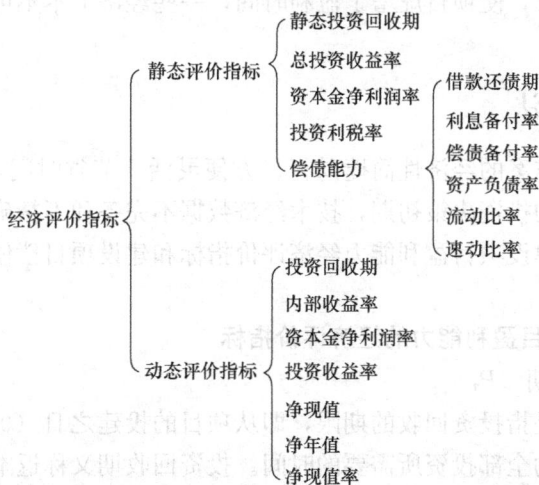

图 3-3　建设项目经济评价指标体系（按评价指标是否考虑资金时间价值分类）

3.2.1.1　静态评价指标

在不考虑资金的时间价值情况下，进行效益和费用计算，即评价指标不进行复利计算，计算简便、直观，适用于评价短期建设项目和逐年收益大致相等的项目，在对建设项目方案进行概略评价时或对时间较短、投资规模与收益规模均比较小的投资项目也常常采用。它的主要缺点是没有考虑资金的时间价值和不能反映项目整个寿命周期的全面情况，是一种工程项目经济评价时的辅助分析指标。

3.2.1.2　动态评价指标

在考虑资金的时间价值的情况下，进行效益和费用计算，即将发生在不同时点的效益、费用采用一定的折现率进行等值化处理后计算出的评价指标。动态评价指标能较全面地反映投资方案在整个计算期的经济效果，适用于详细可行性研究，或对计算期较长以及处在终评阶段的建设方案进行评价。动态评价指标更加注重考察项目在计算期内的各年现金流量的具体情况，因而也能更直观地反映项目的盈利能力，所以动态评价指标比静态动态评价指标的应用更加广泛，能够较全面反映投资方案整个计算期的经济性，在项目详细可行性研究阶段经常采用，适于融资前项目整体效益评价及较长期的项目经济评价。

注意，项目寿命期的确定对项目经济分析有较大影响。项目寿命期也称为项目计算期，是指对拟建项目进行现金流量分析时应确定的项目服务年限。对建设项目来说，项目寿命期分为建设期和生产期两个阶段，生产期又分为投产期和达产期两个阶段。

项目建设期指从开始施工至全部建成投产所需要的时间。项目建设期内只有投资，很少有产出，其长短的确定与投资规模、行业性质和建设方式有关。

项目生产期指项目从建成到固定资产报废为止所经历的时间。其中项目投产期指尚未达到满负荷生产状态的时期，达产期指达到100％满负荷生产状态的时期。项目生产期不能等同于项目投资后的服务期，而应根据项目的性质、技术水平、技术进步及实际服务期的长短合理确定。

在计算经济评价指标时，建设项目寿命期的确定很重要。项目寿命期的确定是否合理，会影响到项目的最终评价结果。若寿命期确定过短，有可能错过一些更大盈利比方案的选择；若寿命期过长，使项目虚增了盈利时间，一些经济上本不可行的项目则有可能被选中实施。

3.2.2　静态评价方法

用静态指标分析方案的经济性简捷易行、方便灵活、节省时间，能够快速得出结论。一般情况下，在项目的投资决策初期，技术经济数据不完备和不精确的项目初选时使用静态指标分析，主要从建设项目盈利能力经济评价指标和建设项目偿债能力评价指标两方面分析。

3.2.2.1　反映建设项目盈利能力的经济评价指标

1. 静态投资回收期（P_t）

静态投资回收期是指投资回收的期限，即从项目的投建之日（0点）起，用项目每年的净收益来回收期初的全部投资所需要的时间。投资回收期又称返本期，也称投资返本年限，是反映项目或方案投资回收速度的重要指标，通常以"年"表示。对投资者来说，投资回收期越短越好。

根据定义，静态投资回收期的计算公式为：

$$\sum_{t=0}^{P_t} (CI - CO)_t = 0 \qquad (3-23)$$

式中　P_t——静态投资回收期；

　　CI——第 t 年的现金流入量；

　　CO——第 t 年的现金流出量；

$(CI - CO)_t$——第 t 年的净现金流量。

在实际工作中，累计净现金流量等于零的时点往往不是某一自然年份。这时，可以采用现金流量表累计其净现金流量来求 P_t，计算公式如下。

计算项目静态投资回收期的两种方法。

1) 直接计算法（公式法）

项目建成投产后各年的净收益均相同，则静态投资回收期的计算公式为：

$$P_t = \frac{I}{A} + n_0 \qquad (3-24)$$

式中　I——项目的全部投资；

　　A——每年的净收益，即 $A = (CI - CO)_t$；

　　n_0——项目的建设期。

【例 3-5】　某项目建设投资为 1000 万元，流动资金为 200 万元，建设当年即投产并达到设计生产能力，年净收益为 340 万元，求该项目的静态投资回收期。

【解】　根据式（3-23）可得该项目的静态投资回收期为：

$$P_t = \frac{I}{A} = \frac{1000 + 200}{340} = 3.53 \text{ 年}$$

2) 列表计算法（累计法）

如果项目建成投产后各年的净收益不同，该方法通常用表格形式计算，根据方案的净现金流量从投资开始时刻（即零时点）依次求出以后各年的现金流量之和（即累计净现金流量），直至累计净现金流量等于零的时刻为止。对应于累计净现金流量等于零的时刻，即为该方案从投资开始年算起的静态投资回收期。其计算公式为：

$$P_t = （累计净现金流量首次出现正值的年分数 - 1) + \frac{上一年累计净现金流量}{首次出现正值年份的净现金流量}$$

$$(3-25)$$

投资回收期是建设工程项目的一个评价指标，在进行方案评价时，一般将计算出的投资回收期与基准投资回收期相比较进行判断。标准投资回收期 P_c 是国家或部门制定的标准（依据全社会或全行业投资回收期的平均水平），也可以是企业根据自己的目标所期望的投资回收期水平。设 P_c 为基准投资回收期：

进行单方案评价时，若 $P_t \leqslant P_c$ 时，说明项目投入的总资金在规定的时间内可收回，方案的经济效益好，方案可行；若 $P_t > P_c$ 时，说明项目投入的总资金在规定的时间内不能收回，方案的经济效益不好，方案不可行。

当多个方案进行比较，在每个方案自身满足 $P_t \leqslant P_c$ 时，投资回收期越短的方案越好。

【例 3-6】　某投资方案的净现金流量如表 3-1 所示，求该技术方案的静态投资回收期。若该行业类似规模项目的从投资时算起的投资回收期一般为 6 年，请问这个项目可行与否？

累计净现金流量计算表（万元）　　　　　　　　　　　表 3-1

年限	0	1	2	3	4	5	6	7
净现金流量	−100	−40	50	40	40	40	50	40
累计净现金流量	−100	−140	−90	−50	−10	30	80	120

【解】　累计净现金流量计算结果如表 3-1 可知，该项目的静态投资回收期在 4～5 年之间。根据公式（3-24）有：

P_t＝（累计净现金流量出现正值的年份−1）＋（上一年累计净现金流量的绝对值/

当年净现金流量）＝（5−1）＋10/40 ＝4.25 年

由题意知 P_c＝6，则 P_t＜P_c，所以该建设项目可行。

静态投资回收期可以在一定程度上反映出项目方案的资金回收能力，其计算方便，有助于对技术上更新较快的项目进行评价。但该指标没有考虑资金的时间价值，也没有对投资回收期以后的收益进行分析，无法确定项目在整个寿命期的总收益和获利能力。容易使人接受短期效益好的方案，忽视短期效益差、但长期效益高的方案。

【例 3-7】　某项目三种方案的净现金流量见表 3-2，请采用静态投资回收期法判断三个方案的优劣。

某项目三种方案的现金流量表（万元）　　　　　　　表 3-2

方案年份	0	1	2	3	4	5	累计现金流量
方案一	−1500	750	750	0	0	0	0
方案二	−1500	375	375	375	375	375	375
方案三	−1500	500	500	500	500	500	1000

【解】　比较三个方案，初始投资总额都为 1500 万元，静态投资回收期分别为 2 年、4 年和 3 年，如果仅按静态投资回收期的长短来进行方案的取舍，应优先选择方案一，其次选择方案三，最后选择方案二。但是比较发现，方案一收回投资后年份的净收益为 0，是三个方案中效益最差的。因此，静态投资回收期只能作为辅助方法进行方案决策，要想保证决策的科学有效性，必须与其他方法结合使用。

2. 总投资收益率

总投资收益率又称投资利润率，是指投资方案在达到设计一定生产能力后一个正常年份的年净收益总额与方案投资总额的比率。它是评价投资方案盈利能力的静态指标，表明投资方案正常生产年份中，单位投资每年所创造的年净收益额。对运营期内各年的净收益额变化幅度较大的方案，可计算运营期年均净收益额与投资总额的比率。

总投资收益率应按下式计算：

$$ROI = \frac{EBIT}{TI} \times 100\% \qquad (3-26)$$

式中　ROI——总投资收益率；

    $EBIT$——项目正常年份的年息税前利润总额或营运期内年平均息税前利润总额；

    TI——项目总投资。

    其中，年息税前利润＝年营业（销售）收入－年总成本费用－年销售税金及附加＋补贴收入＋利息支出；

    年总成本费用＝外购原材料、燃料及动力＋工资及福利费＋修理费＋折旧费＋摊销费＋利息支出＋其他费用；

    年销售税金及附加＝年消费税＋年增值税＋年资源税＋年城市维护建设税＋教育费附加；

    项目总投资＝建设投资（固定资产投资）＋建设期利息＋流动资金。

    总投资收益率表明项目正常生产年份中，单位投资每年所创造的年净收益额。投资收益率越大，说明项目的投资效益越好。若生产期的利润总额变化幅度较大的方案，可计算生产期年平均利润总额。

    如果项目在正常生产年份内各年收益情况变化幅度较大时，也可采用下列公式进行计算：

$$投资收益率(RIO)=\frac{年平均税前利润总额}{项目总投资}\times100\% \tag{3-27}$$

    投资收益率与静态投资回收期呈倒数关系。

    用投资收益率评价方案，同样要与基准投资收益率 R_c 进行比较。如果项目的投资收益率不小于基准投资收益率 R_c，项目是可行的；如果项目的投资收益率小于基准投资收益率 R_c，项目是不可行的。

    【例 3-8】 某项目期初投资 2000 万元，建设期为 3 年，投产前两年每年的收益为 200 万元，以后每年的收益为 400 万元。若同行业投资收益率为 18％，问：该方案是否可行？

    【解】 该方案正常年份的净收益为 400 万元，因此，投资收益率为：

$$RIO=400/2000\times100\%=20\%$$

    该方案的投资收益率为 20％，大于同行业投资收益率 18％，因此该方案可行。

    从以上的分析计算可见，投资收益率与投资回收期是同一类型的评价指标，它们都没有考虑资金的时间价值。当未来的情况很难预测，或者在项目决策初期资料不全或功能要求不准确，而投资者又特别关心资金的补偿时，投资回收期是一个有用的指标。

   3. 建设项目资本金净利润率（ROE）

    建设项目资本金净利润率表示项目资本金的盈利水平，指项目达到设计能力后正常年份的年净利润或运营期内年平均净利润与项目资本金的比率。其计算公式如下：

$$资本金净利润率(ROE)=\frac{NP}{EC}=\frac{正常年份的年净利润总额或运营期内年平均净利润总额}{项目资本金}\times100\%$$

$$\tag{3-28}$$

式中 ROE——资本金利润率；

     NP——项目正常生产年份的年净利润总额或营运期内的年平均净利润总额；

      EC——项目资本金；

$$年净利润＝利润总额－所得税$$
$$＝年产品营业（销售）收入－年产品销售税金及附加$$
$$－年总成本费用＋补贴收入－所得税 \qquad (3\text{-}29)$$

$$项目资本金＝原有股东增资扩股＋吸收新股东投资＋发行股票＋政府投资＋股东直接投资$$
$$\qquad (3\text{-}30)$$

评价依据：将计算出的资本金净利润率与行业净利润率参考值进行比较。资本金净利润率高于行业净利润率参考值时，表明盈利能力达到要求。

对于技术方案而言，若总投资收益率或资本金净利润率高于同期银行利率，适度举债是有利的。反之，过高的负债比率将损害企业和投资者的利益。所以总投资收益率或资本金净利润率指标不仅可以用来衡量工程建设方案的获利能力，还可以作为技术方案筹资决策参考的依据。

4. 投资利税率（REOI）

投资利税率是指项目达到设计生产能力后的一个正常生产年份的年利税总额或项目生产期内的年平均利税总额与项目总投资的比率。其计算公式如下：

$$REOI = \frac{EBIT}{TI} \times 100\% \qquad (3\text{-}31)$$

式中　REOI——投资利税率；

　　　EBIT——项目正常年份的年利税总额或营运期内年平均利税总额；

　　　TI——项目总投资；

　　　年利税总额＝年产品营业（销售）收入－年总成本费用；

　　　　　　　项目总投资＝固定资产投资＋建设期利息＋流动资金。

投资利税率可以根据利润与利润分配表中的有关数据计算求得。在财务评价中，投资利税率高于行业平均投资利税率时，认为该建设项目可行。

【例3-9】　某企业投资一项建设项目，基建投资5000万元，生产期为10年，预计总利润为10000万元，年税金按年平均总利润的8%计算，流动资金需要量按年平均总利润的15%计算，所需资金全部自筹，试计算该项目的投资利税率。若行业平均投资利税率为18%，试判断该项目是否可行。

【解】
$$EBIT = \frac{10000}{10} + \frac{10000}{10} \times 8\% = 1080 \ 万元$$

$$TI = 5000 + \frac{10000}{10} \times 15\% = 5150 \ 万元$$

该项目的投资利税率为 $=\dfrac{1080}{5150} \times 100\% = 20.97\%$

由题意可知，行业平均投资利税率为18%，则该项目投资利税率大于行业平均投资利税率，所以该建设项目可行。

3.2.2.2　反映建设项目偿债能力的经济评价指标

1. 借款偿还期（P_d）

借款偿还期又称贷款偿还期，是指在国家财政规定及具体的财务条件下，项目投产后可以用作还款的项目收益（税后利润、折旧、摊销及其他收益等）来偿还项目投资借款本金和利息所需要的时间。它是反映项目借款偿债能力的重要指标。借款偿还期的计算公式为：

$$I_d = \sum_{t=1}^{P_d} (R_P + D' + R_0 - R_r)_t \qquad (3-32)$$

式中　P_d——借款偿还期（从借款开始年计算，当从投产年算起时，应予以注明）；

　　I_d——建设投资借款本金和利息（不包括已用自有资金支付的部分）之和；

　　R_P——第 t 年可用于还款的利润；

　　D'——t 年可用于还款的折旧；

　　R_0——第 t 年可用于还款的其他收益；

　　R_r——第 t 年企业留利。

计算中，贷款利息一般作如下假设：长期借款，当年贷款按半年计息，当年还款按全年计息。假设在建设期借入资金，生产期逐期归还，则：

$$建设期年利息＝（年初借款累计＋本年借款/2）×年利率$$

$$生产期年利息＝年初借款累计×年利率$$

流动资金借款及其他短期借款按全年计息。

当借款偿还期满足贷款机构的要求期限时，即认为项目是有清偿能力的。

实际计算时，计算数据可通过项目的财务平衡表或借款偿还计划表得出，其单位通常用"年"表示，计算公式为：

$$P_d＝（借款偿还后出现盈余的年份数－1）＋\frac{当年应偿还借款额}{当年可用于还款的收益额} \qquad (3-33)$$

【例 3-10】　某公司借款偿还第 5 年出现盈余，盈余当年应偿还的借款额为 15 万元，盈余当年可用于还款的余额为 260 万元，计算该项目借款偿还期。

【解】　根据式（3-30）可得：

$$借款偿还期＝（5－1）＋\frac{15}{260}＝4.058 年$$

借款偿还期满足贷款机构要求的期限时，即认为项目是有借款偿还能力的。当项目预先给定借款偿还期时，借款偿还期指标就不适用了，这时应采用利息备付率和偿债备付率指标分析项目的偿债能力。

2. 利息备付率

利息备付率也称已获利息倍数，是指建设项目在借款偿还期内各年可用于支付利息的息税前利润与当期应付利息费用的比值，它从付息资金来源的充裕性角度反映支付债务利息的能力。其计算公式为：

$$利息备付率＝\frac{息税前利润}{当期应付利息费用} \qquad (3-34)$$

息税前利润＝利润总额＋当年计入总成本费用的应付利息

当期应付利息是指计入总成本费用的全部利息。利息备付率应分年计算，分别计算在债务偿还期内各年的利息备付率。利息备付率表示使用项目利润偿付利息的保证倍率，利息备付率越高，说明利息支付的保证度越大，利息偿付的保障程度越高，偿债风险越小。对于正常经营的企业，一般情况下，利息备付率一般不宜低于 2。利息备付率低于 1，表示没有足够资金支付利息，偿债风险很大。

3. 偿债备付率

偿债备付率是从偿债资金来源的充裕性角度反映偿付债务本息的能力，是指在借款偿还期内，各年可用于还本付息的资金与当期应还本付息金额的比值。其计算公式为：

$$偿债备付率 = \frac{可用于还本付息资金}{当期应还本付息额} \tag{3-35}$$

可用于还本付息资金＝息税前利润＋折旧＋摊销－所得税

当年应还本付息金额＝当期应还贷款本金额＋计入总成本费用的全部利息

融资租赁的本息和运营期内的短期借款本息也纳入还本付息金额。如果运营期间支出了维护运营的投资费用，应从分子中扣减。

偿债备付率分年计算，分别计算在债务偿还期内各年的偿债备付率。若偿还前期的偿债备付率数值偏低，为分析所用，也可以补充计算债务偿还期内的年平均偿债备付率。

偿债备付率表示可用于还本付息的资金偿还借款本息的保证倍率，偿债备付率低，说明偿付债务本息的资金不充足，偿债风险大。当这一指标小于 1 时，表示可用于计算还本付息的资金不足以偿付当年债务。故偿债备付率至少应大于 1，正常情况下不宜低于 1.3，并满足债权人的要求。

【例 3-11】 某项目与备付率有关的数据见表 3-3，计算该项目的利息备付率和偿债备付率。

某项目与备付率有关的数据（万元）　　　　表 3-3

项目年份	2	3	4	5
应还本付息额	96.4	96.4	96.4	96.4
应付利息额	23.7	19.5	16.8	12.8
息税前利润	50	206.5	206.5	206.5
折旧	169.7	169.7	169.7	169.7
所得税	6.5	68.7	67.4	68

【解】

第二年：利息备付率 $= \dfrac{50}{23.7} = 2.11$

$\quad\quad\quad$ 偿债备付率 $= \dfrac{50 + 169.7 - 6.5}{96.4} = 2.21$

第三年：利息备付率 $= \dfrac{206.5}{19.5} = 10.59$

$\quad\quad\quad$ 偿债备付率 $= \dfrac{206.5 + 169.7 - 68.7}{96.4} = 3.19$

第四年：利息备付率 $= \dfrac{206.5}{16.8} = 12.29$

$\quad\quad\quad$ 偿债备付率 $= \dfrac{206.5 + 169.7 - 68.7}{96.4} = 3.20$

第五年：利息备付率 $= \dfrac{206.5}{12.8} = 16.13$

$\quad\quad\quad$ 偿债备付率 $= \dfrac{206.5 + 169.7 - 68}{96.4} = 3.20$

4. 资产负债率

资产负债率是指各期期末负债总额与资产总额的比率，是反映项目各年所面临的财务风险程度及偿债能力的指标。其计算公式为：

$$资产负债率＝\frac{期末负债总额}{期末资产总额}×100\%$$ (3-36)

资产负债率可根据资产负债表中的有关数据计算求得。

资产负债率能够揭示出企业的全部资金来源中有多少是由债权人提供，可以衡量企业在清算时保护债权人利益的程度，适度的资产负债率，表明企业安全稳健，具有较强的筹资能力，也表明企业和债券人的风险较小。对该指标的分析，应结合国际国内宏观经济状况、行业发展趋势、企业所处竞争环境以及管理层是激进者、中庸者还是保守者等具体条件判定。从债权人的角度看，资产负债率越低越好。对投资人或股东来说，在全部资本利润率高于借款利息率时，负债比例越高越好。一般认为，资产负债率取值的适宜水平是40%～60%。

【例3-12】　某建筑公司优先股，上年每股盈余为4元，每股发放股利2元，保留盈余在过去一年中增加了500万元。年底每股账面价值为30元，负债总额为5500万元，试计算该公司的资产负债率。

【解】　总股数＝500/(4－2)＝250万股

所有者权益总额＝250×30＝7500万元

根据式（3-33）可得：资产负债率＝5500/(7500＋5500)×100%＝42.31%

5. 流动比率

流动比率是反映项目各年流动资产总额和流动负债总额之比，是衡量短期债务清偿能力最常用的比率，是衡量企业短期风险的指标。其计算公式为：

$$流动比率＝\frac{流动资产总额}{流动负债总额}$$ (3-37)

流动资产总额＝现金＋有价证券＋应收账款＋存货

流动负债总额＝应付账款＋短期应付票据＋应付工资＋税收＋其他债务

流动比率可根据资产负债表中的有关数据计算求得。流动比率越高，说明资产的流动性越大，短期偿债能力越强。但比率太高会影响盈利水平。一般来说，流动资产应该至少是流动负债的两倍，即流动比率不低于2。不同的行业有不同的水平和标准。

6. 速动比率

速动比率是指速动资产对流动负债的比率。它是衡量企业流动资产中可以立即变现用于偿还流动负债的能力。其计算公式为：

$$速动比率＝\frac{速动资产}{流动负债}$$ (3-38)

速动资产＝流动资产－存货

或，速动资产＝流动资产－存货－预付账款－待摊费用

速动比率可根据资产负债表中的有关数据计算求得，速动比率越高，短期偿债能力越强。同时，速动比率过高也会影响资产利用效率。一般速动比率维持在1：1较为正常，它表明企业的每1元流动负债就有1元易于变现的流动资产来抵偿，短期偿债能力有可靠的保证。但不同的行业有不同的水平和标准。

【例3-13】　根据某建筑公司资料，2011年初的流动资产为612万元，存货为387万

元，流动负债为 297 万元；年末的流动资产为 557 万元，存货为 386 万元，流动负债为 164 万元。试计算年初和年末的速动比率。

【解】 根据式（3-35）可得：

年初速动比率：
$$\frac{612-387}{297}=0.76$$

年末速动比率：
$$\frac{557-386}{164}=1.04$$

3.2.3 动态评价方法

动态指标是指考虑了资金的时间价值，并从项目或方案的整个寿命期来考察项目经济性的指标。常见的动态评价指标有净现值（净将来值、净年值）、内部收益率、动态投资回收期等。

3.2.3.1 净现值 NPV

1. 净现值指标的含义及评价

二维码 3-2
净现值法

净现值（Net Present Value）是指将项目整个计算期内各年的净现金流量（或净效益费用流量），按某个给定的折现率（基准收益率），折现到计算基准年（通常是期初，即第 0 年）现值的代数和。

净现值是考察项目在计算期内盈利能力的主要动态评价指标，公式为：

$$NPV = \sum_{t=0}^{n}(CI-CO)_t(1+i_c)^{-t} \tag{3-39}$$

$$= \sum_{t=0}^{n}NCF_t(P/F,i_c,t) \tag{3-40}$$

式中 NPV——净现值；

i_c——行业基准收益率；

n——项目的计算期，一般为建设工程项目的寿命周期，是项目的建设期、投产期、达产期数之和。

根据式（3-37）计算出 NPV 后，在用于投资方案的经济评价时其判别准则如下。

1）若 $NPV>0$，说明方案可行。因为这种情况说明投资方案实施后的投资收益水平不仅能够达到基准折现率的水平，而且还会有盈余，也即项目的盈利能力超过其投资收益期望水平，同时表明方案的动态投资回收期小于该方案的计算期。

2）若 $NPV=0$，说明方案可考虑接受。因为这种情况说明投资方案实施后的收益水平恰好等于基准折现率，也即盈利能力能达到所期望的最低财务盈利水平，同时表明方案的动态投资回收期等于该方案的计算期。

3）若 $NPV<0$，说明方案不可行。因为这种情况说明投资方案实施后的投资收益水平达不到基准折现率，同时表明方案的动态投资回收期大于该方案的计算期。

【例 3-14】 某厂购买一台新设备，初始投资为 1275.66 万元，寿命期为 6 年，期末残

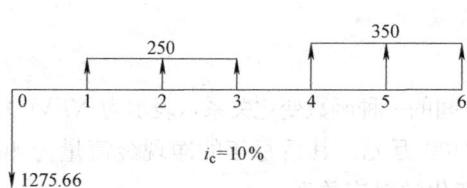

图 3-4 现金流量图

值为零。该机器在前 3 年每年净收益为 250 万元，后 3 年每年为 350 万元。已知基准折现率为 10%，求净现值。

【解】 用图 3-4 表示所有现金流量。求解 NPV，等于这些现金流量在 0 点的现值之和，公式（3-36）为通用公式，实际求解时，可根据现金流量的特点灵活运用资金等值公式。

$$NPV = -1275.66 + 250(P/A, 10\%, 3) + 350(P/A, 10\%, 3)(P/F, 10\%, 3)$$
$$= -1275.66 + 250 \times 2.4869 + 350 \times 2.4869 \times 0.7513 = 0$$

我们还可以利用 Microsoft Office Excel 中专门的财务函数——NPV 函数，很方便地计算出 NPV。对于【例 3-14】，利用 Excel 计算结果如图 3-5 所示。

图 3-5 Excel 计算 NPV 示例

计算结果为 $NPV = 0$。根据资金等值计算的内容，可知在 10% 的折现率条件下，该方案各年净收益之和和初始投资等值。即该方案的投资收益率刚好达到基准折现率 10%（不是表示该项目投资盈亏平衡）。如果将【例 3-14】投资减少为 1000 万元，收益不变，则 $NPV = 275.67 > 0$，新的方案的投资收益率一定高于 10%，表明项目的投资方案除了实现预定的行业收益率，还有超额的收益。

【例 3-15】 某建设项目的建设期为 2 年，第一年年初投资 200 万元，第二年年初投资 150 万元，生产期 20 年，投产后年均收益 80 万元，若行业的基准收益率为 20%，试分析该项目是否可行。如若使净现值为零，第二年实际应投资多少？

【解】 计算该项目的净现值

由式（3-36）计算，建设项目净现值：

$$NPV = -200 - 150(P/F, 20\%, 1) + 80(P/A, 20\%, 20)(P/F, 20\%, 2)$$
$$= -200 - 150 \times 0.8333 + 80 \times 4.870 \times 0.6944$$
$$= -54.48 \text{ 万元}$$

因为 $NPV < 0$，该建设项目不可行。

如若使净现值为零，设第二年投资应为 x 万元，则：

$$-200 - x(P/F, 20\%, 1) + 80(P/A, 20\%, 20)(P/F, 20\%, 2) = 0$$

解得：$x = 84.62$ 万元

2. 净现值函数的含义及评价

所谓净现值函数是指净现值 NPV 与折现率 i 之间的一种函数变化关系，表示为 $NPV(i)$。假如某项目寿命期为 14 年，其初始投资为 2400 万元，其后每年的净现金流量为 400 万元，表 3-4 列出了该项目的净现值随 i 变化而变化的对应关系。

某项目的折现率与净现值对应关系（万元）　　　　表 3-4

i	$NPV(i) = -2400 + 400(P/A, i, 14)$	i	$NPV(i) = -2400 + 400(P/A, i, 14)$
0	2400	25	-870.4
5	1559.6	30	-1100.4
10	546.8	35	-1274.4
14	0.8	40	-1408.8
15	-110.4	∞	-2400
20	-555.7		

若以纵坐标表示净现值 NPV，横坐标表示折现率 i，上述函数关系如图 3-6 所示。从图 3-6 所示的单一方案的净现值函数曲线可以看到，净现值函数一般有如下特点：一是同一净现值流量的净现值随折现率 i 的增大而减小。故基准折现率 i_c 定得越高，净现值 NPV 越小，能被接受的方案越少；二是净现值曲线在横轴上至少有一个交点 i^*，该交点处的净现值 NPV 等于零，且当 $i < i^*$ 时，$NPV(i) > 0$；$i > i^*$ 时，$NPV(i) < 0$。i^* 是一个具有重要经济意义的折现率临界值，后面还要对它详细分析。只有当基准折现率 $i_c \leqslant i^*$ 时，方案才可行。

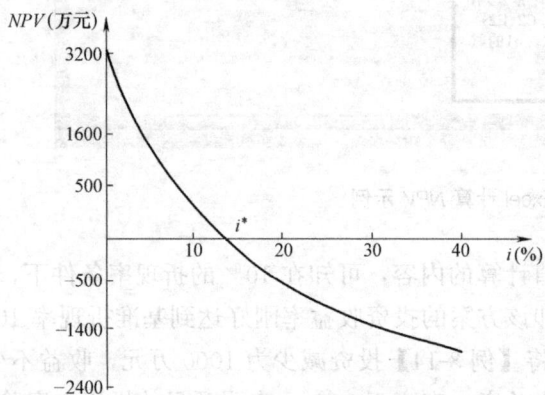

图 3-6　净现值函数曲线

3. 净现值指标的特点

优点：考虑了资金的时间价值和方案在整个寿命期内的费用和收益情况，对项目进行动态评价，考察了项目在整个寿命期内的经济状况；它直接以货币金额表示方案投资的收益性大小，比较直观。

缺点：基准折现率和各年的收益都是通过事先确定。由于项目的资金来源渠道很多，各种资金来源渠道其资金成本不同，折现率和资金成本很难准确确定，这使得资金成本仅具有理论上的意义，因而实际应用上会受到很大的限制。

3.2.3.2　净将来值（NFV）、净年值（NAV）

1. 净将来值（NFV）

净将来值（NFV）是指建设工程项目计算期内各年净现金流量以给定的基准折现率折算到计算期末（即第 n 年末）的金额代数和。依资金的等值，计算公式如下：

$$NFV = \sum_{t=0}^{n} (CI - CO)_t (1 + i_c)^t \tag{3-41}$$

式中　NFV——净将来值（净终值）。

2. 净年值（NAV）

净年值也常称净年金，是指按给定的基准折现率，通过等值换算将方案计算期内各个不同时点的净现金流量分摊到计算期内各年的等额年值。净年值指标反映的是项目年均收益的情况。

求一个项目的净年值，可以先求该项目的净现值（NPV），然后进行等值变换求解。净年值的计算公式为：

$$NAV = NPV(A/P, i_c, n) = \sum_{t=0}^{n} (CI - CO)(1 + I_c)^{-t}(A/P, i_c, n) \tag{3-42}$$

式中　　　NAV——净年值；

$(A/P, i_c, n)$——资本回收系数；

其余符号意义同前。

用净现值 NPV、净将来值 NFV 和净年值 NAV 对一个项目进行评价，结论是一致的。因为，当 $NPV \geqslant 0$ 时，$NFV \geqslant 0$，$NAV \geqslant 0$；当 $NPV < 0$ 时，$NFV < 0$，$NAV < 0$。故净将来值、净年值与净现值在项目评价的结论上总是一致的。因此，就项目的评价结论而言，净将来值、净年值与净现值是等效评价指标。但在实践中，人们多习惯于使用净现值指标，而净将来值指标几乎不被使用。净年值指标则常用在具有不同计算期的工程项目或方案经济比较中。

3.2.3.3　内部收益率（IRR）

1. 内部收益率的含义

内部收益率（Internal Rate of Return）又称内部报酬率，就是资金流入现值总额与资金流出现值总额相等、净现值等于零时的折现率。在这个折现率时，项目的现金流入的现值和等于其现金流出的现值和，它是除净现值以外的另一个最重要的动态经济评价指标。从经济意义上讲，内部收益率 IRR 的取值范围应该是：$-1 < IRR < \infty$，大多数情况下取值范围是 $0 < IRR < \infty$。内部收益率的计算公式为：

二维码 3-3
内部收益率法

$$NPV(IRR) = \sum_{t=0}^{n} (CI - CO)_t (1 + IRR)^{-t} = 0 \tag{3-43}$$

式中　IRR——内部收益率。

内部收益率是使项目在整个计算期内各年净现金流量现值累计之和等于 0 时的折现率。由于该指标所反映的是工程项目投资所能达到的收益率水平，其大小完全取决于方案本身，因而称为内部收益率。

内部收益率指标是项目占用的尚未回收资金的获利能力，同时也可以理解为工程项目对初始投资的偿还能力或该项目对贷款利率的最大承受能力；能反映项目自身的盈利能力，其值越高，方案的经济性越好。因此，在建设项目经济分析时，内部收益率是考察项目盈利能力的主要动态评价指标。

应用 IRR 对项目进行经济评价的判别准则：

设基准收益率 i_c，若 $IRR \geqslant i_c$，说明项目达到了基准折现率的获利水平，方案可以接受；若 $IRR < i_c$，则项目在经济效果上不可接受。

采用内部收益率指标的主要优点在于它揭示了项目所具有的最高获利能力，从而成为评价项目效益的非常有效的工具。从投入的角度，IRR 反映项目所能承受的最高利率；从产出的角度，IRR 代表项目能得到的收益程度。因此内部收益率与净现值、净年值的评价结论一致。

2. 内部收益率的计算方法

内部收益率的计算式是一个高次方程，计算复杂，一般有人工试算法和利用计算机编程求解两种方法。采用线性内插法首先明确折现率与现值的关系。一般情况下，折现率越大，现值越小；折现率越小，现值越大。

对于计算期不长、生产期内年净收益变化不大的技术方案，可以根据现金流量表中的累计净现值，采用线性内插法求出近似解。

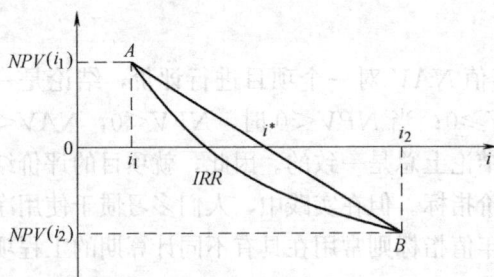

图 3-7   净现值曲线及内插法求 IRR 的示意图

一般情况下，折现率越大，现值越小；折现率越小，现值越大。其原理如图 3-7 所示。

计算过程如下：

首先，初估 IRR 的试算初值；试用 i_1 计算 NPV_1（i_1 可以根据给出的基准收益率作为试算第一步的依据来确定）。

假若 $NPV_1 = 0$，则对应的 i_1 即为内部收益率。

若 $NPV_1 \neq 0$，则根据 NPV_1 是否大于 0，再设 i_2。插值测算及判别规则如下：

1）若 $NPV_1 > 0$，则设 $i_2 > i_1$，计算 NPV_2 的值，若 $NPV_2 = 0$，则对应的 i_2 即为内部收益率。若 $NPV_2 > 0$，则将 i_2 的值赋给 i_1，即 $i_1 = i_2$，设下一个 $i_2 > i_1$，直到计算得出 $NPV_2 < 0$ 为止。

2）若 $NPV_1 < 0$，则设 $i_2 < i_1$，计算 NPV_2 的值，和上述步骤类似，直到找到一个 $NPV_2 > 0$ 为止。

i_1 和 i_2 的取值差距取决于 NPV_1 绝对值的大小，较大的绝对值可以取较大的差距，反之取较小的差距，一般应满足 i_2 与 i_1 的差值不超过 2%～5%，这样通过线性内插法求得的 i^* 才近似等于 IRR。应当指出，用线性内插法计算的误差与估计选用的两个折现率的差额的大小有直接的关系。为了控制误差，试算用的两个折现率之差一般以等于 2% 为宜，最大不应大于 3%。

3）多次计算得出 $NPV_1 > 0$、$NPV_2 < 0$ 或者 $NPV_1 < 0$、$NPV_2 > 0$，$NPV = 0$ 所对应的 IRR 必然在 i_1 和 i_2 之间，将 i_1 和 i_2 对应的点用直线连起来，将其和横坐标的交点来近似曲线和横坐标的交点，此时可用线性内插法求出直线和横坐标交点的横坐标值，依此作为 IRR 的近似值，即：

$$IRR \approx i^* = i_1 + \frac{NPV_1}{NPV_1 + |NPV_2|} \times (i_2 - i_1) \tag{3-44}$$

式中 IRR——内部收益率；

i_1——计算使用的低的折现率；

i_2——计算使用的高的折现率；

i^*——NPV 为 0 时的折现率；

NPV_1——使用 i_1 计算得出的净现值；

NPV_2——使用 i_2 计算得出的净现值。

【例 3-16】 已知某方案期初投资 2000 元，第 1 年收益为 300 元，第 2 年到第 4 年均获收益 500 元，第 5 年收益为 1200 元，试计算该方案的内部收益率。

【解】 根据题意，绘制现金流量图，如图 3-8 所示。根据公式（3-36）写出下列等式：

图 3-8 【例 3-14】现金流量图

$$NPV = -2000 - 300(P/F, i, 1) + 500$$
$$(P/A, i, 3)(P/F, i, 1) - 1200(P/F, i, 5)$$

第一次试算，取 $i_1 = 12\%$ 代入上式得：

$NPV (i_1) = 21$ 元，大于零。

第二次试算，取 $i_2 = 14\%$ 代入上式得：

$NPV (i_2) = -91$ 元，小于零。

内部收益率应在 12% 和 14% 之间，代入公式可得：

$$IRR \approx i^* = 12\% + \frac{21}{21+91} \times (14\% - 12\%) = 12.38\%$$

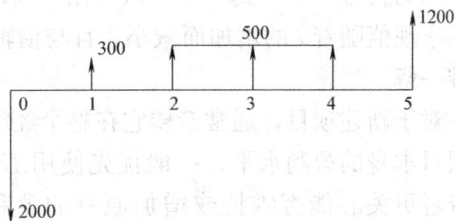

我们还可以利用 Microsoft Office Excel 中专门的财务函数——IRR 函数计算出【例 3-14】的 IRR。计算结果如图 3-9 所示。

图 3-9 Excel 计算 IRR 示例

如果项目在整个寿命期内其净现金流量序列的符号"一"到"＋"只变化一次，则称此类项目为常规项目。对常规投资项目，只要其累计净现金流量大于 0，则内部收益率方程的正实数根的解是唯一的，此解就是该项目的内部收益率。常规投资项目（整个计算期内净现金流量序列的符号从负值到正值只改变一次）内部收益年具有唯一解。

3. 内部收益率和净现值的关系

1）当基准收益率取为 i_0（$i_0 = IRR$）时，则必有 $NPV = 0$，反之亦然；

2）当基准收益率取为 i_1（$i_1 < IRR$）时，则必有 $NPV > 0$，反之亦然；

3）当基准收益率取为 i_2（$i_2 > IRR$）时，则必有 $NPV < 0$，反之亦然。

因此根据 NPV 和 IRR 来评价方案在经济上是否可接受必定得出相同的结论。

4. 内部收益率的适用范围和局限性

以上所讨论的内部收益率的计算及经济意义都是针对具有常规现金流的投资方案，这类现金流量的特点：在计算期内，开始时有支出然后有收益，在整个寿命期内其净现金流量序列的符号"一"到"＋"只变化一次，直到寿命期末所有现金流量的代数和为正，项目的净现值随着 i 的增加而减小，且与横轴有且只有一个交点，这种情况下，内部收益率有唯一解。

对于新建项目，通常希望它在整个经济寿命周期内的盈利水平比较高，因此如果重考虑项目本身的盈利水平，一般优先使用 IRR 来进行评价。对于改建项目或者更新项目，投资者更关心能否维持或增加原有的盈利水平，这时可以优先采用 NPV 来进行经济评价。

3.2.3.4　动态投资回收期（*IRR*）

1. 动态投资回收期的计算

动态投资回收期（Dynamic Investment Pay-back Period）是指考虑资金的时间价值，在给定的基准收益率（i_c）下，用项目各年净收益的现值来回收全部投资的现值所需要的时间。动态投资回收期一般从投资开始年算起，若从项目投产开始年计算，应予以特别注明。它与静态投资回收期

二维码 3-4
投资回收期法

的根本区别是考虑了资金的时间价值，动态投资回收期就是净现金流量累计现值等于零时的年份。

根据定义，动态投资回收期 P'_t 的计算公式为：

$$\sum_{t=0}^{P'_t} (CI - CO)_t (1 + i_c) = 0 \tag{3-45}$$

式中　　　P'_t——动态投资回收期；

　$(CI—CO)_t$——第 t 年的净现金流量；

　　　　i_c——基准折现率。

在实际计算中，常用与求动态投资回收期相似的"累计计算法"求解动态投资回收期 P_t，公式为：

$$P_t = （累计净现金流量折现值开始出现正值的年份—1）+$$

$$\frac{|上一年累计净现金流量的折现值|}{出现正值年份的净现金流量折现值} \tag{3-46}$$

2. 动态回收期评判方案原则

采用动态回收期法计算出来的动态投资回收期仍需要和项目的计算期 n 进行比较。

若 $P_t \leqslant P_c$，表明项目投入的总资金在规定的时间内可收回，则认为项目是可以考虑接受的。若 $P_t > P_c$，表明项目投入的总资金在规定的时间内不能收回，则认为项目是不可行的。

【例3-17】 根据项目有关数据见表3-5,基准收益率 $i_c=10\%$,$P_c=7$ 年。试计算静态和动态投资回收期。

某项目净现金流量表(万元) 表3-5

项目年份	0	1	2	3	4	5	6
投资支出	40	450	100				
其他支出				300	450	450	450
收入				400	700	700	700

【解】 根据表3-5计算可得表3-6。

某项目净现金流量表(万元) 表3-6

项目年份	0	1	2	3	4	5	6
净现金流量	−40	−450	−100	100	250	250	250
累计现金流量	−40	−480	−580	−480	−230	20	270
折现系数	1	0.9091	0.8264	0.7513	0.6830	0.6209	0.5654
折现值	−40	−409.10	−82.64	75.13	170.75	155.23	141.35
累计折现值	−40	−449.10	−531.74	−456.61	−285.86	−130.63	10.72

$$P_t=(5.1)+\frac{|-230|}{250}=4.92 \text{ 年}$$

$$P_t'=(6.1)+\frac{|-130.63|}{141.35}=5.92 \text{ 年}$$

经过计算得出 $P_t<P_c$,$P_t'<P_c$,所以此项目可行。

可见,同样的现金流量,在考虑资金时间价值后所需的回收时间变长。

3. 动态投资回收期法的优点和缺点

动态投资回收期是一个常用的经济评价指标,不仅考虑了资金的时间价值,该指标容易理解,计算也比较简便,在一定程度上显示了资本的周转速度。显然,资本周转速度越快,回收期越短,风险越小,盈利越多。动态投资回收期适用于三类项目:一是技术上更新迅速的项目,二是资金相当短缺的项目,三是未来的情况很难预测而投资者又特别关心资金补偿的项目。动态投资回收期的评价基准是项目计算期 n,当动态投资回收期为 n 时,与净现值和内部收益率具有同样的评价结果,条件是折现率取行业基准收益率。

动态投资回收期的不足之处是,计算比静态投资回收期复杂。

3.3 基准折现率的确定

3.3.1 基准折现率的含义

从上面的各指标可见,凡是动态指标都要使用基准折现率才能进行判断比较。所以说，在项目或方案的经济评价中，基准折现率是一个非常重要的参数，它反映投资者对资金时间价值大小的一种估计，它的大小对项目或方案的选择有时起到决定性的作用。

在工程经济学中，"利率"概念，其更广泛的含义是指投资收益率。通常，在选择投资机会或决定工程方案取舍之前，投资者首先要确定一个最低盈利目标，即选择特定的投资机会或投资方案必须到达的预期收益率，称为基准投资收益率（简称基准收益率、基准折现率，通常用 ic 表示）。对该投资者而言，能够吸引他特定投资机会或方案的可接受的最小投资收益率。由于基准收益率是计算净现值等经济评价指标的重要参数，因此又常被称为基准折现率或基准贴现率。

基准折现率是投资方案和工程方案的经济评价和比较的前提条件，是计算经济评价指标和评价方案优劣的基础，它的高低会直接影响经济评价的结果，改变方案比较的优劣顺序。如果它定得太高，可能会使许多经济效益好的方案不被采纳；如果它定得太低，则可能接受一些经济效益并不好的方案。因此，基准收益率在工程经济分析评价中有着极其重要的作用，正确地确定基准投资收益率是十分重要的。

3.3.2　基准折现率的确定要考虑的因素

通常，在确定基准折现率时可考虑以下的一些因素。

1. 资金成本与资金结构

资金成本是指为取得资金的使用权而向资金提供者所支付的费用。债务资金的资金成本，包括支付给债权人的利息、金融机构的手续费等。股东权益投资的资金成本包括向股东支付的股息和金融机构的代理费等，股东直接投资的资本金的资金成本可根据资本金所有者对权益资金收益的要求确定。投资所获盈利必须能够补偿资金成本，然后才会有利可图，因此投资盈利率最低限度不应小于资金成本率，即资金成本是确定基准收益率的基本因素。投资方案资金来源有多种，则资金成本也与资金结构有关。资金结构是指投资方案总资金中各类来源资金所占的比例。

2. 风险报酬

投资风险是指实际收益对投资者预期收益的背离（投资收益的不确定性），风险可能给投资者带来超出预期的收益，也可能给投资者带来超出预期的损失。在一个完备的市场中，收益与风险成正比，要获得高的投资收益就意味着要承担大的风险。从投资者角度来看，投资者承担风险，就要获得相应的补偿，这就是风险报酬。通常把政府的债券投资看作是无风险投资。此外，不论何种投资，认为都是存在风险的。对于存在风险的投资方案，投资者自然要求获得高于一般利润率的报酬，所以通常要确定更高的基准投资收益率。

3. 资金机会成本

资金机会成本指投资者将有限的资金用于该方案而失去的其他投资机会所能获得的最好的收益。

4. 通货膨胀

通货膨胀使货币贬值，投资者的实际报酬下降。因此，投资者在通货膨胀情况下，必然要求提高收益率水平以补偿其因通货膨胀造成的购买力的损失。

3.3.3　基准折现率的确定

基准折现率又称基准收益率，是评价行业基准收益的极其重要的一个评价参数，但其确定是比较困难的。不同的行业有不同的基准收益率，同一行业内不同的企业的收益率也有很大差别，甚至在一个企业内部不同的部门和不同的经营活动所确定的收益率也不相同。也许正是其重要性，人们在确定基准收益率时比较慎重且显得困难。

由国家发展和改革委员会和建设部发布的《建设项目经济评价方法与参数》（2006 年第三版）提出财务基准收益率的测定可采用资本资产定价模型法（CAPM）、加权平均资金成本法（WACC）、典型项目模拟法、德尔菲（Delphi）专家调查法等方法，也可用多种方法进行测算，将不同方法测算的结果互相验证，经协调后确定。

基准收益率的选用原则有两点：

1）政府投资项目的评价必须采用国家行政主管部门发布的行业基准收益率。一般情况下，项目产出物或服务属于非市场定价的项目，其基准收益率的确定与项目产出物或服务的定价密切相关，是政府投资所要求的收益水平上限，但不是对参与非市场定价项目的其他投资者的收益率要求。

参与非市场定价项目的其他投资者的财务收益率，通过参加政府招标或与政府部门协商确定。

2）企业投资者等其他各类建设项目的评价中所采用的行业基准收益率，既可使用由投资者自行测定的项目最低可接受收益率，也可选用国家或行业主管部门发布的行业基准收益率。

根据投资人意图和项目的具体情况，项目最低可接受收益率的取值可高于、等于或低于行业基准收益率。

3.4　费用效益分析

3.4.1　费用效益分析的研究对象

前面介绍的方案的经济评价方法，主要是针对经营性项目，经营性项目通过投资以实现所有者权益的市场价值最大化为目标，但对于一些非经营性项目，不以追求营利为目标，这类项目有的本身没有经营活动，有的没有收益，如城市道路、公共绿化、水利灌溉渠道等。这类项目通常由各级政府投资，运营资金也由政府支出。另外有些项目的产出直接为公众提供基本生活服务，虽然本身有生产经营活动，有营业收入，但产品价格不由市场机制形成。客观上非经营性项目的经济评价需要一套有别于经营性项目财务评价的方法。

非经营性项目投资的目的是增进社会福利或向社会提供公共物品，并非一定要获得直接的收益，此类项目又称为公益性项目。其公益性决定其存在的必要性。比如，不以营利为目的的公路建设，对使用该公路的公众产生的效果包括：由于汽车速度提高和距离缩短而节约运输时间；由于路面平整而节约燃料和汽车维修费用；由于距离缩短而节约燃料；由于交通的便利而促进沿线市县经济发展；由于道路安全性而减少车祸等。可见，这类项目既有直接效果又有间接效果。评价公益性项目的经济效果，一般采用经济费用效益分析方法。

3.4.2　费用效益分析的基本思想

费用效益分析应从资源合理配置的角度，分析项目投资的经济效益和对社会福利所作出的贡献，评价项目的经济合理性。

1. 费用效益分析的适用项目类型

凡是财务价格扭曲，不能真实反映项目产出的经济价值，财务成本不能包含对资源的全部消耗，财务效益不能包含项目产出的全部经济效果的项目，需要进行费用效益分析。

应进行费用效益分析的常见项目类型有：

1）产出具有公共产品特征的项目，如城市道路项目、城市照明路灯项目。

2）外部效果显著的项目，如长江上游退耕还林项目、城市污水处理厂项目、城市地铁项目。

3）具有垄断性特征的项目，如城市供水管网项目、天然气供应项目。

4）受过度行政干预的项目，如国防工程项目、市政设施、高速公路项目。

5）资源开发项目，如历史文化遗产保护项目、旅游资源开发项目。

6）涉及国家经济安全的项目，如网络安全项目。

2. 费用效益的识别要求

项目费用效益的识别应符合以下要求：

1）遵循有无对比的原则。

2）对项目所涉及的所有成员及群体的反映和效益做全面分析。

3）正确识别正面、负面外部效果，防止误算、漏算和重算。

4）合理确定效益和费用的空间范围和时间跨度。

5）合理识别调整转移支付，根据不同情况区别对待。

费用效益分析应用的基本方法主要是净现值法（经济净现值）和内部收益率法（经济内部收益率），其本质是一致的。费用效益分析同样也考虑资金时间价值，并且仍然用货币作为统一的计算尺度，只是费用和效益的具体计算有较大差异。费用效益识别与项目国民经济评价相同，在国民经济评价中会详细介绍，本章不再赘述。

本章小结

本章重要知识点有工程经济要素、工程经济分析评价指标、价值工程和费用效益分析。工程经济要素主要包括投资、收益、成本和利润等，要掌握它们的具体内容及之间的关系，为进行项目的财务评价打好基础。工程经济分析评价的基本指标包括净现值、内部收益率和投资回收期等，通过计算值和参考基准值的比较可以判断项目的可行与否。费用效益分析主要阐述其研究对象及分析的基本思想。

思考与练习题

3-1　什么是投资回收期？它有什么特点？为什么说投资回收期只能作为辅助评价

指标?

3-2 动态投资回收期和静态投资回收期有什么不同？存在什么关系？

3-3 什么是净现值？什么是净现值函数？

3-4 什么是内部收益率？如何计算内部收益率？

3-5 基准投资收益率、资金机会成本、资金成本和银行贷款利率之间的大小关系是什么？

3-6 某建设项目投资 5000 万元，在计算内部收益率时，当 $i=12\%$，净现值为 600 万元，当 $i=15\%$ 时，净现值为 -150 万元，则该项目的收部收益率是多少？

3-7 某项目的净现金流量如表所示，单位为万元，$ic=10\%$。

某项目的净现金流量表 表 3-7

年份	1	2	3	4	5	6	7	8	9
净现金流量	-8	-4	-2	2	5	6	6	6	6

求该项目的静态投资回收期和动态投资回收期。

3-8 某项目第 1 年和第 2 年各有固定资产投资 400 万元，第 2 年投入流动资金 300 万元并当年达产，每年有销售收入 580 万元，生产总成本 350 万元，折旧费 70 万元，项目寿命期共 10 年，期末有固定资产残值 50 万元，并回收全部流动资金。

请计算各年净现金流量，并作现金流量图（所得税前）。

3-9 某技术方案的净现金流量见表 3-8。若基准收益率大于等于 0，则方案的净现值（　　）。

A. 等于 900 万元　　　　　B. 大于 900 万元，小于 1400 万元

C. 小于 900 万元　　　　　D. 等于 1400 万元

某技术方案的净现金流（万元） 表 3-8

计算期（年）	0	1	2	3	4	5
净现金流量（万元）	—	-300	-200	200	600	600

3-10 某项目投产后预计平均年销售收入为 1200 万元，年总成本费用为 600 万元，年销售税金及附加为 450 万元，项目总投资额为 1500 万元，试求该项目的投资利润率和投资利税率。

3-11 现拟建一个工程项目，第 1 年年末投资 1200 万元，第 2 年年末又投资 2500 万元，第 3 年再投资 1000 万元，从第 4 年起连续 7 年每年年末获利 1500 万元。假定项目残值不计，折现率为 10%，计算项目的净现值和净现值率，判断该项目是否可行。

第4章　多方案的经济比较与选择方法

本章要点及学习目标

本章要点：

本章主要介绍不同类型建设项目经济评价方案的经济评价。工程建设项目方案经济评价，除了采用投资回收期、净现值、内部收益率等评价指标对单个方案进行评价外，决策者可能还需要在多个备选方案之间进行比较。根据备选方案之间不同的关系，可将备选方案划分为不同的类型，针对不同类型的备选方案采用不同的经济评价方法。

学习目标：

掌握建设项目多方案比选的方法。

4.1　建设项目方案经济评价概述

建设工程经济中的项目方案是指一种投资的可能性，建设工程经济分析中用得较多的是方案的比较和选择，通过选择适当的经济评价方法和指标，对各个方案的经济效益进行比较，哪个方案更经济，成本费用更低，最终选择出最佳投资方案。

4.1.1　建设项目方案经济评价方案类型

与单一方案经济评价相比，多方案的比较和选择更复杂，由于不同的投资方案投资、收益、费用及方案的寿命期都不相同，使得我们在单一方案分析中所得出的一些结论不能直接用于多方案的比较和选择。多方案的比较和选择不仅涉及经济因素，而且涉及技术因素以及项目内、外部环境等其他相关因素（如产品质量、市场竞争、市场营销等），只有对这些因素进行全面、系统的调查、分析和研究，才能选出最佳方案，做出科学的投资决策。

此外，并不是任何方案之间都是绝对可以比较的。不同的方案产出的数量和质量、产出的时间、费用的大小和寿命期都不相同，因此，在进行多方案的比选时，就需要有一定的前提条件和判别标准。

在进行投资方案的比较和选择时，应明确投资方案之间的相互关系，方案之间是否可以比较，然后才能考虑选用适宜的评价指标和方法进行方案的比选。备选方案之间的关系不同，决定了所采用的评价方法和评价指标也会有所不同。如图 4-1 所示，按照多方案之间经济关系，可以将多方案分为独立型方案、互斥型方案、混合型方案以及其他类型方案。

4.1.1.1　独立方案

独立方案是指作为评价对象的各个方案之间的现金流是独立的，在经济上互不相关的方案，选择某一方案并不排斥另一方案。比如某房地产开发公司设计了两个不同建设项目的规划方案，公司可以选择其中的一个方案，也可以选择两个方案同时实施，方案之间的效果与选择不受影响，互相独立。

独立方案的特点是效果之间具有"加和性"。具有可加性的方案组可认为是独立方案。比如甲、乙两个方案，只选择甲方案，投资 15 万元，净收益现值 25 万元；只选择乙方案时，投资 20 万元，净收益现值 30 万元。当甲、乙两个方案同时选择时，需投资 15＋20＝35 万元，得到净收益现值共为 25＋30＝55 万元。可见，甲、乙两个方案具有加和性，可认为甲、乙两个方案之间相互独立。

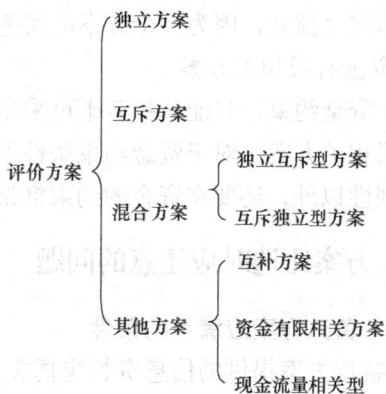

图 4-1　评价方案的分类

4.1.1.2　互斥方案

互斥方案指方案之间相互具有排斥性，选择其中任何一个方案，则其他方案必然被排斥。在工程建设中，互斥方案还可按以下因素进行分类。

1）按服务期寿命长短不同，分为：①相同寿命的方案，即参与对比或评价方案的寿命期均相同；②不同寿命期的方案，即参与对比或评价方案的寿命期均不相同；③无限寿命的方案，即大型基础设施和市政工程可视为无限寿命的工程，如南水北调工程、大型水电站工程等。

2）按规模不同，投资方案可分为：①相同规模的方案，即参与对比的或评价的方案具有相同的产出量或容量，在满足相同功能的数量方面具有一致性和可比性；②不同规模的方案，参与评价的方案具有不同的产出量或容量，在满足相同功能的数量方面不具有一致性和可比性。

4.1.1.3　混合方案

混合型方案是独立型与互斥型的混合情况，即在一组方案中，方案之间有些具有互斥关系，有些具有独立关系。混合方案在结构上可组织成两种基本形式，第一种基本形式是在一组独立方案中，每个独立方案又有若干个互斥方案的形式。第二种基本形式是在一组互斥方案中，每个互斥方案下又有若干个独立方案的形式。

4.1.1.4　其他类型方案

1. 互补型方案

在多方案中，出现经济互补的方案称为互补型方案。互补型方案之间存在着相互依存的关系，比如建一个居民区，就必须建设与之配套的道路、消费场所等，他们在建设时间、建设规模、等级上等都要彼此配套，才能发挥各自功能，从经济的角度上说，它们即互相补充，又互为条件，缺一不可。

2. 现金流量相关型方案

现金流量相关型方案是指各方案的现金流量之间存在着相互影响，方案之间的关系既不完全排斥，也不完全互补，但若干方案中任一方案取舍都会导致其他方案现金流量的变化，这些方案之间存在相关性。如在相隔不远处建设两家商场，这两个方案既非完全排斥，也非完全独立，因为一个方案的实施必然影响另一个方案的收入。

3. 资金有限相关方案

由于资金约束，只能选择若干可采用的独立方案中的一部分实施，这些独立方案就是资金有限相关方案。对于资金约束条件下相关方案的经济性比选，除了要考察备选方案的经济合理性以外，还要在资金的约束框架内进行可行方案的优选。

4.1.2　方案比选时应注意的问题

4.1.2.1　备选方案应满足的条件

1）备选方案提供的信息资料应真实、可靠。

2）备选方案的整体功能应达到目标要求。

3）备选方案的经济效益应达到可以被接受的水平。

4）备选方案包含的范围和时间应一致，效益和费用计算口径应一致。

4.1.2.2　方案比选时注意事项

1）同时进行财务分析和经济费用效益分析时，方案经济比选主要按经济费用效益分析结论选择方案。

2）在进行建设项目备选方案比选时，首先要进行绝对经济效益检验，运用经济评价方法评判各备选方案是否达到相关标准要求，删除不可要求的方案；其次进行相对经济效果检验，按照本章介绍的相关方法对备选方案进行优选。

3）方案比选时使用不同的指标方法可能导致相反结论，因此需要根据方案确定计算期是否一样、资金有无约束、效益是否相同等，选用适当的方法和指标。按照不同方案效益、费用等方面进行方案比较，可根据实际情况分别选择差额内部收益率法、净现值法、净年值法或净现值率法等方法进行比选。

4）备选方案计算期不同时，可采用净年值法和费用年值法。如果采用净现值法或差额投资内部收益率法，可统一各方案的计算期。

5）在项目无资金约束的条件下，一般采用财务净现值法、财务净年值法和差额内部收益率法。

6）方案效益相同或基本相同时，可采用最小费用法，即费用现值和费用年值法。

4.2　独立型方案经济评价

独立型经济方案评价的实质是看方案是否达到或超过了预订的评价准则。独立型方案评价可将每个方案作为单一方案进行评判，方案之间彼此独立，评价结果互不干扰。单一方案是独立方案的特例。独立方案评价的实质是在"可行"与"不可行"之间进行选择。独立方案是否可行，取决于方案自身的经济性。具体的方法就是计算方案的经济效果指标，并按照判别规则进行判断即可。这种对方案自身经济性的检验叫做"绝对经济效果检验"。对独立方案而言，若方案通过了绝对经济效果检验，就认为方案在经济上是可行的，否则应予拒绝。

4.2.1　静态评价

对独立方案进行经济效果静态评价，主要是对投资方案的静态投资回收期（P_t）和投资收益率指标进行计算，并与相应的标准投资回收期（P_c）或行业平均利润率进行比较，判断经济效果优劣。如果方案的总投资收益率不小于行业平均投资收益率，方案可行；若方案投资回收期 P_t 不大于行业基准投资回收期 P_c，方案可行。当然，也可以根据实际情况选择投资利税率、资本金利润率等指标进行计算评判。

【例 4-1】　某公司拟建两个建设项目 A 和 B，项目 A 总投资 5000 万元，预计年净收益 1000 万元；项目 B 总投资 30000 万元，每年净收益如表 4-1 所示。若基准投资收益率为 12%，试评判两个建设项目是否可行。

项目 B 的现金流量表（万元）　　表 4-1

运营期	1	2	3～9	10
净收益	1200	2000	2800	3000

【解】　分别计算建设项目 A 和 B 的总投资收益率如下。

计算建设项目 A 的投资收益率：

$$ROI_A = 1000 \div 5000 \times 100\% = 20\%$$

建设项目 B 年平均利润总额 $= (1200 + 2000 + 2800 \times 7 + 3000) \div 10 = 2580$ 万元

计算建设项目 B 的投资收益率：

$$ROI_B = 2580 \div 30000 \times 100\% = 8.6\%$$

基准投资收益率为 12%，建设项目 A 的投资收益率大于基准投资收益率，所以项目 A 可行；建设项目 B 的投资收益率小于基准投资收益率，所以建设项目 B 不可行。

4.2.2　动态评价

对独立方案进行经济效果动态评价，可以用动态投资回收期、净现值、内部收益率、净现值率、净年值等指标进行评价。

1）动态投资回收期 $P_t \leqslant$ 投资项目的计算期，项目可行；反之，不可行。

2）对于常规投资方案，内部收益率 $IRR \geqslant$ 基准收益率 i_c，项目可行；反之，不可行。

3）净现值 $NPV \geqslant 0$，项目可行；反之，不可行。

对于独立方案，净现值、净年值、净现值率和内部收益率四个指标所得结论是一致的。

二维码 4-1
净现值率

【例 4-2】　某建设项目有 A、B 两个规划设计方案，其现金流量表如表 4-2 所示，试判断其经济可行性。项目的基准收益率为 8%。

某项工程方案现金流量表　　表 4-2

方案	初始投资(0 年)(万元)	年收入(万元)	年支出(万元)	寿命(年)
A	5000	2400	1000	10
B	10000	4000	1500	10

【解】

(1) 采用 NPV 指标评价三个方案的经济性

$$NPV_A = -5000 + (2400 - 1000) \times (P/A, 8\%, 10) = 4394 \text{ 万元}$$

$$NPV_B = -10000 + (4000 - 1500) \times (P/A, 8\%, 10) = 6775 \text{ 万元}$$

由计算结果可知，两个方案的净现值均大于零，故 A、B 两个方案均可被采用。

(2) 采用 IRR 指标评价两个方案的经济性

解方程：

$$-5000 + (2400 - 1000) \times (P/A, IRR_A, 10) = 0$$

得 $IRR_A = 25\%$。同理可得 $IRR_B = 22\%$。由计算结果可知，两个方案的内部收益率均大于基准收益率 8%，故 A、B 两个方案均可被采用。

4.3　互斥型方案经济评价

由于互斥方案的排他性，使得我们只能在若干方案中选择一个方案作为最佳方案实施。互斥型方案的评价，不仅要考察各方案本身的经济性并进行筛选，而且要对通过筛选的方案按特定指标进行排序，从而优胜劣汰、选取最优方案。该类型经济效果评价包括绝对效果检验（备选方案中各方案自身的经济效果是否满足评价准则的要求）和相对效果检验（考察备选方案中哪个方案最优）。

必须注意的是，互斥型方案的比较必须具备如下可比条件：一是对于被比较方案，比较指标的计算方法一致。二是各方案在时间上可比。要求比较方案有相同的计算期，当方案的计算期不同时，应采用一定方式转化为相等的条件下进行比选。而且比较方案要具有相同的时间点，应考虑资金投入时间先后产生的影响，不同时间点发生的现金流不能直接相加。

互斥型方案的经济评价有静态评价和动态评价两种方法。互斥型方案通常采用的评价指标有净现值、净年值、费用现值、费用年值、增量投资收益率、增量投资净现值、增量投资费用现值法等。

4.3.1　互斥方案静态评价

互斥方案静态评价常用指标有增量总投资收益率、增量静态投资回收期等评价指标。

4.3.1.1　增量投资收益率法

增量投资收益率是指增量投资所带来的经营成本上的节约额与增量投资之比。其计算公式：

$$R_{(2-1)} = \frac{C_1 - C_2}{I_2 - I_1 \pm \Delta K} \times 100\% \tag{4-1}$$

式中　$R_{(2-1)}$——增量投资收益率；

C_1——方案 1 的经营成本；

C_2——方案 2 的经营成本；

I_1——方案 1 的投资额；

I_2——方案 2 的投资额；

ΔK——某一方案提前投入使用的投资补偿额。

当方案 1 提前投入使用时取 $+\Delta K$；当方案 2 提前投入使用时取 $-\Delta K$；当两个对比方案同时投入使用时取零。

评判准则：将计算出来的增量投资收益率与基准投资收益率进行比较，若计算出来的增量投资收益率大于基准投资收益率，则投资大的方案可行，说明投资的增量 (I_2-I_1) 完全可以用经营成本的节约 (C_2-C_1) 得到补偿。反之，投资小的方案为优。

注意：式（4-1）仅限于对比方案的产出量（或年营业收入、生产率等）相同的情形。当对比方案的生产率（或产出量）不同时，则要做产量等同化处理，再计算增量投资收益率。

产量等同化处理方法有两种：

1. 用单位生产能力投资和单位产品经营成本计算

设方案 1、2 的产量 Q_1、Q_2，分别除对应的投资或经营成本，得到单位能力投资或单位产品经营成本。$R_{(2-1)}$ 的计算公式如下：

$$R_{(2-1)}=\frac{C_1/Q_1-C_2/Q_2}{I_2/Q_2-I_1/Q_1} \tag{4-2}$$

式中　$R_{(2-1)}$——增量投资收益率；

C_1——方案 1 的经营成本；

C_2——方案 2 的经营成本；

I_1——方案 1 的投资额；

I_2——方案 2 的投资额；

Q_1——方案 1 的产出量；

Q_2——方案 2 的产出量。

2. 用扩大系数计算

以两个方案年产量的最小公倍数作为方案的年产量，使得产量等同化。

$$R_{(2-1)}=\frac{C_1b_1-C_2b_2}{I_2b_2-I_1b_1}=\frac{C_1/b_2-C_2/b_1}{I_2/b_1-I_1/b_2} \tag{4-3}$$

式中　$R_{(2-1)}$——增量投资收益率；

C_1——方案 1 的经营成本；

C_2——方案 2 的经营成本；

I_1——方案 1 的投资额；

I_2——方案 2 的投资额；

b_1——方案 1 的年产量扩大的倍数；

b_2——方案 2 的年产量扩大的倍数。

Q_1、Q_2、b_1、b_2 必须满足 $Q_1b_1=Q_2b_2$。

以上两种产量等同化处理方法是一致的。但是其追加投资收益不是两个原方案的，而是产量等同化处理后的两个新方案的追加投资利润率，比较结果只能作为方案比选用。

【例 4-3】　某建设项目有计算期相同的 A、B 方案，A 方案投资为 12000 元，年经营成本为 8000 元；B 方案投资为 8000 元，年经营成本为 9000 元。两个方案同时投入使用，效益相同，若投资收益率为 11%，试选择较优的方案。

【解】　计算 A、B 两个方案的增量投资收益率得：

$$R_{(2-1)} = \frac{9000 - 8000}{12000 - 8000} \times 100\% = 25\%$$

由于 $R_{(2-1)}$ 大于基准投资收益率 11%，因此，投资大的 A 方案为优选方案。

4.3.1.2　增量投资回收期法

增量投资回收期是指用互斥方案经营成本的节约或增量净收益来补偿其增量投资的年限。

增量投资回收期计算公式：

$$P_{t(2-1)} = \frac{I_2 - I_1 \pm \Delta K}{C_1 - C_2} \tag{4-4}$$

式中　$P_{t(2-1)}$——增量投资回收期；

$\qquad$ C_1——方案 1 的经营成本；

$\qquad$ C_2——方案 2 的经营成本；

$\qquad$ I_1——方案 1 的投资额；

$\qquad$ I_2——方案 2 的投资额；

$\qquad$ ΔK——某一方案提前投入使用的投资补偿额；当方案 1 提前投入使用时取 $+\Delta K$；当方案 2 提前投入使用时取 $-\Delta K$；当两个对比方案同时投入使用时取零。

评判准则：将计算出来的增量投资回收期与基准投资回收期比较，增量投资回收期若小于基准投资回收期，则投资大的方案就是可行的；反之，投资小的方案可行。

同样，当对比方案的生产率（或产出量）不同时，增量投资回收期为：

$$P_{t(2-1)} = \frac{I_2/Q_2 - I_1/Q_1}{C_1/Q_1 - C_2/Q_2} \tag{4-5}$$

$$P_{t(2-1)} = \frac{I_2/b_1 - I_1/b_2}{C_1/b_2 - C_2/b_1} \tag{4-6}$$

以上计算的增量投资回收期同样也不是两个原方案的，而是产量等同优化处理后两个新方案的增量投资回收期，结果只做方案比选用。

【例 4-4】 已知基准投资回收期为 5 年，其余数据同【例 4-3】，试选择较优的方案。

【解】 计算 A、B 两个方案的增量投资回收期得：

$$P_{t(2-1)} = \frac{12000 - 8000}{9000 - 8000} = 4 \text{ 年}$$

由于 $R_{(2-1)}$ 小于基准投资回收期 5 年，因此，投资小的 B 方案为优选方案。

4.3.1.3　年折算费用法

年折算费用是指将投资方案的投资额用基准投资回收期分摊到各年，再与年经营成本相加的费用之和。年折算费用法是通过计算互斥方案的年折算费用，判断互斥方案相对经济效果，据此选择最优方案的评价方法。其计算公式为：

$$Z_j = \frac{I_j}{p_c} + C_j \tag{4-7}$$

式中　Z_j——第 j 个方案的年折算费用；

$\qquad$ p_c——基准投资回收期；

$\qquad$ C_j——第 j 个方案的年经营成本；

评判准则：最多方案比选时，年折算费用最小的方案为最优方案。

当互斥方案个数较多时，用增量投资收益率法和增额投资回收期法进行方案经济评价，要进行两两比较淘汰，计算量很大。而运用年折算费用法，只需计算各方案的年折算费用，计算简便，评价准则直观。

【例 4-5】 某建设项目有三个备选方案，费用如表 4-3 所示，基准投资回收期为 5 年，试用年折算费用法选择最优的方案。

三个备选方案的费用（万元）　　　　　　　　　　　　　　表 4-3

方案	方案 1	方案 2	方案 3
投资	2500	2450	2800
年经营成本	2900	2850	2830

【解】 计算三个方案的年折算费用如下：

$$Z_1 = \frac{2500}{5} + 2900 = 3400 \text{ 万元}$$

$$Z_2 = \frac{2450}{5} + 2850 = 3340 \text{ 万元}$$

$$Z_3 = \frac{2800}{5} + 2830 = 3390 \text{ 万元}$$

由上述计算结果可知，方案 2 的年折算费用最小，因此方案 2 为最优方案。

4.3.2　互斥方案动态评价

对互斥方案进行经济效果的动态评价，将不同时间内资金的流入和流出根据时间价值换算成同一时点的价值，以消除方案时间上的不可比性。常用的主要经济指标有净现值 NPV、内部收益率 IRR、净年值 NAV、净现值率 $NPVR$ 等。

二维码 4-2
年值法

4.3.2.1　寿命期相等的互斥型方案的比较与选择

考虑互斥方案时间上的可比性，可将互斥方案比选根据寿命期是否相同，分为寿命期相同的互斥方案比选和寿命期不同的互斥方案比选两种。寿命期相等的互斥型方案又分为两种：一是各备选方案各年的净现金流量可以估算的情形；二是只能估算对比方案之间的差额净现金流量的情形。

1. 各备选方案各年的净现金流量可估算

如果各备选方案各年的净现金流量可以估算，则评价指标可以采用净现值、净年值、费用现值以及费用年值等指标。以净现值法（净年值法）为例说明其比选过程遵循的两个步骤。

二维码 4-3　增量内部收益率法

第一步：进行方案的绝对效果检验。分别计算各个方案的净现值（净年值），剔除不能通过评价标准（$NPV < 0$ 或 $NAV < 0$）的方案。

第二步：进行方案的相对经济效果检验，即对所有 $NPV \geqslant 0$（$NAV \geqslant 0$）的方案进行优选，净现值 NPV（净年值 NAV）大于或等于零且为最大的方案，即为最优方案。

同理，使用其他指标分析时，根据净年值最大准则或费用现值（费用年值）最小准则，对方案进行选优。其中净现值法的优点是概念清晰而且分析简单，在实际工作中是首选的方法。

【例 4-6】 某建筑公司有两个施工机械购置方案 A、B 可供选择，如表 4-4 所示，试用 NPV 指标选择最佳购置方案。基准收益率为 15%。

三个方案的现金流量（万元） 表 4-4

方案	初始投资（万元）	年净收益（万元）	寿命（年）
A	35	12	10
B	82	20	10

【解】 计算各方案的 NPV：

$$NPV_A = -35 + 12 \times (P/A, 15\%, 10) = -35 + 12 \times 5.019 = 24.23 \text{ 万元}$$
$$NPV_B = -82 + 20 \times 5.019 = 18.38 \text{ 万元}$$

A、B 两个方案的 NPV 都大于零，皆可选。但由于方案 A 的 NPV 大于零且数额最大，故经绝对效果检验和相对效果检验后，应选择 A 方案。

【例 4-7】 试采用 NAV 指标对【例 4-6】的两个施工机械购置方案 A、B 进行选优。基准收益率为 15%。

【解】 计算各方案的 NAV：

$$NAV_A = [-35 + 12 \times (P/A, 15\%, 10)] \times (A/P, 15\%, 10) = -25.23 \times 0.1993 = 5.03 \text{ 万元}$$
$$NAV_B = [-82 + 20 \times 5.019] \times (A/P, 15\%, 10) = 18.39 \times 0.1993 = 3.66 \text{ 万元}$$

由于方案 A、B 的 NAV 都大于零，且 NAV_A 数额最大，故应选择 A 方案实施。

在建设项目经济分析中，如果方案所产生的效益相同（或基本相同），或者当各方案所产生的效益无法或很难用货币直接计量时（如教育、环保等项目），常用费用现值 PC 或费用年值 AC 比较替代净现值进行评价。采用费用现值或费用年值可进行绝对效果评价，计算各个方案的费用现值或费用年值，以费用现值或费用年值最低的方案作为最佳方案。费用现值的表达式为：

$$PC = \sum_{t=0}^{n} CO_t (1 + i_c)^{-t} \tag{4-8}$$

费用年值表达式为：

$$AC = PC \frac{i_c \times (1 + i_c)^t}{(1 + i_c)^t - 1} \tag{4-9}$$

采用年成本（AC）法或净年值（NAV）法进行评价所得出的结论是完全一致的，因此在实际互斥方案评价应用中，视互斥方案的实际情况任意选择其中一种方法即可。

2. 各备选方案各年的净现金流量不可估算

只能估算对比方案之间的差额净现金流量。如果只能估算对比方案之间的差额净现金流量，此时采用的评价指标是增量内部收益率（ΔIRR）法。增量内部收益率 ΔIRR 是两方案各年净现金流量的差额的现值之和等于零时的折现率。其表达式为：

$$\Delta NPV(\Delta IRR) = \sum_{t=0}^{n} (A_1 - A_2)_t (1 + \Delta IRR)^{-t} = 0 \tag{4-10}$$

亦即：$\sum_{t=0}^{n} A_{1t} (1 + \Delta IRR)^{-t} = \sum_{t=0}^{n} A_{2t} (1 + \Delta IRR)^{-t}$

式中　　　　ΔIRR——增量投资内部收益率；

$A_{1t} = (CI - CO)_{1t}$——初始投资大的方案年净现金流量；

$A_{2t} = (CI-CO)_{2t}$——初始投资小的方案年净现金流量。

从公式中得出，增量投资内部收益率就是 $NPV(1)=NPV(2)$ 时的折现率。

评价准则：

增量投资内部收益率大于基准收益率，则投资大的方案为优方案。

增量投资内部收益率小于基准收益率，则投资小的方案为优方案。

应用增量内部收益率评价互斥方案经济效果的基本步骤：

1）计算各备选方案的 IRR_j，分别与基准收益率 i_c 比较，$IRR_j<i_c$ 的方案，则淘汰。

2）将 $IRR_j \geqslant i_c$ 的方案按初始投资额由小到大依次排列。依次用初始投资额大的方案的现金流量减去初始投资额小的现金流量，所形成的增量投资方案的现金流量是常规投资的形式，较好处理。

3）按初始投资额由小到大依次计算相邻两个方案的增量内部收益率 ΔIRR，若 $\Delta IRR>i_c$，则说明初始投资大的方案优于初始投资小的方案，保留投资大的方案；反之，保留投资小的方案。直至全部方案比较完毕，保留的方案就是最优方案。

【例 4-8】 现有两个互斥方案，其净现金流量如表 4-5 所示，设基准收益率为 10%，试用净现值、内部收益率和增量内部收益率评价方案。

两个方案的现金流量表（万元） 表 4-5

方案	净现金流量				
	0	1	2	3	4
1	−7000	1000	2000	6000	4000
2	−4000	1000	1000	3000	3000

【解】（1）净现值 NPV 的计算

$NPV_1 = -7000 + 1000(P/F, 10\%, 1) + 2000(P/F, 10\%, 2) + 6000(P/F, 10\%, 3) + 4000(P/F, 10\%, 4)$

$= 2801.7$ 万元

$NPV_2 = -4000 + 1000(P/F, 10\%, 1) + 1000(P/F, 10\%, 2) + 3000(P/F, 10\%, 3) + 3000(P/F, 10\%, 4)$

$= 2038.4$ 万元

（2）内部收益率 IRR 计算

由 $NPV(IRR_1) = -7000 + 1000(P/F, IRR_1, 1) + 2000(P/F, IRR_1, 2) + 6000(P/F, IRR_1, 3) + 4000(P/F, IRR_1, 4) = 0$

解得：$IRR_1 = 23.67\%$

由 $NPV(IRR_2) = -4000 + 1000(P/F, IRR_2, 1) + 1000(P/F, IRR_2, 2) + 3000(P/F, IRR_2, 3) + 3000(P/F, IRR_2, 4) = 0$

解得：$IRR_2 = 27.29\%$

从分析的得出，方案 1 的内部收益率低，净现值高；而方案 2 的内部收益率高，净现值低。从计算结果可看出，$IRR_1 < IRR_2$，$NPV_1 > NPV_2$。

如果以内部收益率作为评价标准，方案 2 优于方案 1；

如果以净现值为评价标准，基准收益率为 $i_c = 10\%$ 时，方案 1 优于方案 2；

两种评判方法产生了矛盾，哪个指标评判结果是正确的呢？这需要从净现值和内部收益率的经济含义进行探讨。

由净现值的经济含义可知，净现值最大准则符合收益最大化的决策准则，故正确。

内部收益率是投资方案占用的尚未回收资金的获利能力，它取决于项目内部。若用内部收益率，就不能仅看方案自身内部收益率是否最大，而要看方案 1 比方案 2 多花的投资的内部收益率（即增量投资内部收益率 ΔIRR）是否大于基准投资收益率 i_c。

评判原则：

$\Delta IRR > i_c$，投资大的 1 方案是最优方案。

$\Delta IRR < i_c$，投资小的 2 方案是最优方案。

（3）采用增量内部收益率法进行方案选择

$$\Delta NPV(\Delta IRR) = \sum_{t=0}^{n} (A_1 - A_2)_t (1 + \Delta IRR)^{-t} = 0$$

即 $-7000 + 1000(P/F, \Delta IRR, 1) + 2000(P/F, \Delta IRR, 2) + 6000(P/F, \Delta IRR, 3) + 4000(P/F, \Delta IRR, 4) = -4000 + 1000(P/F, \Delta IRR, 1) + 1000(P/F, \Delta IRR, 2) + 3000(P/F, \Delta IRR, 3) + 3000(P/F, \Delta IRR, 4)$

试算得到增量投资收益率 $\Delta IRR = 18.80\%$

由于增量投资收益率 $\Delta IRR = 18.80\% >$ 基准收益率 $i_c = 10\%$，故投资大的方案 1 为最优方案，与净现值评价准则的结果一致，结论正确。

【例 4-9】 某工程项目有四个投资备选方案（表 4-6）。基准收益率 i_c 为 10%，试用内部收益率法选出最佳方案。

四个方案的现金流量表（万元） 表 4-6

方案	线路			
	A	B	C	D
初始投资(万元)	−525	−300	−412.5	−285
年净收益(万元)	63	33	52.5	29.25
寿命(年)	30	30	30	30

【解】 按照内部收益率法评价互斥方案的步骤，评价结果见表 4-7。

增量内部收益率评价结果表（万元） 表 4-7

检验	方案	D	B	C	A
绝对效果	初始投资	−285	−300	−412.5	−525
	年净收益	29.25	33	52.5	63
	寿命(年)	30	30	30	30
	内部收益率	9.63%	10.49%	12.4%	11.59%
	可行与否	否	可	可	可
相对效果	对比方案			$C-B$	$A-C$
	增量投资			−112.5	−112.5
	增量收益			19.5	10.5
	增量内部收益率			17.28%	8.55%
	选定方案			C	C

由于方案 A 与方案 C 形成的增量投资收益率为 8.55%，小于基准收益 10%，故最终应选定方案 C。

4.3.2.2 寿命期不等的互斥型方案的比较与选择

当备选方案的计算期不同时，方案间不具有可比性，不能直接采用净现值法、增量投资收益率法等进行方案选择。这时必须对计算期做出某种假定，使计算期不等的互斥方案能在一个共同的计算期基础上进行比较，以保证得到合理的结论。建立时间可比的方法有净年值法、净现值法。净现值法包含研究期法和最小公倍数法两种方法。

1. 净年值（NAV）法

净年值法是分别计算各备选方案净现金流量的等额净年值 NAV，并比较大小，选择 $NAV \geqslant 0$ 且 NAV 最大者为最优方案。

此种评价方法基于一种假定：各备选方案在其寿命结束时，均可按原方案重复实施或以与原方案经济效果水平相同的方案接续。净年值是以"年"为时间单位比较各方案的经济效果，从而使寿命不等的互斥方案间具有可比性。故净年值更适用于评价具有不同计算期的互斥方案的经济效果，由于只需要计算一个计算期，故计算最为简便。当参加比选的方案数目众多时，采用此法最好。

2. 净现值（NPV）法

采用价值性指标净现值（NPV）进行方案比选时，必须考虑时间的可比性，即在相同的计算期下比较净现值（NPV）的大小。因此需要将各方案不同的计算期转化成相同的计算期，常用的方法有最小公倍数法和研究期法。

1）最小公倍数法（方案重复法）

最小公倍数法是以各备选方案计算期的最小公倍数作为比较期，并假设在比较期内各个方案可重复实施，完全相同的现金流量系列周而复始地循环下去直到比较期结束，在此基础上计算出各个方案的净现值，以净现值最大的方案为最佳方案。

最小公倍数法解决了寿命不等的方案之间净现值的可比性问题。但这种方法所依赖的方案可重复实施的假定不是在任何情况下都适用的。对于某些不可再生资源开发型项目，或者寿命原本较长的项目，在进行计算期不等的互斥方案比选时，方案可重复实施的假定不再成立，这种情况下就不能用最小公倍数法确定计算期，可以选择研究期法。

2）研究期法

研究期法是针对寿命期不同的互斥方案，直接选取一个适当的分析期作为各个方案共同的计算期，通过比较各个方案在该研究期内的净现值大小来对方案进行比选，以净现值最大的方案为最佳方案。

研究期的确定一般以互斥方案中年限最短方案的计算期作为互斥方案评价的共同研究期，计算简便，可以完全避开方案可重复实施假设。具体操作时，也可以选择最长方案的计算期，或选择所期望的计算期为共同研究期。

对于计算期短于共同研究期的方案，仍可假定其计算期完全相同地重复延续，也可按新的不同的现金流量序列延续。需要注意的是：对于计算期（或者是计算期加其延续）比共同研究期长的方案，要对其在研究期以后的现金流量余值进行估算，并回收余值。该项余值估算的合理性及准确性，对方案比选结论有一定影响。

【例 4-10】 已知表 4-8 中数据，试用 NPV、$NPVR$ 指标进行方案比较。设基准收益

率 $i_c = 10\%$。

数据表　　　　　　　　　　　　　　　　表 4-8

方案	A	B
投资（万元）	2800	6500
年收益值（万元）	1400	2400
年支出值（万元）	345	880
估计寿命（年）	4	8

【解】 绘制现金流量图如图 4-2 所示。

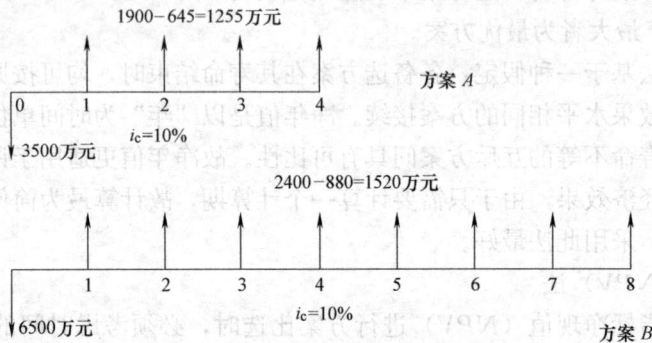

图 4-2　现金流量图

采用净现值指标评价。

（1）利用各方案研究期的最小公倍数计算。本例即 8 年的研究期（图 4-3）。

$$NPV_A = [-2800 - 2800(P/F, 10\%, 4)] + (1400 - 345)(P/A, 10\%, 8) = 915.92 \text{ 万元}$$

$$NPV_B = -6500 + (2400 - 880)(P/A, 10\%, 8) = 1609.05 \text{ 万元}$$

因 NPV_B 大于 NPV_A，故选择方案 B。

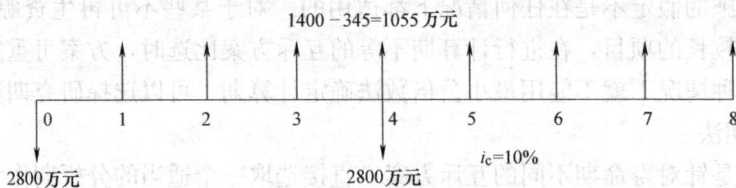

图 4-3　方案 A NPV 最小公倍数评价法现金流量图

（2）取年限短的方案 A 计算期 4 年作为共同的研究期，设第 4 年末和第 8 年末初期投入所形成的固定资产余值均为零。

$$NPV_A = -2800 + (1400 - 345)(P/A, 10\%, 4) = 544.24 \text{ 万元}$$

$$NPV_B = [-6500(A/P, 10\%, 8) + (2400 - 880)](P/A, 10\%, 4) = 956.99 \text{ 万元}$$

NPV_B 大于 NPV_A，故选择方案 B。

4.3.2.3　无限服务期的互斥方案评价

有些工程使用寿命很长，如运河、铁路、地铁、水坝、隧道、机场等，可以通过反复维修使其寿命延长，甚至可以近似看作无限期服务。评价这类项目技术方案的经济性，一般通过方案的资金成本来比较，即采用费用现值法或费用年值法。

1. 费用现值法

由年金现值公式 $P=A\dfrac{(1+i)^n-1}{i(1+i)^n}$，当 $n\rightarrow\infty$ 时的费用现值。

$$\lim_{n\to\infty}P = A\lim_{n\to\infty}\left[\dfrac{(1+i)^n-1}{i(1+i)^n}\right]=\dfrac{A}{i}\lim_{n\to\infty}\left[1-\dfrac{1}{(1+i)^n}\right]=\dfrac{A}{i} \tag{4-11}$$

应用上式可以方便解决无限寿命期互斥方案的比较问题，评价时将初始投资费用加上假设永久运营所需要的成本支出和维护费用支出的现值，构成方案的费用现值，此过程称为资本化成本，式（4-11）被称为"资本化成本"公式。

如果评价方案的最小公倍数计算期很大，常规计算很麻烦，则可取无穷大计算期计算费用现值。对于无限期互斥方案采用费用现值法比较的判别准则为：费用现值小的方案为最优方案。

【例 4-11】 有 A、B 两个项目建设方案如表 4-9 所示，若行业折现率为 8%，试比较哪个方案最优。

方案的费用现金流量（万元）　　　　　　　　　　表 4-9

方案	A	B
一次投资(初始年)	3500	2600
年维护费	1.4	0.7
再投资	4(每 10 年一次)	3.5(每 5 年一次)

【解】 两个方案的费用现值计算如下：

$$PC_A=3500+\dfrac{1.4+4\,(A/F,\ 8\%,\ 10)}{8\%}=3520.95$$

$$PC_B=2600+\dfrac{0.7+3.5\,(A/F,\ 8\%,\ 5)}{8\%}=2626.21$$

由计算结果可知，方案 B 的费用现值小于方案 A 的费用现值，方案 B 为优。

2. 费用年值法

由式（4-11）推出无限期的等额年金计算公式为：

$$A=P\times i \tag{4-12}$$

对于无限期互斥方案，采用费用年值法进行比选时，费用年值最小的方案为优。

【例 4-12】 两种疏浚灌溉渠道的技术方案：一种用挖泥机清除渠底淤泥，另一种在渠底铺设永久性混凝土板。两方案费用支出为：方案 A 购置挖泥设备 72 万元，使用寿命 10 年，机械残值 5 万元，年作业费 23 万元，控制水内有害物质生长的年费用 12 万元；方案 B 渠底铺设混凝土板 600 万元，年维护费用 1.2 万元，5 年修补一次费用 30 万元。假设基准收益率 $i_c=10\%$，试应用净年值法比较两方案的优劣。

【解】 两方案的费用流量如表 4-10 所示。

费用现金流量（万元）　　　　　　　　　　　表 4-10

方案 A	费用	方案 B	费用
购置挖泥设备(寿命 10 年)	72	河底混凝土板(无限寿命)	600
挖泥设备残值	5	年维护费	1.2
年运营费	35	混凝土板维修(5 年一次)	30

$$AC_A = 72(A/P, 10\%, 10) - 5(A/F, 10\%, 10) + (23 + 12) = 46.40 \text{ 万元}$$
$$AC_B = 600 \times 10\% + 30(A/F, 10\%, 5) + 1.2 = 62.84 \text{ 万元}$$

通过两方案费用年值比较，方案 A 优于方案 B。

4.4　混合型方案经济评价

混合型方案是指有若干个独立方案，独立方案又包含互斥方案的组合型方案。混合方案选择分为资金无约束和资金有约束条件下的方案选择两种情况。

资金无约束时的混合方案选择，应首先从每组互斥方案中，选择最优方案；然后，各互斥方案组选出的最优方案进行组合，组合方案即为实施方案。

资金约束时混合方案选择比较复杂，具体方法采用差额投资效率指标排序法，即设法将混合方案中的互斥方案转化为独立方案，然后按独立方案的内部收益率排序法进行方案选择。

4.5　相关方案经济评价

相关方案指除互斥方案、独立方案和混合方案以外的方案，具体包括现金流量相关方案、资金有限相关方案等。

4.5.1　现金流量相关方案经济评价

对现金流量相关方案，首先应确定方案之间的相关性，对其现金流量之间的相互影响做出准确的估计，然后根据方案之间的关系，把方案组合成互斥的组合方案，最后按照互斥方案的评价方法对组合方案进行比选。

【例 4-13】 甲、乙两城市之间可建一条公路和一条铁路。仅建一条公路或仅建一条铁路的净现金流量如表 4-11 所示。如果两个项目都上，由于客货运分流的影响，两项目都将减少净收入，其净现金流量如表 4-12 所示。试用净现值指标进行决策，基准收益率为 10%。

公路、铁路独立建设的现金流量（百万元）　　　　　表 4-11

年份		0	1	2	3～32
方案	铁路 A	−300	−300	−300	150
	公路 B	−150	−150	−150	90

公路、铁路同时建设的现金流量（百万元）　　　　　表 4-12

年份		0	1	2	3～32
方案	铁路 A	−300	−300	−300	120
	公路 B	−150	−150	−150	52.5
	A＋B	−450	−450	−450	172.5

【解】 先将两个相关方案组合成三个互斥方案，然后分别计算其净现值：

$$NPV_A = -300 \times [1 + (P/F, 10\%, 1) + (P/F, 10\%, 2)] + 150 \times (P/A, 10\%, 30)(P/$$

$F,10\%,2)=347.85$ 百万元

$NPV_B=-150\times[1+(P/F,10\%,1)+(P/F,10\%,2)]+90\times(P/A,10\%,30)(P/F,10\%,2)=290.75$ 百万元

$NPV_{A+B}=-450\times[1+(P/F,10\%,1)+(P/F,10\%,2)]+172.5\times(P/A,10\%,30)(P/F,10\%,2)=112.80$ 百万元

可见，在三个互斥方案中，方案 A 净现值最大，故方案 A 为最优可行方案。若用净年值法和内部收益率对表 4-12 中的互斥方案进行评价选优，也可得到相同的结论。

4.5.2 资金有限相关方案评价

对独立方案群做比较优选，会发生资金无约束和资金有约束两种情况。对于独立方案的比选，如果没有资金的限制，只要备选方案经过单方案评价，经济上可行，方案就可行。但在有明确的资金限制时，受资金总拥有量的约束，不可能采用所有经济上合理的方案，只能从中选择一部分方案实施，这就出现了资金合理分配的问题。此时独立方案在约束条件下成为相关的方案。

二维码 4-4 方案组合法

有资金约束条件下的独立方案选择，其根本原则在于使有限的资金获得最大的总体效益。具体评价方法有互斥方案组合法和净现值率排序法。

4.5.2.1 互斥方案组合法

互斥组合法是把备选方案的各种可能组合视为互斥方案，然后按互斥方案的比选方法选择最优组合方案，其比选步骤如下：

1) 列出备选方案的所有组合。在有资金约束条件下独立方案的比选，由于每个独立方案都有两种可能——选择或者拒绝，故 n 个独立方案可以构成 2^n-1 个组合方案。每个方案组合可以看成是一个满足约束条件的互斥方案。

2) 排除投资总额不符合资金约束条件的组合方案。

3) 对各个组合方案按互斥方案的经济评价方法进行评价比较，选择一个符合评价准则的可行方案组合。

【例 4-14】 某公司某年度有三个相互独立技术攻关项目，各方案的有关数据列于表4-13 中，该公司本年度可用于技术改造的资金计划为 400 万元，试用净现值指标选择可实施的方案组合。基准收益率为 10%。

A、B、C 方案相关数据（万元） 表 4-13

独立方案	初始投资	净现值 NPV	NPVI
A	200	180	0.9
B	240	192	0.8
C	160	112	0.7

【解】 (1) 列出互斥的组合方案 $2^3-1=7$ 个，见表 4-14。

(2) 保留投资额不超过 400 元且净现值大于等于零的组合方案，淘汰其余组合方案。保留的组合方案中净现值最大的即为最优可行方案组合。本例中第 6 组方案（B+C）的净现值最大，为 304 万元。

在有资金约束条件下运用互斥方案组合法进行比选，其优点是在各种情况下均能保证

获得最佳组合方案，但缺点是在方案数目较多时，其计算比较繁琐。

组合方案 *NPV* 计算表（万元）   表 4-14

序号	组合方案	投资	可行与否	*NPV*
1	A	200	√	180
2	B	240	√	192
3	C	160	√	112
4	AB	440	×	372
5	AC	360	√	292
6	BC	400	√	304
7	ABC	600	×	484

4.5.2.2 净现值率排序法

净现值率大小说明该方案单位投资所获得的净效益大小。按净现值率排序原则选择项目方案，其基本思想是单位投资的净现值越大，在一定投资限额内所能获得的净现值总额就越大。

在资金限量条件下，根据各方案的净现值率的大小，在排除经济不合理的方案的基础上，确定各方案的先后排列顺序，并依次分配资金，直至资金总量被分配完毕或不足以再行分配为止的一种方案选择方法。其比选步骤如下：

1）计算各备选方案的净现值率，舍弃净现值率小于零的方案。

2）将净现值率大于或等于零的各个方案按净现值率的大小依次排序。

3）依据方案排序选取方案，直至所选取的方案组合的投资总额最大限度地接近或等于投资限额为止。

【**例 4-15**】 某集团公司年度投资预算为 440 万元，备选方案为独立方案，其数据如表 4-15 所示，已知基准收益率为 10%，试按净现值率法进行方案选择。

备选方案数据（万元）   表 4-15

方案	第 0 年投资	第 1~10 年各年净收入	*NPV*	*NPVR*	排序
A	−160	38	54.7	0.34	1
B	−160	34	32.1	0.20	2
C	−240	50	42.5	0.177	3

【**解**】 按净现值率从大到小顺序选择方案且满足资金约束条件的方案为 *A*、*B*、*C*、*AB*、*AC*、*BC*，按排序结果选择 *AB* 组合，所用资金总额为 320 万元。上述选择是否为最优方案组合，可用互斥法组合法进行检验。互斥组合法计算结果见表 4-16。由表中数据可看出，最优组合方案是 *AC*。可见，本案例中用互斥组合法选择的方案 *A* 和 *C*（净现值为 97.2 万元），由于用净现值率排序法选择的方案 *A* 和 *B*（净现值为 86.8 万元）。

方案 *A*、*B*、*C* 的互斥组合（万元）   表 4-16

方案	期初投资	第 1~10 年各年净流量	*NPV*	*NPVR*	排序
A	160	38	54.7	0.34	1
B	160	34	32.1	0.20	4
C	240	50	42.5	0.177	5
AB	320	72	86.8	0.271	2
AC	400	88	97.2	0.243	3

净现值率排序法的优点是计算简便。但是，由于投资项目的不可分性，净现值率排序法在许多情况下，不能保证现有资金的充分利用，不能达到净现值最大的目标。因此，此

种方法一般能得到投资经济效益较大的方案组合，但不一定是最优的方案组合。只有在各方案投资预算的比例很小时，它才能达到或者接近于净现值最大的目标。

4.6 案例分析

【项目背景】

某建设项目有三个投资计划。在 5 年计划期中，这三个投资方案的现金流量情况如表4-17 所示（收益率为 10％）。

A、B、C 投资方案现金流表   表 4-17

方　案	A	B	C
最初投资成本(元)	65000	58000	93000
年净收益(1~5 年末)(元)	18000	15000	23000
残值(元)	12000	10000	15000

【问题】

(1) 假设这三个计划是独立的，且资金没有限制，那么应选择哪个方案或哪些方案？

(2) 在（1）中假定资金限制在 160000 元，试选最好方案。

(3) 假设 A、B、C 是互斥的，试用增量内部收益率法选出最合适的投资计划。

【解析】

(1) 假设这三个计划是独立的，且资金没有限制

$NPV_A = -65000 + 18000(P/A, 10\%, 5) + 12000(P/F, 10\%, 5) = 10688$

$NPV_B = -58000 + 15000(P/A, 10\%, 5) + 10000(P/F, 10\%, 5) = 5074$

$NPV_C = -93000 + 23000(P/A, 10\%, 5) + 15000(P/F, 10\%, 5) = 3506$

三个方案均可行。

(2) 假设这三个计划是独立的，资金限制在 160000 元（表 4-18）

A、B、C 投资方案组合现金流表   表 4-18

序号	方案组合	投资(元)	净现值(元)	方案选择
1	A	65000	10688	
2	B	58000	5074	
3	C	93000	3506	
4	A+B	123000	15762	√
5	A+C	158000	14194	
6	B+C	151000	8580	
7	A+B+C	216000	19268	

资金限制在 160000 元，A、B 组合方案最优。

(3) 假设 A、B、C 是互斥的，试用增量内部收益率法选出最合适的投资计划

$NPV_{(A-B)} = -7000 + 3000(P/A, \Delta IRR, 5) + 2000(P/F, \Delta IRR, 5)$

$i = 35\%$时，$NPV_{(A-B)} = 846.6$

$i = 40\%$时，$NPV_{(A-B)} = -523.2$

运用插值法计算得：$\Delta IRR_{(A-B)} = 35.2\% > 10\%$，A 优于 B。

同理 $NPV_{(C-A)} = -28000 + 5000(P/A, \Delta IRR, 5) + 3000(P/F, \Delta IRR, 5)$

算得 $\Delta IRR_{C-A}=1\% <10\%$，所以，$A$ 优于 C。

即 A、B、C 为互斥方案时，通过增量内部收益率必选 A 方案最优。

本章小结

为了对工程项目的经济性做出评价，需要对备选方案进行比较，选择可行或最优方案。备选方案一般存在着四种类型：独立方案、互斥方案、混合型方案、其他方案。

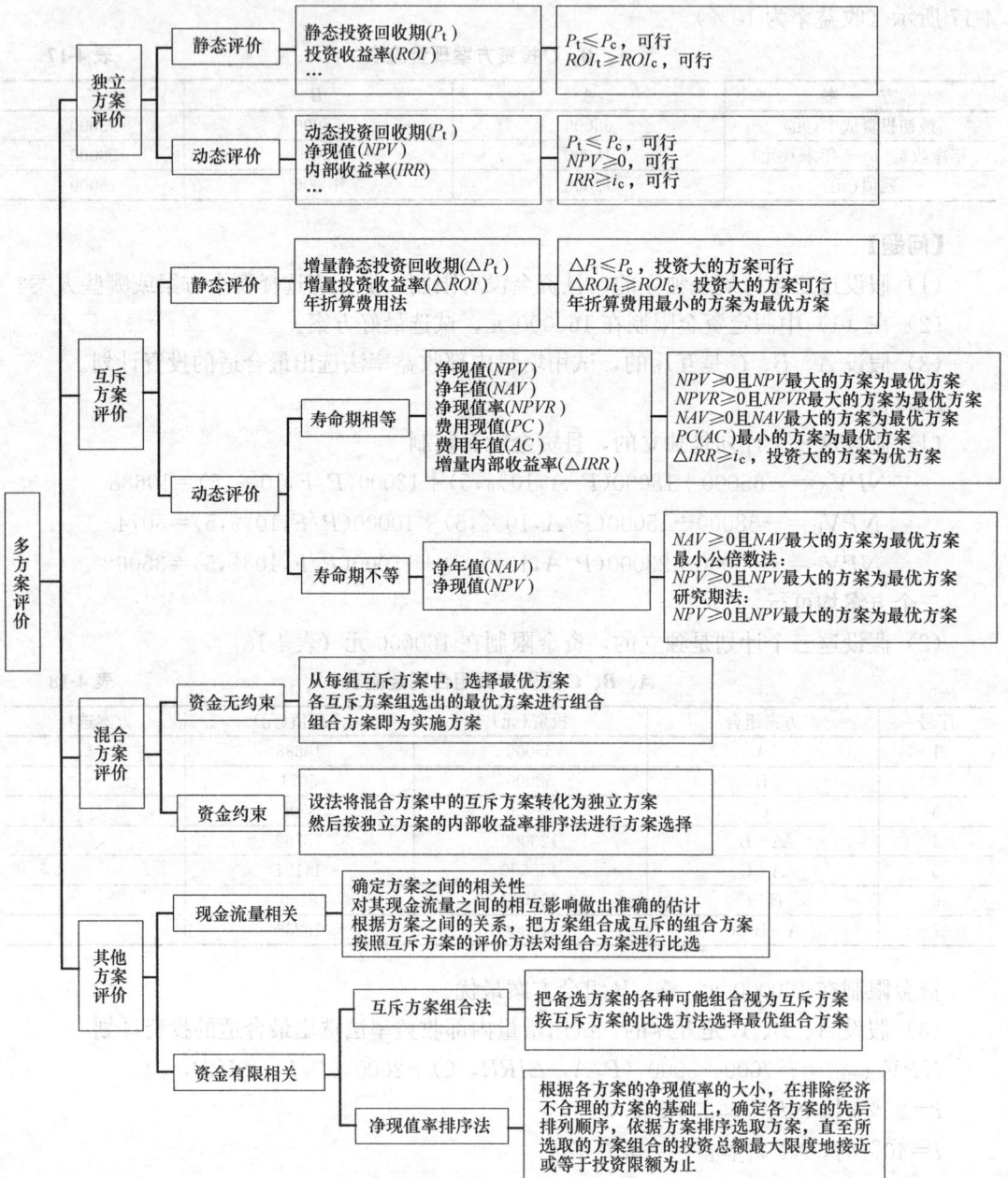

多方案评价				
独立方案评价	静态评价	静态投资回收期(P_t) 投资收益率(ROI) …	$P_t \leqslant P_c$，可行 $ROI_t \geqslant ROI_c$，可行	
	动态评价	动态投资回收期(P_t) 净现值(NPV) 内部收益率(IRR) …	$P_t \leqslant P_c$，可行 $NPV \geqslant 0$，可行 $IRR \geqslant i_c$，可行	
互斥方案评价	静态评价	增量静态投资回收期($\triangle P_t$) 增量投资收益率($\triangle ROI$) 年折算费用法	$\triangle P_t \leqslant P_c$，投资大的方案可行 $\triangle ROI_t \geqslant ROI_c$，投资大的方案可行 年折算费用最小的方案为最优方案	
	动态评价	寿命期相等	净现值(NPV) 净年值(NAV) 净现值率($NPVR$) 费用现值(PC) 费用年值(AC) 增量内部收益率($\triangle IRR$)	$NPV \geqslant 0$且NPV最大的方案为最优方案 $NPVR \geqslant 0$且$NPVR$最大的方案为最优方案 $NAV \geqslant 0$且NAV最大的方案为最优方案 $PC(AC)$最小的方案为最优方案 $\triangle IRR \geqslant i_c$，投资大的方案为优方案
		寿命期不等	净年值(NAV) 净现值(NPV)	$NAV \geqslant 0$且NAV最大的方案为最优方案 最小公倍数法： $NPV \geqslant 0$且NPV最大的方案为最优方案 研究期法： $NPV \geqslant 0$且NPV最大的方案为最优方案
混合方案评价	资金无约束	从每组互斥方案中，选择最优方案 各互斥方案组选出的最优方案进行组合 组合方案即为实施方案		
	资金约束	设法将混合方案中的互斥方案转化为独立方案 然后按独立方案的内部收益率排序法进行方案选择		
其他方案评价	现金流量相关	确定方案之间的相关性 对其现金流量之间的相互影响做出准确的估计 根据方案之间的关系，把方案组成互斥的组合方案 按照互斥方案的评价方法对组合方案进行比选		
	资金有限相关	互斥方案组合法	把备选方案的各种可能组合视为互斥方案 按互斥方案的比选方法选择最优组合方案	
		净现值率排序法	根据各方案的净现值率的大小，在排除经济不合理的方案的基础上，确定各方案的先后排列顺序，依据方案排序选取方案，直至所选取的方案组合的投资总额最大限度地接近或等于投资限额为止	

思考与练习题

一、思考题

4-1 投资方案有哪几种类型？

4-2 方案比较时，对于寿命期不等的方案处理方法有哪些？如何使用？

4-3 互斥方案的特点是什么？如何进行评价？

4-4 对混合方案如何进行评价？

4-5 怎样用内部收益率法进行多方案项目的选优？

4-6 用净现值和内部收益率对互斥方案比选时，为什么说净现值在任何情况下都能给出正确的结论？

二、练习题

4-7 某工程总投资为 4500 万元，投产后每年经营成本为 600 万元，每年收益为 1400 万元，产品的经济寿命期为 10 年，在第 10 年末还能回收资金 200 万元，年基准收益率为 12%，试用净现值法确定投资方案是否可行？

4-8 某方案的现金流量如表 4-19 所示，基准折现率为 10%，试计算：（1）动态投资回收期；（2）净现值；（3）内部收益率。

习题 4-8 用表（万元）   表 4-19

年份	0	1	2	3	4	5	6
现金流量	−400	80	90	100	100	100	100

4-9 某项目建设有 A、B 两个方案，各方案相关资料如表 4-20 所示，基准收益率为 10%，各方案均无残值，试进行方案选优。

习题 4-9 用表   表 4-20

方案	建设期 （年）	第一年投资 （万元）	第二年投资 （万元）	生产期 （年）	投产后年均收益 （万元）
A	2	1000	0	16	240
B	2	200	600	12	220

4-10 某公司计划建新车间，有两个方案，甲方案采用流水线，总投资 60 万元，年经营成本 10 万元；乙方案采用自动生产线，总投资 80 万元，年经营成本 5 万元。两个方案的年均收入均为 30 万元，设基准投资回收期为 5 年，若采用投资回收期法和增量投资回收期法比选，公司应采用哪个方案？

4-11 一工程投资 30000 万元，寿命期 10 年，每年净收益 3000 万元，残值 8000 万元，基准收益率为 5%，求该项目的 IRR 并判断项目是否可行。

4-12 某工程计划修建 2 年，第 1 年初投资 1800 万元，生产期 14 年，若投产后预计年均净收益为 270 万元，无残值，基准收益率为 10%，试用 IRR 来判断项目是否可行？

4-13 某建设项目有两种建设方案，方案一寿命 20 年，方案二寿命 40 年，初始费用分别为 1 亿元和 1.3 亿元，两者每年的收益都是 0.5 亿，基准收益率为 12%，无残值，应选择哪个方案？

4-14　某厂新建，建设期2年，生产期18年，基建投资700万元，流动资金400万元（在生产期初投入），基建在第1年一次全部投入，无残值，若期望收益率为15％，求投产后年均收益为多少？

4-15　某项目，建设期2年，第1年初投资1000万元，第2年初投资1000万元，第3年当年收益150万元。项目生产期10年，若从第4年起到生产期末的年均收益为380万元。基准收益率为12％，试计算并判断：（1）项目是否可行？（2）若不可行，从第4年起年收益须为多少才能保证使基准收益保持为12％？

4-16　有两个项目，甲投资2100万元，年收入1000万元，经营成本为600万元；乙投入为3000万元，年收入1500万元，年经营成本为700万元。若基准投资回收期为6年，计算并判断：（1）用差额投资回收期法分析方案的优劣；（2）如果两个方案的寿命期均为6年，试用投资回收期法评价两个方案的可行性。

4-17　一项目的运输有两种方案，铁路运输投资15万元，年运营成本2万元，计算期为10年；公路运输投资为6万，年运营成本为3万元，计算期为5年。基准收益率为10％，试选择最优方案。

4-18　若$i_c=10\%$，用净年值法比选下列方案A、B，具体数值见表4-21。

方案A、B具体数值表　　　　　　　　　　　　　　　　　　　　　表4-21

	一次投资（万元）	年均收益（万元）	残值（万元）	寿命期（年）
方案A	20	6	2	10
方案B	25	9		12

4-19　修建某永久工事，经研究有两个方案。甲方案：投资3000万元，年维护费用为6万元，每10年要大修一次需15万元；乙方案：投资为2800万元，年维护费用为15万元，每3年小修一次需10万元。若利率为10％，试比较两个方案哪个最优？

4-20　用增量内部收益率比选表4-22所列三个方案（$i_c=10\%$）。

方案现金流量（万元）　　　　　　　　　　　　　　　　　　　　表4-22

	A方案	B方案	C方案
投资	2000	3000	4000
收益	600	800	940
寿命（年）	10	10	10

4-21　有三个独立方案，甲、乙和丙，寿命期都为10年，现金流量如表4-23所示。基准收益率为10％，投资资金限制为7000万元，要求选择最佳组合。

独立方案现金流量（万元）　　　　　　　　　　　　　　　　　　表4-23

方案	初始投资	年净收益
甲	2600	500
乙	3300	620
丙	3600	780

第5章 建设项目投资估算与融资

本章要点及学习目标

本章要点：

本章主要对工程项目投资与资金进行相关理论、方法和应用方面的阐述，主要介绍工程项目投资的构成，工程项目投资决策的阶段划分、内容和方法，投资估算的内容和方法；介绍工程项目融资内容、特点，进行资金成本、资金结构及融资模式的分析。

学习目标：

掌握工程项目投资估算方法及融资的特点和方式的选择。

5.1 建设项目投资估算

5.1.1 项目投资估算的分类及其阶段的划分

5.1.1.1 工程项目投资概念

投资指的是特定经济主体为了在未来可预见的时期内获得收益或是资金增值，在一定时期内向一定领域投入一定数量的资产（有行的或无形的）的经济行为。工程项目投资是指投资者在一定时间内新建、扩建、改建、迁建、恢复某个工程项目所做的投资活动。这里的工程项目是以工程建设为载体的项目，它以建筑物或构筑物为目标产出物，在费用、程序、时间、质量方面都有相关要求。

5.1.1.2 工程项目投资分类

工程投资项目种类繁多，为了便于计划和管理，建设项目可以从不同角度进行分类。

1) 按建设的性质：新建项目、扩建项目、改建项目、迁建项目和恢复项目。

2) 按建设项目的用途：生产性基本建设和非生产性基本建设。

3) 按建设规模和对国民经济的重要性：大型、中型、小型项目。大中型项目是国家重要的工程项目，对国民经济的发展具有重要意义。

4) 按项目的投资来源：政府投资项目和非政府投资项目。任何社会的总投资都是由政府投资和非政府投资两大部分构成。

5) 按项目建设过程：筹建项目、施工项目、建成投资项目、收尾项目。

6) 按项目工作阶段：项目决策阶段、项目计划设计阶段、项目实施控制阶段、项目完工交付阶段。

5.1.1.3 项目投资估算阶段的划分

由于投资决策过程划分为投资机会研究或项目建议书阶段、初步可行性研究阶段、详细可行性研究阶段共三个阶段，投资估算工作也相应划分为三个阶段。随着阶段的不断发展，调查研究不断深入，掌握的资料越来越丰富，投资估算逐步准确，其所起的作用也越来越重要。

1. 投资机会研究或项目建议书阶段的投资估算

这一阶段主要是选择有利的投资机会，明确投资方向，提出概略的项目投资建议，并编制项目建议书。该阶段工作比较粗略，投资额的估计一般是通过与已建类似项目的对比得来的，因而投资估算的误差率可在±30％左右。这一阶段的投资估算是作为领导部门审批项目建议书、初步选择投资项目的主要依据之一，对初步可行性研究及投资估算起指导作用。

2. 初步可行性研究阶段的投资估算

这一阶段主要是在投资机会研究结论的基础上，进一步弄清项目的投资规模、原材料来源、工艺技术、厂址、组织机构和建设进度等情况，进行经济效益评价，判断项目的可行性，作出初步投资评价。该阶段是介于项目建议书和详细可行性研究之间的中间阶段，投资估算的误差率一般要求控制在±20％左右。

3. 详细可行性研究阶段的投资估算

详细可行性研究阶段也称为最终可行性研究阶段，主要是进行全面、详细、深入的技术经济分析论证阶段，要评价选择拟建项目的最佳投资方案，对项目的可行性提出结论性意见。该阶段研究内容详尽，投资估算的误差率应控制在±10％以内。

这一阶段的投资估算是进行详尽经济评价、决定项目可行性、选择最佳投资方案的主要依据，也是编制设计文件、控制初步设计及概算的主要依据。

5.1.2　建设工程项目总投资构成

建设工程项目总投资一般是指工程项目从建设前期的准备工作到工程项目全部建成竣工投产为止所发生的全部投资费用。生产性建设工程项目总投资包括固定资金投资（建设投资）和流动资金投资（运营投资）两部分。而非生产性建设项目总投资只有固定资产投资，不含流动资产投资。建设项目总投资构成见图5-1。

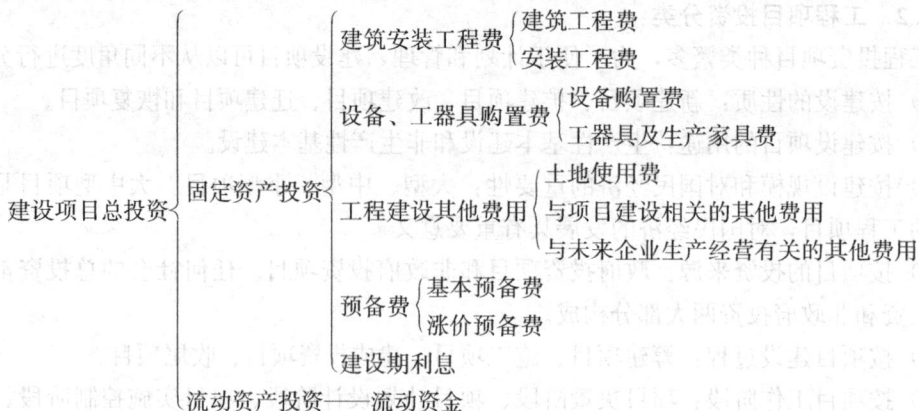

图5-1　建设工程项目总投资构成

5.1.2.1　固定资产投资

1. 建筑安装工程投资

　　建筑安装工程投资是指修建建筑物或构筑物、对需要安装设备的装配、单机试运转以及附属于安装设备的工作台、梯子、栏杆和管线铺设等工程所需要的费用，由建筑工程费用和安装工程费用两部分组成。例如：土建、给水排水、电气照明、采暖通风、各类工业管道安装和各类设备安装等单位工程的投资均称为建筑安装工程投资。

　　建筑安装工程费用可按构成要素或造价形成进行划分。

　　1）按费用构成要素划分的建筑安装工程费用项目组成

　　按照费用构成要素划分，建筑安装工程费由人工费、材料（含工程设备，下同）费、施工机具使用费、企业管理费、利润、规费和税金组成。

　　① 人工费：指按工资总额构成规定，支付给从事建筑安装工程施工的生产工人和附属生产单位工人的各项费用。包括：计时工资或计件工资；奖金；津贴补贴；加班加点工资；特殊情况下支付的工资。

　　② 材料费：施工过程中耗费的原材料、辅助材料、构配件、零件、半成品或成品、工程设备的费用。包括：材料原价；运杂费；运输损耗费；采购及保管费。

　　③ 施工机具使用费：施工作业所发生的施工机械、仪器仪表使用费或其租赁费。包括：施工机械使用费；仪器仪表使用费。

　　④企业管理费：建筑安装企业组织施工生产和经营管理所需要的费用。包括：管理人员工资；办公费；差旅交通费；固定资产使用费；工具用具使用费；劳动保险和职工福利费；劳动保护费；检验试验费；工会经费；职工教育经费；财产保险费；财务费；税金；城市维护建设税；教育费附加；地方教育费附加；其他。

　　⑤ 利润：施工企业完成所承包工程获得的盈利。

　　⑥ 规费：按国家法律、法规规定，由省级政府和省级有关权力部门规定必须缴纳或计取的费用。

　　⑦ 税金：国家规定应计入建筑安装工程造价内的增值税、城市维护建设税、教育费附加以及地方教育附加等。

　　增值税是对商品生产、流通、劳务服务中多个环节的新增价值或商品的附加值征收的一种流转税。根据国家财政部、国家税务总局《关于全面推开营业税改征增值税试点的通知》（财税〔2016〕36号）要求，建筑业2016年5月1日起营业税改征增值税，工程造价按照"价税分离"计价规则计算。税前工程造价为人工费、材料费、施工机具使用费、企业管理费、利润和规费之和，各费用项目均以不包含增值税（可抵扣进项税额）的价格计算。

　　2）按造价形成划分的建筑安装工程费用项目组成

　　按照工程造价形成，建筑安装工程费由分部分项工程费、措施项目费、其他项目费、规费、税金组成。

　　① 分部分项工程费：各专业工程的分部分项工程应予列支的各项费用。

　　② 项目措施费：为完成建设工程施工，发生于该工程施工前和施工过程中的技术、生活、安全、环境保护等方面的费用。包括：安全文明施工费；夜间施工增加费；二次搬运费；冬雨期施工增加费；已完工程及设备保护费；工程定位复测费；特殊地区施工增加费；大型机械设备进出场及安拆费；脚手架工程费。

　　③ 其他项目费：包括暂列金额；计日工；总承包服务费。

　　规费和增值税组成同上。

3）建筑安装工程费用计算方法（根据各费用构成要素计算）

$$人工费＝\sum（工日消耗量×日工资单价）\tag{5-1}$$

$$材料费＝\sum（材料消耗量×材料单价）\tag{5-2}$$

$$工程设备费＝\sum（工程设备费×工程设备单价）\tag{5-3}$$

$$施工机械使用费＝\sum（施工机械台班消耗量×机械台班单价）\tag{5-4}$$

$$仪器仪表使用费＝工程使用的仪器仪表推销费＋维修费\tag{5-5}$$

$$企业管理费＝计算基数×企业管理费费率\tag{5-6}$$

其中，计算基数可以以分部分项工程费为计算基础、以人工费和机械费合计为计算基础、以人工费为计算基础。

$$利润＝计算基数×利润率\tag{5-7}$$

计算基数应以定额人工费或定额人工费与定额机械费之和作为计算基数，其费率根据历年工程造价积累的资料，并结合建筑市场实际确定。

规费根据工程所在地省、自治区、直辖市或行业建设主管规定的费率计算。

增值税：

建筑安装工程费用的税金是指国家税法规定应计入建筑安装工程造价的增值税销项税额。

$$工程造价＝税前工程总价×（1＋11\%）\tag{5-8}$$

式中，11%为建筑业适用增值税税率。

$$税金（增值税销项税额）＝税前工程造价×税率（或征收率）\tag{5-9}$$

2. 设备及工器具投资

设备及工器具购置费用是由设备购置费和工器具及生产家具购置费组成的，它是固定资产投资中的重要部分。设备及工器具购置费，是指新建或扩建项目初步设计规定的，保证初期正常生产必须购置的没有达到固定资产标准的设备、仪器、工卡模具、器具、生产家具和备品备件等的购置费用。一般以设备购置费为计算基础，按照部门或行业规定的工器具及生产家具费率计算。工器具及生产家具费率计算。计算公式为：

$$设备购置费＝设备原价或进口设备抵岸价＋设备运杂费\tag{5-10}$$

$$工器具及生产家具购置费＝设备购置费×定额费率\tag{5-11}$$

3. 工程建设其他费用

工程建设其他费用是指从工程筹建起到工程竣工验收交付使用止的整个建设期间，除建筑安装工程费用和设备、工器具购置费以外的、为保证工程建设顺利完成和交付使用后能够正常发挥效用而发生的各项费用的总和。

工程建设其他费用，按内容大体可分为土地使用费、与项目建设有关的其他费用和与企业未来生产经营有关的其他费用。

按其内容可分为以下三类。

1）土地使用费

根据《中华人民共和国土地管理法》等法规的规定，地使用费是指通过划拨方式取得土地使用权而支付的土地征用及迁移补偿费，或通过土地使用权出让方式取得土地使用权而支付的土地使用权出让金。包括农用土地征用费和取得国有土地使用费。

（1）农用土地征用费

农用土地征用费由土地补偿费、安置补助费、土地投资补偿费、土地管理费、耕地占用税等组成，并按被征用土地的原用途给予补偿。

其中征用耕地的补偿费用包括土地补偿费（为该耕地被征用前三年平均年产值的 6～10 倍）、安置补助费（每一个需安置农业人口安置补助标准为该耕地被征用前三年平均年产值的 4～6 倍）。征用其他土地的土地补偿费和安置补助费标准，由省、自治区、直辖市参照耕地补偿标准执行。

（2）取得国有土地使用费

取得国有土地使用费包括土地使用权出让金、城市建设配套费、房屋征收与补偿费等。

2）与项目建设有关的其他费用。

（1）建设管理费

建设管理费是指建设单位从项目筹建开始直至工程竣工验收合格或交付使用为止发生的项目建设管理费用。主要包括建设单位管理费、工程监理费、工程质量监督费。

$$建设单位管理费＝工程费用×建设单位管理费费率 \qquad (5-12)$$

其中，工程费用是建筑安装工程费用和设备及工器具购置费用之和。

（2）可行性研究费

可行性研究费指在建设工程项目前期工作中，编制和评估项目建议书、可行性研究报告所需的费用。

（3）研究试验费

研究试验费是指为本建设工程项目提供或验证设计数据、资料等进行必要的研究试验及按照设计规定在建设过程中必须进行试验、验证所需的费用。

研究试验费不包括以下项目：一是应由科技三项费用（即新产品试制费、中间试验费、重要科学研究补助费）开支的项目；二是应在建筑安装费用中列支的施工企业对建筑材料、构件和建筑物进行一般鉴定、检查所发生的费用及技术革新的研究试验费；三是应由勘察设计费或工程费用中开支的项目。

（4）勘察设计费

勘察设计费是指委托勘察设计单位进行工程水文地质勘察、工程设计所发生的各项费用。包括工程勘察费、初步设计费（基础设计费）、施工图设计费（详细设计费）、设计模型制作费。

（5）环境影响评价费

环境影响评价费是指按照《中华人民共和国环境保护法》《中华人民共和国环境影响评价法》等规定，为全面、详细评价建设工程项目对环境可能造成的污染或造成重大影响所需的费用。包括编制环境影响报告书、环境影响报告表、评估环境影响报告书、评估环境影响报告表等所需的费用。

（6）劳动安全卫生评价费

为预测和分析建设工程项目存在的职业风险、危害因素的种类和危险危害程度，并提出先进、科学、合理可行的劳动安全卫生技术和管理对策所需的费用。包括编制建设工程项目劳动安全卫生预评价大纲、报告书及与此相关所需的费用。

（7）场地准备及临时设施费

场地准备及临时设施费是指建设场地准备费和建设单位临时设施费。

$$场地准备和临时设施费＝工程费用×费率＋拆除清理费 \qquad (5-13)$$

（8）引进技术和进口设备其他费

引进技术及进口设备其他费用，包括出国人员费用、国外工程技术人员来华费用、技术引进费、分期或延期付款利息、担保费（一般按承保金的 5‰ 计算）以及进口设备检验鉴定费（按进口设备货价的 3‰～5‰ 计算）。

（9）工程保险费

工程保险费是指建设工程项目在建设期间根据需要对建筑工程、安装工程、机器设备和人身安全进行投保而发生的保险费用。不包括已列入施工企业管理费中的施工管理用财产、车辆保险费。不投保的工程无此项费用。

与项目建设有关的其他费用除上述 9 类外，还包括特殊设备安全监督检验费、市政公用设施建设与绿化补偿费等。

3）与未来企业生产经营有关的其他费用

（1）联合试运转费

联合试运转费是指新建项目或新增加生产能力的项目，在交付生产前，按照设计规定的工程质量标准，进行整个车间的负荷或无负荷联合试运转所发生的费用支出大于试运转收入的亏损部分。不包括应由设备安装费用开支的试车费用。不发生试运转费的工程或者试运转收入和支出可相抵销的工程，不列此费用项目。费用内容包括：试运转所需的原料、燃料、油料和动力的消耗费；机械使用费；低值易耗品及其他物品的费用和施工单位参加联合试运转人员的工资等。试运转收入包括试运转产品销售收入和其他收入。

（2）生产准备费

生产准备费是指新建项目或新增生产能力的项目，为保证竣工交付使用进行必要的生产准备所发生的费用，属于工程建设其他费用，与未来企业生产经营有关。包括生产人员培训费以及生产单位提前进场参加施工、设备安装、调试等以及熟悉工艺流程及设备性能等人员的工资、工资性补贴、职工福利费、差旅交通费、劳动保护费等。

（3）办公和生活家具购置费

办公和生活家具购置费是指为保证新建或扩建工程项目初期正常生产、使用和管理所必须购置的办公和生活家具、用具的费用。其范围包括办公室、会议室、资料室、食堂、宿舍、招待所和幼儿园等家具和用具购置费。该项费用一般按照设计定员人数乘以相应的综合指标进行估算。

4. 预备费

预备费用是指在投资估算时预留的费用，以备项目实际投资额超出估算的投资额。项目实施时，预备费用可能不使用，可能被部分使用，也可能被完全使用，甚至预备费用不足。预备费又称不可预见费，包括基本预备费和工程造价调整所引起的涨价预备费。

1）基本预备费

基本预备费是指在项目实施中可能发生的难以预料的工程费用，主要指设计变更及施工过程中可能增加的工程量的费用。具体包括以下内容：一是在批准的初步设计范围内，技术设计、施工图设计及施工过程中所增加的工程费用；设计变更、局部地基处理等增加的费用；二是一般自然灾害造成的损失和预防自然灾害所采取的措施费用；实行工程保险的工程项目费用应适当降低；三是竣工验收时为鉴定工程质量对隐蔽工程进行必要的挖掘和修复费用。

根据公式 3-4 基本预备费计算公式亦可表示为：

基本预备费＝(设备及工器具购置费＋建筑安装工程费＋工程建设其他费)×基本预备费率

$$(5-14)$$

2）涨价预备费

涨价预备费是指建设项目在建设期内由于价格等变化引起工程造价变化的预测预留费用。费用内容包括：人工、设备、材料、施工机械的价差费，建筑安装工程费及工程建设其他费用调整，利率、汇率调整等增加的费用。其计算方法，一般根据国家规定的投资综合价格指数，按估算年份价格水平的投资额为基数，采用复利方法计算。计算公式为：

$$PF = \sum_{t=0}^{n} I_t \left[(1+f)^t - 1 \right] \tag{5-15}$$

式中　PF——涨价预备费估算额；

I_t——建设期中第 t 年的投资计划额；

n——建设期年份数；

f——年平均价格预计上涨指数。

【例 5-1】　某建设项目，建设期为 3 年，各年投资计划额如下：第一年投资 100 万元，第二年 200 万元，第三年 100 万元，年均投资价格上涨率为 10%，计算建设项目建设期间涨价预备费。

【解】　第一年涨价预备费为：$PF_1 = I_1 [(1+f)-1] = 100 \times 0.1 = 10$ 万元

第二年涨价预备费为：$PF_2 = I_2 [(1+f)^2-1] = 200 \times (1.1^2-1) = 42$ 万元

第三年涨价预备费为：$PF_3 = I_3 [(1+f)^3-1] = 100 \times (1.1^3-1) = 33.1$ 万元

所以，建设期涨价预备费为：$PF = PF_1 + PF_2 + PF_3 = 10+42+33.1 = 85.1$ 万元

5. 建设期贷款利息

建设期投资贷款利息是指建设项目使用银行或其他金融机构的贷款，在建设期应归还的借款的利息。建设期间，该利息作为资本化利息计入固定资产的价值。贷款机构在贷出款项时，一般都是按复利考虑的。当项目建设期长于一年时，为简化计算，可假定借款发生当年均在年中支用，按半年计息，年初欠款按全年计息，这样，建设期投资贷款的利息可按下式计算：

$$q_j = \left(P_{j-1} + \frac{1}{2} A_j \right) \times i \tag{5-16}$$

式中　q_j——建设期第 j 年应计利息；

P_{j-1}——建设期第 $(j-1)$ 年末贷款累计金额与利息累计金额之和；

A_j——建设期第 j 年贷款金额；

i——年利率。

【例 5-2】　某项目建设期为 3 年，分年均衡进行贷款，第一年贷款 100 万元，第二年 200 万元，第三年 400 万元，年利率为 10%，计算建设期贷款利息。

【解】　在建设期，各年利息计算如下：

$$q_1 = \frac{1}{2} A_1 \times i = \frac{1}{2} \times 100 \times 10\% = 5 \text{ 万元}$$

$$q_2 = \left(P_1 + \frac{1}{2}A_2\right) \times i = \left(100 + 5 + \frac{1}{2} \times 200\right) \times 10\% = 20.5 \text{ 万元}$$

$$q_3 = \left(P_2 + \frac{1}{2}A_3\right) \times i = \left(100 + 5 + 200 + 20.5 + \frac{1}{2} \times 400\right) \times 10\% = 52.55 \text{ 万元}$$

所以，建设期贷款利息 $= q_1 + q_2 + q_3 = 5 + 20.5 + 52.55 = 78.05$ 万元

5.1.2.2　流动资金投资

广义的流动资金是指企业全部的流动资产，包括现金、存货（材料、半成品、产成品）、应收账款、有价证券、预付款等项目。以上项目皆属业务经营所必需，故流动资金俗称营业周转资金。狭义的流动资金是指流动资产减去流动负债的差额，即所谓净流动资金。净流动资金的多寡代表企业的流动地位，净流动资金越多表示净流动资产越多，其短期偿债能力较强，因而其信用地位也较高，在资金市场中筹资较容易，成本也较低。

5.1.3　投资估算方法及流动资金的估算

投资估算是对整个工程项目投资总额的估算，是指项目从筹建、施工直至建成投产的全部建设费用。投资估算主要包括固定资产估算和流动资产估算两部分内容。

5.1.3.1　工程项目投资估算的内容

建设工程项目投资估算包括固定资产投资估算和流动资金估算两部分。

1. 固定资产投资估算的内容

固定资产投资按照投资的性质划分，包括建筑安装工程费、设备及工器具购置费、工程建设其他费用、基本预备费、涨价预备费、建设期贷款利息。其中涨价预备费、建设期贷款利息是动态投资估算部分。

2. 流动资金估算的内容

流动资金估算包括项目生产经营过程中用于为保证正常生产所需储备原材料、燃料、备品备件的周转资金，正常条件下生产经营过程中占用的资金和成品占用的资金，是长期占用的流动资产投资。

5.1.3.2　工程项目投资估算方法

1. 固定资产投资估算方法

1）拟建项目的静态投资总额的估算法

（1）单位生产能力估算法

即工业产品单位生产能力、民用建筑功能或营业能力指标法。这种方法适用于从整体性匡算一个项目的全部投资额。其计算公式为：

$$C_2 = \left(\frac{C_1}{Q_1}\right) \cdot Q_2 \cdot f \tag{5-17}$$

式中　C_1、C_2——分别为已建类似项目和拟建项目的投资额；

　　　　Q_1、Q_2——分别为已建类似项目和拟建项目的生产能力；

　　　　f——为不同时期、不同地点的定额、单价、费用变更等的综合调整系数。

【例 5-3】已建年产 3000t 某化工产品生产项目的静态投资额为 2000 万元，现拟建年产相同产品 5000t 类似项目。综合调整系数为 1.2，则采用单位生产能力估算法估计拟建

项目的静态投资为多少万元。

【解】　　　　　　$C_2 = (2000/3000) \times 5000 \times 1.2 = 4000$ 万元

这种估算法把项目的建设投资与其生产能力的关系视作简单的线性关系，估算结果太粗，精确度较差，仅达 70%。但在条件不太具体，拟建项目的生产能力和已建类似项目具有可比性时，可以粗线条地估出全部概略投资，并可与采用较细的估算方法估算的投资进行核对。

（2）生产能力指数法

根据已建成的、性质类似的建设项目或生产装置的投资额和生产能力及拟建项目或生产装置的生产能力估算项目的投资额。计算公式为：

$$C_2 = C_1 \cdot \left(\frac{Q_2}{Q_1}\right)^n \cdot f \tag{5-18}$$

式中　C_1、C_2——分别为已建类似项目或装置和拟建项目或装置的投资额；

　　　Q_1、Q_2——分别为已建类似项目或装置和拟建项目或装置的生产能力；

　　　　　f——为不同时期、不同地点的定额、单价、费用变更等的综合调整系数；

　　　　　n——为生产能力指数，$0 \leqslant n \leqslant 1$。

公式表明，造价与规模（或容量）呈非线性关系，且单位造价随工程规模（或容量）的增大而减小。$0 \leqslant n \geqslant 0$ 表示若生产能力增长，投资额不会减少。$n \leqslant 1$ 表示投资额增长幅度不会超过生产能力的增长幅度。

若已建类似项目或装置的规模和拟建项目或装置的规模相差不大，生产规模比值在 0.5～2 之间，则指数 n 的取值近似为 1。若已建类似项目或装置与拟建项目或装置的规模相差不大于 50 倍，且拟建项目扩大仅靠增大设备规格来达到时，则 n 取值在 0.6～0.7 之间；若是靠增加相同规模设备的数量达到时，n 的取值在 0.8～0.9 之间。

采用这种方法，不需要详细的工程设计资料，只知道工艺流程及规模就可以，计算简单，速度快，比单位生产能力估算法精确度略高达 80% 以上。在总承包工程报价时，作为估价的旁证，承包商大多采用这种方法估价。但要求类似工程的资料可靠，条件基本相同，否则误差就会增大。

（3）估算指标法

估算指标法也称单位指标估算法，用于估算每一单位的投资，如：每 1m^2 建筑面积的土建工程、照明工程、给水排水工程等；每 1kVA 电容量的变电工程；每 1th 蒸发量的锅炉房工程；每 1kWh 耗热量采暖工程等。算法是：每一个单位指标，乘以所需的容量或面积，即为该单位工程的投资。

（4）近似（匡算）工程量估算法

这种方法基本上与编制概预算方法相同，即采用匡算工程量后，配上概预算定额的单价和取费标准，即为所需的造价。这种方法适用于室外道路、围墙、管线等无规律性指标可套的单位工程，也可供换算或调整局部不合适的构配件之用。

（5）主要工程量计算法

许多指标中列有主要工程量及工程内容归并表，可以根据各地现行定额、取费标准及相应的规定套用类似项目的工程量进行测算。

2）系数估算法

在项目规划和可行性研究中，根据经验，辅助生产设备、服务设施的装备水平与主体设备购置费用之间存在一定比例，因此，不必分项详细计算，可采用比例估算的办法估算投资。

（1）设备系数法

以拟建项目的设备费为基数，根据已建成的同类项目的建筑安装工程费和其他费用等占设备价值的百分比，求出相应的建筑安装及其他有关费用，其总和即为项目的投资。公式为：

$$C=E(1+P_1f_1+P_2f_2+P_3f_3+\cdots\cdots)+I \tag{5-19}$$

式中　　C——拟建项目的投资额；

　　　　E——根据拟建项目的设备清单按当地价格计算的设备费（包括运杂费）的总和；

P_1、P_2、P_3——分别为已建项目中建筑、安装及其他工程费用占设备费百分比；

f_1、f_2、f_3——分别为由于时间因素引起的定额、价格、费用标准等变化的综合调整系数；

　　　　I——拟建项目的其他费用。

（2）主体专业系数法

以拟建项目中的最主要、投资比重较大并与生产能力直接相关的工艺设备的投资（包括运杂费及安装费）为基数，根据同类型的已建项目的统计资料，计算出拟建项目的各专业工程（总图、土建、采购、给水排水、管道、电气及电信、自控及其他费用等）占工艺设备投资的百分比，据以求出各专业的投资，然后把各部分投资费用（包括工艺设备费）相加求和，即为项目的总费用。其表达式为：

$$C=E(1+f_1P_1+f_2P_2+f_3P_3+\cdots\cdots)+I \tag{5-20}$$

式中　P_1、P_2、P_3——分别为各专业工程费用占设备费的百分比，其余符号同前。

3）设备购置费的估算方法

在项目规划或可行性研究中，如对设备系统已有明确选型，可以采用市场询价加运杂费、安装费的方法估算投资。

2.拟建项目动态投资的估算

建设投资动态部分，主要包括价格变动可能增加的投资额、建设期利息等内容。动态投资估算应以基准年静态投资使用计划为基础计算。具体计算方法详见本章建筑安装投资中相关内容。

如果是涉外项目，还应该计算汇率的影响。汇率是两种不同货币之间的兑换比率，汇率的变化意味着一种货币对另一种货币的升值或贬值。我国人民币与外币之间的汇率采取以人民币表示外币价格的形式给出，因此涉外项目投资中的外币投资额，需按相应的汇率换算为人民币投资额，故汇率变化会影响涉外项目的投资额。通过预测汇率在项目建设期内的变动程度，以估算年份的投资额为基数，计算求得汇率变化对建设项目投资的影响。

5.1.3.3　流动资金估算

流动资金是指生产经营性项目建成投产后，为保证正常生产运营所必须的周转资金（如购买原材料、燃料，支付工资及其他经营费用）。流动资金是短期日常营运现金，用于人工、购货、水、电、电话、膳食等开支。根据国有商业银行的规定，新上项目或更新改造项目投资者必须拥有至少30%的自有流动资金，其余部分可申请贷款。

常用的流动资金估算方法有两种，一种是扩大指标估算法，一种是分项详细估算法。

1. 扩大指标估算法

一般可以参照同类生产企业流动资金占销售收入、经营成本、固定资产投资的比率，以及单位产量占用流动资金的比率来确定。扩大指标估算法简便易行，但准确度不高，适于项目建议书阶段的估算。扩大指标估算法的公式为：

$$年流动资金额＝年费用基数×各类流动资金率 \tag{5-21}$$

$$年流动资金额＝年产量×单位产品产量占用流动资金额 \tag{5-22}$$

2. 分项详细估算法

$$流动资金＝流动资产－流动负债 \tag{5-23}$$

其中：流动资产＝应收账款＋存货＋现金

流动负债＝应付账款

故对流动资金的估算可转化为对流动资产和流动负债的估算。

1）应收账款估算

应收账款指企业对外赊销商品、劳务而占用的资金。计算公式为：

$$应收账款＝年经营成本/周转次数 \tag{5-24}$$

其中：周转次数＝360/最低周转天数

这里最低周转天数按实际情况并考虑保险系数分项确定。

2）存货估算

存货是企业为生产耗用或销售而储备的各种物资，包括原材料、辅助材料、燃料、维修备件、低值易耗品、包装物、在产品和产成品等。计算公式为：

$$存货＝外购原材料、燃料＋在产品＋产成品 \tag{5-25}$$

其中：外购原材料、燃料＝年外购原材料、燃料/周转次数

在产品＝（年外购原材料、燃料及动力费＋年工资及福利费＋年修理费＋年其他制造费）/在产品周转次数

产成品＝年经营成本/产成品周转次数

3）现金需要量估算

现金指企业生产运营活动中停留于货币形态的资金，如银行存款、库存现金。计算公式为：

$$现金＝（年工资及福利费＋年其他费用）/周转次数 \tag{5-26}$$

其中：年其他费用＝制造费用＋管理费用＋财务费用＋销售费用－（工资及福利费＋折旧费＋维简费＋摊销费＋修理费＋利息支出）

4）流动负债估算

流动负债指在一年或超过一年的一个营业周期内需偿还的各种债务。为简化核算，在可行性研究中，流动负债的估算只考虑应付账款一项。计算公式为：

$$应付账款＝（年外购原材料、燃料及动力费）/周转次数 \tag{5-27}$$

在分项计算出应收账款、存货、现金和应付账款后，根据公式可估算出项目所需的流动资金。流动资金估算表见表5-1。

流动资金估算表   表 5-1

序号	项目	最低周转天数	周转次数	投产期		达产期			
				3	4	5	6	...	n
1	流动资产								
1.1	应收账款								
1.2	存货								
1.2.1	原材料								
1.2.2	燃料								
1.2.3	在产品								
1.2.4	产成品								
1.3	现金								
2	流动负债								
2.1	应付账款								
3	流动资金(1-2)								
4	流动资金本年增加额								

【例 5-4】 某建设项目达到设计生产能力后，全厂定员为1100人，工资和福利费按照每人每年7200元估算。每年其他费用为860万元（其中：其他制造费用为660万元）。年外购原材料、燃料、动力费估算为19200万元。年经营成本为21000万元，年修理费占年经营成本10%。各项流动资金最低周转天数分别为：应收账款30天，现金40天，应付账款为30天，存货为40天。用分项详细估算法估算拟建项目的流动资金。

【解】 （1）应收账款＝年经营成本÷年周转次数

　　　　　　　＝21000÷（360÷30）＝1750 万元

（2）现金＝（年工资福利费＋年其他费）÷年周转次数

　　　　　　＝（1100×0.72＋860）÷（360÷40）＝183.56 万元

（3）存货：外购原材料、燃料＝年外购原材料、燃料动力费÷年周转次数

　　　　　　　　　＝19200÷（360÷40）＝2133.33 万元

在产品＝（年工资福利费＋年其他制造费＋年外购原材料、燃料动力费＋年修理费）

　　　　　÷年周转次数

　　　　＝（1100×0.72＋660＋19200＋21000×10%）÷（360÷40）＝2528.00 万元

产成品＝年经营成本÷年周转次数

　　　　＝21000÷（360÷40）＝2333.33 万元

存货＝2133.33＋2528.00＋2333.33＝6994.66 万元

（4）流动资产＝应收账款＋现金＋存货

　　　　　　　＝1750＋183.56＋6994.66＝8928.22 万元

（5）应付账款＝年外购原材料、燃料、动力费÷年周转次数

　　　　　　　＝19200÷（360÷30）＝1600 万元

（6）流动负债＝应付账款＝1600 万元

（7）流动资金＝流动资产－流动负债

$$=8928.22-1600=7328.44 \text{ 万元}$$

5.2 工程项目融资

5.2.1 工程项目融资概述

5.2.1.1 建设工程项目融资概念

项目融资（project financing）是以特定项目的资产、预期收益或权益作为抵押而取得的一种无追索权或有限追索权的融资或贷款。

项目融资目的是为项目设计一个满足相关方利益和目标的融资计划或方案。该计划至少应包含的内容为：融资结构、资金结构、投资结构和信用保证结构，以及确定相互之间关系。

5.2.1.2 工程项目融资基本特点

工程项目融资的基本特点可以归纳为以下六个方面：

1. 项目导向

工程项目融资是以项目为主体来安排的融资，可以比传统融资方式获得更多融资金额，有的项目融资可达100%。同时，项目融资的贷款期限可以根据项目的具体需要和项目生命期来安排设计，比一般商业贷款期限长。

2. 有限追索

追索是指在借款人未按期偿还债务时贷款人要求借款人用抵押资产之外的其他资产偿还债务的权利。项目融资是有限追索，即贷款人可以在贷款的某个特定阶段（例如项目的建设阶段和试生产阶段）对项目借款人实行追索，或者在一个规定的范围内（包括金额和形式的限制）对项目借款人实行追索。除此之外，无论项目出现任何问题，贷款人均不能追索到项目借款人除该项目资产、现金流量以及所承担的义务之外的任何形式的财产。这与传统融资贷款不同，传统融资贷款为项目借款人提供的是完全追索形式的贷款，贷款人更主要依赖的是借款人自身的全部资产情况，而不是项目的经济强度。在某种意义上，贷款人对项目借款人的追索形式和程度是区分融资是属于项目融资还是属于传统形式融资的重要标志。

3. 风险分担

为了实现项目融资的有限追索，对于与项目有关的各种风险要素，需要以某种形式在项目投资者（借款人）、与项目开发有直接或间接利益关系的其他参与者和贷款人之间进行分担。一个成功的项目融资结构应该是在项目中，没有任何一方单独承担全部项目债务的风险责任。

在组织项目融资的过程中，项目借款人要正确识别和分析项目的各种风险因素，确定自己、贷款人以及其他参与者所能承受风险的最大能力及可能性，充分利用与项目有关的一切可以利用的优势，设计出对借款人具有最低追索权的融资结构，一旦融资结构建立之后，任何一方都要准备承担任何未能预料到的风险。

4. 非公司负债型融资

公司的资产负债表是反映一个公司在特定日期财务状况的会计报表，所提供的主要财务信息包括公司所掌握的资源、所承担的债务、偿债能力、股东在公司里所持有的权益以及公司未来的财务状况变化趋势。非公司负债型融资（Off-balance Finance），也称为资产负债表之外的融资，是指项目的债务不表现在项目投资者（借款人）公司的资产负债表中的一种融资形式。最多，这种债务只以某种说明的形式反映在公司资产负债表的注释中。

项目融资通过对其投资结构和融资结构的设计，可以帮助投资者（借款人）将贷款安排成为一种非公司负债型的融资。根据项目融资风险分担原则，贷款人对于项目的债务追索权主要被限制在项目公司的资产和现金流量中，项目投资者（借款人）所承担的是有限责任，因而有条件使融资被安排成为一种不需要进入项目投资者（借款人）资产负债表的贷款形式。

5. 信用结构多样

1）市场方面，可以要求对项目产品感兴趣的购买者提供一种长期购买合同作为融资的信用支持。资源型项目的开发受国际市场的需求、价格变动影响很大，能否获得一个稳定的、合乎贷款银行要求的项目产品长期销售合同往往成为项目融资能否成功的关键。

2）工程建设方面，可以要求工程承包公司提供固定价格、固定工期的合同，或"交钥匙"工程合同，也可以要求项目设计者提供工程技术保证等，以便减少风险。

3）原材料和能源供应方面，可以要求供应方在保证产品供应的同时，在定价上根据项目产品的价格变化设计一定的浮动价格公式，保证项目的最低收益。

6. 融资成本较高

项目融资涉及面广，结构复杂，需要做大量有关风险分担、税收结构、资产抵押等技术性的工作，导致组织项目融资花费时间不仅要长些，融资成本也要比传统的公司融资成本高。融资成本包括融资的前期费用和利息成本两个主要组成部分。融资的前期费用与项目的规模有直接关系，一般占贷款金额的 0.5%～2%，项目规模越小，前期费用所占融资总额的比例就越大；项目的利息成本一般要高出同等条件公司融资的 0.3%～1.5%，其增加的幅度与贷款银行在融资结构中承担的风险以及对项目投资者（即借款人）的追索程度密切相关。

5.2.1.3　项目融资与传统公司融资方式的区别

项目融资和公司融资在融资主体、融资基础、追索程度、风险分担、会计处理、融资成本方面存在明显区别，如表 5-2 所示。

公司融资和项目融资的区别   表 5-2

内容	公司融资	项目融资
融资主体	项目发起人	项目公司
融资基础	发起人和担保人的信誉	项目未来收益和资产
追索程度	完全追索	有限追索与无追索
风险分担	项目发起人	项目参与各方
会计处理	进入项目发起人的资产负债表	不进入项目发起人的资产负债表
融资成本	较低	较高

5.2.1.4　项目融资渠道

项目融资渠道按照不同的标准如图 5-2 所示。

既有项目法人融资

按筹资主体组织形式

新设项目法人融资

权益资金融资

按所筹资金性质

债务资金融资

建设工程项目融资方式

直接融资

按是否通过金融机构

间接融资

长期资金融资

按资金的使用期限

短期资金融资

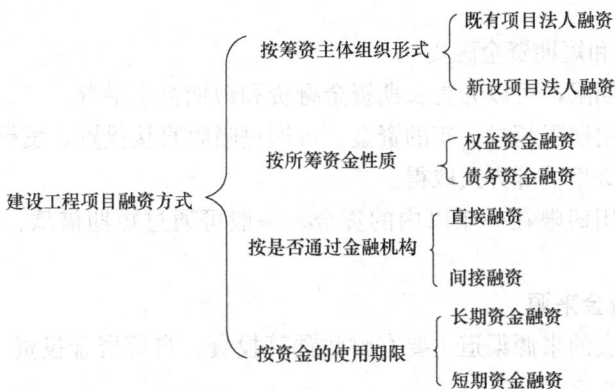

图 5-2　建设工程项目融资方式

1. 既有法人融资和新设法人融资

按融资的主体，可分为既有法人融资和新设法人融资。既有法人融资方式是以既有法人为融资主体的融资方式。其资金主要来源于既有法人内部的融资、新增资本金和新增债务资金。既有法人融资方式筹集的债务资金用于项目投资，债务人就是既有法人。债权人可对既有法人的全部资产进行债务追索，因而债权人的债务风险较低。

新设法人融资方式的融资主体是新组建的具有独立法人资格的项目公司，其资金主要来源于项目公司股东投入的资本金和项目公司承担的债务资金。新设法人融资方式一般以项目投资形成的资产、未来收益作为融资担保的基础。

2. 权益融资和负债融资

按融资性质，可分为权益融资和负债融资。权益融资，是指资金占有者以所有者身份投入项目主体的资本金或股东权益。权益资金一般不用还本，又称之为自有资金。

权益融资在我国项目资金筹措中具有强制性。其特点有：权益融资筹措的资金具有永久性，无到期日，无须归还；没有固定的按期还本付息压力；权益融资是负债融资的基础，是项目法人最基本的资金来源。相对于负债资金而言，权益融资的财务风险小，但付出的资金成本较低。权益资金可以通过吸收股东直接投资、发行股票等方式筹措。

负债融资，是指项目主体以负债方式筹集各种债务资金的融资方式。债务资金到期要还本付息，因而称之为借入资金。

债务资金的风险一般要高于权益资金，但付出的资金成本较低。负债融资的特点有：负债融资筹措的资金的使用具有时间限制，必须按期偿还；无论项目法人今后效益如何，均需要固定支付债务利息，从而形成项目法人今后固定的财务负担；负债融资的资金成本一般比权益融资低，而且不会分散对项目未来权益的控制权。债务资金可通过银行借款、发行债券、商业信用、融资租赁等方式筹措。

3. 直接融资和间接融资

按是否通过金融机构进行融资，项目资金筹措可分为直接融资和间接融资。

直接融资是指不经过银行等金融机构，直接从资金占有者手中筹措资金。发行股票、债券、票据等都属于直接融资方式。

间接融资是指借助于银行等金融机构进行的融资，如银行借款、融资租赁、保险、信托等融资方式。

4. 长期资金融资和短期资金融资

按照资金的使用期限，可以分为长期资金融资和短期资金融资。

长期资金是指使用期限超过一年的资金。可通过吸收直接投资、发行股票、发行长期债券、长期借款、融资租赁等方式取得。

短期资金是指使用期限在一年以内的资金。一般可通过短期借款、商业信用等方式取得。

5.2.1.5　建设项目资金来源

当前建设投资资金的来源渠道主要有财政预算投资、自筹资金投资、银行贷款投资、外资、有价证券市场投资等。

1. 财政预算投资

由国家预算安排的、并列入年度基本建设计划的建设项目投资为财政预算投资，也称为国家投资。

2. 自筹资金投资

自筹资金是指各地区、各部门、各单位按照财政制度提留、管理和自行分配用于固定资产再生产的资金。自筹资金主要有：地方自筹资金；部门自筹资金；企业、事业单位自筹资金；集体、城乡个人筹集资金等。自筹资金必须纳入国家计划，并控制在国家确定的自筹资金投资规模以内。地方和企业的自筹资金，应由建设银行统一管理，其投资要同预算内投资一样，事先要进行可行性研究和技术经济论证，严格按基本建设程序办事，以保障自筹投资有较好的投资效益。

3. 银行贷款投资

银行利用信贷资金发放基本建设贷款是建设项目投资资金的重要组成部分。

4. 利用外资

利用多种形式的外资，是我国建设项目投资不可缺少的重要资金来源。其主要形式有：国外贷款、国外证券市场资金、国外直接投资、其他资金等。具体有以下内容：国际金融组织贷款；国外商业银行贷款；在国外金融市场上发行债券、债券；吸收外国银行、企业和私人存款；利用出口信贷；吸收国外资本直接投资，包括与外商合资经营、合作经营、合作开发以及外商独资等形式；补偿贸易；对外加工装配；国际租赁；利用外资的BOT方式等。

5. 利用有价证券市场筹措建设资金

有价证券市场，是指买卖公债、公司债券和股票等有价证券，在不增加社会资金总量和资金所有权的前提下，通过融资方式，把分散的资金累积起来，从而有效地改变社会资金总量的结构。有效证券主要指债券和股票。

1）债券

债券是借款单位为筹集资金而发行的一种信用凭证，它证明持券人有权取得固定利息并到期收回本金。我国发行的债券种类有：国家债券即公债、国库券，是国家以信用的方式从社会上筹集资金的一种重要工具；地方政府债券；企业债券；金融债券。债券发行后，可在证券流通市场上进行交易，债券的发行与转让分别通过债券发行市场和债券转让市场进行。债券的票面价格即指债券券面上所标明的金额；发行价格即指债券的募集价格，是债券发行时投资者对债券所付的购买金额；债券的市场价格指债券发行后在证券流通市场上的买卖价格。

2）股票

股票是股份公司发给股东作为已投资入股的证书和索取股息的凭证。它是可作为买卖对象和（或）抵押品的有价证券。按股东承担风险和享有利益的大小，股票可分普通股和优先股两大类。优先股股票是一种兼具股本资金和债务资金特点的有价证券。优先股股东不参加公司的经营管理，没有公司的控制权。发行优先股通常不需要还本，但要支付固定股息，该股息通常高于银行的贷款利息，并且优于普通股股东领取。对于其他债权人来说，当公司发生债务危机时，优先股处于较后的受偿顺序。对于普通股股东来说，优先股股票是一种负债。在项目评价中优先股股票应视为项目资本金。

股票筹资是一种有弹性的融资方式，由于股息和红利不像利息必须按期支付，且股票无到期日，公司不需要偿还资金，因而融资风险低。但对投资者来说，因股票的投资报酬可能比债券高，故投资的风险也大。

5.2.1.6　建设项目资本金制度

资本金是项目总投资中，由投资者认缴的出资额，对项目来说是非债务资金，项目法人不承担这部分资金的任何利息和债务；投资者可以按照出资比例依法享有所有者权益，也可转让其出资，但一般不得以任何形式抽回。

为完善投资风险约束机制，进一步解决当前重大民生和公共领域投资项目融资难、融资贵问题，增加公共产品和公共服务供给，补短板、增后劲，扩大有效投资需求，促进投资结构调整，保持经济平稳健康发展，提高投资效益，国务院决定对固定资产投资项目资本金制度进行调整和完善，在国务院关于调整和完善固定资产投资项目资本金制度的通知（国发〔2015〕51号）中对投资行业及项目资本金占总投资最低比例进行了界定。如表5-3所示。

投资行业及项目资本金占总投资最低比例　　　　　　　　　表5-3

投资行业		项目资本金占总投资的最低比例（%）
城市和交通基础设施项目	城市轨道交通项目	20%
	港口、沿海及内河航运、机场项目	25%
	铁路、公路项目	20%
房地产开发项目	保障性住房和普通商品住房项目	20%
	其他项目	25%
产能过剩行业项目	钢铁、电解铝项目	40%
	水泥项目	35%
	煤炭、电石、铁合金、烧碱、焦炭、黄磷、多晶硅项目	30%
其他工业项目	玉米深加工项目	20%
	化肥（钾肥除外）项目	25%

备注：城市地下综合管廊、城市停车场项目，以及经国务院批准的核电站等重大建设项目，可以在规定最低资本金比例基础上适当降低。

按照规定，项目资本金的出资方式可以是货币出资，实物、知识产权、土地使用权等可以用货币估价并可以依法转让的非货币财产作价出资，但是法律、行政法规规定不得作为出资的财产除外。对作为出资的非货币财产应当评估作价，核实财产，不得高估或者低估作价。

5.2.1.7　建设项目资金筹措

1. 项目资本金的筹措

1）股东直接投资

吸收股东直接投资是责任有限公司筹措资本金的方式。股东直接投资包括政府授权投资机构入股资金、企业入股资金、基金投资公司入股资金、社会团体和个人入股资金以及外商入股资金，分别构成国家资本金、法人资本金、个人资本金和外商资本金。

既有法人融资项目，股东直接投资表现为扩充既有企业的资本金，包括原股东增资扩股和吸收新股东投资。

新设法人融资项目，股东直接投资表现为投资者为项目提供资本金。合资经营公司的资本金由股东按股权比例认缴，合作经营公司的资本金由合作投资方按预先约定的金额投入。

2）股票融资

股票融资是股份有限公司筹措资本金的方式，指资金不通过金融中介机构，借助股票这一载体直接从资金盈余部门流向资金短缺部门，资金供给者作为所有者（股东）享有对企业控制权的融资方式。无论是既有法人项目还是新设法人项目，凡符合规定条件的，均可以通过发行股票在资本市场募集股本资金。股票融资可以采用公募和私募两种形式。公募是在证券市场上向不特定的社会公众公开发行股票。为保证广大投资者的利益，国家对公开发行股票在发行条件及审批程序上有严格规定。私募又称为不公开发行或内部发行，是指将股票直接出售给少数特定的投资者。

股票融资具有下列特点：

（1）长期性。股票融资筹措的资金具有永久性，无到期日，不需归还。

（2）不可逆性。企业采用股权融资无须还本，投资人欲收回本金，需借助于流通市场。

（3）无负担性。股权融资没有固定的股利负担，股利的支付与否和支付多少视公司的经营需要而定，融资风险较小。

（4）资金成本较高。股票融资的资金成本较高，因为股利需要从税后利润支付，不具有抵税作用，且发行费用较高。

（5）公开性。上市公司公开发行的股票，必须公开披露信息，接受投资者和社会公众的监督。

3）政府投资

政府投资是指政府为了实现其职能，作为特殊的投资主体，为促进国民经济各部门的协调发展，实现经济社会发展战略，利用财政支出对特定部门进行的投资活动。政府投资资金，包括各级政府财政预算内资金、国家批准的各种专项建设资金、统借国外贷款、土地批租收入、地方政府按规定收取的各种费用及其他预算外资金等。政府投资主要用于关系国家安全和市场不能有效配置资源的经济和社会领域，如公益性项目、基础设施项目、保护和改善生态环境项目、高新技术产业化项目等。

政府投资资金根据资金来源、项目性质和调控需要，分别采取直接投资、资本金注入、投资补助、转贷和贴息等方式投入，并按项目安排使用。

在项目评判中，对投入的政府投资资金，应根据资金投入的不同情况进行不同处理：

（1）全部使用政府直接投资的项目，一般为非经营性项目，不需要进行融资方案的分析。

（2）以资本金注入方式投入的政府投资资金，在项目评价中应视为权益资金。

（3）以投资补贴、贷款贴息等方式投入的政府投资资金，对具体项目来说，既不属于权益资金，也不属于债务资金，在项目评价中视为一般现金流入。

（4）以转贷方式投入的政府投资资金，在项目评价中应视为债务资金。转贷方式指金融机构吸收了存款后再贷给企业，转贷的主体必须是金融机构。

4）准资本金的筹措

准资本金是一种既具有资本金性质、又具有债务资金性质的资金。准资本金包括优先股股票和可转换债券。优先股股票的发行一般是股份公司出于某种特定的目的和需要，且在票面上要注明"优先股"字样。优先股股东一般不能参与公司的经营活动。优先股具有三个优点：与债券相比，不支付股利不会导致公司破产；与普通股相比，发行优先股一般不会稀释股东权益；无期限的优先股不会减少公司现金流，不需要偿还本金。其缺点是税后成本高于负债筹资；增加公司的财务风险进而增加普通股的成本。

可转换债券是一种被赋予了股票转换权的公司债券，即可以在特定时间、特定条件下转换为普通股票的特殊企业债券，是"有本金保证的股票"，发行人具有期前赎回权，投资者具有期前回售权。可转换债券具有三个特点：

（1）债权性。与其他债券一样，可转换债券有规定的利率和期限，持券人可以选择持有债券到期，收取本息。

（2）股权性。可转换债券在转换为股票之前是债券，但在转换成股票后，原债券持有人就变成了公司的股东，可参加企业的经营决策和红利分配，这会影响股本结构。因此，可转换债券是股票期权的衍生，往往将其看作为期权类的二级金融衍生产品。

（3）可转换性。债券持有人有权按照约定的条件将债券转换成股票。转股权是投资者拥有的、一般债券所没有的选择权，投资者既可以行使转换权，将可转换公司债券转换成股票，也可以放弃这种转换权，持有债券到期收取本金和利息，或者在流通市场出售变现。由于可转换债券具有转股权，因此其利率一般低于普通债权利率。企业发行可转换债券有助于降低资金成本。但是由于可转换债券在一定条件下可以转换为公司股票，可能会造成股权分散。在项目评价中，可转换债券应视为项目债务资金。

（4）收益较普通股红利高。投资者在持有可转换公司债券期间，可以取得定期的利息收入，通常情况下，可转换公司债券当期收益较普通股红利高，如果不是这样，可转换公司债券将很快被转换成股票。

（5）具有优先偿还权。可转换公司债券比股票有优先偿还的要求权。可转换债券属于次等信用债券，在清偿顺序上，同普通公司债券、长期负债（银行贷款）等具有同等追索权利，但排在一般公司债券之后，同可转换优先股、优先股和普通股相比，可得到优先清偿的地位。在项目评价中，可转换债券应视为项目债务资金。

2. 项目债务资金的筹措

1）商业银行贷款

商业银行贷款是我国建设项目筹集债务资金的重要渠道。商业银行的概念是用于区分政策性银行以及投资银行的，是一个以营利为目的和以多种金融负债筹集资金以及多种金融资产为经营对象的金融机构，分为国内商业银行贷款和国际商业银行贷款。国内商业银行贷款手续简单、成本较低，适用于有偿还能力的建设项目。

国际商业银行是指跨银行、多国银行以及一些经营国际银行业务的银行，国际商业银行贷款也是我国建设项目负债资金的来源之一。国际商业银行贷款的提供方式有两种，一种是小额贷款，可由一家商业银行独自贷款；另一种是金额较大的银团贷款（也称辛迪加贷款），由获准经营贷款业务的一家或数家银行牵头，多家银行与非银行金融机构参加而组成的银行集团，采用同一贷款协议，按商定的期限和条件向同一借款人提供融资的方式。银团贷款主要是出于追求利息回报，利率有固定利率和浮动利率两种。由于通常数额巨大，期限较长，可达 10 年 20 年之久，需要有可靠的担保，一般由政府担保。它是商业银行采用的一种比较典型，普遍的贷款方式。

2）政策性银行贷款

政策性银行贷款主要是为了支持一些特殊的生产、贸易、基础设施建设项目，政策性贷款是目前中国政策性银行的主要资产业务。一方面，它具有指导性、非营利性和优惠性等特殊性，在贷款规模、期限、利率等方面提供优惠；另一方面，它明显有别于可以无偿占用的财政拨款，而是以偿还为条件，与其他银行贷款一样具有相同的金融属性——偿还性。我国组建了三家政策性银行，即国家开发银行、中国进出口银行、中国农业发展银行，均直属国务院领导。

3）出口信贷

出口信贷是一种国际信贷方式，它是一国政府为支持和扩大本国大型设备等产品的出口，增强国际竞争力，对出口产品给予利息补贴、提供出口信用保险及信贷担保的方法。通过提供利率较低的贷款，以解决本国出口商资金周转的困难，或满足国外进口商对本国出口商支付货款需要的一种国际信贷方式。

贷款的使用条件是购买贷款国的设备。出口信贷通常需要支付一定的附加费用，如管理费、承诺费、信贷保险等。

4）外国政府贷款

外国政府贷款是指一国政府向另一国政府提供的，具有一定援助或部分赠予性质的低息优惠贷款。在国际统计上又叫双边贷款，与多边贷款共同组成官方信贷。其资金来源一般分两部分：软贷款和出口信贷。软贷款部分多为政府财政预算内资金；出口信贷部分为信贷金融资金。双边政府贷款是政府之间的信贷关系，由两国政府机构或政府代理机构出面谈判，签署贷款协议，确定具有契约性偿还义务的外币债务。

外国政府贷款的主要特点有：

（1）属主权外债，贷款必须偿还。外国政府贷款是中国政府对外借用的一种债务，是国家主权外债。除国家发改委、财政部审查确认，并报经国务院批准由国家统借统还的外，其余均由项目业主偿还且多数由地方财政担保。

（2）贷款条件优惠。外国政府贷款其赠予成分一般在 35% 以上，最高达 80%。贷款利率一般为 2%～3%，个别贷款无息。贷款偿还期限一般为 10～40 年，并含有 2～15 年的宽限期。

（3）限制用途。贷款一般有限定用途，如购买贷款国的设备和技术，或用于基础设施、社会发展和环境保护等领域项目的建设。一般不能自由选择贷款币种，汇率风险较大。

（4）具有政府间援助性质。

5）国际金融机构贷款

国际金融组织贷款是由一些国家的政府共同投资组建并共同管理的国际金融机构提供的贷款，旨在帮助成员国开发资源、发展经济和平衡国际收支。其贷款发放对象主要有以下几个方面：对发展中国家提供以发展基础产业为主的中长期贷款，对低收入的贫困国家提供开发项目以及文教建设方面的长期贷款，对发展中国家的私人企业提供小额中长期贷款。

6）企业债券

企业债券（Enterprise Bond）通常又称为公司债券，是企业依照法定程序发行，约定在一定期限内还本付息的债券。

企业债券代表着发债企业和债权人之间的一种债权债务关系。债券投资者是企业的债权人，无权干涉企业的经营管理，但有权按期收回本息，适用于资金需求量大、偿债能力强的建设项目。

7）国际债券

国际债券是一国政府、金融机构、工商企业或国家组织为筹措和融通资金，在国际金融市场上发行的，以外国货币为面值的债券。国际债券的重要特征，是发行者和投资者属于不同的国家，筹集的资金来源于国际金融市场，适用于资金需求量大、能引进外资的建设项目。

8）融资租赁

融资租赁是指出租人在承租人给予一定报酬的条件下，授予承租人在约定期限内占有和使用财产权利的一种契约行为。融资租赁适用于以购买设备为主的建设项目。

融资租赁的特点有：

（1）一般由承租人向出租人提出正式申请，由出租人融通资金引进用户所需设备，然后在租给用户使用。

（2）租赁合同稳定，租期较长。融资租赁的租期一般为租赁财产寿命一半以上。

（3）在租赁期间内，出租人一般不提供维修和保养设备方面的服务。

（4）服务租赁期满后，根据合同约定可选择以下处理财产方式：出租人收回设备；将设备作价转给承租人；延长租期续租。

3. 既有法人内部融资

既有法人融资方式是以既有法人为融资主体的融资方式。采用既有法人融资方式的建设项目，既可以是技术改造、改建、扩建项目，也可以是非独立法人的新建项目。既有法人融资的资金来源有可用于项目建设的货币资金、资产变现的资金、资产经营权变现的资金以及直接使用非现金资产。

既有法人融资方式的基本特点是：

（1）由既有法人发起项目、组织融资活动并承担融资责任和风险。

（2）建设项目所需的资金，来源于既有法人内部融资、新增资本金和新增债务资金。

（3）新增债务资金依靠既有法人整体（包括拟建项目）的盈利能力来偿还。

（4）以既有法人整体的资产和信用承担债务担保。

5.2.2　资金成本分析

5.2.2.1　资金成本的构成

资金成本是指项目主体为筹集和使用资金所付出的代价，由资金占用费和资金筹集费两部分组成，即：

$$资金成本＝资金筹集费＋资金占用费 \tag{5-28}$$

资金筹集费是指项目在资金筹集过程中为获取资金所发生的各种费用，包括律师费、资信评估费、公证费、证券印刷费、发行手续费、担保费、承诺费、银团贷款管理费等。筹措费用通常是在筹措资金时一次支付，在用资过程中不再发生。

资金占用费是指项目在投资、生产经营过程中，因使用资金而向资金提供者支付的代价，包括借款利息、债券利息、优先股股息、普通股红利及权益收益等，这是资金成本的主要内容，也是降低资金成本的主要方向，具有经常性、定期性的特征。

资金成本通常以资金成本率来表示。资金成本率是指能使筹得的资金在筹资期间及使用期间发生的各种费用（包括向资金提供者支付的各种代价）等值时的收益率或折现率。

由于项目建设方案不同，筹集的资金总额也不同，为了方便比较，资金成本通常用相对数资金成本率来表示。资金成本率 K 的理论计算公式为：

$$\sum_{t=0}^{n} \frac{F_t - T_t}{(1+i)^t} = 0 \tag{5-29}$$

式中　F_t——各年实际筹措资金流入额；

T_t——各年实际资金筹集费和对资金提供者的各种付款，包括贷款、债券等本金的偿还；

i——资金成本率；

n——资金占用期限。

资金成本率 K 的通用计算公式为：

$$K = D/(P-F) \tag{5-30}$$

$$或\ K = D/P(1-f) \tag{5-31}$$

式中　D——用资费用；

P——资金筹措总额；

F——筹资费用；

f——筹资费用率，即筹资费用额与资金筹措总额的比率。

5.2.2.2　权益资金成本分析

1. 优先股资金成本

优先股筹资额应按照优先股的发行价格确定，优先股筹资需要支付较高的筹资费用，股息通常是固定的，这一点与贷款、债券利息等的支付不同。此外，股票一般是不还本的，故可将它视为永续年金。优先股资金成本的计算公式为：

$$K_P = \frac{D_p}{P_0(1-f)} \qquad (5-32)$$

式中 K_P——优先股股金成本；

D_p——优先股每年的股利；

P_0——优先股发行总额；

f——优先股筹资费用率。

【例 5-5】 某优先股面值 100 元，发行价格 98 元，发行成本 3%，每年付息 1 次，固定股息率 5%。计算该优先股资金成本。

【解】 该优先股的资金成本为：

资金成本＝5/(98－100×3%)＝5.26%

2. 普通股资金成本

普通股资金成本可以按照股东要求的投资收益率确定。如果股东要求项目评价人员提出建议，普通股资金成本可采用资本资产定价模型法、税前债务成本加风险溢价法和股利增长模型法等方法进行估算，也可参照既有法人的净资产收益率。

1）采用资本资产定价模型法

按照资本资产定价模型法，普通股资金成本的计算公式为：

$$K_s = R_f + \beta(R_m - R_f) \qquad (5-33)$$

式中 K_s——普通股资金成本；

R_f——社会无风险投资收益率；

β——项目的投资风险系数；

R_m——市场投资组合预期收益率。

【例 5-6】 设社会无风险投资收益率为 3%（长期国债利率），市场投资组合预期收益率为 12%，某项目的投资风险系数为 1.2，采用资本资产定价模型计算普通股资金成本。

【解】 普通股资金成本为：

$$K_s = R_f + \beta(R_m - R_f) = 3\% + 1.2 \times (12\% - 3\%) = 13.8\%$$

2）采用税前债务成本加风险溢价法

根据"投资风险越大，要求的报酬率越高"的原理，投资者的投资风险大于提供债务融资的债权人，因而会在债权人要求的收益率上再要求一定的风险溢价。据此，普通股资金成本的计算公式为：

$$K_s = k_b + RP_c \qquad (5-34)$$

式中 K_s——普通股资金成本；

k_b——税前债务资金成本；

RP_c——投资者比债权人承担更大风险所要求的风险溢价。

风险溢价是凭借经验估计的。一般认为，某企业普通股风险溢价对其自己发行的债券来讲，在 3%～5% 之间。当市场利率达到历史性高点时，风险溢价较低，在 3% 左右；当市场利率处于历史性低点时，风险溢价较高，在 5% 左右；通常情况下，一般采用 4% 的平均风险溢价（特殊情况除外）。

3）采用股利增长模型法

假定普通股股利是按一个固定的增长率 g 递增，其普通股资金成本 K 的计算公式为：

$$K_s = \frac{D_1}{P_0} + G \tag{5-35}$$

$$K_s = D_1/P_1(1-f) + g \tag{5-36}$$

式中　K_s——普通股资金成本；

　　　D_1——预期年股利额；

　　　P_0——普通股市价；

　　　P_1——普通股发行总额；

　　　G——股利期望增长率；

　　　g——现金股利每年预期增长率。

【例 5-7】 某上市公司普通股目前市价为 16 元，预期年末每股发放股利 0.8 元，股利年增长率为 6%，计算该普通股资金成本。

【解】 该普通股资金成本为：

$$K_s = \frac{D_1}{P_0} + G = \frac{0.8}{16} + 6\% = 5\% + 6\% = 11\%$$

【例 5-8】 某上市公司拟增发普通股，每股发行价 18 元，筹资费用率为发行价的 8%，预计第一年分派现金股利 1.5 元，以后逐年现金增长率 6%，计算该股票的资金成本。

【解】 该普通股资金成本为：

$$K_s = 1.5 \div 18 \times (1 - 8\%) + 6\%$$
$$= 15.06\%$$

5.2.2.3　所得税前的债务资金成本分析

1. 借款资金成本计算

向银行及其他各类金融机构以借贷方式筹措资金时，应分析各种可能的借款利率水平、利率计算方式（固定利率或者浮动利率）、计息（单利、复利）和付息方式，以及偿还期和宽限期，计算借款资金成本，并进行不同方案比选。

【例 5-9】 期初向银行借款 100 万元，年利率为 6%，按年付息，期限 3 年，到期一次还清借款，资金筹集费为借款额的 5%。计算该借款资金成本。

【解】

$$100 - 100 \times 5\% - 100 \times 6\%/(1+i)^1 - 100 \times 6\%/(1+i)^2 -$$
$$100 \times 6\%/(1+i)^3 - 100/(1+i)^3 = 0$$

用人工试算法计算：$i = 7.94\%$

2. 债券资金成本计算

债券资金成本中的利息在税前支付，具有抵税效应。债券的筹资费用一般较高，这类费用主要包括申请发行债券的手续费、债券注册费、印刷费、上市费以及推销费用等。债券的发行价格有三种：溢价发行，即以高于债券票面金额的价格发行；折价发行，即以低于债券票面金额的价格发行；等价发行，即按债券票面金额的价格发行。调整发行价格可以平衡票面利率与购买债券收益之间的差距。

债券税后资金成本的计算公式为：

$$K_h = I(1-T)/B_h(1-f) \tag{5-37}$$

式中　I——债券的年利息额；

　　　T——项目主体所得税税率；

　　B_h——债券发行总额；

　　f——筹资费用率。

【例 5-10】　某公司拟等价发行面值 500 元、票面利率 9% 的债券，每年结息，筹资费用率为发行价的 5%，公司所得税率 25%，确定该债券的资金成本率。

【解】　债券资金成本率：

$$K_h = 500 \times 9\% \times (1-25\%) \div 500 \times (1-5\%) = 7.11\%$$

3. 融资租赁资金成本计算

采取融资租赁方式所支付的租赁费一般包括类似于借贷融资的资金占用费和对本金的分期偿还额。其资金成本的计算举例如下。

【例 5-11】　融资租赁公司提供的设备融资额为 100 万元，年租赁费费率为 15%，按年支付，租赁期限 10 年，到期设备归承租方，忽略设备残值的影响，资金筹集费为融资额的 5%。计算融资租赁资金成本。

【解】

$$100 - 100 \times 5\% - 100 \times 15\% \left[\frac{(1+i)^{10}-1}{i(1+i)^{10}} \right] = 0$$

用人工试算法计算：$i = 9.30\%$

5.2.2.4　所得税后的债务资金成本

借贷、债券等的筹资费用和利息支出均在缴纳所得税前支付，对于股权投资方，可以取得所得税抵减的好处。

1）借贷、债券等融资所得税后资金成本的常用简化计算公式为：

$$所得税后资金成本 = 所得税前资金成本 \times (1-所得税税率) \tag{5-38}$$

【例 5-12】　某项目借款所得税前资金成本为 7.94%，如果所得税率为 25%，计算所得税后资金成本。

【解】　税后资金成本为：$7.94\% \times (1-25\%) = 5.96\%$。

2）考虑利息和本金的不同抵税作用后的税后资金成本计算。对资金提供者的各种付款不是都能取得所得税抵减的好处，如利息在税前支付，具有抵税作用，而借款本金偿还要在所得税后支付。考虑利息和本金的不同抵税作用后，其税后资金成本的计算见**【例 5-8】**。

【例 5-13】　采用**【例 5-9】**数据，只考虑利息的抵税作用，计算税后借款资金成本。

【解】　如所得税税率为 25%：

$$100 - 100 \times 5\% - 100 \times 6\% \times (1-25\%)/(1+i)^1 - 100 \times 6\%(1-25\%)/(1+i)^2 -$$
$$100 \times 6\% \times (1-25\%)/(1+i)^3 - 100/(1+i)^3 = 0$$

用人工试算法计算：$i = 6.38\%$

3）考虑免征所得税年份的影响后的税后资金成本计算。在计算所得税后债务资金成本时，还应注意在项目建设期和项目运营期内的免征所得税年份，利息支付并不具有抵税作用。因此，含筹资费用的所得税后债务资金成本可按下式采用人工试算法计算：

$$P_0(1-F) = \sum_{i=1}^{n} \frac{P_i + I_i \times (1-T)}{(1+K_d)^i} \tag{5-39}$$

式中　K_d——含筹资费用的税后债务资金成本；

　　　P_0——债券发行额或长期借款金额，即债务的现值；

　　　F——债务资金筹资费用率；

　　　P_i——约定的第 i 期末偿还的债务本金；

　　　I_i——约定的第 i 期末支付的债务利息；

　　　T——所得税税率；

　　　n——债务期限，通常以年表示。

式中，等号左边是债务人的实际现金流入，等号右边为债务引起的未来现金流出的现值总额。该公式中忽略未计债券兑付手续费。使用该公式时应根据项目具体情况确定债务期限内各年的利息是否应乘以 $(1-T)$，如前所述，在项目的建设期内不应乘以 $(1-T)$，在项目运营期内的免征所得税年份也不应乘以 $(1-T)$。

【例 5-14】　某废旧资源利用项目，建设期 1 年，投产当年即可盈利，按有关规定可免征所得税 1 年，投产第 2 年起所得税税率为 25%。该项目在建设期期初向银行借款 1000 万元，筹资费用率为 0.5%，年利率为 6%，按年付息，期限 3 年，到期一次还清借款，计算该借款的所得税后资金成本。

【解】

$$1000 \times (1-0.5\%) = \frac{1000 \times 6\%}{(1+K_d)} + \frac{1000 \times 6\%}{(1+K_d)^2} + \frac{1000 + 1000 \times 6\% \times (1-25\%)}{(1+K_d)^3}$$

查复利系数表，5%，1 年期、2 年期、3 年期的现值系数分别为 0.9524、0.9070、0.8638。代入上述公式得到：

$$[1000 \times 6\% \times 0.9524 + 1000 \times 6\% \times 0.9070 + 1045 \times 0.8638 - 1000 \times (1-0.5\%)] = 19.24 \text{ 万元}$$

19.24 万元大于零，需提高折现率再试。

查复利系数表，6%，1 年期、2 年期、3 年期的现值系数分别为 0.9434、0.8900、0.8396。代入上述公式得：

$$[1000 \times 6\% \times 0.9434 + 1000 \times 6\% \times 0.8900 + 1045 \times 0.8396 -$$
$$1000 \times (1-0.5\%)] = -7.61 \text{ 万元}$$

$$5\% + \frac{19.24}{19.24 + 7.61} \times (6\% - 5\%) = 5.72\%$$

该借款的所得税后资金成本为 5.72%。

5.2.2.5　加权平均资金成本

项目融资方案的总体资金成本可以用加权平均资金成本来表示，将融资方案中各种融资的资金成本以该融资额占总融资额的比例为权数加权平均，得到资方案的加权平均资金成本。即：

$$I = \sum_{t=1}^{n} i_t \times f_t \tag{5-40}$$

式中　I——加权平均资金成本；

i_t——第 t 种融资的资金成本；

f_t——第 t 种融资的融资金额占融资方案总融资金额的比例，有 $\sum f_t = 1$；

n——各种融资类型的数目。

加权平均资金成本可以作为选择项目融资方案的重要条件之一。在计算加权平均资金成本时应注意需要先把不同来源和筹集方式的资金成本统一为税前或税后再进行计算。

【例 5-15】 某项目公司的资金来源及个别资金成本的数据如表 5-4 所示。计算该公司的加权平均资金成本。

某项目公司的资金来源及个别资金成本   表 5-4

筹资方式	融资金额	各种筹资方式占全部资金的比重(%)	资金成本(%)
债务资金	800	22	8.5
权益资金	2000	78	13
合计	2800	100	—

【解】 $I = 22\% \times 8.5\% + 78\% \times 13\% = 12.01\%$

5.2.3 资金结构

资金结构是指项目主体所拥有的各种资金的构成及其比例关系。对建设项目来说主要包括资本金与债务资金的比例、股本结构比例和债务结构比例。

5.2.3.1 资本金与债务资金的比例

资本金与债务资金的比例是项目资金结构的一个基本比例，成为项目的资本结构。

对投资人来说，债务利息从税前支付，可减少缴纳所得税的数额，在一定限度内增加债务比例，可降低加权平均资金成本，另外，无论利润多少，债务的利息通常都是固定不变的，当息税前利润增大时，每一元盈余所负担的固定利息就相应地减少，会给资本金带来更多收益，即财务杠杆作用。因此，当息税前利润较多、增长幅度较大时，适当利用债务资金，可更快增加普通股每股利润；当息税前利润下降时，普通股每股利润下降得更快。恰当的资本金与债务资金的比例能有效利用负债来提高资本金收益，规避风险。对债权人来说，资本金比例越高，债务资金比例越低，项目贷款的风险越低，贷款的利率越低，反之贷款的利率越高。当资本金比例降到银行不能接受的水平时，银行会拒绝贷款。所以合理的资本结构需要由各个参与方的利益平衡来决定。

5.2.3.2 股本结构

股本结构反映参股各方出资额和相应的权益，应根据项目特点和主要股东参股意愿，合理确定参股各方的出资比例。

5.2.3.3 债务结构

债务结构反映债权各方为项目提供的债务资金的比例，应根据债权人提供债务资金的方式、附加条件，以及利率、汇率、还款方式的不同，合理确定各种债务资金的比例。合理债务资金结构需要考虑筹资成本、筹资风险，并合理设计筹资方式、币种、期限、偿还顺序及保证方式。

5.2.3.4 最优资金结构

在工程项目资金筹措中，为使资金成本最低，需要确定最优资金结构。

所谓最优资金结构，指在一定条件下使加权平均资金成本最低、企业价值最大的资金结构。最优资金结构确定方法有加权平均资金成本比较法、每股收益分析法、综合分析法等。这里介绍常用的加权平均资金成本法。

加权平均资金成本比较法是通过计算不同资金组合的加权平均资金成本，并以其中资金成本最低的组合为最佳的一种方法。

【例 5-16】　某企业拟筹资组建一项目公司，投资总额为 500 万元，有三个筹资方案可供选择，具体资料见表 5-5，表中各项资金的资金成本均为税后成本。试分析哪个方案的资金结构最优。

筹资方案的有关数据　　　　　　　　　　　　　　　表 5-5

筹资方式	A方案		B方案		C方案	
	筹资额（万元）	个别资金成本率（%）	筹资额（万元）	个别资金成本率（%）	筹资额（万元）	个别资金成本率（%）
长期借款	50	8	100	8	150	8
债券	100	10	150	10	200	10
普通股	350	15	250	15	150	15
合计	500	—	500	—	500	—

【解】　A 方案加权平均资金成本 $=50/500\times8\%+100/500\times10\%+350/500\times15\%$
$$=13.3\%$$

B 方案加权平均资金成本 $=100/500\times8\%+150/500\times10\%+250/500\times15\%$
$$=12.1\%$$

C 方案加权平均资金成本 $=150/500\times8\%+200/500\times10\%+150/500\times15\%$
$$=10.9\%$$

计算结果表明，C 方案加权平均资金成本最小，故选择 C 方案为最优资金结构方案。

最优资金结构与资金成本在工程项目投、融资实务中具有重要作用：

1）资金成本是确定最优资金结构的主要参数。不同的资金结构，给项目带来不同的风险和成本。在确定最优资金结构时，考虑的因素主要有资金成本、财务风险、限制条件等。

2）最优资金结构与资金成本是影响项目融资总额的重要因素。在目标资金结构一定的情况下，随着筹资数额的增加，资金成本不断变化。当筹资数额很大，资金的边际成本超过项目的承受能力时，便不能增加筹资数额。

3）最优资金结构与资金成本是项目选择融资来源与方式的基本依据。项目资金可以有多种融资来源与方式，究竟选择哪种资金来源与方式，需要考虑的因素很多，但必须考虑资金成本与资金结构这两项经济标准。

4）最优资金结构与资金成本是比选投资方案的主要标准。在利用净现值、内部收益率、动态投资回收期等指标进行决策时，可将一定目标资金结构下的资金成本作为基准收益率，判断投资方案是否可行。因此，国际上常将资金成本视为项目的"最低收益率"或是是否采用项目的取舍率，是比较、选择投资方案的主要标准。

5.2.4　建设工程项目主要融资模式

建设工程项目融资模式有很多种类，主要的有 BOT 模式、PPP 模式、TOT 模式、

ABS模式、PFI模式、产品支付、融资租赁等方式，这里主要介绍BOT、PPP、ABS、PFI等融资模式。

5.2.4.1 BOT项目融资模式

1. BOT项目融资模式概述

BOT（Build-Operate-Transfer）方式是20世纪80年代初期发展起来的，即建设-运营-移交，由私营企业参与基础设施建设，向社会提供公共服务的一种方式。BOT方式在不同的国家有不同称谓，我国一般称其为"特许权"，这是由项目所在国政府或所属机构对项目的建设和运营提供一种特许权协议作为项目融资的基础，由本国公司或外国公司作为项目的投资者和经营者安排融资，承担风险，开发建设项目，并在有限的时间内经营项目获取商业利润，最后根据协议将该项目移交给相关政府机构的一种融资方式。这种方式最大的特点就是将基础设施的经营权有期限的抵押以获得项目融资，或者说是基础设施国有项目民营化。目前，BOT方式已被广泛地应用在发展中国家和发达国家的基础设施建设中。著名的横贯英法之间的欧洲隧道、澳大利亚的悉尼港口隧道都采用了BOT方式。

上述方式是标准BOT方式，此外，还有很多BOT操作的不同演变方式，如BOOT（Build-Own-Operate-Transfer），即建设-拥有-运营-移交；BOO（Build-Own-Operate），即建设-拥有-运营；DBOT（Design-Build-Operate-Transfer），即设计-建设-运营-移交；DBOT（Design-Build-Operate-Transfer），即设计-建设-运营-移交；BTO（Build-Transfer-Operate），即建设-移交-运营；TOT（Transfer-Operate-Transfer），即移交-运营-移交。不管如何演变，其基本特点是一致的，即项目公司必须得到政府有关部门授予的特许权。

2. BOT融资模式具体分析

1) BOT模式的主要当事人

BOT项目的参与人包括政府、项目承办人（即被授予特许权的经营部门）、投资者、贷款人、保险和担保人、总承包商（承担项目设计、建设）、运营开发商（承担项目建成后的运营和管理）等。此外，项目的用户也可能因投资、贷款或保证而成为BOT项目的参与者。各参与人之间的权利和义务依各种合同、协议而确立。BOT项目融资结构主要由以下三方组成：一是业主政府（项目发起人）。业主政府是项目所在国政府、政府机构或政府所属公司，也是项目的最终所有者。业主政府是BOT项目中的关键角色，政府的态度及其在BOT项目实施中的支持程度直接影响着项目的成败。因此，业主政府必须出面提供支持和保证，并承担一定的风险。二是项目主办人（项目投资者）。项目的主办人是通过政府资格评审获得特许权协议的项目参与人（一般均为联合体）。项目主办人是BOT融资模式的主体，一般通过招投标方式产生。项目主办人从项目所在国政府那里获得项目建设和经营的特许权，负责组织项目的建设、生产经营和维护，提供项目开发所必需的股本资金和技术，安排融资，承担项目风险，并从项目投资和经营中获利。项目主办人的角色在中标后由一个专门组织起来的项目公司承担。三是项目的贷款银团。BOT模式中的贷款银团组成较为复杂。除了由商业银行组成的贷款银团之外，政府的出口信贷机构和世界银行或地区性开发银行的政策性贷款在BOT模式中也扮演着重要的角色。贷款的条件取决于项目本身的经济强度、项目主办人的经营管理能力和资金状况，但是在很大程度上依赖于业主政府为项目提供的支持和特许权协议的具体内容。

2) 融资安排

项目公司以特许权协议为基础安排融资，资金来源主要有两种：一是项目自有资金，二是项目债务资金。项目自有资金主要是项目投资入股的股本资金，也可以通过发行股票以及吸收少量政府资金入股的方式筹资。项目投资者在项目中注入一定的股本资金，这在 BOT 模式中起到了十分重要的作用。

3. 项目运作过程

1) 确定项目阶段。一是政府根据需要确定，主要是因为政府在筹备建设某些大的基本建设项目中资金短缺，希望私营部门参与。二是私营公司根据政府的需要，进行深入细致的可行性分析，针对一项较好的项目向政府提出建议和建设申请。此间，政府通常要制定一个项目技术可行性研究报告，确定项目的性质和规模。

2) 招投标阶段。准备招标文件、刊登国际广告或邀请投标、发售资格预审文件。政府部门通常在正式招标之前要对候选承包商进行资格预审，在对各公司的组织体系、施工经验和财务状况进行分析后，确定正式参加招标的公司名单。资格审查的目的是选择技术先进和经济实力强的公司参加投标，降低正式招标的复杂程度和费用。作为响应，一些感兴趣的投标者组成联合体开始编制标书、密封报送标书。政府部门按照标底对投标者的竞标进行评价和选择，选出中标者。

3) 合同谈判阶段。中标者通过法定程序组建项目公司，由项目公司与政府经双方多次协商签署特许权协议。此间，项目公司股东之间签订股东协议，进行股本融资，并以特许权协议为基础，与贷款银团签订合同进行贷款融资。这一阶段是 BOT 最复杂的阶段。由于 BOT 组织结构十分复杂，项目风险很大，所以谈判过程往往漫长而开销巨大。

4) 建设阶段。项目公司对项目组织设计与施工，安排进度计划与资金营运，控制工程质量与成本，监督工程承包商并保证贷款银团按计划投入资金，确保按预算、按时完工。工程竣工后通过验收移交项目。

5) 经营阶段。项目公司根据协议负责项目投产后的运行、保养和维修，支付项目贷款本息并为股本投资者获取利润。项目公司会尽可能地采用先进的科学技术和方法对项目运营实施管理，以期降低成本，尽早收回投资并获取收益。

6) 转让阶段。特许权协议终止时，政府根据协议以商定的价格购买或无偿收回整个项目，项目公司保证政府获得的是一个正常运行并保养良好的项目。国际 BOT 项目的特许运营期限一般为 15～20 年，或者更长期限。

4. BOT 融资模式的利弊分析

1) 对项目发起人来说，以 BOT 方式融资的优越性主要表现在以下方面：

(1) 减少项目对政府的直接财政负担，减轻政府的借款付债义务，并且使政府能在资金不足的情况下仍能上马一些基建项目。由于与项目有关的资金都是由项目公司进行融资的，不构成一国政府的债务，因此不增加东道国的外债总额和财政负担，以及东道国为其他项目进行融资的信用。

(2) 它使作为特许权授予者的公共部门能够将项目的建设、融资经营风险转移给私人部门，增强公共部门的稳定性。

(3) 可以吸引外资，引进新技术，改善和提高项目的管理水平及运营效率。东道国可以从项目的承建和运营中学到先进的技术和管理经验，也能使项目的主办者或运营者以较好的服务或更低的价格使最终消费者受益。

2) 对项目主办者或直接投资者来说，BOT方式具有以下吸引力：

（1）BOT项目具有独特的定位优势和资源优势，这种优势确保了投资者能够获得稳定的市场份额和资金回报率。

（2）BOT项目具有独特的市场竞争地位，可以使项目主办者有机会涉足于项目业主国的基础性领域，为将来的投资活动打下一个良好的基础。

（3）BOT项目通常可以带动投资方的产品，特别是其大型工业成套设备的出口，从而有助于开拓其产品市场。

3）发起人采用BOT融资方式也存在着潜在的负面效应，主要表现在以下方面：

（1）可能导致大量的税收流失。BOT融资的实质是基础设施的暂时私有化过程。由于项目公司多以外资企业的形式出现，而许多国家对外资都有一定的投资和再投资的优惠政策，因此，这种操作可能导致国家税收的大量流失。

（2）可能造成设施的掠夺性经营。其实，在BOT项目中，私人部门只是项目设施的租赁者，特许期（类似租赁期）满，项目设施总是要无偿转让给政府部门的。所以，项目公司为早日收回投资并获取利润，就必须在项目的建设和经营中采用先进技术和管理方法，提高项目的生产效率和经营业绩，增加项目的竞争力，使得投融资双方均获得一定的利润回报。这种掠夺式经营使得特许期满，项目转让给政府部门时，已无多大潜力可挖，原来先进的设备已经老化，需要大量的维修和保养资金等，从而失去采用BOT融资的意义。政府必须采取一定的措施以避免这种掠夺式经营。

（3）风险分摊的不对称性问题。BOT融资操作中，政府的作用至关重要。在许多案例中，政府虽然转移了建设、融资等风险，但却往往承担了更多的其他责任与风险。比如，政府除了一些承诺和保证外往往还承担了除政治风险以外的汇率风险和利率风险等，而这些风险一般应由项目经营者承担。

5.2.4.2 PPP工程项目融资模式

1. PPP（pubic private partnership）的概念

广义PPP模式，即公私合作模式，泛指政府与社会资本为提供公共产品或服务而建立的各种合作关系。通过这种合作方式，合作各方可以达到与预期单独行动相比更为有利的结果。首先，各方通过协议的方式明确共同承担的责任和风险，合作各方参与某个项目时，政府并不是把项目的责任全部转移给私人部门，而是由参与合作的各方共同承担责任和融资风险。其次，明确各方在项目各个流程环节的权利和义务，最大限度地发挥各方优势。

可见广义的PPP是指政府公共部门与私人部门合作过程中，让非公共部门所掌握的资源参与提供公共产品和服务，从而实现政府公共部门的职能并同时也为私人部门带来利益。通过这种合作和管理过程，可以在不排除并适当满足私人部门的投资营利目标的同时，为社会更有效率地提供公共产品和服务，使有限的资源发挥更大的作用。

狭义的PPP是指政府和社会资本以长期契约方式提供公共产品和服务的一种合作模式，旨在利用市场机制合理分配风险，提高公共产品和服务的供给数量、质量和效率。与一般私人企业参与公共基础设施建设的方式不同，PPP方式下各方的合作始于项目的确认和可行性研究阶段，并贯穿于项目的全过程，合作方共同对项目的整个周期负责。由于私人企业在项目前期就参与进来，有利于利用私人企业的先进技术和管理经验，有利于控制项目的建设成本和运营成本。公共部门和私人企业共同参与公共基础设施的建设和运营，双方可以形成互利共赢的长期目标，可以更好为社会和公共提供服务。

　　2. PPP模式特点

　　1）合作

　　PPP中私人部门与政府公共部门的合作伙伴关系与其他关系相比，独特之处就是项目目标一致。公共部门之所以和私人部门合作并形成伙伴关系，核心问题是存在一个共同的目标：在某个具体项目上，以最少的资源，实现最多最好的产品或服务的供给。私人部门是以此目标实现自身利益的追求，而公共部门则是以此目标实现公共福利和利益的追求。形成伙伴关系，首先要落实到项目目标一致之上。

　　2）共赢

　　PPP融资模式的顺利实施是建立在双方实现各自利益诉求的基础上的。在PPP模式中，公共部门和私人部门有着各自不同的利益诉求，公共部门主要是要实现项目的公共服务职能，而私人部门则主要是逐利，所以能否实现利益共赢是PPP融资模式能否得以实施的前提。需明确的是，PPP中公共部门与私营部门并不是简单分享利润，还需要控制私营部门可能的高额利润，即不允许私营部门在项目执行过程中形成超额利润。但可以共享PPP的社会成果，还包括使作为参与者的私人部门、民营企业或机构取得相对平和、长期稳定的投资回报。利益共享显然是合作关系的基础之一，如果没有利益共享，也不会有可持续PPP类型的合作关系。

　　3）风险共担

　　在PPP中，公共部门与私人部门合理分担风险的这一特征，是其区别于公共部门与私营部门其他交易形式的显著标志。在PPP融资模式下，通过有效的风险分担约定，实现合方的优势互补，达到有效规避风险的目的。公共部门会尽可能大地承担自己有优势方面的伴生风险，而让对方承担的风险尽可能小。与此同时，私营部门会按其相对优势承担较多的甚至全部的具体管理职责，政府管理层低效风险得以规避。如果每种风险都能由最善于应对该风险的合作方承担，毫无疑问，整个基础设施建设项目的成本就能最小化。PPP管理模式中，更多是考虑双方风险的最优应对、最佳分担，而将整体风险最小化。事实证明，追求整个项目风险最小化的管理模式，要比公、私双方各自追求风险最小化更能化解准公共产品供给领域的风险。

　　4）提高效率

　　采用PPP模式的项目，必须符合降低成本、提高效率、改善公共服务的要求。对于项目特性和预期服务质量具有不确定性、难以明确项目要求，或者难以明确划分风险的项目不应采用PPP模式。

　　3. PPP项目的分类

　　1）外包类PPP项目

　　此类PPP项目一般为政府投资，私人部门负责承包整个项目中的部分职能，一般来说为受政府之托代为建设、管理、维护设施或者提供公共服务，并通过政府投资实现收益。因此，外包类PPP项目一般私人承受的风险相对比较小。

　　2）特许经营类PPP项目

　　此类PPP项目一般由私人投资部分或全部资金，并通过特定的合作机制与政府分担项目风险，并实现收益。按照项目实际的收益情况，政府部门会向私人部门收取一定的费用或给予一定的补偿，而项目的资产最终归政府部门所有，一般存在所有权和使用权的移交过程，也就是当合同履行完毕，需要私人部门将项目的使用权或者所有权全部移交给政府部门。

3）私有化类 PPP 项目

此类 PPP 项目由私人部门负责全部的投资，政府仅仅起到监管职能，私人部门通过向使用者收取费用来回收投资并取得利润，该 PPP 项目的使用权和所有权永久归私人拥有。因此私人在此类 PPP 项目中承担的风险也是最大的。

4. PPP 模式的实施条件

1）政府支持

政府部门的有力支持。在 PPP 模式中公共私人合作双方的角色和责任会随项目的不同而有所差异，但政府的总体角色和责任——为大众提供最优质的公共设施和服务——却是始终不变的。PPP 模式是提供公共设施或服务的一种比较有效的方式，但并不是对政府有效治理和决策的替代。在任何情况下，政府均应从保护和促进公共利益的立场出发，负责项目的总体策划，组织招标，理顺各参与机构之间的权限和关系，降低项目总体风险等。

2）健全法律

健全的法律法规制度。PPP 项目的运作需要在法律层面上，对政府部门与企业部门在项目中需要承担的责任、义务和风险进行明确界定，保护双方利益。在 PPP 模式下，项目设计、融资、运营、管理和维护等各个阶段都可以采纳公共民营合作，通过完善的法律法规对参与双方进行有效约束，是最大限度发挥优势和弥补不足的有力保证。

3）专业人才

专业化机构和人才的支持。PPP 模式的运作广泛采用项目特许经营权的方式，进行结构融资，这需要比较复杂的法律、金融和财务等方面的知识。一方面要求政策制定参与方制定规范化、标准化的 PPP 交易流程，对项目的运作提供技术指导和相关政策支持；另一方面需要专业化的中介机构提供具体专业化的服务。

根据 PPP 融资特点，未来采用 PPP 的项目，应具有价格调整机制相对灵活、市场化程度相对较高、投资规模相对较大、需求长期稳定等特点。从项目所在的行业来看，主要集中在污水处理、轨道交通、供水供暖等以使用者付费为主为特征的经营性项目。这类项目收益相对较高且较为稳定，吸引社会资本相对容易。

5.2.4.3 ABS 工程项目融资方式

1. ABS（Asset Backed Securitization）工程项目融资方式概念

ABS 融资模式是以项目所属的资产为支撑的证券化融资方式，即以项目所拥有的资产为基础，以项目资产可以带来的预期收益为保证，通过在资本市场发行债券来募集资金的一种项目融资方式。ABS 资产证券化是国际资本市场上流行的一种项目融资方式，已在许多国家的大型项目中采用。

2. ABS 工程项目融资模式特点

1）ABS 融资模式的最大优势是通过在国际市场上发行债券筹集资金，债券利率一般较低，从而降低了筹资成本。

2）通过证券市场发行债券筹集资金，是 ABS 不同于其他项目融资方式的一个显著特点。

3）ABS 融资模式隔断了项目原始权益人自身的风险使其清偿债券本息的资金仅与项目资产的未来现金收入有关，加之，在国际市场上发行债券是由众多的投资者购买，从而分散了投资风险。

4）ABS 融资模式是通过 SPV 发行高档债券筹集资金，这种负债不反映在原始权益人自身的资产负债表上，从而避免了原始权益人资产质量的限制。

5）作为证券化项目融资方式的 ABS，由于采取了利用 SPV 增加信用等级的措施，从而能够进入国际高档证券市场，发行那些易于销售、转让以及贴现能力强的高档债券。

6）由于 ABS 融资模式是在高档证券市场筹资，其接触的多为国际一流的证券机构，有利于培养东道国在国际项目融资方面的专门人才，也有利于国内证券市场的规范。

3. ABS 工程项目融资模式优点

相比其他证券产品，资产支持型证券具有以下优点：

1）具有吸引力的收益。在评级为 3A 级的资产中，资产支持型证券比到期日与之相同的美国国债具有更高的收益率，其收益率与到期日和信用评级相同的公司债券或抵押支持型债券的收益率大致相当。

2）较高的信用评级。从信用角度看，资产支持型证券是最安全的投资工具之一。与其他债务工具类似，它们也是在其按期偿还本利息与本金能力的基础之上进行价值评估与评级的。但与大多数公司债券不同的是，资产支持型证券得到担保物品的保护，并由其内在结构特征通过外部保护措施使其得到信用增级，从而进一步保证了债务责任得到实现。大多数资产支持型证券从主要的信用评级机构得到了最高信用评级——3A 级。

3）投资多元化与多样化。资产支持型证券市场是一个在结构、收益、到期日以及担保方式上都高度多样化的市场。用以支持型证券的资产涵盖了不同的业务领域，从信用卡应收账款到汽车、船只和休闲设施贷款，以及从设备租赁到房地产和银行贷款。另外，资产支持型证券向投资者提供了条件，使他们能够将传统上集中于政府债券、货币市场债券或公司债券的固定收益证券进行多样化组合。

4）可预期的现金流。许多类型资产支持型证券的现金流的稳定性与可预测性都得到了很好的设置。购买资产支持型证券的投资者有极强的信心按期进行期望中的偿付。然而，对出现的类似于担保的资产支持型证券，有可能具有提前偿付的不确定因素，因此投资者必须明白，此时现金流的可预测性就不那么准确了。这种高度不确定性往往由高收益性反映出来。

5）事件风险小。由于资产支持型证券得到标的资产的保证，从而提供了针对事件风险而引起的评级下降的保护措施，与公司债券相比，这点更显而易见。投资者对于没有保证的公司债券的主要担心在于，不论评级有多高，一旦发生对发行人产生严重影响的事件，评级机构将调低其评级。类似的事件包括兼并、收购、重组及重新调整资本结构，这通常都是由于公司的管理层为了提高股东的收益而实行的。

4. ABS 工程项目融资模式运作过程

ABS 融资方式的运作过程分为六个主要阶段：

1）组建项目融资专门公司。采用 ABS 融资方式，项目主办人需组建项目融资专门公司，可称为信托投资公司或信用担保公司，它是一个独立的法律实体。这是采用 ABS 融资方式筹资的前提条件。

2）寻求资信评估机构授予融资专门公司尽可能高的信用等级。由国际上具有权威性的资信评估机构，经过对项目的可行性研究，依据对项目资产未来收益的预测，授予项目融资专门公司 AA 级或 AAA 级信用等级。

3）项目主办人（筹资者）转让项目未来收益权。通过签订合同、项目主办人在特许期内将项目筹资、建设、经营、债务偿还等全权转让给项目融资专门公司。

4）项目融资专门公司发行债券筹集项目建设资金。由于项目融资专门公司信用等级较高，其债券的信用级别也在 A 级以上，只要债券一发行，就能吸引众多投资者购买，其筹资成本会明显低于其他筹资方式。

5）项目融资专门公司组织项目建设、项目经营并用项目收益偿还债务本息。

6）特许期满，项目融资专门公司按合同规定无偿转让项目资产，项目主办人获得项目所有权。

5.2.4.4　PFI 工程项目融资方式

1. PFI 工程项目融资定义

PFI（Private Finance Initiative），英文原意为"私人融资活动"，指政府部门根据社会对基础设施的需求，提出需要建设的项目，通过招投标，由获得特许权的私营部门进行公共基础设施项目的建设与运营，并在特许期（通常为 30 年左右）结束时将所经营的项目完好地、无债务地归还政府，而私营部门则从政府部门或接受服务方收取费用以回收成本的项目融资方式。

2. PFI 工程项目融资特点

虽然 PFI 来源于 BOT，也涉及项目的"建设-经营-转让"问题，是对 BOT 融资方式的优化，但作为一种独立的融资方式，与 BOT 相比具有以下特点：

1）项目主体单一。PFI 的项目主体通常为本国民营企业的组合，体现出民营资金的力量。而 BOT 模式的项目主体则为非政府机构，既可以是本国私营企业，也可以是外国公司，所以，PFI 模式的项目主体较 BOT 模式单一。

2）项目管理方式开放。PFI 模式对项目实施开放式管理，首先，对于项目建设方案，政府部门仅根据社会需求提出若干备选方案，最终方案则在谈判过程中通过与私人企业协商确定；BOT 模式则事先由政府确定方案，再进行招标谈判。其次，对于项目所在地的土地提供方式及以后的运营收益分配或政府补贴额度等，都要综合当时政府和私人企业的财力、预计的项目效益及合同期限等多种因素而定，不同于 BOT 模式对这些问题事先都有框架性的文件规定，如：土地在 BOT 模式中是由政府无偿提供的，无需谈判，而在PFI 模式中，一般都需要政府对最低收益等做出实质性的担保。所以，PFI 模式比 BOT模式有更大的灵活性。

3）实行全面的代理制。PFI 模式实行全面的代理制，这也是与 BOT 模式的不同之处。作为项目开发主体，BOT 公司通常自身就具有开发能力，仅把调查和设计等前期工作和建设、运营中的部分工作委托给有关的专业机构。而 PFI 公司通常自身并不具有开发能力，在项目开发过程中，广泛地应用各种代理关系，而且这些代理关系通常在投标书和合同中即加以明确，以确保项目开发安全。

4）合同期满后项目运营权的处理方式灵活。PFI 模式在合同期满后，如果私人企业通过正常经营未达到合同规定的收益，则可以继续拥有或通过续租的方式获得运营权，这是在前期合同谈判中需要明确的；而 BOT 模式则明确规定，在特许权期满后，所建资产将无偿地交给政府拥有和管理。

3. PFI 工程项目分类

根据资金回收方式的不同，PFI 项目通常可以划分为如下三类。

1）向公共部门提供服务型（Services Sold to the Public Sector）。即私营部门结成企业联合体，进行项目的设计、建设、资金筹措和运营，而政府部门则在私营部门对基础设施的运营期间，根据基础设施的使用情况或影子价格向私营部门支付费用。

2）收取费用的自立型（Financially Free-Standing Projects）。即私营企业进行设施的设计、建设、资金筹措和运营，向设施使用者收取费用，以回收成本，在合同期满后，将设施完好地、无债务地转交给公共部门。这种方式与 BOT 的运作模式基本相同。

3）合营企业型（Joint Ventures）。即对于特殊项目的开发，由政府公共部门和私人企业共同投资，分担成本和共享收益。项目的建设仍由私营部门进行，资金回收方式以及其他有关事项由双方在合同中规定，这类项目在日本也被称为"官民协同项目"。

4. PFI 模式与 PPP 模式的比较

PFI 模式与 PPP 模式，强调的虽然都是政府和私人部门的合作，但是两者之间还是有很大不同。PPP 模式侧重于基础设施项目的建设过程中体现政府与私人部门的合作，中心还是在建设项目上。PFI 模式关注的是公共物品和服务的提供，侧重于在提供方式上的合作和革新。因此，一个是在项目建设上的合作，一个是在项目产出上的合作。

5.3   案例分析

【案例 1】 某城市拟建设一条免费通行的道路工程，与项目相关的信息如下：

（1）根据项目的设计方案及投资估算，该项目建设投资为 100000 万元，建设期 2 年，建设投资全部形成固定资产。

（2）该项目拟采用 PPP 模式投资建设，政府与社会资本出资人合作成立了项目公司。项目资本金为项目建设投资的 30%，其中，社会资本出资人出资 90%，占项目公司股权 90%；政府出资 10%，占项目公司股权 10%。政府不承担项目公司亏损，不参与项目公司利润分配。

（3）除项目资本金外的项目建设投资由项目公司贷款，贷款年利率为 6%（按年计息），贷款合同约定的还款方式为项目投入使用后 10 年内等额还本付息。项目资本金和贷款均在建设期内均衡投入。

（4）该项目投入使用（通车）后，前 10 年年均支出费用 2500 万元，后 10 年年均支出费用 4000 万元，用于项目公司经营、项目维护和修理。道路两侧的广告收益权归项目公司所有，预计广告业务收入每年为 800 万元。

（5）固定资产采用直线法折旧：项目公司适用的企业所得税税率为 25%；为简化计算不考虑销售环节相关税费。

（6）PPP 项目合同约定，项目投入使用（通车）后连续 20 年内，在达到项目运营绩效的前提下，政府每年给项目公司等额支付一定的金额作为项目公司的投资回报，项目通车 20 年后，项目公司需将该道路无偿移交给政府。

问题：

（1）计算项目建设期贷款利息和固定资产投资额。

（2）计算项目投入使用第 1 年项目公司应偿还银行的本金和利息。

（3）计算项目投入使用第 1 年的总成本费用。

（4）项目投入使用第 1 年，政府给予项目公司的款项至少达到多少万元时，项目公司才能除广告收益外不依赖其他资金来源，仍满足项目运营和还款要求？

（5）若社会资本出资人对社会资本的资本金净利润率的最低要求为：以贷款偿还完成后的正常年份的数据计算不低于 12%，则社会资本出资人能接受的政府各年应支付给项目公司的资金额最少应为多少万元？（计算结果保留两位小数）

【解】（1）列式计算项目建设期贷款利息和固定资产投资额

建设期贷款利息：第一年和第二年借款本金 $100000 \times 70\% \times 0.5 = 35000$ 万元

第一年：$35000 \times 0.5 \times 0.06 = 1050$ 万元

第二年：$(35000 + 1050 + 35000 \times 0.5) \times 0.06 = 3213$ 万元

建设期利息为：$1050 + 3213 = 4263$ 万元

固定资产投资额：$100000 + 4263 = 104263$ 万元（含政府投资）

$100000 \times (1 - 30\% \times 10\%) + 4263 = 101263$ 万元（不含政府投资）

（2）列式计算项目投入使用第 1 年项目公司应偿还银行的本金和利息

运营期第一年期初借款为：$70000 + 4263 = 74263$ 万元

运营期第一年还本付息额为：$74263(A/P, 6\%, 10) = 10089.96$ 万元

运营期第一年应还银行利息为：$74263 \times 0.06 = 4455.78$ 万元

运营期第一年应还银行本金为：$10089.96 - 4455.78 = 5634.18$ 万元

（3）列式计算项目投入使用第 1 年的总成本费用

年折旧为：$101263 \div 20 = 5063.15$ 万元（不考虑政府投资部分的折旧）

项目投入使用第 1 年的总成本费用 $= 2500 + 5063.15 + 4455.78 = 12018.93$ 万元

（4）设政府补贴为 X 万元

折摊息税前利润 $-$ 企业所得税 $\geqslant$ 该年应偿还的本息

营业收入 $+$ 补贴收入 $-$ 经营成本 $-$ 企业所得税 $\geqslant$ 该年应偿还的本息

$(800 + X) - 2500 - (800 + X - 12018.93) \times 25\% \geqslant 10089.96$ $X \geqslant 11980.30$

（5）设年平均净利润为 Y，政府支付的补贴为 Z

$Y/(100000 \times 0.3 \times 0.9) \geqslant 12\%$；$Y \geqslant 3240$ 万元

$(Z + 800 - 4000 - 5063.15) \times (1 - 25\%) \geqslant 3240$；$Z \geqslant 12583.15$ 万元

$(Z + 800 - 4000 - 5063.15) \times (1 - 25\%) \geqslant 3240$；$Z \geqslant 12583.15$ 万元

【案例 2】 上海迪士尼项目投融资模式：

（1）上海迪士尼项目投融资模式。上海迪士尼由中美双方分别成立的 3 家子公司来负责项目的开发与实施，属于中外合资企业。一是上海国际主题乐园有限公司，注册资金为 171.36 亿元，中美双方持股比例分别为 57% 和 43%，主要负责主题乐园的开发、建设与

经营以及园区内提供服务等；二是上海国际主题乐园配套设施有限公司，注册资金为31.68亿元，其持股比例中方占57%，美方占43%，主要负责酒店、餐饮、零售、娱乐等配套设施的开发、建设与经营；三是上海国际主题乐园和度假区管理有限公司，注册资金为2,000万元，其中中方持股为30%，而美方则为70%，主要职责是对主题乐园项目与设施进行开发、建设和经营，管理日常乐园的全部事宜。上海迪士尼乐园主要投资方为陆家嘴集团、上海文广、锦江国际和百联集团，投资比例分别为45%、25%、20%及10%。在上海迪士尼项目中，由两部分构成，其中债务融资占30%，权益出资占70%，而所有投资中40%资金为中美双方共同持有的股权（中方占57%，美方占43%），余下总投资中60%的资金则为债权，其中政府拥有80%，另外20%则为商业机构所有。

　　（2）上海迪士尼与香港迪士尼、东京迪士尼投融资模式对比。众所周知，亚洲目前拥有三座迪士尼乐园，而东京迪士尼作为迪士尼乐园史上的"优等生"，香港迪士尼作为具有独特气息的迪士尼乐园，两者与上海迪士尼乐园的投融资模式又存在哪些差异？香港迪士尼乐园于2005年9月12日开幕，由香港特区政府与华特迪士尼公司合资成立的香港国际主题乐园有限公司管理运营，主题乐园以"资产/负债"6/4的最佳资本结构，投资金额57亿港元，借款84亿港元，而上海迪士尼乐园则是以"资产/负债"7/3的结构进行投资。华特迪士尼公司投资24.5亿港元，持有主题乐园公司43%的股权，香港特区政府投资32.5亿港元，占57%股权，另外84亿港元借款，占总债款的27.4%来自于银行商业借贷，这与上海迪士尼的投融资模式大致相同。在香港迪士尼乐园开园之际，华特迪士尼公司只用了3.14亿美元和特许权就拥有香港迪士尼乐园43%的股权，而香港特区政府则投资29亿美元以上占到57%的股权，相较于上海迪士尼，香港迪士尼处于劣势地位。东京迪士尼乐园于1982年开始修建，是由美国迪士尼公司和日本梓设计公司合作建造的，日美双方采取许可投资的方式进行投资，投资达到1,500亿日元。在建设初期，建设主导权、设备采购、工程项目施工管理权等全权由日方掌握，而东京迪士尼开园三年后，经营权、人事权、财务权也都100%由日方掌控，东京迪士尼也拥有100%股份处置权，从长期来看，日本全权掌控着东京迪士尼。而对于上海迪士尼，中方在建设经营管理权中只占30%，美方全权掌控财务权、经营权，加之上海迪士尼美方持股43%，加上必须支付美方的其他费用7%，美方在上海迪士尼收益将超过50%。这样的投资经营模式与东京迪士尼形成了强烈的反差。

本章小结

　　本章对工程项目投资与融资进行了概要分析，从工程项目投资与融资两个方面阐述了有关的理论与方法。在工程项目投资部分，介绍了工程项目投资的构成，工程项目投资决策的阶段划分、内容和方法。在工程项目融资部分，研究了各类权益融资和债务融资方式的特点和运作过程；探讨了项目融资信用保证的形式；从融资成本、分析和结构等不同角度介绍了项目融资方案的设计与优化问题；最后介绍了建设工程项目BOT、PPP、ABS、PFI等主要融资模式。

思考与练习题

一、思考题

5-1 工程投资项目按性质可分为哪几类?

5-2 建设项目资金来源渠道有哪些?

5-3 工程投资项目按工作阶段可分为哪几个阶段?

5-4 建设项目总投资中固定资产投资主要包括哪几部分?

5-5 什么是基本预备费,应如何计算?

5-6 什么是涨价预备费,应如何计算?

5-7 什么叫项目融资?项目融资的基本特点有哪些?

5-8 什么是有限追索?

5-9 项目融资和传统公司融资有哪些区别?

5-10 常见的建设过程项目融资模式有哪些?

5-11 论述 BOT 融资模式和 PPP 融资模式分别适用于哪些项目,各有什么优点和不足。

二、练习题

5-12 2012 年假定某拟建项目年产某种产品 200 万吨,2007 年该地区年产该产品 50 万吨的同类项目的固定资产投资额为 2500 万元,假定 2007 年到 2012 年每年平均造价指数为 1.1,则拟建项目的投资额为多少?

5-13 某项目第 4 年流动资产总额为 8000 万元,流动负债总额为 6000 万元,第 4 年所需流动资金是多少?第 5 年流动资产总额 9000 万元,流动负债为 7500 万元,该年需增加流动资金为多少?

5-14 某项目建设期为 3 年,总借款额为 26956 万元,第 1 年借款占总借款额的 25%,第 2 年占 50%,第 3 年占 25%,资金为分月等额到位,利率为 8%,到建设期末时一次性支付本息,计算建设期利息是多少?

5-15 按照生产能力指数法($x=0.8$,$f=1.1$),如将设计中的化工生产系统的生产能力提高到三倍,投资额将增加多少?

5-16 企业计划筹集资金 1000 万元,所得税税率 25%。有关资料如下:①向银行借款 100 万元,借款年利率为 7%,手续费率为 2%;②发行优先股 300 万元,预计年股利率为 12%,筹资费率为 4%;③发行普通股 60 万股,每股发行价格为 10 元,筹资费率为 6%;第一年预计每股股利 2 元,以后每年股利按 4% 递增。要求计算该企业加权平均资本成本。

第 6 章　建设项目财务分析

本章要点及学习目标

> **本章要点:**
> 　本章主要介绍财务评价的概念,财务评价的基本步骤,财务分析报表的类型和内容,财务效益费用估算的内容,方法和相关辅助报表。
> **学习目标:**
> 　要求掌握财务评价的内容、步骤和财务效益费用估算之间的关系。

二维码 6-1
财务报表分析

6.1　建设项目财务分析概述

建设项目财务分析是工程项目经济分析的内容之一,是建设项目建议书和可行性研究报告的重要组成部分,也是项目决策科学化的重要手段。

6.1.1　建设项目财务分析的概念

建设项目财务分析,是在国家现行财税制度和价格体系的前提下,从项目的角度出发,估算项目范围内的财务效益和费用,编制财务报表,计算财务评价指标,考察和分析项目盈利能力、偿债能力和财务生存能力,判别项目的财务可行性,为投融资决策以及银行审贷提供依据。

6.1.2　财务分析的作用

财务分析对项目的投资主体、项目法人、债权人以及国家有关管理机构等都具有十分重要的作用,主要表现如下:

1. 从企业或项目角度出发,是分析经营性项目的投资效果及偿债能力的依据

企业投资的经营性项目由企业承担决策风险,因此进行投资决策时,要充分分析项目的财务盈利能力、投资主体的预期收益、债务的清偿能力等,以判断项目实施的可行性。财务盈利能力的分析也是金融机构向企业提供建设贷款的前提条件,是估算项目的贷款偿还能力的重要依据。

2. 是制定项目资金规划的依据

确定项目所需的投资资金规模、来源、用款计划和筹资方案是财务评价的重要内容,也是制定项目资金规划的重要依据。

3. 为协调企业利益和国家利益提供依据

对于基础性项目和公益性项目,企业自身财务上的生存能力有限,难以进行投资建设

和维持运营，这时需要进行国民经济分析，看其是否可行，若国民经济分析可行，则需要政府采取财政补贴或多种经济优惠措施使项目具有财务可行性，此时，财务评价可以为权衡补贴及优惠的内容、方式和幅度提供依据。

4. 为合营项目谈判签约提供依据

项目的财务可行性是中外双方合作的基础。中外合作、合资项目进行合作的前提是签订合同条款，合同条款签订的前提是进行财务分析，明确各方的责、权、利关系，尤其是在经济上的责任分担与利益分享。对外方而言，项目的财务评价是做出投资决策的唯一依据；对中方而言，则应视审批机关的要求，必要时还要进行国民经济评价。

6.1.3 财务分析的主要内容和步骤

6.1.3.1 财务分析的主要内容

财务分析内容主要包括盈利能力分析、偿债能力分析、外汇效果分析和不确定性分析。本章中重点介绍盈利能力分析、偿债能力分析、外汇效果分析。财务分析可分为融资前分析和融资后分析，一般先进行融资前的分析。

1. 融资前分析

融资前分析不考虑具体债务融资条件，从项目投资总获利能力的角度，进行盈利能力分析，考察项目方案设计的合理性。在项目建议书阶段，可只进行融资前分析，融资前分析以动态分析为主，静态分析为辅。

融资前财务分析的现金流量应与融资方案无关。从该原则出发，融资前分析的内容包括：

（1）估算营业收入、建设投资、流动资金、经营成本、营业税金及附加和所得税；

（2）编制项目投资现金流量表，利用资金时间价值的原理进行折现，计算项目投资内部收益率、净现值和项目静态投资回收期等指标；

（3）根据计算指标进行方案的评判取舍；如果分析结果表明方案可行，再进行融资后的分析；如果分析结果不能满足要求，可进行方案的修改完善，必要时甚至可以放弃方案。

2. 融资后分析

融资后分析应以融资前分析和初步的融资方案为基础，考察项目在拟定融资条件下的财务分析，主要分析考察项目在融资条件下的盈利能力、偿债能力和财务生存能力，判断项目方案在融资条件下的可行性。融资后分析用于比选融资方案，帮助投资者做出融资决策。

融资后分析的内容包括：

（1）在融资前分析结论满足要求情况下，初步设定融资方案；

（2）在财务分析辅助报表的基础上，编制项目总投资计划、资金筹措表和建设期利息估算表；

（3）进行项目资本金现金流量分析，编制项目资本金现金流量表，计算项目资本金财务内部收益率指标，考察项目资本金可获得的收益水平；

（4）进行投资各方现金流量分析，编制投资各方的财务内部收益率指标，考察投资各方可获得的收益水平。

根据 2006 年国家发展和改革委员会、建设部发布的《建设项目经济评价方法与参数（第三版）》中所给出的建设项目财务分析的内容与评价指标，编制财务分析内容与评价指标体系一览表，如表 6-1 所示。

财务分析内容与评价指标体系一览表　　　　　　　　　　　表 6-1

财务分析内容		分析报表	财务评价指标	
			静态指标	动态指标
融资前分析	盈利能力分析	项目投资现金流量表	静态投资回收期	财务内部收益率 财务净现值 动态投资回收期
融资后分析	盈利能力分析	项目资本金现金流量表	资本金静态投资回收期	资本金财务内部收益率 资本金动态投资回收期
		投资各方现金流量表		投资各方财务内部收益率
		利润及利润分配表	总投资收益率 资本金利润率	
	偿债能力分析	借款还本息计划表	偿债备付率 利息备付率	
		资产负债表	资产负债率 速动比率 流动比率	
	财务生存能力分析	财务计划现金流量表		
不确定性分析	不确定性分析	盈亏平衡分析	盈亏平衡点 生产能力利用率	
		敏感性分析		敏感度系数 临界点
		概率分析		财务净现值期望值 财务内部收益率大于等于基准收益率的累计概率 财务净现值大于等于零的累计概率
	其他		价值指标或实物指标	

在财务分析过程中，建设工程经济分析人员可以根据项目的具体情况和委托方的要求对评价指标进行取舍。

6.1.3.2　财务分析的步骤

财务分析大致可分为 5 个步骤：

1. 选取财务基础数据，编制财务分析的辅助报表

通过项目的市场调查预测分析、技术与投资方案分析，确定产品方案和合理的生产规模，选择生产工艺方案、设备类型、工程技术方案、建设地点和投资方案，拟定项目实施

进度计划等，据此进行财务预测，获得项目投资、生产成本、销售收入和利润等一系列财务基础数据。在对这些财务数据进行分析、审查、鉴定和评估的基础上，完成财务评价辅助报表的编制工作。

2. 编制和评估财务分析基本报表

将上述辅助报表中的基础数据进行汇总，编制出现金流量表（包括项目投资现金流量表和资本金现金流量表）、利润与利润分配表、资金来源与运用表、资产负债表、财务外汇平衡表等主要财务评价基本报表，并对这些报表进行分析评估。一是要审查基本报表的格式是否符合规范要求，二是要审查所填列的数据是否准确。为了保证辅助报表与基本报表的一致性和联动性，可使用专门的制表工具（Excel），完成表格间的数据链接。

3. 计算财务分析指标，分析工程项目的财务可行性

利用各基本报表，可直接计算出一系列财务分析指标，包括反映工程项目的盈利能力、清偿能力和外汇平衡能力等静态和动态指标。将这些指标与国家有关部门规定的基准值进行对比，就可以得出工程项目在财务上是否可行的评价结论。

4. 提出财务分析的结论

5. 进行不确定性分析

根据财务评价的基本结论，利用盈亏平衡分析、敏感性分析和概率分析等方法，对项目适应市场变化的能力和抗风险能力进行分析。

财务分析的步骤见图 6-1。

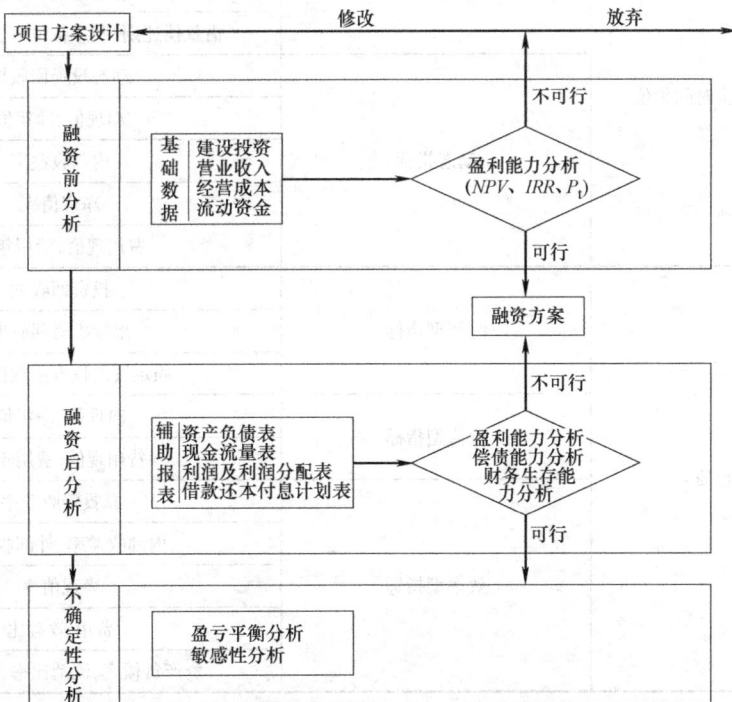

图 6-1 财务分析的步骤

6.1.4　财务分析报表

财务分析报表分基本报表及辅助报表两类。

6.1.4.1　基本报表

财务分析中的基本报表有现金流量表（包括项目投资现金流量表和自有资金现金流量表）、损益表、资金计划现金流量表、资产负债表。

6.1.4.2　辅助报表

财务分析中的辅助报表有固定资产投资估算表、流动资金估算表、投资计划与资金筹措表、固定资产折旧费估算表、无形与递延资产摊销估算表、单位产品生产成本估算表、借款还本付息计算表、总成本费用估算表、产品销售（营业）收入和销售税金及附加估算表、主要产出物与投入物使用价格依据表。

6.1.5　建设项目财务分析指标

6.1.5.1　建设项目财务分析指标体系

建设项目财务分析指标体系根据不同的标准，可作不同的分类形式。财务分析指标体系分类见表 6-2。

财务分析指标体系分类　　　　　　　　表 6-2

分类标准	指标类型	具体指标
按是否考虑资金时间价值	静态指标	总投资收益率
		静态投资回收期
		借款偿还期、利息备付率、偿债备付率
	动态指标	动态投资回收期
		净现值、净年值
		内部收益率
		净现值率
		费用现值、费用年值
按指标性质	时间型指标	投资回收期
		增量投资回收期
		固定资产投资借款偿还期
	价值型指标	净现值、净年值
		费用现值、费用年值
	效率型指标	总投资收益率
		内部收益率、外部收益率
		净现值率
		费用-效益比
		资产负债率、流动比率、速动比率

6.1.5.2　建设项目财务分析指标计算

1. 财务盈利能力分析指标

财务盈利能力分析主要是考察投资的盈利水平。

1）财务净现值（$FNPV$）

财务净现值是指按行业的基准收益率或设定的折现率（i_c），将项目计算期内各年净现金流量折现到建设期初的现值之和。它是考察项目在计算期内盈利能力的动态评价指标。计算公式为：

$$FNPV = \sum_{t=1}^{n} (CI - CO)_t (1 + i_c)^{-t} \qquad (6-1)$$

式中　CI——现金流入量；

$\quad CO$——现金流出量；

$(CI-CO)_t$——第 t 年的净现金流量；

$\quad n$——计算期；

$\quad i_c$——基准收益率或设定的折现率。

财务净现值表示建设项目的收益水平超过基准收益的额外收益。在进行投资方案的经济评价时，财务净现值越大，说明企业的经济效益越好。

若 $FNPV \geqslant 0$ 表示项目方案实施后的投资收益率不仅能够达到基准收益率的水平，而且还能得到超额现值收益，方案可取。

若 $FNPV < 0$，表示项目方案实施后的投资收益率不能够达到基准收益率的水平，方案不可取。

2）财务内部收益率（$FIRR$）

财务内部收益率是指项目在整个计算期内各年净现金流量现值累计等于零时的折现率，它反映项目所占用资金的盈利率，是考察项目盈利能力的主要动态评价指标。计算公式为：

$$\sum_{t=1}^{n} (CI - CO)_t (1 + FIRR)^{-t} = 0 \qquad (6-2)$$

式中，$FIRR$——项目内部收益率；

$(CI-CO)_t$——第 t 年的净现金流量；

$\quad n$——项目的寿命期。

财务内部收益率与内部收益率一样，可用插值法计算求得。在财务评价中，将求出的财务内部收益率（$FIRR$）与行业的基准收益率或设定的折现率（i_c）比较，若 $FIRR \geqslant i_c$ 时，即认为其盈利能力已满足最低要求，在财务上是可以考虑接受的；当 $FIRR < i_c$ 时，则项目在经济上不可行。

行业基准收益率和设定的折现率的本质是指投资者投资该项目所期望的最低投资收益率。主要考虑三个方面因素而确定：一是资本成本；二是目标利润；三是投资风险。

3）投资回收期（P_t）

投资回收期是指以项目的净收益抵偿全部投资所需的时间。它是考察项目在财务上的投资回收能力的主要评价指标，分为静态投资回收期和动态投资回收期。投资回收期（以年表示）一般从建设开始年算起，如果从投产年算起时，应予注明。

静态投资回收期不考虑货币的时间价值，各年的净现金流直接累加，不需贴现。计算公式为：

$$\sum_{t=1}^{P_t} (CI - CO)_t = 0 \tag{6-3}$$

静态投资回收期也可根据财务现金流量表中累计净现金流量计算求得。公式为：

$$P_t = (\text{累计净现金流量开始出现正值的年份数}-1)+\frac{|\text{上年累计净现金流量}|}{\text{当年净现金流量}} \tag{6-4}$$

在财务评价中，求出的投资回收期 P_t 与行业的基准投资回收期 P_c 比较，当 $P_t \leqslant P_c$ 时，表明项目投资能在规定的时间内收回，项目可行；当 $P_t > P_c$ 时，表明在规定的时间内不能收回投资，项目不可行。

动态投资回收期考虑了货币的时间价值，指以项目每年的净收益回收项目的全部投资所需要的时间。这个指标克服了静态投资回收期指标没考虑时间价值的缺点。动态投资回收期的计算公式为：

$$\sum_{t=1}^{P_t'} (CI - CO)_t (1+i_c) = 0 \tag{6-5}$$

式中　P_t'——动态投资回收期

根据项目的现金流量表，可采用近似公式计算动态投资回收期：

$$P_t' = (\text{累计净现金流量开始出现正值的年份数}-1)+\frac{|\text{上年累计净现金流量}|}{\text{当年净现金流量}} \tag{6-6}$$

财务盈利能力分析指标不仅包括上述指标，还包含投资利润率、投资利税率、资本金利润率等相关指标，其计算方法与 3.2.2.1 反映建设项目盈利能力的经济评价指标计算方法相同。

2. 偿债能力分析指标

投资项目的资金构成一般可分为借入资金和自有资金。自有资金可长期使用，而借入资金须按期偿还。项目偿债能力分析主要是考察计算期内各年的财务状况及偿债能力。偿债能力分析指标主要有资产负债率、利息备付率、偿债备付率、流动比率、速动比率等。其中财务外汇平衡分析主要针对涉及外汇收支的项目，应根据外汇平衡表进行外汇平衡分析，考察各年外汇余缺程度。对外汇不能平衡的项目，应提出具体的解决办法。其他具体指标计算分析内容与 3.2.2.2 反映建设项目偿债能力的经济评价指标计算方法相同。

6.2　财务费用与效益估算

建设项目财务效益与费用估算属于财务基础数据的估算，为项目的财务分析奠定基础，其估算的准确性与可靠程度直接影响财务分析结论，应高度重视。

6.2.1　财务费用与效益估算的含义

财务效益与费用估算是指在项目市场、资源、技术条件分析评价的基础上，从项目（或企业）的角度出发，依据现行的法律法规、价格政策、税收政策和其他有关规定，对一系列有关的财务效益与费用数据进行调查、收集、整理和测算，并编制有关财务效益与费用估算表格的工作。

项目财务效益是指项目实施后，由于销售产品或提供劳务等所获得的营业收入。市场化运作的经营性项目，项目目标是通过销售产品或提供服务实现盈利，其财务效益主要指所获得的营业收入。如果是适用增值税的国家鼓励发展的经营性项目，可以获得增值税的优惠，除了营业收入外，先征后返的增值税应作为补贴收入计入财务效益。不考虑"征"和"返"的时间差。

对于提供公共产品或以保护环境等为目标的非经营性项目，需要政府提供补贴才能维持正常运转，财务效益应包括可能获得的各种补贴收入。

项目财务费用指项目建设中及投产以后，为生产、销售产品或提供劳务等支付的费用，主要包括投资、成本费用和税金等。

6.2.2 财务费用和效益估算内容

财务效益与费用的估算是建设项目决策的基础和重要依据，它是在经过项目建设必要性审查、生产建设条件评估和技术可行性评估之后，并在市场需求调查、销售规划、技术方案和规模经济分析论证的基础上，从项目分析的要求出发，按现行财务制度的规定，对项目有关的成本收益等财务基础数据进行收集、测算，并编制财务基础数据测算表等一系列工作。具体包括以下八个方面：

1）产品品种及生产规模。

2）投资估算额、分年投资计划及资金来源（包括借款利率、外汇利率、借款偿还条件等）。

3）项目的计算期（包括建设期、投产期和达产期）。

4）产品售价、销售收入、销售税金及附加的预测值。

5）成本费用分项估算值。

6）利润分配方案及偿还借款资金来源。

7）基准收益率、基准投资回收期等财务分析参数。

8）其他财务分析的基础资料。

6.2.3 财务效益与费用识别的原则

1）财务效益与费用总体上与会计准则和会计以及税收制度相适应。由于财务效益与费用的识别和估算是对未来情况的预测，因此财务分析中允许做有别于财会制度的处理，但要求在总体上与会计准则和会计以及税收制度相适应。

2）财务效益与费用估算应遵守"有无对比"原则。所谓"有项目"是指实施项目后的将来状况，"无项目"指不实施项目时的将来状况。在识别项目的效益和费用时，需注意只有"有无对比"的差额部分才是项目建设增加的效益和费用。采用有无对比法，是为了识别真正应该算做项目效益的部分，即增量效益，排除那些由于其他原因产生的效益；同时找出与增量效益相对应的增量费用，只有这样才能真正体现项目投资的净效益。

3）财务效益与费用估算范围应体现效益和费用对应一致的原则。即在合理确定的项目范围内，对等地估算财务主体的直接效益以及相应的直接费用，避免高估或低估项目的净收益。

4）财务效益与费用估算应以项目为界。效益和费用是针对特定目标而言的，凡对目标有贡献的就是效益；凡削弱目标的则是费用，财务效益与费用的估算应根据项目性质、类别和行业特点，明确相关的政策和其他依据，选取适宜的方法，进行文字说明，并编制相关表格。财务效益与费用估算应反映行业特点，符合依据明确、价格合理、方法适宜和表格清晰的要求。

6.2.4　财务费用与效益估算步骤

财务效益和费用估算步骤应该与财务分析的步骤一致，也分为融资前分析和融资后分析，具体步骤如图 6-2 所示。

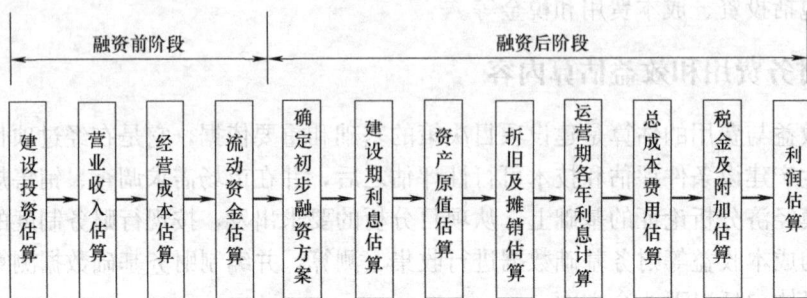

图 6-2　财务费用与效益的估算步骤

注：联线表示对应关系，箭头表示估算流程。

上述估算步骤只是体现了融资前分析和融资后分析对效益和费用数据的要求，实践中不一定完全遵循此顺序。

在进行财务效益与费用估算时，在熟悉项目概况、制定财务效益与费用估算工作计划情况下，收集资料，进行财务效益与费用估算，主要包括建设投资估算、建设期利息估算、流动资金估算、项目总投资使用计划与资金筹措估算、营业收入税金估算以及总成本费用估算，在此基础上编制对应的估算表，即建设投资估算表，建设期利息估算表，流动资金估算表，项目总投资使用计划与资金筹措表，营业收入、营业税金及附加和增值税估算表，总成本费用估算表。

6.2.5　财务效益与费用估算辅助报表

进行财务效益和费用估算，需要编制下列财务分析辅助报表：

（1）建设投资估算表；

（2）建设期利息估算表；

（3）流动资金估算表；

（4）项目总投资使用计划与资金筹措表；

（5）营业收入、营业税金及附加和增值税估算表；

（6）总成本费用估算表。

若用生产要素法编制总成本费用估算表，还应编制下列基础报表：

（1）外购原材料费估算表；

（2）外购燃料和动力费估算表；

（3）固定资产折旧费估算表；

（4）无形资产和其他资产摊销估算表；

（5）工资及福利费估算表。

上述估算表可归纳为三大类：

第一类，预测项目建设期间的资金流动状况的报表，如投资使用计划与资金筹措表和固定资产投资估算表。

第二类，预测项目投产后的资金流动状况的报表，如流动资金估算表、总成本费用估算表、销售收入和税金及附加估算表、利润与利润分配表等。为编制生产总成本费用估算表，还附设了材料、能源成本预测、固定资产折旧和无形资产与递延资产摊销费三张估算表。

第三类，预测项目投产后用规定的资金来源归还固定资产借款本息的情况，即为借款还本付息表，它反映项目建设期和生产期内资金流动情况和项目投资偿还能力与速度。

财务基础数据估算的五个方面内容是连贯的，其中心是将投资成本（包括固定资产投资和流动资金）、产品成本与销售收入的预测数据进行对比，求得项目的销售利润，又在此基础上测算贷款的还本付息情况。因此，编制上述三类估算表应按一定程序使其相互衔接起来。第一类估算表是根据项目可行性研究报告以及调查收集到的补充资料，经过项目概况的审查、市场和规模分析及技术可行性研究，加以判别调查后计算编制的，并在编制投资使用计划与资金筹措表之前，首先预测固定资产投资和流动资金；第二类的生产总成本费用估算表所需的三张附表，只要能满足财务分析对基本数据的需要即可，有的附表也可合并列入生产总成本费用估算表之中，或作简单文字说明，而后根据生产成本费用表和销售收入与税金估算表的数据，综合测算出项目销售利润，列入损益表；第三类估算表是把前两类表中的主要数据经过综合计算，按照国家现行规定，综合编制成项目固定资产投资贷款还本付息表。

6.3 建设项目盈利能力分析

6.3.1 项目盈利能力分析概述

盈利能力分析，主要是考察工程项目投资的盈利水平，它直接关系到项目投产后能否生存和发展，是评价工程项目在财务上可行性程度的基本标志。盈利能力的大小是业主进行工程项目投资活动的原动力，也是业主进行投资决策时应考虑的首要因素。一般应从两方面进行评价：一方面分析工程项目达到设计生产能力的正常生产年份可能获得的盈利水平，即主要通过计算投资利润率、投资利税率、资本金利润率等静态指标，考察项目在正常生产年份年度投资的盈利能力，以及判别项目是否达到行业的平均水平；另一方面分析工程项目整个寿命期间内的盈利水平，即主要通过计算财务净现值、财务内部收益率、财务净现值率、投资回收期等动态和静态指标，考察项目在整个计算期内的盈利能力及投资回收能力，判别工程项目投资的可行性。

6.3.2 盈利能力分析报表的编制

6.3.2.1 现金流量表

建设项目的效益和费用可以抽象为现金流量系统。现金流量系统将项目计算期内各年的现金流入与现金流出按照各自发生的时点顺序排列，表达为具有确定时间概念的现金流量系统。从财务评价角度看，某一时点上流出项目的资金称为现金流出，是负现金流量，记为 CO；流入项目的资金称为现金流入，是正现金流量，记为 CI。现金流入与现金流出统称为现金流量。同一时点上的现金流入量与现金流出量的代数和（$CI-CO$）称为净现金流量，记为 NCF。

现金流量表是对建设项目现金流量系统的表格式反映。现金流量表内部结构主要有现金流入、现金流出、净现金流三项内容。按照计算基础的不同，现金流量表分为项目投资现金流量表、资本金现金流量表、投资各方现金流量表。

1. 项目投资现金流量表

该表不分投资资金来源，以全部投资作为计算基础，反映投资方案在整个计算期（包括建设期和生产运营期）内的现金流入和流出，其现金流量表的构成如表 6-3 所示。通过投资现金流量表可计算方案的财务内部收益率、财务净现值和静态投资回收期等全部经济效果评价指标，考察项目全部投资的盈利能力，为各个投资方案（不论其资金来源及利息多少）进行比较建立共同基础。根据需要，可从所得税前或所得税后两个角度进行考察，选择计算所得税前或所得税后指标。

项目投资现金流量表（人民币单位：万元）   表 6-3

序号	项　　目	合计	建设期		投产期		达到设计能力生产期			
			1	2	3	4	5	6	⋯	n
	生产负荷(%)									
1	现金流入									
1.1	营业收入									
1.2	回收固定资产余值									
1.3	回收流动资金									
1.4	其他收入									
2	现金流出									
2.1	建设投资									
2.2	流动资金									
2.3	经营成本									
2.4	营业税金及附加									
2.5	维持运营投资									
3	所得税前净现金流量(1-2)									
4	累计所得税前净现金流量									
5	调整所得税									
6	所得税后净现金流量(3-5)									
7	累计所得税后净现金流量									

计算指标：所得税前所得税后

财务内部收益率($FIRR$)＝　　　　　　财务内部收益率($FIRR$)＝

财务净现值($FNPV$)＝　　　　　　　财务净现值($FNPV$)＝

投资回收期(P_t)＝　　　　　　　　投资回收期(P_t)＝

1）现金流入是为产品销售（营业）收入、回收固定资产余值、回收流动资金、其他收入四项之和。其中，产品销售收入等于产品销售量与销售单价的乘积。固定资产余值和流动资金的回收均在计算期最后一年。固定资产余值回收额为固定资产折旧费估算表中最后一年的固定资产期末净值，流动资金回收额为项目正常生产年份流动资金的占用额。

2）现金流出包括建设投资、流动资金、经营成本及税金。其中，建设投资不包含建设期利息。流动资金投资为各年流动资金增加额。经营成本源于总成本费用估算表。销售税金及附加包含消费税、资源税、城乡维护建设税和教育费附加，所得税的数据来源于利润与利润分配表。

3）项目计算期各年的净现金流量为各年现金流入量减对应年份的现金流出量，各年累计净现金流量为本年及以前各年净现金流量之和。

4）所得税前净现金流量为上述净现金流量加调整所得税之和，即在现金流出中不计入所得税时的净现金流量。

5）调整所得税是根据息税前利润（计算时原则上不受融资方案变动的影响，即不受利息多少的影响）乘以所得税率计算得到。这与"利润与利润分配表""资本金现金流量表""财务计划现金流量表"中的所得税有所区别。

2. 资本金现金流量表

资本金现金流量表从投资者（即项目法人）角度出发，以投资者的出资额作为计算基础，把借款本金偿还和利息支付作为现金流出，用以计算资本金相关评价指标，考察在一定融资方案下投资者权益投资的盈利能力，用以比选融资方案，为投资者投资决策、融资决策提供依据。资本金现金流量表见表6-4。

资本金现金流量表（人民币单位：万元）　　　　　　表6-4

序号	项目	合计	建设期		投产期		达到设计能力生产期			
			1	2	3	4	5	6	…	n
	生产负荷(%)									
1	现金流入									
1.1	营业收入									
1.2	回收固定资产余值									
1.3	回收流动资金									
1.4	其他收入									
2	现金流出									
2.1	项目资本金									
2.2	长期借款本金偿还									
2.3	借款利息支出									
2.4	经营成本									
2.5	销售税金及附加									
2.6	所得税									
2.7	维持运营投资									
3	净现金流量(1-2)									

计算指标：资本金财务内部收益率（FIRR）＝
资本金财务净现值（FNPV）＝

1）资本金包括用于建设投资、建设期利息和流动资金的资金。

2）现金流入各项数据来源与项目投资现金流量表相同。

3）现金流出包括：项目资本金、借款本金偿还、借款利息支出、经营成本及税金。其中借款本金偿还由两部分组成：一部分为借款还本付息计算表中本年还本额；一部分为流动资金借款本金偿还，一般发生在计算期最后一年。借款利息支付数额来自总成本费用估算表中的利息支出项。

4）项目计算期各年的净现金流量为各年现金流入量减对应年份的现金流出量。

3. 投资各方现金流量表

投资各方现金流量表是分别从方案各个投资者的角度出发，以投资者的出资额作为计算的基础，用以计算方案投资各方财务内部收益率。投资各方现金流量表构成如表 6-5 所示。

一般情况下，投资各方的利益一般均等，方案投资各方按股本比例分配利润、分担亏损及风险，不需要计算投资各方的财务内部收益率。但是如若方案投资者中各方有股权之外的不对等的利益分配时，投资各方的收益率会有差异，此时需要计算投资各方的财务内部收益率，以看出各方收益是否均衡，或者非均衡性是否在一个合理的水平，促成技术方案投资各方在合作谈判时达成平等互利的协议。

1）投资各方现金流量表可按不同投资方（内资或外资；合资或合作等）分别编制。

2）现金流入是指出资方因该技术方案的实施将实际获得的各种收入。

3）现金流出是指出资方因该技术方案的实施将实际投入的各种支出。表中科目可根据具体情况调整。

4）实分利润是指投资者由方案获取的利润。

5）资产处置收益分配是指对有明确的合营期限或合资期限的方案，在期满时对资产余值按股比或约定比例的分配。

6）租赁费收入是指出资方将自己的资产租赁给方案使用所获得的收入，此时应将资产价值作为现金流出，列为租赁资产支出科目。

7）技术转让或使用收入是指出资方将专利或专有技术转让或允许改方案使用所获得的收入。

投资各方现金流量表

表 6-5

序号	项目	合计	建设期		投产期		达到设计能力生产期			
			1	2	3	4	5	6	⋯	n
	生产负荷(%)									
1	现金流入									
1.1	实分利润									
1.2	资产处置收益分配									
1.3	租赁费收入									
1.4	技术转让或使用收入									
1.5	其他现金流入									
2	现金流出									
2.1	实缴资本									
2.2	租赁资产支出									
2.3	其他现金流出									
3	净现金流量(1-2)									

计算指标：投资各方财务内部收益率（$FIRR$）＝

6.3.2.2 利润与利润分配表

利润与利润分配表是反映项目计算期内各年营业收入、总成本费用、利润总额等情况，以及所得税后利润的分配，用于计算总投资收益率、项目资本金净利润率等指标的一张报表。

利润与利润分配表见表 6-6。

利润与利润分配表（万元）　　　　　　　　　　表 6-6

序号	项目	投产期		达到设计能力生产期			
		3	4	5	6	…	n
	生产负荷(%)						
1	产品销售(营业)收入						
2	销售税金及附加						
3	产品总成本及费用 其中:折旧费 摊销费						
4	利润总额(1-2-3)						
5	弥补前年度亏损						
6	应纳税所得额(4-5)						
7	所得税						
8	税后利润(4-7)						
9	盈余公积金						
10	公益金						
11	应付利润 本年应付利润 未分配利润转分配						
12	未分配利润						
13	累计未分配利润						

1）产品销售收入、销售税金及附加、总成本费用的各年度数据分别取自相应的辅助报表。

2）利润总额＝产品销售收入－总成本费用－销售税金及附加。

3）所得税＝应纳税所得额×所得税税率。

4）税后利润＝利润总额－所得税。

5）弥补损失主要是指支付被没收的财物损失，支付各项税收的滞纳金及罚款，弥补以前年度亏损。

6）税后利润按法定盈余公积金、公益金、应付利润及未分配利润等项进行分配。

6.3.3 项目财务盈利能力评价

盈利能力分析的主要指标有项目投资财务内部收益率、项目投资财务净现值、项目资本金财务内部收益率等动态指标和静态投资回收期、总投资收益率、项目资本金净利润率等静态指标。在进行项目的财务评价时，可根据项目的特点及财务分析的目的、要求等进行选用。

6.3.3.1　财务内部收益率

财务内部收益率（$FIRR$）是指使项目计算期内净现金流量现值累计等于零时的折现率。

根据分析视角的不同，财务内部收益率主要包括三个指标。

1. 项目投资财务内部收益率

项目投资财务内部收益率体现了项目全部投资的盈利能力。该指标可用于对项目本身设计合理性进行评价。

当计算的项目投资财务内部收益率大于或等于行业规定的基准收益率（i_c）时，说明项目投资获利水平达到了规定的要求（行业的平均水平），即项目投资是合理的。

2. 项目资本金内部收益率

项目资本金内部收益率指标体现了在一定的融资方案下，投资者整体所能获得的权益性收益水平。该指标可用来对融资方案进行比较和取舍。

当计算的项目资本金内部收益率大于或等于项目投资者整体对投资获利的最低期望值（即最低可接受收益率）时，说明投资获利水平超过或达到了要求，项目是可以接受的。

最低可接受收益率的确定主要取决于当时的资本收益水平以及投资者对权益资本收益的要求。它与资金机会成本和投资者对风险的态度有关。

3. 投资各方内部收益率

投资各方内部收益率体现了投资各方的收益水平。

6.3.3.2　财务净现值

财务净现值（$FNPV$）是指按设定的折现率（一般采用基准收益率 i_c）计算的项目计算期内净现金流量的现值之和。

一般情况下，财务盈利能力分析只计算项目投资财务净现值，可根据需要选择计算所得税前净现值或所得税后净现值。

若在设定的折现率下计算的财务净现值不小于零，项目方案在财务上可考虑接受。

6.3.3.3　项目投资回收期

项目投资回收期（P_t）是指以项目的净收益回收项目投资所需的时间，一般以年为单位。项目投资回收期宜从项目建设开始年算起，若从项目投产开始年计算，应予以特别注明。对于一般项目，若投资回收期短，表明项目的盈利能力强，投资回收快，抗风险能力强。

6.3.3.4　总投资收益率

总投资收益率（ROI）表示总投资的盈利水平，是指项目达到设计能力后正常年份的年息税前利润或运营期内年平均息税前利润（$EBIT$）与项目总投资（TI）的比率。

总投资收益率高于同行业的收益率参考值，表明用总投资收益率表示的盈利能力满足要求。

6.3.3.5　项目资本金净利润率

项目资本金净利润率（ROE）表示项目资本金的盈利水平，是指项目达到设计能力后正常年份的年净利润或运营期内年平均净利润（NP）与项目资本金（EC）的比率。

项目资本金净利润率高于同行业的净利润率参考值，表明用项目资本金净利润率表示的盈利能力满足要求。

6.4 建设项目偿债能力分析

6.4.1 偿债能力分析概述

偿债能力分析，主要是考察工程项目的财务状况和按期偿还债务的能力，它直接关系到企业面临的财务风险和企业的财务信用程度。偿债能力的大小是企业进行筹资决策的重要依据，应从两方面进行评价：一方面考察项目偿还固定资产投资国内外借款所需要的时间，即通过计算借款偿还期，考察项目的还款能力，判别项目是否能满足贷款机构的要求；另一方面考察项目资金的流动性水平，即通过计算流动比率、速动比率、资产负债率等各种财务比率指标，对项目投产后资金流动情况进行比较分析，用以反映项目寿命期内各年的盈亏、资产和负债、资金来源和运用、资金的流动和债务运用等财务状况及资产结构的合理性，考察项目的风险程度和偿还流动负债的能力与速度。

6.4.2 偿债能力分析报表的编制

6.4.2.1 资产负债表

资产负债表综合反映项目计算期内各年末资产、负债和所有者权益的增减变化及对应关系，以考察项目资产、负债、所有者权益的结构是否合理，用以计算资产负债率、流动比率及速动比率，进行清偿能力分析。资产负债表的编制依据是"资产＝负债＋所有者权益"。资产负债表的基本结构见表6-7。

资产负债表（万元） 表6-7

序号	项目	建设期		投产期		达到设计能力生产期			
		1	2	3	4	5	6	…	n
1	资产								
1.1	流动资产								
1.1.1	应收账款								
1.1.2	存货								
1.1.3	现金								
1.1.4	累计盈余资金								
1.1.5	其他流动资产								
1.2	在建工程								
1.3	固定资产								
1.3.1	原值								
1.3.2	累计折旧								
1.3.3	净值								
1.4	无形及递延资产净值								
2	负债及所有者权益								

续表

序号	项目	建设期		投产期		达到设计能力生产期			
		1	2	3	4	5	6	…	n
2.1	流动负债总额								
2.1.1	应付账款								
2.1.2	其他短期债款								
2.1.3	其他流动负债								
2.2	中长期借款								
2.2.1	中期借款（流动资金）								
2.2.2	长期借款								
	负债小计								
2.3	所有者权益								
2.3.1	资本金								
2.3.2	资本公积金								
2.3.3	累计盈余公积金								
2.3.4	累计未分配利润								
	清偿能力分析 资产负债率(%) 流动比率(%) 速动比率(%)								

1）资产由流动资产、在建工程、固定资产净值、无形及递延资产净值组成。

其中：流动资产总额＝应收账款＋存货＋现金＋累计盈余资金。

在建工程指投资计划与资金筹措表中的年固定资产投资额，包括固定资产投资方向调节税和建设期利息。

2）负债包括流动负债和中长期负债。中长期负债及其他短期借款余额的计算公式为：

第 T 年的借款余额＝（借款－已偿还本金）

3）所有者权益包括资本金、资本公积金、累计盈余公积金及累计未分配利润。

6.4.2.2　借款还本付息估算表

借款还本付息估算表反映项目计算期内各年借款本金偿还和利息支付情况，用于计算偿债备付率和利息备付率指标。固定资产投资贷款还本付息估算主要是测算还款期的利息和偿还贷款的时间，从而观察借款项目的偿还能力和收益，为财务效益评价和项目决策提供依据。

还本付息的资金来源主要有以下内容：

1）可用于归还借款的利润，一般是提取了盈余公积金、公益金后的未分配利润。

2）固定资产折旧。所有被用于归还贷款的折旧基金，应由为分配利润归还贷款后的余额垫回，以保证折旧基金从总体上不被挪作他用。

3）无形资产与递延资产的摊销费。

4）其他还款资金指按有关规定可用减免的销售税金来作为偿还贷款的资金来源。

还本付息计划表的基本结构见表6-8。

借款还本付息计划表（人民币单位：万元）　　　　　表6-8

序号	项目　　年份	利率	建设期		投产期		达到设计生产能力生产期			
			1	2	3	4	5	6	…	n
1	借款及还本付息									
1.1	年初借款本息累计									
1.1.1	本金									
1.1.2	建设期利息									
1.2	本年借款									
1.3	本年应计利息									
1.4	本年还本									
1.5	本年付息									
2	偿还借款本金的资金来源									
2.1	利润									
2.2	折旧									
2.3	摊销									
2.4	其他资金									
	合计(2.1+2.2+2.3+2.4)									

【例6-1】 某拟建项目固定资产投资总额为3600万元，其中预计形成固定资产3060万元（含建设期贷款利息），无形资产540万元。固定资产使用年限10年，残值率为4%，该项目建设期为2年，运营期为6年。项目的资金投入、收益、成本等基础数据见表6-9。

某建设项目的资金投入、收益及成本表（万元）　　　　表6-9

序号	项目　　年份	1	2	3	4	5~8
1	建设投资：自有资金部分	1200	340			
	贷款部分（不含贷款利息）		2000			
2	流动资金：自有资金部分			300		
	贷款部分			100	400	
3	年销售量(万件)			60	90	120
4	年经营成本			1682	2360	3230

固定资产贷款的还款方式为，投产后4年等额本金偿还，贷款利率为6%（按年计息）；流动资金贷款利率为4%（按年计息），无形资产在运营期6年中采用直线法均匀摊入成本；流动资金为800万元，于运营期末全部收回。要求编制还本付息表、总成本费用表。

【解】（1）根据贷款利息公式，列出还本付息表中的费用名称，计算各年度的贷款利息。见表6-10。

某项目还本付息表（万元）　　　　　表 6-10

序号	年份 项目	1	2	3	4	5	6
1	年初累计借款	0	0	2060	1545.00	1030.00	515.00
2	本年新增借款	0	2000	0	0	0	0
3	本年应计利息	0	60	123.60	92.70	61.80	30.90
4	本年应还本金	0	0	515.00	515.00	515.00	515.00
5	本年应还利息	0	0	123.60	92.70	61.80	30.90

其中，第2年应计利息＝（0+2000/2）×6％＝60万元；

第3年应计利息＝（2000+60）×6％＝123.60万元；

第4年应计利息＝（2000+60-515）×6％＝92.70万元；

第5年应计利息＝（1545-515）×6％＝61.80万元；

第6年应计利息＝（1030-515）×6％＝30.90万元。

（2）计算各年度应等额偿还本金。

各年应等额偿还本金＝第3年初累计借款÷还款期

＝2060÷4＝515万元

（3）根据总成本费用的构成列出总成本费用估算表，见表6-11。

某项目总成本费用估算表（万元）　　　　　表 6-11

序号	年份 项目	3	4	5	6	7	8
1	经营成本	1682.00	2360.00	3230.00	3230.00	3230.00	3230.00
2	折旧费	293.76	293.76	293.76	293.76	293.76	293.76
3	摊销费	90.00	90.00	90.00	90.00	90.00	90.00
4	建设投资贷款利息	123.60	92.70	61.80	30.90	0.00	0.00
5	流动资金贷款利息	4.00	20.00	20.00	20.00	20.00	20.00
6	总成本费用	2193.36	2856.46	3694.56	3664.66	3633.76	3633.76

其中，固定资产折旧费＝固定资产原值×（1-残值率）÷使用年限

＝3060×（1-4％）÷10

＝293.76万元

摊销费＝无形资产÷摊销年限

＝540÷6

＝90万元

6.4.3　偿债能力分析方法

偿债能力分析指标包括利息备付率（ICR）、偿债备付率（DSCR）和资产负债率（LOAR）。具体计算及分析方法详见第3章3.2.2.2节相关内容。

6.5　建设项目财务生存能力分析

6.5.1　财务生存能力分析概述

财务生存能力分析应在财务分析辅助表和利润与利润分配表的基础上编制财务计划现金流量表，通过合并项目计算期内的投资、融资和经营活动所产生的各项现金流入和流出，计算净现金流量和累计盈余资金，分析项目是否有足够的净现金流量维持正常运营，以实现财务可持续性。

项目财务生存能力的具体判断：一是拥有足够的经营净现金流量是财务可持续性的基本条件；二是各年累计盈余资金不出现负值是财务生存的必要条件。

财务可持续性首先体现在有足够大的经营活动净现金流量，其次体现在各年累计盈余资金不应出现负值。若出现负值，应进行短期借款，同时分析短期借款的年份长短和数额大小，判断财务可持续性是否受到影响。短期借款应体现在财务计划现金流量表中，其利息需计入财务费用。

6.5.2　财务生存能力分析报表的编制

财务计划现金流量表是反映项目计算期内各年的投资、融资及经营活动的现金流入和流出，用于计算净现金流量和累计盈余资金，分析项目是否有足够的净现金流量维持正常运营，实现财务可持续性的一张报表。财务计划现金流量表的基本结构见表6-12。

财务计划现金流量表（人民币单位：万元）　　　　表6-12

序号	项　　目	合计	计算期							
1	经营活动净现金流量(1.1-1.2)									
1.1	现金流入									
1.1.1	营业收入									
1.1.2	增值税销项税额									
1.1.3	补贴收入									
1.1.4	其他流入									
1.2	现金流出									
1.2.1	经营成本									
1.2.2	增值税进项税额									
1.2.2	营业税金及附加									
1.2.4	增值税									
1.2.5	所得税									
1.2.6	其他流出									
2	投资活动净现金流量(2.1-2.2)									
2.1	现金流入									
2.2	现金流出									

续表

序号	项 目	合计	计算期					
2.2.1	建设投资							
2.2.2	维护运营投资							
2.2.3	流动资金							
2.2.4	其他流出							
3	筹资活动净现金流量(3.1-3.2)							
3.1	现金流入							
3.1.1	项目资本金投入							
3.1.2	建设投资借款							
3.1.3	流动资金借款							
3.1.4	债券							
3.1.5	短期借款							
3.1.6	其他流入							
3.2	现金流出							
3.2.1	各种利息支出							
3.2.2	偿还债务本金							
3.2.3	应付利润(股利分配)							
3.2.4	其他流出							
4	净现金流量(1+2+3)							
5	累计盈余资金							

注: 1. 对于新设法人项目,本表投资活动的现金流入为零;

　　2. 对于既有法人项目,可适当增加科目;

　　3. 必要时,现金流出中可增加应付优先股股利科目;

　　4. 对于外商投资项目,应将职工奖励与福利基金作为经营活动现金流出。

6.6　案例分析

【案例1】　本项目为新建项目,项目建设期2年,运营期14年,计算期为16年。项目总投资95016万元,其中建设投资68634万元,建设期借款利息3332万元,流动资金23050万元。项目形成固定资产68066万元,无形资产原值3300万元,其他资产600万元。固定资产残值为零。

该项目期第1年初建设投资为32369万元,第2年初建设投资为36265万元。项目第3年投产,于第3年、第4年初分别投入流动资金16135万元和6915万元。

项目产品年产销量为30万t,预测销售价格为10650元/t,项目正常年份的营业收入为319500万元。产品增值税税率为17%,城市维护建设税和教育费附加分别按增值税的7%和3%计。项目正常年份的进项税为44727万元,项目正常年份的经营成本为272486万元。

销售价格、经营成本均含税投产的第1年生产能力仅为设计生产能力的70%,这一年的销售收入、经营成本和进项增值税均按照正常年份的70%估算。投产的第2年及其以后的各年生产均达到设计生产能力。该项目各年的销售收入、经营成本和销售税金及附加均在年末发生。该行业的基准静态投资回收期为 6 年，基准动态投资回收期为 8 年，基准收益率为 14%。

试计算静态投资回收期、动态投资回收期、净现值、内部收益率，分析该项目的财务盈利能力。

1. 编制现金流量表

见表 6-13。

现金流量表（万元）   表 6-13

时点年份 项目	合计	建设期		生产经营期				
		0	1	2	3	4	5~12	13~15	16
现金流入	4400200				223650	319500	319500	319500	342550
营业收入	4377150				223659	319500	319500	319509	319500
回收固定资产余值									
补贴收入									
回收流动资金	23050								23050
现金流出	3837878	32369	36265	16135	198326	273443	273445	273445	273445
建设投资	68634	32369	36265						
流动资金	23050			16135	6915				
经营成本	3733058				190740	272486	272486	272486	272486
增值税金及附加	13136				671	959	959	959	959
维持运营投资									
净现金流量	562322	—32369	—36266	—16135	25334	46055	46055	45055	69105
累计净现金流量		—32369	—68634	—84769	—59445	—13390	355051	493217	562323

2. 静态投资回收期计算

根据表 6-13 中的数据，计算项目的静态投资回收期：

静态投资回收期＝（累计净现金流量首次出现正值的年份－1）＋

$$\frac{|\text{出现正值年份上一年累计净现金流量}|}{\text{出现正值年份当年的净现金流量}}$$

$$=(5-1)+\frac{|-13390|}{46055}=4.29 \text{ 年}$$

3. 动态投资回收期计算

根据表 6-13 中的数据，计算各年现金流量折现值和累计折现值，计算情况见表 6-14。

净现金流量计算表（万元）   表 6-14

时点 项目	0	1	2	3	4	5	6
净现金流量	32369	—36265	16135	25324	46055	46055	46055
折现值	—32369	31811.40	—1241536	17092.74	2726838	23919.63	2098213
累计折现值	—32369	—64180.40	—76595.76	59503.03	3223465	—8315.02	12667.11

根据表 6-14 中的数据，计算项目的动态投资回收期：

$$动态投资回收期＝（累计折现净现金流量出现正值的年份－1）$$

$$+\frac{|出现正值年份上一年累计折现净现金流量|}{出现正值年份当年的折现净现金流量}$$

$$=(6-1)+\frac{|-8315.02|}{20982.13}=5.4 \text{ 年}$$

4. 净现值的计算

根据表 6-14 中的数据，该项目财务净现值：

$$NPV=\sum_{t=0}^{n}(CI-CO)(1+14\%)^{-n}$$

$$=-32369-36265(P/F,14\%,1)-16135(P/F,14\%,2)+25324(P/F,14\%,3)$$

$$+46055(P/A,14\%,12)(P/F,14\%,3)+69105(P/F,14\%,15)=126141.22 \text{ 万元}$$

5. 内部收益率计算

如果试算结果满足：$NPV_1>0$，$NPV_2<0$，且满足精度要求，可采用线性内插法计算出拟建项目的内部收益率 IRR。

当 $i_1=33\%$ 时，$NPV_1=112.25$ 万元，当 $i_2=34\%$ 时，$NPV_2=-2636.72$ 万元，则可以采用线性内插法计算拟建项目的内部收益率 IRR。即：

$$IRR=i_1+\frac{NPV_1}{NPV_1+|NPV_2|}(i_2-i_1)=33\%+\frac{112.25}{112.25+|-2636.72|}(34\%-33\%)=33.04\%$$

根据以上经济评价指标的计算结果可以得出以下结论：项目净现值为 126141.22 万元，大于零；内部收益率为 33.04%，大于行业基准收益率 14%；静态投资回收期为 4.29 年，动态投资回收期为 5.40 年，均小于行业基准投资回收期。因此，该项目的财务盈利能力可满足要求。

【案例 2】

某拟建项目财务数据如下：

1. 项目计算期为 10 年，其中建设期 2 年，生产运营期 8 年。第 3 年投产，第 4 年开始达到设计生产能力。

2. 项目建设投资估算 10000 万元（不含贷款利息）。其中 1000 万元为无形资产；300 万元为其他资产；其余投资形成固定资产（贷款额为 5000 万元）。

3. 固定资产在运营期内按直线法折旧，残值（残值率为 10%）在项目计算期末一次性收回。

4. 流动资金为 1000 万元（其中 30% 用于不随产量多少变化的固定成本支出，该部分资金采用贷款方式投入，其余流动资金为自有资金投入），在项目计算期末收回。

5. 无形资产在运营期内，均匀摊入成本。

6. 其他资产在运营期的前 3 年内，均匀摊入成本。

7. 项目的设计生产能力为年产量 1.5 万吨某产品，预计每吨销售价为 6000 元，年销售税金及附加按销售收入的 6% 计取，所得税税率为 33%。

8. 项目的资金投入、收益、成本等基础数据，见表 6-15。

某建设项目资金投入、收益及成本数据表（万元）　　　　　表 6-15

序号	项　目		1	2	3	4	5～10
1	建设投资	自筹资金部分	4000	1000			
		贷款（不含贷款利息）	2000	3000			
2	流动资金	自筹资金部分			600	100	
		贷款			300		
3	年生产、销售量（万吨）				0.95	1.5	1.5
4	年经营成本				4500	5000	5000

9. 还款方式：建设投资贷款在项目生产运营期内按等额本息偿还法偿还，贷款年利率为 6％，按年计息；流动资金贷款本金在项目计算期末一次偿还，贷款年利率为 5％，按年计息。

10. 经营成本中的 20％为不随产量多少变化的固定成本支出。

问题：

（1）列式计算建设期贷款利息，编制借款还本付息计划表。

（2）列式计算每年固定资产折旧费，无形资产和其他资产摊销费。

（3）编制总成本费用估算表。

（4）编制利润与利润分配表。

【解】　问题1：

（1）建设期贷款利息：

第1年贷款利息 $= \frac{1}{2} \times 2000 \times 6\% = 60$ 万元

第2年贷款利息 $= (2000 + 60 + \frac{1}{2} \times 3000) \times 6\% = 213.6$ 万元

建设期贷款利息合计：$60 + 213.6 = 273.6$ 万元

（2）借款还本付息计划表，见表 6-16。

第3年初贷款本利和 $= 2000 + 3000 + 273.6 = 5273.6$ 万元

每年应还本付息 $= 5273.6 \times \dfrac{6\%(1+6\%)^8}{(1+6\%)^8 - 1} = 849.24$ 万元

借款还本付息计划表（万元）　　　　　表 6-16

序号	项目＼年份	1	2	3	4	5	6	7	8	9	10
1	年初累计借款	0	2060	5273.6	4740.78	4176	3577.32	2942.72	2270.04	1557	801.18
2	本年新增借款	2000	3000	0	0	0	0	0	0	0	0
3	本年应计利息	60	213.6	316.42	284.45	250.56	214.64	176.56	136.20	93.42	48.06
4	本年应还本息	0	0	849.24	849.24	849.24	849.24	849.24	849.24	849.24	849.24
4.1	本年应还本金	0	0	532.82	564.79	5911.68	634.6	672.68	713.04	754.82	801.18
4.2	本年应还利息	0	0	316.42	284.45	250.56	214.64	176.56	136.20	93.42	48.06

问题2：

$$每年固定资产折旧费=\frac{(10000+273.6-1000-300)\times(1-10\%)}{8}=1009.53 \text{万元}$$

每年无形资产摊销费$=1000\div8=125$万元

每年其他资产摊销费$=300\div3=100$万元

问题3：

总成本费用估算见案例分析表6-17。

总成本费用估算表（万元）　　　　　　　　　　　　　　表6-17

序号	年份\项目	3	4	5	6	7	8	9	10
1	经营成本	4500	5000	5000	5000	5000	5000	5000	5000
2	固定资产折旧费	1009.53	1009.53	1009.53	1009.53	1009.53	1009.53	1009.53	1009.53
3	无形资产摊销费	125	125	125	125	125	125	125	125
4	其他资产摊销费	100	100	100					
5	利息支出	331.42	299.45	264.56	229.64	191.56	151.2	1011.42	63.06
5.1	建设投资贷款利息	316.42	284.45	250.56	214.64	176.56	136.20	93.42	48.06
5.2	流动资金贷款利息	15	15	15	15	15	15	15	15
6	总成本费用	6064.95	6533.98	6500.09	6364.17	6326.09	6284.73	6242.95	6197.59
6.1	固定成本	2464.95	2533.98	2500.09	2364.17	2326.09	2284.73	2242.95	2197.59
6.2	可变成本	3600	4000	4000	4000	4000	4000	4000	4000

问题4：

利润与利润分配表，见案例分析表6-18。

利润与利润分配表（万元）　　　　　　　　　　　　　　表6-18

序号	年份\项目	3	4	5	6	7	8	9	10
1	营业收入	5700	9000	9000	9000	9000	9000	9000	9000
2	总成本费用	6064.95	6533.98	6500.09	6364.17	6326.09	6284.73	6242.95	6197.59
3	营业税金及附加	342	540	540	540	540	540	540	540
4	利润总额	−707.95	1926.02	1959.91	2094.83	2133.91	2174.27	2217.05	2262.41
5	弥补以前年度亏损		707.95						
6	应纳所得税额	0	1218.07	1959.91	2094.83	2133.91	2174.27	2217.05	2262.41
7	所得税	0	401.96	646.77	691.62	704.19	717.51	731.63	746.60
8	净利润	−707.95	1524.06	1313.14	1404.21	1429.72	1456.76	1484.42	1514.81
9	可供分配利润	0	816.11	1313.14	1404.21	1429.72	1456.76	1484.42	1514.81

【案例3】

1. 概述

　　某拟建投资项目为新设项目法人项目，且其项目评价是在可行性研究报告阶段（即完成市场需求预测，项目生产方案、工艺方案及设计方案选择，项目生产规模选择，原材料、燃料及动力供应，建厂条件和厂（场）址方案，公用工程和辅助设施，环境影响评价，项目组织机构设置和人力资源配置等多方面的分析论证和多方案比较并确定了的最佳方案）进行的。

　　该拟建投资项目生产的产品是在国内外市场上比较畅销的产品，即有市场需求保证。

　　该项目拟占地（农田）250亩，且交通较为便利。其原材料、燃料、动力等供应均有必要的保证。

　　该拟建投资项目主要设施包括生产车间、与工艺生产相适应的辅助生产设施、公用工程以及有关的管理与生产福利设施。

　　2. 项目基础数据

　　1）生产规模

　　该拟建投资项目的年设计生产能力为23万件。

　　2）实施进度

　　该拟建项目的建设期为3年，从第四年开始投产。其中第四年的达产率为80%，第五年的达产率为90%，第六年以后均为100%。项目的生产期为15年，项目的折现率为10%。

　　3）总投资估算及资金来源

　　（1）固定资产投资估算

　　① 固定资产投资额是根据概算指标估算法进行的，而基本预备费是根据工程费用及工程建设其他费用的百分比（5.4%）提取的（为计算方便，取整数2000万元），涨价预备费应根据物价指数进行具体计算，而本例中的数据作了一些必要的调整，取整数3200万元。根据概算指标估算法估算的固定资产投资额为42200万元。

　　② 项目建设期投资借款利息按投资借款计算及估算公式估算为4650万元（为计算方便，借款年利率假定为10%）。第一年借入资金10000万元，第二年借入资金9000万元，第三年借入资金11000万元，即：

　　建设期第一年的投资借款利息＝10000/2×10%＝500万元

　　建设期第二年的投资借款利息＝(10500＋9000/2)×10%＝1500万元

　　建设期第三年的投资借款利息＝(10500＋10500＋11000/2)×10%＝2650万元

　　固定资产投资估算的具体情况可见案例分析表6-19。

固定资产投资估算（万元）　　　　　　　　　　表6-19

序号	工程或费用名称	估算价值				
		建筑工程	设备购置	安装工程	其他费用	总值
1	固定资产投资	3400	22300	8600	2700	37000
1.1	第一部分　工程费用	3400	22300	8600		35300
1.1.1	主要生产项目	1031	17443	7320		26794
1.1.2	辅助生产车间	383	1021	51		1455
1.1.3	公用工程	383	2488	956		3827

续表

序号	工程或费用名称	估算价值				
		建筑工程	设备购置	安装工程	其他费用	总值
1.1.4	环境保护工程	185	1100	225		1510
1.1.5	总图运输	52	248			300
1.1.6	厂区服务性工程	262				262
1.1.7	生产福利工程	1104				1104
1.1.8	厂外工程			38		38
1.2	第二部分　其他费用			8600	2700	2700
	第一、第二部分费用合计	3400	22300		2700	37000
1.3	预备费用				5200	5200
1.3.1	基本预备费				2000	2000
1.3.2	涨价预备				3200	3200
2	建设期利息				4600	4650
3	合计(1+2)	3400	22300	8600	12550	46850

（2）无形资产投资的估算

该拟建项目无形资产投资主要是取得土地使用权所需要支付的费用，且此费用需在项目建设期的第一年时投入，其估算额为 1800 万元（且假设其全部使用资金投入，其摊销期与项目的生产期一致）。

（3）流动资金估算

流动资金的估算，按分项详细估算法进行（估算表中的有关数字做了必要的调整），估算总额为 7000 万元。

流动资金估算的具体情况可见案例分析表 6-20。

项目的总投资＝固定资产投资＋无形资产投资＋建设期利息＋流动资金

$$＝42200＋4650＋1800＋700＝49350 万元$$

（4）资金来源与使用计划

项目资本金投入 16000 万元，由 A、B 两公司各按 60％、40％的比例投入，其余全部为银行借款。其中，第一年投入资本金 3000 万元，借入固定资产投资借款 10000 万元；

流动资金估算（万元）　　　　　　　　　　　　　　　　　　表 6-20

序号	名称	最低周转次数	周转天数	投产期		达到设计生产能力期												
				4	5	6	7	8	9	10	11	12	13	14	15	16	17	18
1	流动资产			6440	7245	8050	8050	8050	8050	8050	8050	8050	8050	8050	8050	8050	8050	8050
1.1	应收账款	18	20	1600	1800	2000	2000	2000	2000	2000	2000	2000	2000	2000	2000	2000	2000	2000
1.2	存货			4800	5400	6000	6000	6000	6000	6000	6000	6000	6000	6000	6000	6000	6000	6000
1.3	现金	18	20	40	45	50	50	50	50	50	50	50	50	50	50	50	50	50
2	流动负债			840	945	1050	1050	1050	1050	1050	1050	1050	1050	1050	1050	1050	1050	1050
2.1	应付账款			840	945	1050	1050	1050	1050	1050	1050	1050	1050	1050	1050	1050	1050	1050
3	流动资金(一)	18	20	5600	6300	7000	7000	7000	7000	7000	7000	7000	7000	7000	7000	7000	7000	7000
4	流动资金增加额			5600	700	700	0	0		0	0	0	0	0	0	0	0	0

第二年投入资本金 8000 万元，借入固定资产投资借款 9000 万元；第三年投入资本金 3000 万元，借入固定资产投资借款 11000 万元；第四年投入资本金 2000 万元，借入流动资金借款 3600 万元；第五年、第六年分别借入流动资金各借款 700 万元。其中，固定资产投资借款、流动资金借款的年利率均为 10%，以年为计息期。固定资产投资借款的偿还，以项目预计生产年份所实现的净利润在扣除必要的留存后（即需提取）10% 的盈余公积金和 5% 的公益金，假定项目在生产期不再提取任意公积金及项目所提取的固定资产折旧和无形资产摊销额（假定该项目可用 100% 的折旧及摊销额归还项目的投资借款本金），且先用固定资产折旧和无形资产摊销偿还，不够部分以可用于偿还投资借款本金的净利润抵偿。流动资金借款本金假设在项目结束时归还，利息每年偿还。固定资产投资借款还款计算见案例分析表 6-21。

固定资产投资借款还款计划（从生产期开始）（万元）　　　表 6-21

年份	年初借款余额	本年应计利息	本年还本数	年末借款余额
4	34650	3465	4850.71	29799.29
5	29799.29	2979.93	5940.20	23859.09
6	23859.09	2385.91	7091.74	16767.35
7	16767.35	1676.74	7495.61	9271.74
8	9271.74	927.17	7922.50	1349.24
9	1349.24	134.92	1349.24	0
合计		11569.67	34650	

根据表 6-21 可以计算出项目的借款偿还期为 8.16 年。

4）工资及福利费估算

项目全厂定员为 1000 人，工资及福利费按每人 11400 元/年估算（其中，工资为 10000 元/年，福利费按工资的 14% 计提），全年工资及福利费为 1140 万元（其中，生产性工人的工资为 920 万元，其他人员为 220 万元，且在后面的分析中假设生产工人的工资是变动成本，即工资数额与项目的达产率保持一致）。

3. 财务数据及财务评价

1）年销售收入年税金的估算

经预测该项目产品的销售单价（不含增值税）为 1600 元，年销售收入估算值在正常年份为 36800 万元。

年销售税金及附加按国家有关规定计提缴纳。估计销售税金及附加在正常年份为 2500 万元（其中，第四年、第五年的销售税金及附加分别为 2000 万元、2250 万元）。项目所得税税率为 33%。

2）生产成本的估算

经估算，拟建项目产品的单位变动成本（假设其单位生产成本即为单位变动成本）为 840 万元，其单位成本估算见表 6-22。另不包括固定资产折旧、无形资产摊销以及借款利息的年固定成本为 2000 万元。

另外，固定资产年折旧为 3000 万元，无形资产摊销为 120 万元，两者均按使用年限法平均计提，且考虑固定资产的残值为 1850 万元。即固定资产年折旧 =（46850 - 1850）/

15＝3000 万元；无形资产年摊销＝1800/15＝120 万元。

单位产品生产成本估算（万元）　　　　表 6-22

序号	名称	单位	消耗定额	单价	金额
1	原材料、化工料及辅料				
1.1	A	件	1	450	450
1.2	B	件	1	160	160
1.3	C	件	0.8	20	16
1.4	D	件	0.1	240	24
	小计				650
2	燃料及动力				
2.1	水	吨	150	0.40	60
2.2	电	度	100	0.20	20
2.3	煤	吨	0.05	200	10
	小计				90
3	工资及福利费				40
4	制造费用				60
5	单位生产成本（1+2+3+4）				840

3）利润总额及其分配

利润总额＝产品销售收入－产品的变动成本－产品的固定成本－产品的销售税金及附加。

净利润＝利润总额－应交所得税。

应交所得税＝利润总额×所得税税率。

利润分配按有关财务会计制度进行，且假设在项目借款没有全部偿还的年份不进行向投资者支付利润等有关利润分配的业务。而假定在还清借款年份以后年份，项目的净利润在提取法定的公积金后的可供分配利润可全部用来进行利润分配。利润分配按投资者的投资比例进行。

另外，在项目的结束年份，项目的累计盈余资金及回收部分资金可全部按投资者的投资比例进行分配。

利润及利润分配情况可见案例分析表 6-23。

利润及利润分配表（万元）　　　　表 6-23

序号	项目	合计	计算期							
			4	5	6	7	8	9	10～17	18
1	销售收入	540960	29440	33120	36800	36800	36800	36800	36800	36800
2	销售税金及附加	36750	2000	2250	2500	2500	2500	2500	2500	2500
3	总成本费用	379663.67	24401	25917.93	27325.91	26626.74	25867.17	25074.92	24940	24940
4	利润总额(1-2-3)	124546.33	3039	4952.07	6974.09	7683.26	8432.83	9225.08	9360	9360
5	弥补以前年度亏损									

续表

序号	项目	合计	计算期							
			4	5	6	7	8	9	10~17	18
6	应纳税所得额(4-5)	124546.33	3039	4952.07	6974.09	7683.26	8432.83	9225.08	9360	9360
7	所得税	41100.29	1002.87	1634.18	2301.45	2535.48	2782.83	3044.28	3088.80	3088.80
8	税后利润(4-8)	83446.04	2036.13	3317.89	4672.64	5147.78	5650	6180.80	6271.20	6271.20
9	提取法定盈余公积金	7344.60	203.61	331.79	467.26	514.78	565	618.08	627.12	627.12
10	提取公益金	4172.32	101.18	165.90	233.64	257.39	282.50	309.04	313.56	313.56
11	提取任意盈余公积金									
12	可供分配利润(8-9-10-11)	70929.12	1730.71	2820.20	3971.74	4375.61	4802.50	5253.68	5330.52	5330.52
13	偿还投资借款本金	17700.76	1730.71	2820.20	3971.74	4375.61	4802.50	0	0	0
14	应付利润(股利分配)	53228.36						5253.68	5330.52	5330.52
	其中:A公司	31937.016	0	0	0	0	0	3152.208	3198.312	3198.312
	B公司	21291.344						2101.472	2132.208	2132.208
15	未分配利润(12-13)	0	0	0	0	0	0	0	0	0
16	累计未分配利润	0	0	0	0	0	0	0	0	0

4）财务盈利能力分析

（1）项目财务现金流量表（表6-24）

项目财务现金流量表（万元）　　　　　表6-24

序号	项目	合计	计算期									
			1	2	3	4	5	6	7	8	9	10~17	18
1	现金流入	549810				29440	33120	36800	33120	36800	33120	36800	36800
1.1	销售收入	540960											1850
1.2	回收固定资产余值	1850											7000
1.3	回收流动资金	7000											
1.4	其他现金流入												
2	现金流出	401754											
2.1	固定资产投资	42200	11200	1700	14000								
2.2	无形资产投资	1800	1800										
2.3	流动资金	7000				5600	700	700					
2.4	经营成本	314004				17456	19388	21320	21320	21320	21320	21320	21320
2.5	增值税	0				0	0	0	0	0	0	0	0
2.6	销售税金及附加	36750				2000	2250	2500	2500	2500	2500	2500	2500
3	净现金流量(1-2)	148056	−1300	−17000	−14000	4384	10782	12280	12980	12980	12980	12980	21830

计算指标：

财务内部收益率（$FIRR$）：19.682%。

财务净现值（$FNPV$）：12587.47万元（折现率＝10%）。

投资回收期（从建设期算起）：7.275年。

说明，此处的投资回收期是根据项目税前净现金流量计算的，如按税后净现金流量计算，则项目的投资回收期为8.61年。

（2）项目资本金财务现金流量表（表6-25）

资本金财务现金流量表（万元）　　　　　　　　表 6-25

序号	项目	合计	计算期									
			1	2	3	4	5	6	7	8	9	10～17	18
1	现金流入	549810				29440	33120	36800	33120	36800	33120	36800	36800
1.1	销售收入	540960											1850
1.2	回收固定资产余值	1850											7000
1.3	回收流动资金	7000											
1.4	其他现金流入												
2	现金流出	401754											
2.1	资本金	16000	3000	8000	3000	2000							
2.2	借款本金偿还	34650				4850.71	5940.20	7091.74	7495.61	7922.50	1349.24	0	5000
2.3	借款利息支付	18859.67				3825	3409.93	2885.91	2176.74	1427.17	634.92	500	500
2.4	经营成本	314004				17456	19388	21320	21320	21320	21320	21320	21320
2.5	增值税	0				0	0	0	0	0	0	0	0
2.6	销售税金及附加	36750				20000	2250	2500	2500	2500	2500	2500	2500
2.7	所得税	41100.29				1002.87	1634.18	2301.45	2535.48	2782.83	3044.28	3088.80	3088.80
3	净现金流量(1-2)	83446.04	−3000	−8000	−3000	−1694.58	497.69	700.90	772.17	847.50	7951.56	9391.20	13241.20

计算指标：

资本金收益率：19.34%

（3）投资各方财务现金流量表（分别见表6-26及表6-27）

投资各方财务现金流量表——A公司（万元）　　　　　　　　表 6-26

序号	项目	合计	计算期							
			1	2	3	4	5～8	9	10～17	18
1	现金流入						0	3152.208	3198.312	30928.92
1.1	利润(股利)分配							3152.208	3198.312	31928.92
1.2	资产处置收益分配									
1.3	租赁费收入									
1.4	技术转让收入									
1.5	其他现金流入									27730.608
2	现金流出									
2.1	股权投资		1800	4800	1800	1200				
2.2	租赁资产支出									
2.3	其他现金流出									
3	净现金流量(1-2)		−1800	−4800	−1800	−1200	0	3152.208	3198.312	30928.92

计算指标:投资各方(A方)收益率:15.5470%。

投资各方财务现金流量表——B公司(万元)　　　　表6-27

序号	项目	合计	计算期							
			1	2	3	4	5~8	9	10~17	18
1	现金流入						0	2101.472	2132.208	20619.28
1.1	利润(股利)分配							2101.472	2132.208	2132.208
1.2	资产处置收益分配									
1.3	租赁费收入									
1.4	技术转让收入									
1.5	其他现金流入									18487.072
2	现金流出									
2.1	股权投资		1200	3200	1200	800				
2.2	租赁资产支出									
2.3	其他现金流出		-1200	-3200	-1200	-800	0			
3	净现金流量(1-2)		-1200	-3200	-1200	-800	0	2101.472	2132.208	20619.28

计算指标: 投资各方(B方)收益率: 15.5470%

(4)财务计划现金流量表(表6-28)

财务计划现金流量表（万元）

表 6-28

序号	项目	合计	1	2	3	4	5	6	7	8	9	10	11	12	13	14	15	16	17	18
										计 算 期										
1	资金流入	600810	13000	17000	14000	35040	33820	37500	36800	36800	36800	36800	36800	36800	36800	36800	36800	36800	36800	36800
1.1	销售（营业）收入	540960				29440	33120	36800	36800	36800	36800	36800	36800	36800	36800	36800	36800	36800	36800	36800
1.2	长期借款	30000	10000	9000	11000															
1.3	短期借款	5000				3600	700	700												
1.4	发行债券																			
1.5	项目资本金	16000	3000	8000	3000	2000														
1.6	其他	8850																		8850
2	资金流出	554592.32	13000	17000	14000	34734.58	33322.31	36799.1	36027.83	35952.5	34102.12	32739.32	32739.32	32739.32	32739.32	32739.32	32739.32	32739.32	32739.32	32739.32
2.1	经营成本	314004				17456	19388	21320	21320	21320	21320	21320	21320	21320	21320	21320	21320	21320	21320	21320
2.2	销售税金及附加	36750				2000	2250	2500	2500	2500	2500	2500	2500	2500	2500	2500	2500	2500	2500	2500
2.3	所得税	41100.29				1002.87	1634.18	2301.45	2535.48	2782.83	3044.28	3088.8	3088.8	3088.8	3088.8	3088.8	3088.8	3088.8	3088.8	3088.8
2.4	建设投资（不含建设期利息）	44000	13000	17000	14000															
2.5	流动资金	7000				5600	700	700												
2.6	各种利息支出	18859.67				3825	3409.93	2885.91	2176.74	1427.17	1634.92	500	500	500	500	500	500	500	500	500
2.7	偿还债务本金	39650				4850.71	5940.2	7091.74	7495.61	7922.5	1349.24									
2.8	分配股利或利润	53228.36									5253.68	5330.52	5330.52	5330.52	5330.52	5330.52	5330.52	5330.52	5330.52	5330.52
2.9	其他																			
3	资金盈余（1-2）	46217.68				305.42	497.69	700.9	772.17	847.5	2697.88	4060.68	4060.68	4060.68	4060.68	4060.68	4060.68	4060.68	4060.68	7910.68
4	累计资金盈余	46217.68				305.42	803.11	1504.01	2276.18	3123.68	5821.56	9882.24	13942.92	18003.6	22064.28	26124.96	30185.64	34246.32	38307	46217.68

（5）资产负债表（表 6-29）

表 6-29

资金负债表（万元）

序号	项目	计算期																	
		1	2	3	4	5	6	7	8	9	10	11	12	13	14	15	16	17	18
1	资产	13500	32000	46850	52275.42	50458.11	48844.01	46496.18	44223.68	49055.24	55326.44	61597.64	68048.84	74140.04	80411.24	86682.44	92953.64	99224.84	105496
1.1	流动资产																		
1.1.1	应收账款				1600	1800	2000	2000	2000	2000	2000	2000	2000	2000	2000	2000	2000	2000	2000
1.1.2	存货				4800	5400	6000	6000	6000	6000	6000	6000	6000	6000	6000	6000	6000	6000	6000
1.1.3	现金				40	45	50	50	50	50	50	50	50	50	50	50	50	50	50
1.1.4	累计盈余资金				305.42	803.11	1504.01	2276.18	3123.68	11075.24	20466.44	29857.64	39428.84	48640.04	58031.24	67422.44	76813.64	86204.84	95596.04
1.2	在建工程	11700	3200	48650															
1.3	固定资产净值				43850	40850	37850	34850	31850	28850	25850	22850	19850	16850	13850	10850	7850	4850	1850
1.4	无形及其他资产净值				1680	1560	1440	1320	1200	1080	960	840	720	600	480	360	240	120	0
2	负债及所有者权益	13500	32000	48650	52275.42	50458.11	48844.01	46496.18	44223.68	49055.24	55326.44	61597.64	68048.84	74140.04	80411.24	86682.44	92953.64	99224.84	105496
2.1	流动负债总额				4440	1645	1750	1050	1050	1050	1050	1050	1050	1050	1050	1050	1050	1050	1050
2.1.1	应收账款				840	945	1050	1050	1050	1050	1050	1050	1050	1050	1050	1050	1050	1050	1050
2.1.2	短期借款																		
2.1.3	流动资金借款				3600	700	700												
2.2	长期借款	10500	21000	34650	29799.29	23859.09	16667.35	9271.74	1349.24										
	负债小计	10500	21000	34650	34239.29	25504.09	18517.35	10321.74	2399.24										
2.3	所有者权益	3000	11000	14000	16000	16000	16000	16000	16000	16000	16000	16000	16000	16000	16000	16000	16000	16000	16000
2.3.1	项目资本金	3000	11000	14000	16000	16000	16000	16000	16000	16000	16000	16000	16000	16000	16000	16000	16000	16000	16000
2.3.2	资本公积金																		
2.3.3	累计盈余公积金和公益金				305.24	803.11	1504.01	2276.18	3123.68	4050.8	4991.48	5932.16	6872.84	7813.52	8754.2	9694.88	10635.56	11576.24	12516.92
2.3.4	累计未分配利润				1730.71	4550.91	8522.65	12898.26	17700.76	22954.44	28284.96	33615.48	38946	44276.52	49607.04	54937.56	60268.08	65598.6	70929.12

（6）根据利润、利润分配表及投资估算情况计算

投资利润＝年净利润额/总投资额×100％＝6271.2/55650×100％＝11.27％

资本金利润率＝年净利润额/资本金×100％＝6271.2/16000×100％＝39.20％

5）偿债能力分析

因本案例采用的是直接预测计算项目的借款偿还期，而没有说明项目与借款银行约定的借款偿还期及偿还方式，故无法计算利息备付率及偿债备付等指标，只能计算借款偿还期指标。根据前面的计算结果，项目的借款偿还期为8.16年。此结果表明，项目是具有较好的偿债能力的。

本章小结

建设项目经济分析的目的在于在完成可行性分析的基础上，对拟建项目各方案的投资和收益进行估算，判断项目的盈利能力、偿债能力和财务生存能力，确保投资决策的正确与客观，避免决策失误。其主要包括财务分析的内容、基本财务报表与评价指标的关系；建设投资和流动资金估算的方法；建设期利息和生产经营期利息的计算；建设项目财务评价等内容。

（1）基本财务报表与评价指标的对应关系

在对项目进行财务评价的过程中，评价项目的类型、评价目标、评价视角决定了所采用的基本报表和财务评价指标。它们之间的对应关系如表6-30所示。

项目经济评价指标和基本报表　　　　　　　　　表6-30

评价内容	基本报表	财务评价指标		融资前	融资后
		静态	动态		
盈利能力分析	项目投资财务现金流量表	投资回收期	财务内部收益率、财务净现值	√	
	项目资本金现金流量表		财务内部收益率		√
	投资各方财务现金流量表		投资各方财务内部收益率		√
	利润与利润分配表	总投资收益率项目资本金利润率			√
生存能力分析	财务计划现金流量表	净现金流量、累计盈余资金			√
偿债能力分析	资产负债表	资产负债率			√
	借款还本付息计划表	利息备付率、偿债备付率			√

（2）融资前后基本财务报表与分析指标的对应关系如图6-3所示。

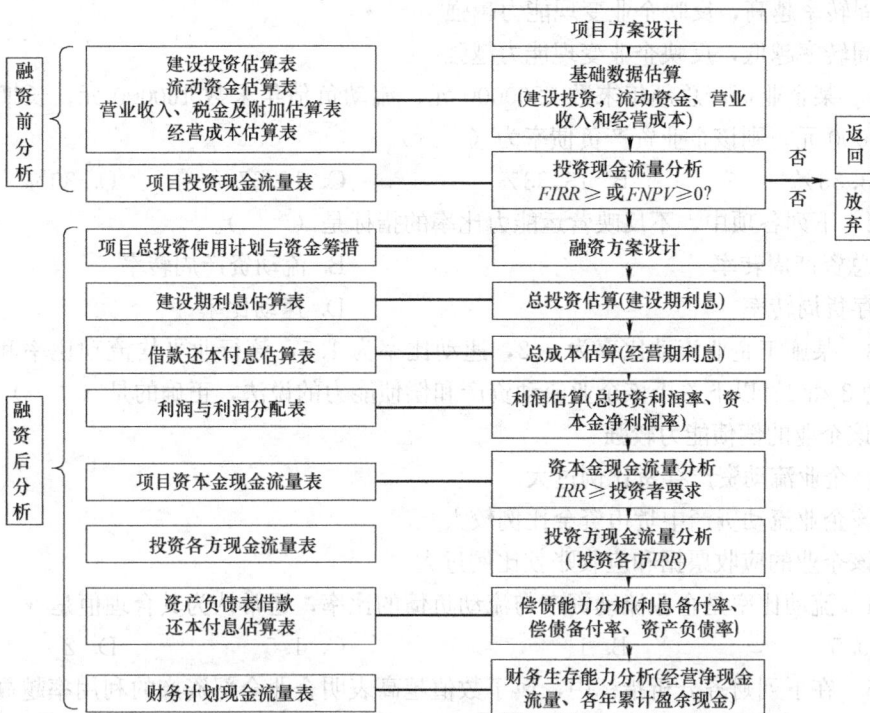

图 6-3 融资前后基本财务报表与分析指标的对应关系

思考与练习题

一、思考题

6-1 什么是财务分析？财务分析的主要目的是什么？

6-2 财务分析的基本步骤有哪些？

6-3 财务费用估算的主要内容是什么？财务费用与效益估算的步骤如何？

6-4 建设项目盈利能力分析的主要指标有哪些？

6-5 财务分析的报表主要有哪几类？

6-6 偿债能力分析主要包括哪些指标？

6-7 为什么项目投资财务现金流量表中的现金流出量是经营成本而不是总成本？

二、练习题

6-8 下列各项中，属于反映企业短期偿债能力指标的是（   ）。

A. 总资产周转率   B. 净资产收益率   C. 流动比率   D. 营业增长率

6-9 据某公司期末会计报表资料，期初总资产 1000000 元，期末总资产为 1200000 元；利润总额为 210000 元，所得税费用为 10000 元，则该公司总资产净利率为（   ）。

A. 16.67%   B. 16.78%   C. 18.18% D. 20%

6-10 根据总资产周转率的定义，以下说法正确的是（   ）。

A. 周转率越高，反映企业销售能力越强

B. 周转率越低，反映企业销售能力越强

C. 周转率越高，反映企业变现能力越强

D. 周转率越低，反映企业变现能力越强

6-11　某企业资产总额年末数 1200000 元，流动负债年末数 160000 元，长期负债年末数 200000 元，则该企业资产负债率为（　　）。

    A. 3.33%　　　　　　　　B. 13.33%　　　　　　C. 16.67%　　　　　D. 30%

6-12　下列各项中，不反映营运能力比率的指标是（　　）。

    A. 总资产周转率　　　　　　　　　　　　B. 流动资产周转率

    C. 存货周转率　　　　　　　　　　　　　D. 速动比率

6-13　某施工企业流动比率为 3.2，速动比率为 1.5，该行业平均流动比率和速动比率分别为 3 和 2。以下关于该企业流动资产和偿债能力的说法，正确的是（　　）。

    A. 该企业的偿债能力较强

    B. 该企业流动资产存货比例过大

    C. 该企业流动资产中货币资金比例较大

    D. 该企业的应收票据和应收账款比例过大

6-14　流动比率是企业流动资产与流动负债的比率，通常认为其合理值是（　　）。

    A. 0.5　　　　　　　　　B. 1　　　　　　　　　C. 1.5　　　　　　　D. 2

6-15　在下列财务分析指标中，属于数值越高表明企业全部资产的利用率越高，盈利能力越强的指标是（　　）。

    A. 营业增长率　　　　　　　　　　　　　B. 总资产净利率

    C. 总资产负债率　　　　　　　　　　　　D. 资产积累率

三、计算题

6-16　某市一家房地产开发公司以 BOT 方式，投资 11700 万元，获得某学校新校区公寓区的 20 年经营使用权，20 年后返还给学校，预计当公寓第三年正常运营后，每年的纯收益为 2000 万元，从第三年起，纯收益每 5 年增长 5%，该公寓园区的建设期为 2 年，总投资分两年投入：一期 6000 万元，二期为 5700 万元。试计算项目的财务净现值、财务内部收益率和动态投资回收期，并判断项目的财务可行性。（假设投资发生在年初，其他收支发生在年末，基准收益率取 12%）

6-17　某建设项目寿命期 7 年，各年现金流量如表 6-31 所示，基准收益率为 10%。

某项目财务现金流量表（万元）　　　　　　　　　　　　　表 6-31

年末	1	2	3	4	5	6	7
CI	0	0	900	1200	1200	1200	1200
CO	800	700	500	600	600	600	600

（1）该项目的财务净现值为多少万元？

（2）在运用直线内插法计算该项目财务内部收益率过程中，经测算得到：$FNPV(18\%)=45$ 万元，$FNPV(21\%)=-53$ 万元，则财务内部收益率为多少？

6-18　某项目建设期为 2 年，第一年投资 700 万元，第二年投资 1050 万元。投资均在年初支付。项目第三年达到设计生产能力的 90%，第四年达到 100%。正常年份销售收入 1500 万元，销售税金为销售收入的 12%，年经营成本为 400 万元。项目经营期为 6

年，项目基准收益率为 10％。试判断该项目在财务上是否可行？

四、案例题

6-19　拟建某工业项目，建设期 2 年，生产期 10 年，第一年、第二年固定资产投资分别为 2100 万元、1200 万元；第三年、第四年流动资金注入分别为 550 万元、1200 万元，预计正常生产年份的年销售收入为 3500 万元，经营成本 1800 万元，税金及附加为 260 万元，所得税为 3100 万元，预计投产的当年达产率为 70％，投产后的第二年开始达产率 100％，投产当年的销售收入、经营成本、税金及附加、所得税均按正常生产年份的 70％计，固定资产余值回收为 600 万元，流动资金全部回收，上述数据均假设发生在期末。

问题：

（1）编制该项目的现金流量表。

（2）计算动态投资回收期。

6-20　项目建设期 2 年，运营期 6 年，建设投资 2000 万元，预计全部形成固定资产。项目资金来源为自有资金和贷款。建设期内，每年均衡投入自有资金和贷款各 500 万元，贷款年利率为 6％。流动资金全部用项目资本金支付，金额为 300 万元，于投产当年投入。固定资产使用年限为 8 年，采用直线法折旧，残值为 100 万元。项目贷款在运营期的 6 年，按照等额还本、利息照付的方法偿还。项目投产第 1 年的营业收入和经营成本分别为 700 万元和 250 万元，第 2 年的营业收入和经营成本分别为 900 万元和 300 万元，以后各年的营业收入和经营成本分别为 1000 万元和 320 万元。不考虑项目维持运营投资、补贴收入。企业所得税率为 25％，营业税及附加税率为 6％。

问题：

（1）列式计算建设期贷款利息。

（2）计算各年还本、付息额，并编制借款还本付息计划表。

6-21　项目建设投资 3000 万元，建设期 2 年，运营期 8 年。建设贷款本金 1800 万元，年利率 6％，建设期均衡投入，全部形成固定资产，折旧年限 8 年，直线折旧，残值 5％。贷款运营期前 4 年等额还本付息。运营期第一年投入资本金流动资金 300 万元。正常年份营业收入 1500 万元，经营成本 680 万元，第一年按 80％计算。所得税 25％，营业税金及附加 6％。

问题：（1）计算年折旧。

（2）计算运营期第一、二年的还本付息额。

（3）计算运营期第一、二年总成本费用。

（4）第一年能否归还贷款，计算并说明。

（5）正常年份的总投资收益率。

6-22　某企业拟建一个市场急需产品的工业项目。建设期 1 年，运营期 6 年。项目建成当年投产。当地政府决定扶持该产品生产的启动经费 100 万元。其他基本数据如下：

（1）建设投资 1000 万元。预计全部形成固定资产，固定资产使用年限 10 年，按直线法折旧，期末残值 100 万元。投产当年又投入资本金 200 万元作为运营期的流动资金。

（2）正常年份年营业收入为 800 万元，经营成本 300 万元，产品营业税及附加税率为 6％，所得税率为 25％，行业基准收益率 10％，基准投资回收期 6 年。

（3）投产第一年仅达到设计生产能力的 80％，预计这一年的营业收入、经营成本和总成本均按正常年份的 80％计算，以后各年均达到设计生产能力。

（4）运营 3 年后，预计需更新新型自动控制设备配件购置费 20 万元，才能维持以后的正常运营需要，该维持运营投资按当期费用计入年度总成本。

问题：

（1）编制拟建项目投资现金流量表。

（2）计算项目的静态投资回收期。

（3）计算项目的财务净现值。

（4）计算项目的财务内部收益率。

（5）从财务角度分析拟建项目的可行性。

6-23　某城市拟建设一条免费通行的道路工程，与项目相关的信息如下：

（1）根据项目的设计方案及投资估算，该项目建设投资为 100000 万元，建设期 2 年，建设投资全部形成固定资产。

（2）该项目拟采用 PPP 模式投资建设，政府与社会资本出资人合作成立项目公司。项目资本金为项目建设投资的 30％，其中，社会资本出资人出资 90％，占项目公司股权 90％；政府出资 10％，占项目公司股权 10％。政府不承担项目公司亏损，不参与项目公司利润分配。

（3）除项目资本金外的项目建设投资由项目公司贷款，贷款年利率为 6％（按年计息），贷款合同约定的还款方式为项目投入使用后 10 年内等额还本付息。项目资本金和贷款均在建设期内均衡投入。

（4）该项目投入使用（通车）后，前 10 年年均支出费用 2500 万元，后 10 年年均支出费用 4000 万元，用于项目公司经营、项目维护和修理。道路两侧的广告收益权归项目公司所有，预计广告业务收入每年为 800 万元。

（5）固定资产采用直线法折旧，项目公司适用的企业所得税税率为 25％。为简化计算不考虑销售环节相关税费。

（6）PPP 项目合同约定，项目投入使用（通车）后连续 20 年内，在达到项目运营绩效的前提下，政府每年给项目公司等额支付一定的金额作为项目公司的投资回报，项目通车 20 年后，项目公司需将该道路无偿移交给政府。

问题：

（1）列式计算项目建设期贷款利息和固定资产投资额。

（2）列式计算项目投入使用第 1 年项目公司应偿还银行的本金和利息。

（3）列式计算项目投入使用第 1 年的总成本费用。

（4）项目投入使用第 1 年，政府给予项目公司的款项至少达到多少万元时，项目公司才能除广告收益外不依赖其他资金来源，仍满足项目运营和还款要求？

（5）若社会资本出资人对社会资本的资本金净利润率的最低要求为：以贷款偿还完成后的正常年份的数据计算不低于 12％，则社会资本出资人能接受的政府各年应支付给项目公司的资金额最少应为多少万元？（计算结果保留两位小数）

第7章　建设项目的国民经济评价

本章要点及学习目标

　　本章要点：

　　本章主要介绍国民经济评价的概念、适用范围和内容、国民经济评价与财务评价的联系与区别；国民经济效益与费用识别的要求、直接效果、外部效果、转移支付；影子价格的概念和确定方法；国民经济评价主要报表与指标计算等。

　　学习目标：

　　要求掌握国民经济评价的概念、国民经济评价与财务评价的联系与区别；影子价格的概念和确定方法。

7.1　国民经济评价概述

7.1.1　国民经济评价的概念与作用

二维码 7-1　国民经济评价中费用效益识别

7.1.1.1　国民经济评价的概念

　　国民经济评价是在合理配置社会资源的前提下，从国家经济整体利益的角度出发，计算项目对国民经济的贡献，分析项目的经济效益、效果和对社会的影响，评价项目在宏观经济上的合理性。

　　对于财务现金流量不能全面、真实地反映其经济价值，需要进行国民经济评价的项目，应将国民经济评价的结论作为项目决策的主要依据之一。

7.1.1.2　国民经济评价的作用

　　1. 国民经济评价能全面反映项目对于国民经济的贡献和代价

　　项目的财务评价是站在企业投资者的立场考察项目的经济效益，而企业与国家处于不同的立场，企业的利益并不总是与国家和社会的利益完全一致。项目的财务营利性并不一定能够全面正确地反映项目对国民经济的贡献和代价，尤其是在税收及财务补贴、市场价格的扭曲及项目的外部效应明显的项目中，国民经济评价更能全面反映项目对于国民经济的贡献和代价。

　　2. 国民经济评价为政府在资源配置中的决策提供参考依据

　　从国家经济发展和社会利益角度来看，如何把有限的资源有效地分配给各种不同的经济用途是政府经济决策的核心问题。在完全市场经济中，由市场配置资源，通过市场机制调节资源分配；而在非完全的市场经济中，需要政府在资源配置中发挥一定的作用，项目国民经济评价为政府在资源配置中的决策提供参考依据。

3. 国民经济评价是政府审批或核准项目的重要依据

在我国新的投资体制下，国家对项目的审批和核准重点放在项目的外部性、公共性方面，而国民经济评价强调对项目的外部效果进行分析，可以作为政府审批或核准项目的重要依据。

4. 国民经济评价有助于实现企业利益与全社会利益有机结合和平衡

国家实行审批和核准的项目，应当特别强调要从社会经济的角度进行评价和考察，支持和发展对社会经济贡献大的项目，并特别注意限制和制止对社会经济贡献小甚至有负面影响的项目。正确运用国民经济评价，在项目决策中可以有效地觉察和避免项目的盲目建设、重复建设，有效地将企业利益和全社会利益有机地结合起来。

7.1.2　国民经济评价的内容与步骤

7.1.2.1　国民经济评价的内容

国民经济评价的内容主要是：识别国民经济效益和费用，计算和选取影子价格，编制国民经济评价报表，计算国民经济评价指标并进行方案比选。

7.1.2.2　国民经济评价的步骤

国民经济评价可以在财务评价的基础上进行，也可以直接进行国民经济评价。

1. 在财务评价基础上进行国民经济评价的步骤

1) 剔除财务评价中已计算为受益或费用的转移支付。

2) 增加财务评价中未反映的间接收益和间接费用。

3) 价格体系调整，用影子价格、影子工资、影子汇率等代替财务价格及费用，对销售收入（或收益）、固定资产投资、流动资金、经营成本等进行调整。

4) 编制有关报表，计算项目的国民经济评价指标。

2. 直接进行国民经济评价的步骤

1) 识别和计算项目的直接收益与费用、间接收益和费用。

2) 价格体系调整以货物或服务的影子价格、影子工资、影子汇率等计算项目固定资产投资、流动资金、经营费用、销售收入（或收益）。

3) 编制有关报表，计算项目的国民经济评价指标。

国民经济评价是通过有关评价指标的计算，编制相关报表来反映项目的国民经济效果。

7.1.3　国民经济评价与财务评价的关系

国民经济评价和财务评价是建设项目经济评价的两个层次，它们既有联系，又有区别。财务评价注重的是项目的盈利能力和财务生存能力，而国民经济评价注重的是国家经济资源的合理配置以及项目对整个国民经济的影响。

7.1.3.1　国民经济评价与财务评价的共同点

1) 评价的方法相同。它们都是经济效果评价，都使用基本的经济评价理论即效益和费用比较的理论方法；同时，它们都要寻求以最小的投入获取最大的产出，都要考虑资金的时间价值，都采用内部收益率、净现值等营利性指标评价建设项目的经济效果。

2) 评价的基础相同。它们都是在完成产品需求预测、工艺技术选择、投资估算、资金筹措方案等可行性研究内容的基础上进行评价的。

7.1.3.2 国民经济评价与财务评价的区别

1) 评价的角度和基本出发点不同。财务评价是站在项目的层次上，从企业财务角度考察项目收支和盈利情况及偿还借款能力，分析项目在财务上能够生存的可能性，以确定投资项目的财务可行性。国民经济评价则是站在国民经济的角度，从国家（或社会）整体角度分析项目的国民经济费用和效益，考察项目需要国家付出的代价和对国家的贡献，以确定投资项目的经济合理性。

2) 评价中费用和效益的含义和范围划分不同。财务评价以项目为界，根据项目直接发生的实际收支确定项目的效益和费用。而国民经济评价则以整个国家的经济为界，以项目给国家带来的效益和项目消耗国家资源的多少来考察项目的效益和费用。

例如：税金、国内借款利息和财政补贴等都是国民经济内部的"转移支付"，一般并不发生资源消耗的实际增加或减少，因此不列入国民经济评价项目的费用和效益；而项目产生的间接费用和效益，如环境污染、技术扩散、劳动力增值等在国民经济评价中则需计为费用和效益。

3) 评价所使用的定价体系不同。财务评价使用实际的市场预测价格，国民经济评价则使用影子价格体系。

4) 评价所使用的参数不同。在进行项目的外币折算时，财务评价采用的是特定时期的官方汇率，而国民经济评价采用的是国家统一测定的相对稳定的影子汇率；在计算净现值等指标或采用内部收益率进行评价时，财务评价采用各行业财务基准收益率，而国民经济评价采用国家统一测定的社会折现率。

5) 评价的内容不同。财务评价主要包括盈利能力分析、偿债能力和财务生存能力分析；而国民经济评价则只做盈利能力分析，不做偿债能力分析。

7.2 国民经济评价报表及指标

7.2.1 国民经济评价的价格与参数

国民经济评价的分析参数分为两类：一类是专有价格，包括各种货物、服务、自然资源等的影子价格，需要由项目评价人员根据项目情况自行测算；另一类是通用参数，包括社会折现率、影子汇率、影子工资等，应由专门机构组织测算和发布。

7.2.1.1 影子价格

影子价格是指某一种资源处于最优配置时，其边际增量对社会福利的贡献值。经济学上一般认为影子价格是资源和商品在完全竞争市场中的供求均衡价格，它代表生产或消费某种商品的机会成本。

在国民经济评价中，影子价格是计算国民经济效益与费用时专用的价格，它能够真实反映项目投入物和产出物的真实经济价值，是反映市场供求状况和资源稀缺程度、使资源得到合理配置的计算价格。根据《建设项目经济评价方法与参数》（第三版），经济效益和经济费用应采用影子价格计算。

在国民经济评价中，通常区别以下情况具体确定影子价格。

1. 市场定价货物的影子价格

随着我国市场经济发展和贸易范围的扩大，大部分货物的价格由市场形成，价格可以近似反映其真实价值。若该货物或服务处于竞争性市场环境中，市场价格能够反映支付意愿或机会成本，则进行国民经济评价时，应采用市场价格作为计算项目投入物或产出物影子价格的依据。

1) 可外贸货物的影子价格

外贸货物是指项目使用或生产某种货物将直接或间接影响国家对这种货物的进口或出口，包括：项目产出物中直接出口、间接出口和替代进口的货物；项目投入物中直接进口、间接进口和减少出口的货物。

可外贸货物的影子价格以口岸价为基础进行计算，以反映其价格取值具有国际竞争力。其计算公式为：

$$出口产出的影子价格（出厂价）＝离岸价×影子汇率－出口费用 \qquad (7-1)$$
$$进口投入的影子价格（到厂价）＝到岸价×影子汇率＋进口费用 \qquad (7-2)$$

离岸价、到岸价均以项目所在国口岸为依据。进口或出口费用是指货物进出口环节在国内发生的相关费用，包括运输、储运、装卸、运输保险等以及物流环节的各种损失、损耗等。在一般情况下，大致包括国内运杂费和贸易费用。

【例 7-1】　某建设项目拟进口设备，已知设备离岸价为 148 万美元，到岸价为 150 万美元。进口环节增值税税率为 16%，关税税率为 10%。国内运杂费为 24 万元人民币，贸易费用率为 3%，外汇牌价为 1 美元等于 6.4 元人民币。影子汇率换算系数为 1.08。试计算设备的影子价格。

【解】　根据题意，作如下分析：

(1) 项目投入的进口环节增值税属于转移支付，不予考虑。

(2) 项目投入的进口关税属于转移支付，不予考虑。

(3) 贸易费用发生在国内，以人民币结算。

$$进口投入物的影子价格＝到岸价×影子汇率＋进口费用$$
$$＝（150×6.4×1.08＋150×6.4×3\%＋24）$$
$$＝1089.6 \ 万元$$

即该设备的影子价格为 1089.6 万元人民币。

2) 非外贸货物的影子价格

非外贸货物的影子价格是指以市场价格加上或者减去国内运杂费作为影子价格。投入物影子价格为到厂价，产出物影子价格为出厂价，即：

$$投入物影子价格（到厂价）＝市场价格＋国内运杂费 \qquad (7-3)$$
$$产出物影子价格（出厂价）＝市场价格－国内运杂费 \qquad (7-4)$$

2. 政府调控价格货物的影子价格

我国尚有少部分产品或服务，如水、电和铁路运输等，不完全由市场机制决定价格，而是由政府调控价格。这些产品或服务的价格不能完全反映其真实的经济价值。在国民经济评价中，往往需要采用特殊的方法测定这些产品或服务的影子价格，包括成本分解法、消费者支付意愿法和机会成本法。

1）电价

作为项目的投入时，电力的影子价格可以按成本分解法测定。一般情况下，应当按当地的电力供应完全成本口径的分解成本定价。有些地区，若存在阶段性的电力过剩，可以按电力生产的可变成本分解定价。水电的影子价格可按替代的火电分解成本定价。

作为项目的产出时，电力的影子价格应体现消费者支付意愿，可按照电力对当地经济的边际贡献测定。无法测定时，可参照火电的分解成本，按高于或等于火电的分解成本定价。

2）水价

作为项目的投入时，按后备水源的成本分解定价，或按照恢复水功能的成本定价。作为项目的产出时，水的影子价格按消费者支付意愿或者按消费者承受能力加政府补贴测定。

3）交通运输服务

作为项目的投入时，一般情况下按完全成本分解定价。作为项目的产出时，经济效益的计算不考虑服务收费收入，而是采取专门的方法，按替代运输量（或转移运输量）和正常运输量的时间节约效益、运输成本节约效益、交通事故减少效益以及诱增运输量的效益等测算。

3. 不具备市场价格的产出效果的影子价格

某些项目的产出效果没有市场价格，或市场价格不能反映其经济价值，特别是项目的外部效果往往很难有实际价格计量。对于这种情况，应遵循消费者支付意愿和接受补偿意愿的原则，采取以下两种方法测算影子价格。

1）根据消费者支付意愿的原则，通过其他相关市场信号，按照"显示偏好"的方法，寻找揭示这些影响的隐含价值，间接估算产出效果的影子价格。

2）根据"陈述偏好"的意愿调查方法，分析调查对象的支付意愿或接受补偿意愿，通过推断，间接估算产出效果的影子价格。

4. 特殊投入物的影子价格

项目的特殊投入物是指项目在建设、生产运营中使用的劳动力、土地和自然资源等。项目使用这些特殊投入物所发生的国民经济费用，应分别采用下列方法确定其影子价格。

1）人力资源的影子价格

人力资源的影子价格即影子工资，影子工资反映国民经济为项目使用劳动力所付出的真实代价，由劳动力机会成本与因劳动力转移而引起的新增资源耗费两部分构成，即：

$$影子工资＝劳动力机会成本＋新增资源消耗 \tag{7-5}$$

劳动力的机会成本是指劳动力如果不就业于拟建项目而从事于其他生产经营活动所创造的最大效益。它与劳动力的技术熟练程度和供求状况有关，技术越熟练，稀缺程度越高，其机会成本越高，反之越低。

新增资源耗费是指项目使用劳动力，由于劳动者就业或者迁移而增加的城市管理费用和城市交通等基础设施投资费用。

在国民经济评价的实务中，影子工资一般通过影子工资换算系数来计算。影子工资换算系数是指影子工资与项目财务评价中劳动力工资之间的比值。影子工资可按下式来计算：

$$影子工资＝财务工资×影子工资换算系数 \tag{7-6}$$

根据目前我国劳动力市场状况，技术劳动力的工资报酬一般可由市场供求决定，即影子工资一般可以财务实际支付工资来计算；对于非技术性劳动力，根据我国非技术劳动力就业状况，其影子工资换算系数一般取为 0.25～0.8。

2）土地的影子价格

土地是一种重要的经济资源，项目占用的土地无论是否实际支付财务成本，均应根据土地用途的机会成本原则或消费者支付意愿的原则计算其影子价格。土地的影子价格反映土地用于该拟建项目后，不能再用于其他目的所放弃的国民经济效益，以及国民经济为其增加的资源消耗。土地的影子价格按农用土地和城镇土地分别计算。

（1）生产性用地的影子价格

生产性用地主要是指农业、林业、牧业、渔业及其他生产性用地，按照这些生产性用地未来可以提供的产出物的效益及因改变土地用途而发生的新增资源消耗进行计算，即：

$$土地的影子价格＝土地机会成本＋新增资源消耗 \tag{7-7}$$

土地机会成本按项目占用土地后国家放弃的该土地最佳可替代用途的净效益计算。土地影子价格中新增资源消耗一般包括拆迁费用和劳动力安置费用。

（2）非生产性用地的影子价格

对于非生产性用地，如住宅、休闲用地等，应按照支付愿意的原则，根据市场交易价格测算其影子价格。

3）自然资源的影子价格

自然资源的影子价格是指各种自然资源是一种特殊的投入物，项目使用的矿产资源、水资源、森林资源等都是对国家资源的占用和消耗。矿产等不可再生资源的影子价格按资源的机会成本计算，水和森林等可再生资源的影子价格按资源再生费用计算。

7.2.1.2　社会折现率

社会折现率是指建设项目国民经济评价中衡量经济内部收益率的基准值，也是计算项目经济净现值的折现率，是项目经济可行性和方案比选的主要判据。社会折现率应根据国家的社会发展目标、发展战略、发展优先顺序、发展水平、宏观调控意图、社会成员的费用效益时间偏好、社会投资收益水平、资金供给状况、资金机会成本等因素综合测定。《建设项目经济评价方法与参数》（第三版）规定：结合当前的实际情况，目前社会折现率取值为 8%；对于受益期长的建设项目，如果远期效益较大，效益实现的风险较小，社会折现率可适当降低，但不应低于 6%。

7.2.1.3　影子汇率

影子汇率是指能够正确反映国家外汇经济价值的汇率。在建设项目的国民经济评价中，项目的进口投入物和出口产出物应采用影子汇率换算系数调整计算进出口外汇收支的价值。在国民经济评价中，影子汇率可通过影子汇率换算系数来计算，影子汇率换算系数是影子汇率与国家外汇牌价的比值。影子汇率应按下式来计算：

$$影子汇率＝外汇牌价×影子汇率换算系数 \tag{7-8}$$

根据目前我国外汇收支状况，主要进出口商品的国内价格与国外价格的比较，出口换汇成本及进出口关税等因素综合分析，目前我国的影子汇率换算系数取值为 1.08。

例如，当美元的外汇牌价＝6.50 元人民币/美元，美元的影子汇率＝美元的外汇牌价×影子汇率换算系数＝6.50×1.08＝7.02 元人民币/美元。

7.2.2 国民经济评价的基本报表

国民经济评价的基本报表即项目投资经济费用效益流量表，如表 7-1 所示。该表用以计算经济内部收益率、经济净现值等指标，考察项目投资对国民经济的净贡献，衡量项目的盈利能力，并据此判断项目的经济合理性。其编制方法可以按照经济费用效益识别和计算的原则和方法直接进行，也可以在财务分析的基础上将财务现金流转换为反映真正资源变动状况的经济费用效益流量。

项目投资经济费用效益流量表（万元）   表 7-1

序号	项目	合计	计算期(年)					
			1	2	3	4	---	n
1	效益流量							
1.1	项目直接效益							
1.2	资产余值回收							
1.3	项目间接效益							
2	费用流量							
2.1	建设投资							
2.2	维持运营投资							
2.3	流动资金							
2.4	经营费用							
2.5	项目间接费用							
3	净效益流量(1-2)							

计算指标：
经济内部收益率＝   %
经济净现值(i_s＝   %)＝   万元

7.2.2.1 直接进行经济费用效益流量的识别和计算

1）对于项目的各种投入物，应按照机会成本的原则计算其经济价值。

2）识别项目产出物可能带来的各种影响效果。

3）对于具有市场价格的产出物，以市场价格为基础计算其经济价值。

4）对于没有市场价格的产出效果，应按照支付意愿及受偿意愿的原则计算其经济价值。

5）对于难以进行货币量化的产出效果，应尽可能地采用其他量纲进行量化。难以量化的，进行定性描述，以全面反映项目的产出效果。

7.2.2.2 在财务分析基础上进行经济费用效益流量的识别和估算

1）剔除财务现金流量中的通货膨胀因素，得到实价表示的财务现金流量。

2）剔除运营期财务现金流量中不反映真实资源流量变动状况的转移支付因素。

3）用影子价格和影子汇率调整建设投资各项组成，并剔除其费用中的转移支付项目。

4）调整流动资金，将流动资产和流动负债中不反映实际资源耗费的有关现金、应收、应付、预收、预付款项，从流动资金中剔除。

5）调整经营费用，用影子价格调整主要原材料、燃料及动力费用，工资及福利费等。

6）调整营业收入，对于具有市场价格的产出物，以市场价格为基础计算其影子价格；对于没有市场价格的产出效果，以支付意愿或受偿意愿的原则计算其影子价格。

7）对于可货币化的外部效果，应将货币化的外部效果计入经济效益费用流量；对于难以进行货币量化的产出效果，应尽可能地采用其他量纲进行量化。难以量化的，进行定性描述，以全面反映项目的产出效果。

7.2.3　国民经济评价指标

国民经济评价主要是进行经济盈利能力分析，不做偿债能力分析，其主要指标是经济内部收益率和经济净现值。此外，还可以根据需要和可能计算间接费用和间接效益，将其纳入费用效益流量中，对难以量化的间接费用、间接效益应进行定性分析。

7.2.3.1　经济内部收益率

经济内部收益率（$EIRR$）是指项目在计算期内各年经济净效益流量的现值累计等于零时的折现率。它是反映项目对国民经济所作净贡献的相对指标，也表示项目占用资金所获得的动态收益率。其表达式为：

$$\sum_{t=0}^{n}(B-C)_t(1+EIRR)^{-t}=0 \tag{7-9}$$

式中　B——项目的效益流入量；

　　　C——项目的费用流出量；

$(B-C)_t$——第 t 年的净现金流量；

　　　n——项目的计算期（年）；

　$EIRR$——经济内部收益率。

在评价项目的国民经济贡献能力时，若经济内部收益率等于大于社会折现率，则表明项目对国民经济的净贡献率达到或超过了要求的水平，此时项目是可行的；反之，则是不可行的。

7.2.3.2　经济净现值

经济净现值（$ENPV$）是反映项目对国民经济净贡献的绝对指标，是用社会折现率将项目计算期内各年的净效益流量折算到建设期初的现值之和。其表达式为：

$$ENPV=\sum_{t=0}^{n}(B-C)_t(1+i_s)^{-t} \tag{7-10}$$

式中　$ENPV$——经济净现值；

　　　i_s——社会折现率，其余符号的意义同式（7-9）。

在评价项目的国民经济贡献能力时，若经济净现值大于或等于零，表示国家为拟建项目付出代价后，可以得到符合社会折现率要求的社会盈余，或者还可以得到超额的社会盈余，表明项目的营利性达到了基本要求，项目在经济上是可行的；反之，则是不可行的。

【例 7-2】　某项目需购置一台大型设备，现有 A、B 两个备选方案。A 方案：购买国内设备，购置费为 40 万人民币，运杂费率为 1%。设备在第 4 年和第 7 年进行大修，费用均为 5000 元，吨产量耗燃料 0.022t，年均维护费用为 1000 元，年产量 6 万 t。B 方案：从国外进口设备，离岸价为 10 万美元，海运费、保险费为 3000 美元，进口关税和增值税为 20 万元，国内运输费为 1000 元，进口贸易费率为 2%，设备在第 5 年末大修，费用为 10000 元，吨产量耗燃料 0.02t，年均维护费为 5000 元，年产量为 8 万 t。外汇牌价为 1 美元等于 7.6 元人民币。两设备的寿命均为 10 年，残值均为原值的 5%。每台设备配 1 名工人，年工资为 20000 元。上述数据，除外汇和燃料价格外，不存在价格扭曲。进口设备影子工资调整系数为 1.1，影子汇率调整系数为 1.08，进口燃料到岸价为 100 美元/t，国内运费为 15 元/t。社会折现率为 8%，试从国民经济角度评价两个方案。

【解】

(1) 计算燃料影子价格

$$(100 \times 7.6 \times 1.08 + 15)元/t = 835.8 元/t$$

(2) 计算购置费

A 方案：$[40 \times (1 + 1\%)]万元 = 40.4 万元$

B 方案：$[(10 + 0.3) \times 7.6 \times 1.08 + (10 + 0.3) \times 7.6 \times 1.08 \times 2\% + 0.1]万元 = 86.33 万元$

(3) 计算年运行费用

A 方案：$[1000 + 0.022 \times 835.8 \times 60000 + 20000]万元 = 112.43 万元$

B 方案：$[5000 + 0.02 \times 835.8 \times 80000 + 20000 \times 1.1]万元 = 136.43 万元$

(4) 计算经济费用净现值

$$PC_A = \sum_{t=0}^{n} (B - C)_t (1 + i_s)^{-t} - 40.4 \times 5\% \times (P/F, 8\%, 10)$$
$$= [40.4 + 112.43 \times (P/A, 8\%, 10) + 0.5 \times (P/F, 8\%, 4) + 0.5 \times (P/F, 8\%, 7)]$$
$$- 40.4 \times 5\% \times (P/F, 8\%, 10)$$
$$= 794.54 万元$$

$$PC_B = \sum_{t=0}^{n} (B - C)_t (1 + i_s)^{-t} - 86.33 \times 5\% \times (P/F, 8\%, 10)$$
$$= [86.33 + 136.43 \times (P/A, 8\%, 10) + 1 \times (P/F, 8\%, 5)] - 86.33 \times 5\% \times (P/F, 8\%, 10)$$
$$= 1000.47 万元$$

(5) 计算方案单位产量费用现值

A 方案：$794.54 / 6 = 132.42 万元$

B 方案：$1000.47 / 8 = 125.06 万元$

显然，B 方案优于 A 方案。

7.3 案例分析

【项目背景】

1. 项目名称

LH 高速公路建设项目

2. 线路及设计标准

拟建项目 LH 为国道主干线 BM 高速公路 HN 省内的一段，与 YL 高速公路相接，起于 LX 高速与 TS 高速交界的 LD 互通，终于 KZQ 镇，与 TS 高速（K41+370）相交。该项目作为区域南北主通道的加密线和区域经济干线，将 HN 省内多条高速公路有机联系起来，进一步完善和均衡 HN 省"五纵七横"高速公路网，对于改善区域路网结构，加快 HN 省基础设施建设具有重要的意义。

本项目路线全长 56.217km，采用设计速度 100km/h 的四车道高速公路标准，路基宽度 26m。主要分部分项工程有土石方 884.3 万 m³，特大桥、大桥 8520m/28 座，中小桥 280m/5 座，隧道 4108m/5 座，涵洞 214 道。

3. 编制依据

本项目的经济评价系是以国家发改委、建设部〔2006〕1325 号文颁发的《建设项目经济评价方法与参数》（第三版）、交通运输部建标〔2010〕106 号文件颁发的《公路建设项目经济评价方法与参数》和交通运输部交规划发〔2010〕178 号文件"关于印发公路建设项目可行性研究报告编制办法的通知"为依据，评价模型参考《公路投资优化和改善可行性研究》确定。

4. 计算期

项目计划 2010 年初开工，2012 年底建成通车，建设年限为 3 年。国民经济评价运营期取 20 年。国民经济评价计算期为 23 年，评价计算基准年为 2010 年，评价计算末年为 2032 年。

5. 远景交通量预测值

本项目采用"四阶段"法预测远景交通量，预测结论见表 7-2。

LH 高速公路远景交通量预测值（标准小客车台）　　　　表 7-2

路段		2013	2015	2020	2025	2027	2030	2032
娄底互通至长冲互通（8km）	趋势	10167	12337	19158	28280	31916	35890	38852
	诱增	1001	1081	1408	1536	1302	1464	1247
	合计	11168	13418	20566	29816	33218	37354	40099
长冲互通至双峰互通（14.083km）	趋势	11090	13523	20921	31040	34666	39382	42148
	诱增	1032	1114	1538	1685	1882	1607	1353
	合计	12123	14637	22459	32726	36548	40989	43501
双峰互通至锁石互通（11.180km）	趋势	9981	12165	18893	27742	30858	35068	37497
	诱增	929	1002	1389	1506	1676	1431	1204
	合计	10910	13168	20281	29248	32533	36499	38701
	增长率(%)	—	9.86	9.02	7.60	5.47	3.91	2.97
锁石互通至曲兰互通（15.697km）	趋势	9954	12122	18659	27398	30406	34235	36624
	诱增	927	999	1371	1488	1651	1397	1176
	合计	10881	13121	20031	28886	32057	35631	37799
	增长率(%)	—	9.81	8.83	7.60	5.35	3.59	3.00
曲兰互通至库宗桥互通（15.257km）	趋势	10298	12572	19224	28244	31350	35356	37790
	诱增	959	1036	1413	1534	1702	1443	1213
	合计	11257	13608	20637	29778	33053	36799	39003
	增长率(%)	—	9.95	8.69	7.61	5.35	3.64	2.95
全线平均（共 64.217km）	交通量	11284	13614	20818	30119	33506	37449	39779
	增长率(%)	—	9.84	8.87	7.67	5.47	3.78	3.06

【经济费用计算】

1. 建设期经济费用计算

建设投资估算为 39.77 亿元，经济费用为 34.27 亿元，具体调整方法如下所述：

1) 人工费计算

人工的估算价格为 16.78 元/工日。由于本项目经过的地区是中部不发达地区，当地劳动力有富余，临时工影子价格比估算价格要低，但考虑到该项目有技术相对较为复杂的隧道要消耗一些技术劳力，而技术劳力的影子价格比估算价格要高，因此，根据项目所在地区综合情况，影子人工换算系数取 0.7。

2) 主要材料的影子价格和费用

本项目以影子价格为标准进行调整的材料主要指工程中数目占有比重大而且价格明显不合理的投入物和产出物，主要材料有原木、锯材、钢材、水泥、砂石料及沥青等。挂牌汇率为 1 美元兑换 6.8325 元人民币计算，影子汇率换算系数取 1.08。其他材料费一般按具有市场价格的非外贸货物的影子价格来计算，其投资估算原则上不变，即影子价格换算系数为 1。

3) 土地

土地的影子价格等于土地的机会成本加上土地转变用途所导致的新增资源消耗。土地征收补偿费中土地及青苗补偿费 29152.8901 万元，按机会成本计算方法调整计算；安置补助费 3130.1481 万元用影子价格换算系数 1.1 进行调整。计算得土地影子价格为每亩 7.23 万元。

4) 其他费用的调整

本项目其他费用的调整指扣除公路建设费用中的税金、建设期贷款利息等非实质性投入投资。

建设费用调整结果见表 7-3。

建设费用调整表　　　　表 7-3

费用名称	单位	数量	预算单价（元）	投资估算（万元）	影子价格或换算系数（元）	经济费用（万元）
人工	工日	18443450	16.78	30948.109	0.7	21663.676
原木	m³	4266	878.43	374.738	909.27	387.895
锯材	m³	13845	1205.00	1668.323	1315.76	1821.670
钢材	t	48051	3934.32	18904.820	4093.84	19671.311
水泥	t	764650	362.34	27706.328	348.86	26675.580
沥青	t	6868	3621.22	2487.054	3708.33	2546.881
砂、砂砾	m³	2201000	75.50	16617.550	(1.0)	16617.550
片石	m³	774088	45.00	3483.396	(1.0)	3483.396
碎(砾)石	m³	2784983	65.00	18102.390	(1.0)	18102.390
块石	m³	140834	80.00	1126.672	(1.0)	1126.672
其他费用	公路公里	56.217		123303.727	(1.0)	123303.727
税金	公路公里	56.217		8030.492	(0)	0

费用名称	单位	数量	预算单价（元）	投资估算（万元）	影子价格或换算系数(元)	经济费用（万元）
第一部分合计	公路公里	56.217		252753.58		252753.58
第二部分合计	公路公里	56.217		3645.67		3645.67
征地费	亩	7241	84100	60896.81	72326	52371.26
国内贷款利息	公路公里	56.217		28174.798	(0)	0
国外贷款利息	公路公里	56.217		0	(0)	0
其他	公路公里	56.217		21724.215	(1.0)	21724.215
第三部分合计	公路公里	56.217		110795.823		74095.47
预留费	公路公里	56.217		30511.825	(1.0)	30511.825
工程投资合计(不含息)	公路公里	56.217		369532.10		342653.71
工程投资合计(含息)	公路公里	56.217		397706.90	(0.86)	342653.71

2. 资金筹措与分年度投资计划

1）项目资本金 92383.1 万元，占项目总投资的比例为 25%。

2）余额 277149 万元申请国内银行贷款，占项目总投资的比例为 75%。

3）本项目 2010 年初开工，2012 年底建成，工期三年。第一年投入资金 30%，第二年投入资金 40%，第三年投入资金 30%。资金年度安排见表 7-4。

资金年度使用计划表（万元）　　表 7-4

资金来源	2010 年	2011 年	2012 年	合计
年度贷款	83145	110860	83144	277149
资本金	27715	36953.1	27715	92383.1
基本建设费	110860	147813.1	110859	369532.10

3. 运营期经济费用计算

1）运营期财务费用

（1）养护及交通管理费

本项目全线设管理中心 1 处，服务区 1 处，停车区 1 处，匝道收费站 3 处，养护工区 2 处。

小修养护费用：本项目通车第一年的养护财务费用为 5 万元/公里，项目运营期内按年 3‰递增。

隧道营运费用：运营期间，隧道运营费用主要考虑隧道管理、通风、照明等费用，根据测算，中隧道每年运营费用约为 40 万元/公里、长隧道每年运营费用约为 80 万元/公里，本项目隧道运营费用以此数据为基础进行测算，并按每年 3%递增。项目推荐方案隧道总长 4108m，其中，中隧道 3090m，短隧道 1018m。

管理费用：拟定本项目推荐方案管理及收费人员 145 名，通车第一年每人每年按 3.5 万元估算，项目运营期内按年 3%递增。

（2）大中修费用

项目运营第 10 年安排大修一次，大修费用按当年养护费用的 13 倍计，大修当年不计日常养护费。

2) 运营期经济费用计算方法

公路小修保养费用，大、中修工程费用及交通管理费用，根据国民经济评价的要求，按调整后的建设投资经济费用与财务费用之比，将公路养护费用及交通管理费用调整为经济费用，即影子价格换算系数取 0.86。

3) 残值

残值取公路建设经济费用的 50%，以负值计入费用。

调整后经济费用详见表 7-5。

国民经济评价费用支出汇总表（万元）
表 7-5

年份	合计	建设投资	养护管理费	大修费用	残值
2010	102796.1	102796.1			
2011	137061.5	137061.5			
2012	102796.1	102796.1			
2013	788.59		678.18		
2014	812.24		698.53		
2015	836.61		719.48		
2016	861.71		741.07		
2017	887.56		763.30		
2018	914.19		786.20		
2019	941.61		809.79		
2020	969.86		834.08		
2021	998.96		859.10		
2022	5429.95		569.47	4100.29	
2023	1059.79		911.42		
2024	1091.59		938.76		
2025	1124.33		966.93		
2026	1158.06		995.93		
2027	1192.81		1025.81		
2028	1228.59		1056.59		
2029	1265.45		1088.28		
2030	1303.41		1120.93		
2031	1342.51		1154.56		
2032	−169944.06		1189.20		−171326.85

【国民经济效益计算】

1. 计算方法

本项目采用相关线路法计算国民经济效益。

2. 主要计算参数

1) 社会折现率取为 8%

2) 汽车运输成本

本项目汽车运输成本计算方法参照本章第四节，结合实地调查及项目所在省份同类型道路确定。

3) 时间价值

旅客旅行时间的节约所产生的价值以每人平均创造国内生产总值的份额来计算（考虑

旅客节约时间不能全部用于生产，所以取其 1/2），根据预测，本项目所在地区 2013 年为 9976 元/人，2015 年为 10261 元/人，2020 年为 13321 元/人，2025 年为 14325 元/人，2030 年为 16158 元/人，2032 年为 17517 元/人。

在途货物占用流动资金的节约所产生的价值，以在途货物平均价格和资金利息率为基础进行计算，在途货物平均价格参考交通部公规院《道路建设技术经济指标》确定。预计 2013 年为 4018 元/吨，2015 年为 4521 元/吨，2020 年为 5009 元/吨，2025 年为 6311 元/吨，2030 年为 6925 元/吨，2032 年为 7126 元/吨。

4）交通事故率差及损失费

交通事故率差及损失费按表 7-6 计算。

交通事故率及损失计算表			表 7-6
公路等级	事故率计算公式 （次/亿车公里）	直接损失费 （万元/次）	间接损失费 （万元/次）
高速公路	$-40+0.005$AADT	$1.2\sim1.6$	$18\sim24$
一级公路	$37+0.003$ AADT	$0.9\sim1.1$	$13.5\sim16.5$
二级公路	$133+0.007$ AADT	$0.6\sim0.8$	$10.5\sim12.8$
三级公路	$140+0.03$AADT	$0.4\sim0.6$	$10.5\sim12.8$

本项目运用相关线路法计算得项目各年份国民经济效益，汇总于表 7-7。

国民经济评价效益汇总表（万元）			表 7-7
年份	降低运营 成本效益	旅客时间 节约效益	减少交通 事故效益	合计
2013	33972	2112	154	36237
2014	40153	2554	177	42884
2015	42536	2727	204	45466
2016	46857	3046	235	50138
2017	51603	3402	270	55276
2018	56814	3800	312	60926
2019	60288	4069	359	64716
2020	63989	4359	413	68761
2021	69130	4766	476	74372
2022	74672	5211	549	80432
2023	80647	5698	632	86978
2024	87089	6231	728	94048
2025	91803	6625	839	99267
2026	98204	7166	966	106337
2027	105042	7751	1113	113906
2028	112345	8385	1283	122013
2029	120147	9070	1478	130694
2030	127595	9731	1702	139029
2031	137482	10622	1961	150065
2032	145381	11341	2259	158982

【国民经济评价指标值】

国民经济评价指标值计算以基本报表"项目投资基金费用效益流量表"为基础计算。本拟建项目 LH 高速公路国民经济评价指标计算结果见表 7-8。

项目投资基金费用效益流量表（万元）　　表7-8

序号	项目	建设期			运营期								
		1	2	3	4	5	6	7	8	9	10	11	12
1	费用流出：	102796.1	137061.5	102796.1	788.59	812.24	836.61	861.71	887.56	914.19	941.61	969.86	998.96
1.1	建设费用	113918	151891	113918									
1.2	运营管理费				436.45	449.54	463.03	476.92	491.23	505.97	521.14	536.78	552.88
1.3	日常养护费				241.73	248.99	256.45	264.15	272.07	280.23	288.64	297.30	306.22
1.4	大中修费												
1.5	残值												
1.6	其他费用												
2	效益流入：				36238	42884	45467	50138	55275	60926	64716	68761	74372
2.1	降低运输成本				33972	40153	42536	46857	51603	56814	60288	63989	69130
2.2	旅客节约时间				2112	2554	2727	3046	3402	3800	4069	4359	4766
2.3	减少交通事故				154	177	204	235	270	312	359	413	476
3	净效益流量	-102796.10	-137061.50	-102796.10	35449.42	42071.76	44630.39	49276.29	54387.44	60011.81	63774.39	67791.14	73373.04

序号	项目	运营期										
		13	14	15	16	17	18	19	20	21	22	23
1	费用流出：	5429.95	1059.79	1091.59	1124.33	1158.06	1192.81	1228.59	1265.45	1303.41	1342.51	-169944.06
1.1	建设费用											
1.2	运营管理费	569.47	586.55	604.15	622.27	640.94	660.17	679.97	700.37	721.39	743.03	765.32
1.3	日常养护费	0	324.87	334.62	344.65	354.99	365.64	376.61	387.91	399.55	411.53	423.88
1.4	大中修费	4100.29										
1.5	残值											-171326.85
1.6	其他费用											
2	效益流入：	80432	86977	94048	99267	106336	113906	122013	130695	139028	150065	158981
2.1	降低运输成本	74672	80647	87089	91803	98204	105042	112345	120147	127595	137482	145381
2.2	旅客节约时间	5211	5698	6231	6625	7166	7751	8385	9070	9731	10622	11341
2.3	减少交通事故	549	632	728	839	966	1113	1283	1478	1702	1961	2259
3	净效益流量	75002.05	85917.21	92956.41	98142.67	105177.94	112713.19	120784.41	129429.55	137724.59	148722.49	328925.06

内部收益率　　15.30%

净现值（万元）　303636.55（I_s=8%）

效益费用比　　2.11

投资回收期（年）　13.24

【国民经济评价结论】

国民经济评价数据表明，项目经济净现值为 303636.55 万元，大于 0，经济内部收益率为 15.30%，大于社会折现率 8%，国民经济效益良好。经济内部收益率仍大于社会折现率，项目抗风险能力较强。因此，从宏观经济角度分析，项目可行，且具有较强的抗风险能力。

本章小结

国民经济评价，是从国民经济整体利益出发，遵循费用与效益统一划分的原则，用影子价格、影子工资、影子汇率和社会折现率，计算分析项目给国民经济带来的净增量效益，以此来评价项目的经济合理性和宏观可行性，实现资源的最优利用和合理配置。

国民经济评价参数包括计算、衡量项目的经济费用效益的各类计算参数和判定项目经济合理性的判据参数，主要包括影子工资换算系数、土地影子价格、影子汇率、社会折现率、贸易费用率等。

工程项目国民经济评价中的经济效果，主要反映在国民经济盈利能力上，主要指标有经济净现值、经济内部收益率、经济效益费用比。外汇作为一种重要的经济资源，对国民经济的发展具有特殊的价值，外汇平衡对一个国家的经济形势有着特殊的影响。因此，涉及产品出口创汇及替代进出节汇的项目，应进行外汇效果分析，计算经济外汇净现值、经济换汇成本、经济节汇成本指标。

思考与练习题

一、思考题

7-1　建设项目国民经济评价的作用是什么？

7-2　简述国民经济评价与财务评价的关系。

7-3　简述直接效益与直接费用、间接效益与间接费用、转移支付的概念。

7-4　国民经济评价中费用与效益的识别原则是什么？

7-5　国民经济评价为什么采用影子价格来度量建设项目的费用与效益？

二、单项选择题

7-6　项目的经济评价，主要包括财务评价和国民经济评价，两者考察问题的角度不同，国民经济评价是从（　　）角度考察项目的经济效果和社会效果。

　　A. 投资项目　　　　B. 企业　　　　　　C. 国家　　　　　　D. 地方

7-7　美元的外汇牌价是 8.3 元/美元时，美元的影子汇率是（　　）。

　　A. 8.96 元/美元　　B. 8.3 元/美元　　　C. 14.94 元/美元　　D. 8.37 元/美元

7-8　在国民经济评价中所采用的影子价格反映在投资项目的投入上是投入资源的（　　）。

　　A. 机会成本　　　　B. 愿付价格　　　　C. 经营成本　　　　D. 制造成本

7-9　出口货物（产出物）的影子价格是（　　）乘以汇率再扣掉国内运费和贸易费用。

A. 到岸价格　　　　　B. 离岸价格　　　　　　C. 市场价格　　　　　　D. 出厂价格

7-10　我国目前的社会折现率取值为（　　）。

A. 6%　　　　　　　　B. 8%　　　　　　　　C. 10%　　　　　　　　D. 12%

7-11　国民经济评价使用的指标有（　　）。

A. 净现值　　　　　　B. 内部收益率　　　　C. 经济外汇净现值　　D. 经济投资收益率

三、多项选择题

7-12　国民经济评价使用的通用参数包括（　　）。

A. 社会折现率　　　　B. 影子汇率　　　　　C. 土地影子价格

D. 影子工资　　　　　E. 基准折现率

7-13　外贸货物影子价格的确定包括（　　）。

A. 直接出口产品　　　B. 间接出口产品　　　C. 替代进口产品

D. 直接进口产品　　　E. 自然资源

7-14　财务评价与国民经济评价的区别有（　　）。

A. 评价角度　　　　　B. 费用与效益的划分　C. 评价的基础

D. 评价的参数　　　　E. 价格体系

7-15　常见的转移支付有（　　）。

A. 税金　　　　　　　B. 利息　　　　　　　C. 补贴

D. 折旧　　　　　　　E. 工资

四、计算题

7-16　某项目产出物可以直接出口，其离岸价格为 150 美元/t，影子汇率为 8.7 元/美元，国内运输费用为 80 元/t，贸易费用率为 6%，求该产出物的影子价格。

7-17　某产品共有 3 种原料，A、B 两种原料为非外贸品，其国内市场价格总额每年分别为 150 万元和 50 万元，影子价格与国内市场价格的换算系数分别为 1.2 和 1.5。C 原料为进口货物，其到岸价格总额每年为 100 万美元。影子汇率换算系数为 1.08，外汇牌价为 6.78 元/美元，在不考虑国内运费和贸易费的情况下，求该产品国民经济评价的年原料成本总额。

7-18　已知某进口产品，其国内现行价格为 350 元/t，价格系数为 2.36，国内运输费用及贸易费用为 68 元/t，影子汇率为 6.0，求该产品的到岸价格。

7-19　已知某项目建设期为 3 年，第 1 年末投入 1200 万元，第 2 年末投入 800 万元，第 3 年末投入 900 万元，第 4 年开始投产，从第 4 年起，连续 10 年每年年末获利 1200 万元。项目残值不计，基准社会折现率为 10%，求出该项目的经济净现值和经济净现值率，并判断该项目是否可行。

7-20　已知项目产品总投资为 5600 万元，年销售收入为 1500 万元．年外部效益为 150 万元，年经营成本 800 万元，年折旧费按 10 万元计算，不考虑项目的技术转让费和年外部费用，计算该项目产品的投资净效益率为多少？若社会折现率为 8%，判断该项目是否可行。

第 8 章　建设项目不确定性与风险分析

本章要点及学习目标

本章要点：

本章主要介绍盈亏平衡分析、敏感性分析和风险分析等各种分析方法，主要目的是减少盲目性，辩明不确定因素对项目经济效果影响的规律，预测项目可能遭遇的风险，判断项目在财务上、经济上的可靠性，为选择减少和避免项目风险的措施提供参考。

学习目标

了解不确定性分析的概念及含义；熟悉盈亏平衡分析的概念和基本理论、敏感性分析的概念和基本步骤、风险分析的概念及一般步骤；掌握盈亏平衡分析法、敏感性分析法和风险分析的方法。

8.1　不确定性分析

8.1.1　不确定性分析的概念

建设项目经济评价所采用的基本变量都是基于对未来情况的预测和假设，因而具有一定的不确定性。不确定性分析是指通过对拟建项目实施有影响的不确定性因素进行分析，考察不确定性因素变化对项目实施经济效益的影响，预测项目可能承担的风险，评价项目的可靠性，为投资者权衡收益和风险、稳妥进行决策提供依据。

不确定性分析包括盈亏平衡分析和敏感性分析。在具体应用时，要在综合考虑项目的类型特点、决策者的要求、基础变量的不确定性程度等因素的基础上来选择。一般来讲，盈亏平衡分析只适用于项目的财务评价，而敏感性分析则可同时用于财务评价和国民经济评价。

严格来讲，不确定性分析和风险分析两者是有差异的。其区别在于不确定性分析是不知道未来可能发生的结果，或不知道各种结果发生的可能性，由此产生的问题称为不确定性问题；风险分析是知道未来可能发生的各种结果的概率，由此产生的问题称为风险问题。人们习惯将以上两种问题的分析统称为不确定分析。

8.1.2　不确定性产生的原因

不确定性是所有拟建项目固有的内在特性。只是对不同建设项目而言，这种不确定性的程度有大有小。一般情况下，产生不确定性的主要原因包括：

1）项目数据的统计偏差。这是指由于原始统计上的误差、统计样本点的不足、公式或模型的套用不合理等所造成的误差。如项目建设投资和流动资金是项目经济评价中重要的基础数据，但在实际中，往往会由于各种原因而产生高估或低估其数额，从而影响建设项目评价的结果。

2) 通货膨胀。由于有通货膨胀的存在，会产生物价的浮动，从而会影响建设项目评价中所用的价格，进而导致诸如年销售收入、年经营成本等数据与实际发生偏差。

3) 技术进步。进步会引起新老产品和工艺的替代，如生产工艺和技术装备的发展变化或重大突破；新产品或替代品的突然出现等。这样，根据原有技术条件和生产水平所估计出的年销售收入等指标就会与实际发生偏差。

4) 市场供求结构的变化。这种变化会影响到产品的市场供求状况，进而对某些指标值产生影响。

5) 其他外部影响因素。如不现实或不准确的假设；存在不能以数量表示的因素；未能预见的国际国内政治、经济、社会形势的变化；政府政策的变化，新的法律、法规的颁布，经济关系和经济结构的变化和调整；国民收入和人均收入的增长率的变化；有力的竞争者出现或消失；家庭消费结构的变化；需求弹性的变化；运费、税收因素的变化；建设资金不足或工期延长；生产能力达不到设计要求等，均会对建设项目的经济效果产生一定的甚至是难以预料的影响。

建设项目经济评价面临的不确定性因素众多，全面分析这些因素的变化对建设项目经济效果的影响是十分困难的。因此，在实际工作中，要着重抓住关键因素，以期取得较好效果。

8.2 盈亏平衡分析

8.2.1 盈亏平衡分析的概念

二维码 8-1 盈亏平衡分析

盈亏平衡分析，又称为量本利分析，它是根据产品产量（销售量）、成本与利润之间的经济数量关系，通过分析项目的盈亏平衡点（Break Even Point，简称BEP），考察项目对运营状态变化的适应能力和抗风险能力，是评价项目财务可靠性的不确定性分析方法。

根据成本总额对产量的依存关系，全部成本可以分为固定成本和可变成本两部分。在一定期间把成本分解成固定成本和可变成本两部分后，再同时考虑收入和利润，建立关于成本、产销量和利润三者关系的数学模型，其表达式为：

$$利润＝营业收入－总成本－税金 \tag{8-1}$$

盈亏平衡分析在财务评价环境中进行，分析在确定的目标市场、产品方案及建设规模、工艺技术路线等总体设计条件下项目的成本和收益关系；利用营业收入等于总成本费用的盈亏平衡点，考察项目对运营状态变化的适应能力。一般认为，盈亏平衡点越低，表明项目适应运营状态变化的能力越强，项目抗风险的能力越强，财务可靠性越好。

根据总成本费用、销售收入与产量之间是否呈线性关系，盈亏平衡分析可进一步分为线性盈亏平衡分析和非线性盈亏平衡分析。

8.2.2　线性盈亏平衡分析

8.2.2.1　基本假设

1）产量等于销售量。

2）产量变化，单位可变成本不变，从而总生产成本是产量的线性函数。

3）产量变化，销售单价不变，从而销售收入是销售量的线性函数。

4）只生产单一产品，或者生产多种产品，但可以换算为单一产品计算。

8.2.2.2　数学模型

根据盈亏平衡分析的基本原理，设 B 为利润；P 为单位产品售价；Q 为销量或生产量；t 为单位产品销售税金及附加；C_v 为单位产品可变成本；C_F 为固定成本；β 为销售税金及附加税率，则线性盈亏平衡的关系如下：

$$销售收入\ S＝单位售价×销量＝P×Q$$

$$总成本\ C＝固定成本＋可变成本＝C_F＋C_v×Q$$

$$销售税金＝(单位产品销售税金及附加)×销售量＝t×Q＝P×\beta×Q(其中\ \beta\ 为单位$$
$$产品销售税金及附加税率)$$

综合上述关系，可得：

$$B=PQ-(C_F+C_vQ+tQ)=PQ-C_F-C_vQ-P\beta Q \tag{8-2}$$

将销量、成本、利润的关系反映在直角坐标系中，即成为基本的量本利图，如图 8-1 所示。

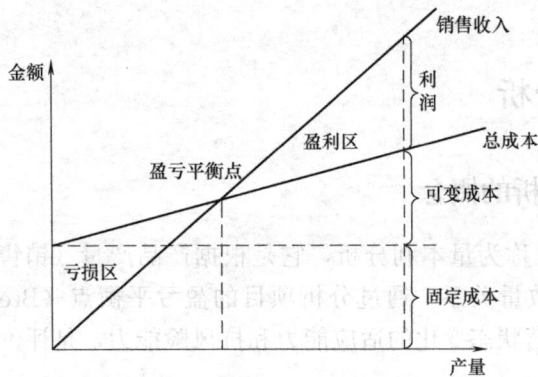

图 8-1　线性盈亏平衡分析图

从图 8-1 可知，销售收入线与成本线的交点是盈亏平衡点，表明企业在此销售量下总收入等于总成本和销售税金，既没有利润，也不发生亏损。在此基础上，增加销售量，利润为正，形成盈利区；反之，利润为负，形成亏损区。

项目盈亏平衡点的表达形式有多种，可以用实物产量、单位产品售价、单位产品的可变成本，以及年总固定成本的绝对量表示，也可以用某些相对值表示，例如，生产能力利用率。其中以产量和生产能力利用率表示的盈亏平衡点应用最为广泛。

1. 用产量表示的盈亏平衡点 $BEP(Q)$

产销量是盈亏平衡点的一个重要表达形式。根据式（8-2），令利润 $B=0$，此时的产量即为盈亏临界点生产量，即：

$$BEP(Q) = \frac{C_F}{P - C_V - t} \tag{8-3}$$

2. 用生产能力利用率表示的盈亏平衡点 $BEP(\%)$

生产能力利用率表示的盈亏平衡点，是指盈亏平衡点产量占设计生产能力的百分比。

$$BEP(\%) = \frac{BEP(Q)}{Q} \times 100\% = \frac{C_F}{(P - C_V - t) \times Q} \times 100\% \tag{8-4}$$

3. 用销售额表示的盈亏平衡点 $BEP(S)$

单一产品企业在现代经济中只占少数，大部分企业产销多种产品。多品种企业可以使用销售额来表示盈亏平衡点。

$$BEP(S) = \frac{P \times C_F}{P - C_V - t} \tag{8-5}$$

4. 用销售单价表示的盈亏平衡点 $BEP(P)$

如果按设计生产能力进行生产和销售，BEP 还可以由盈亏平衡点价格 $BEP(P)$ 来表示。

$$BEP(P) = \frac{C_F}{Q} + C_V + t \tag{8-6}$$

【例 8-1】 某项目设计生产能力为年产 50 万件，根据资料分析，估计单位产品价格为 100 元，单位产品可变成本为 80 元，固定成本为 300 万元，试用产量、生产能力利用率、销售额、单位产品价格分别表示项目的盈亏平衡点。已知该产品销售税金及附加的合并税率为价格的 5%，试计算该项目的产量、价格、生产能力利用率、销售额的盈亏平衡点。

【解】 （1）计算 $BEP(Q)$，由公式（8-3）计算可得：

$$BEP(Q) = \frac{300}{100 - 80 - 100 \times 5\%} = 20 \text{ 万件}$$

（2）计算 $BEP(\%)$，由公式（8-4）计算可得：

$$BEP(\%) = \frac{300}{(100 - 80 - 100 \times 5\%) \times 50} \times 100\% = 40\%$$

（3）计算 $BEP(S)$，由公式（8-5）计算可得：

$$BEP(S) = \frac{100 \times 300}{100 - 80 - 100 \times 5\%} = 2000 \text{ 万元}$$

（4）计算 $BEP(P)$，由公式（8-6）计算可得：

$$BEP(P) = \frac{300}{50} + 80 + BEP(P) \times 5\% = 86 + BEP(P) \times 5\%$$

$$BEP(P) = \frac{86}{1 - 5\%} = 90.53 \text{ 元}$$

盈亏平衡点反映了项目对市场变化的适应能力和抗风险能力。盈亏平衡点越低，适应市场变化的能力越强，抗风险能力越强。根据经验，若 $BEP(\%) \leqslant 70\%$，则项目安全，或者说可以承受较大的风险。

8.2.3 非线性盈亏平衡分析

在实际生产经营活动中，产品的销售收入与销售量之间、成本费用与产量之间，并不一定呈现出线性的关系。随着项目产销量的增加，市场上产品的单位价格就要下降，因而营业收入与产销量之间是非线性关系；同时，企业增加产量时原材料价格可能上涨，同时要多支付一些加班费、奖金及设备维修费，使产品的单位可变成本增加，从而总成本与产销量之间也呈非线性关系，在这种情况下盈亏平衡点可能出现一个以上，如图 8-2 所示，这样的盈亏平衡分析称为非线性盈亏平衡分析。

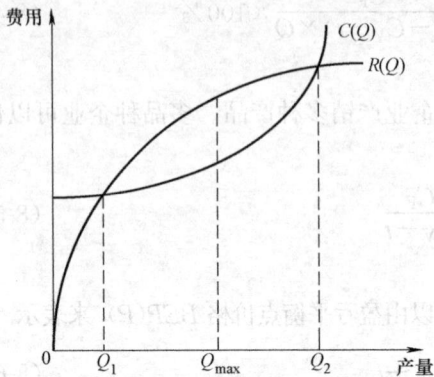

图 8-2　非线性盈亏平衡分析图

非线性盈亏分析的基本原理与线性盈亏平衡分析基本相同，即运用基本的盈亏平衡方程求解，只是此时的盈亏平衡点不止一个，需判断各区间的盈亏情况。

【例 8-2】　某企业投产后，正常年份的年固定成本为 66000 元，单位变动成本为 28 元，单位销售价格为 55 元。由于原材料整批购买，每多生产一件产品，单位变动成本可降低 0.001 元；销量每增加一件产品，售价下降 0.0035 元。试求盈亏平衡点的产量 Q_1 和 Q_2 和最大利润时的销售量 Q_{max}。

【解】　根据题意作如下分析：

（1）单位产品的售价为：$(55-0.0035Q)$；
单位产品的可变成本为：$(28-0.001Q)$。

$$C(Q)=66000+(28-0.001Q)Q=66000+28Q-0.001Q^2$$
$$R(Q)=(55-0.0035Q)Q=55Q-0.0035Q^2$$

根据盈亏平衡原理：

$$C(Q)=R(Q)$$

即　　$66000+28Q-0.001Q^2=55Q-0.0035Q^2$

$$0.0025Q^2-27Q+66000=0$$

解得：

$$Q_1=3739 \text{ 件}$$
$$Q_2=7061 \text{ 件}$$

（2）由 $B=R-C$ 可得：

$$B=0.0025Q^2-27Q+66000$$

令 $B'(Q)=0$，可得：

$$-0.005Q+27=0$$
$$Q_{max}=27/0.005=5400 \text{ 件}$$

8.2.4　互斥方案的盈亏平衡分析

在需要对若干个互斥方案进行比选的情况下，如果有一个共有的不确定因素影响方案的选择，可以先求出两方案的盈亏平衡点，再根据盈亏平衡点进行方案选择。

【例 8-3】　某投资项目现有两种建设方案：方案 A 初始投资为 7000 万元，预期年净收益 1500 万元；方案 B 初始投资 17000 万元，预期年收益 3500 万元。由于该项目的市场寿命具有较大的不确定性，试分析采用何种方案比较经济（给定基准收益率为 15%，不考虑期末资产残值）。

【解】 设项目寿命期为 n 年，则：

$$NPV_A = -7000 + 1500(P/A, 15\%, n)$$
$$NPV_B = -17000 + 3500(P/A, 15\%, n)$$

当 $NPV_A = NPV_B$ 时，有：

$$-7000 + 1500(P/A, 15\%, n) = -17000 + 3500(P/A, 15\%, n)$$
$$(P/A, 15\%, n) = 5$$

查复利系数表得：$n \approx 10$ 年。

这就是以项目寿命期为共有变量时，方案 A 和方案 B 的盈亏平衡点，如图 8-3 所示。从图 8-3 可知，如果根据市场预测项目寿命期小于 10 年，应采用 A 方案；如果寿命期超过 10 年，则应采用 B 方案。由于 B 方案年净收益比较高，项目寿命期延长对 B 方案有利。

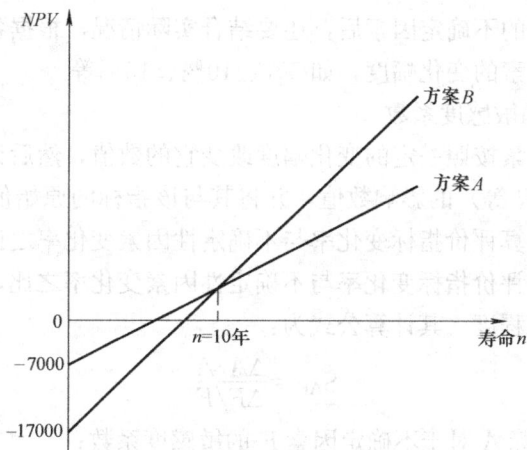

图 8-3 互斥方案 A、B 盈亏平衡分析图

8.3 敏感性分析

8.3.1 敏感性分析的概念

敏感性分析又称敏感度分析，它是项目投资评价中一种应用十分广泛的不确定性分析方法和技术。它通过测定一个或多个不确定性因素的变化所引起的项目基本方案经济效果评价指标的变化幅度，计算项目预期目标（效益）受各个不确定性因素变化的影响程度，并从中找出对方案经济效果影响程度较大的敏感性因素，并确定其影响程度，为进一步的风险分析做准备。敏感性分析不仅可以使决策者了解不确定性因素对评价指标的影响，从而提高决策的准确性，还可以启发评价者对那些较为敏感的因素重新进行分析研究，以提高预测的可靠性。

8.3.2 敏感性分析的步骤

1. 确定敏感性分析的指标

所谓分析指标，是指敏感性分析的具体对象，即反映方案经济效果的指标，如净现值、净年值、内部收益率、投资回收年限等。各种经济效果指标都有其特定的含义，分析、评价所反映的问题也有所不同。对于某个特定方案的经济分析而言，一般是根据项目的特点、不同的研究阶段、实际需求情况和指标的重要程度来选择，与进行分析的目标和任务有关。

由于敏感性分析是在确定性经济分析的基础上进行的，一般而言，敏感性分析的指标应与确定性经济评价的指标一致，不应超出确定性经济评价指标范围而另立新的分析指标。

2. 选择不确定因素，并设定其变化幅度

影响项目经济效益的不确定性因素很多，敏感性分析一般只选择那些对项目经济效果影响强烈的并可能发生变动的因素，如投资额、寿命周期、产量或销售量、产品价格、经营成本、汇率和基准收益率等。

在选定了需要分析的不确定因素后，还要结合实际情况，根据各不确定因素可能波动的范围，设定不确定因素的变化幅度，如 5%、10%、15%等。

3. 计算影响程度和敏感度系数

分别使各不确定因素按照一定的变化幅度改变它的数值，然后计算这种变化对经济评价指标（如 NPV、IRR 等）的影响数值，并将其与该指标的原始值相比较，从而得出该指标的变化率，最后计算评价指标变化率与不确定性因素变化率之比，即敏感度系数。

敏感度系数是项目评价指标变化率与不确定性因素变化率之比，它反映了评价指标对于不确定性因素的敏感程度，其计算公式为：

$$S_{AF} = \frac{\Delta A/A}{\Delta F/F} \tag{8-7}$$

式中　S_{AF}——评价指标 A 对于不确定因素 F 的敏感度系数；

$\Delta A/A$——不确定因素 F 变化 ΔF 时，评价指标 A 相应的变化率；

$\Delta F/F$——不确定性因素 F 的变化率。

$S_{AF} > 0$，表示评价指标与不确定性因素同方向变化；$S_{AF} < 0$，表示评价指标与不确定性因素反方向变化。当 $|S_{AF}|$ 值越大，表明评价指标 A 对于不确定性因素 F 越敏感；反之，则越不敏感。

4. 寻找敏感因素并加以排序，计算变动因素的临界点

敏感因素是其数值变动能显著影响分析指标的因素。判别敏感因素的方法有两种：①相对测定法。②绝对测定法，即设各不确定因素均向对方案不利的方向变动，并取可能出现的对方案最不利的数值，据此计算方案的经济效果指标。

5. 综合评价，优选方案

根据敏感因素对方案评价指标的影响程度及敏感因素的多少，判断项目风险的大小，并结合确定性分析的结果，对方案进行综合评价。如果敏感性分析的目的是对不同投资项目或某一项目的不同方案进行选择，一般应选择敏感程度小、承受风险能力强、可靠性大的项目或方案。

8.3.3　单因素敏感分析

单因素敏感性分析是对单一不确定因素变化的影响进行分析，即假设各不确定性因素

之间相互独立,每次只考察一个因素,其他因素保持不变,以分析这个可变因素对经济评价指标的影响程度和敏感程度。单因素敏感性分析是敏感性分析的基本方法。

【例 8-4】 某建设项目的基本参数估算值如表 8-1 所示,试分别就年销售收入、投资、年经营成本进行敏感性分析(设 $i_c=10\%$)。

某项目基本方案参数估算表 表 8-1

主要参数	投资 K(万元)	年销售收入 S(万元)	年经营成本 C(万元)	期末残值 L(万元)	寿命 n(年)
估算值	1500	600	250	200	6

【解】

(1) 选定项目的净年值(NAV)为评价指标

(2) 计算基本方案的净年值

$$NAV = [-1500(A/P,10\%,6)+600-250+200(A/F,10\%,6)] \text{万元}$$
$$= 31.52 \text{万元}$$

(3) 确定因素变动幅度为

-20%、-10%、$+10\%$、$+20\%$。

(4) 计算相应的净年值变动率

如 $\Delta S/S=+10\%$,即 $S=[600(1+10\%)]=660$ 万元,则:

$$NAV = [-1500(A/P,10\%,6)+660-250+200(A/F,10\%,6)] \text{万元}$$
$$= 91.52 \text{万元}$$

$$\Delta NAV = (91.52-31.52) = 60 \text{万元}$$

$$\Delta NAV/NAV = 60/31.52 = 190.36\%$$

(5) 计算净年值指标对于年销售收入的敏感度系数

如 NAV 对于 S 的敏感度系数,$S=190.36\%/10\%=19.04$

其余计算结果列于表 8-2。

(6) 计算不确定因素的临界值

如年销售收入,令:

$$NAV = -1500(A/P,10\%,6)+600(1+z)-250+200(A/F,10\%,6)=0$$

解得:$z=-5.25\%$

其余计算结果列于表 8-2。

单因素变动对净年值的影响及敏感度 表 8-2

不确定因素	变动幅度					敏感度 系数	临界值 (%)
	-20%	-10%	0	$+10\%$	$+20\%$		
年销售收入(万元)	-88.48	-28.48	31.52	91.52	151.52	19.04	-5.25
投资(万元)	100.40	65.96	31.52	-2.92	-37.36	-10.93	9.15
年经营成本(万元)	81.52	56.52	31.52	6.52	-18.48	-7.93	12.61

(7) 找出敏感性因素,估计项目风险

由 (5)、(6) 的计算结果,可以看出,NAV 指标对年销售收入最为敏感,其次为投资，最后为年经营成本。如果年销售收入比财务评价的估算值降低 5.25%，将导致项目不可行，所以，要对项目实施后的市场情况进行进一步的分析研究。

单因素敏感性分析结果也可以用敏感性分析图进行项目的敏感性分析，根据不同不确定性因素的直线斜率判定评价指标对其敏感性程度及临界值。上例中的敏感性分析图如图8-4 所示。

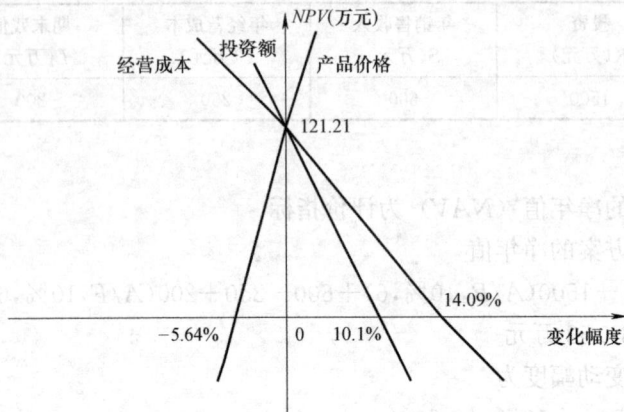

图 8-4　单因素敏感性分析图

8.3.4　多因素敏感性分析

单因素敏感性分析的方法简单，但忽略了因素之间的相关性。实际上某个因素的变动往往也伴随着其他因素的变动，多因素敏感性分析考虑了这种相关性，因而能反映多因素变动对项目经济效果产生的综合影响，因此，在对一些有特殊要求的项目进行敏感性分析时，除进行单因素敏感性分析外，还应进行多因素敏感性分析。

多因素敏感性分析要考虑可能发生的多种因素不同变化情况的多种组合，计算起来要比单因素敏感性分析复杂得多，一般可以采用解析法与作图法相结合进行。以下以双因素敏感性分析为例对多因素敏感性分析做简要介绍。

双因素敏感性分析是指每次考查两个因素同时变化、其他因素固定不变时对项目经济效益的影响，通常采用作图法进行分析。

【例 8-5】　某项目有关数据如表 8-3 所示。假定最关键的可变因素为初始投资与年收入，并考虑它们同时发生变化，试进行该项目净年值指标的敏感性分析。

某项目有关数据表　　　　　　　　　　　表 8-3

项目	初始投资	寿命/年	残值	年收入	年支出	折现率
估计值	10000	5	2000	5000	2200	8%

【解】

令 x、y 分别代表初始投资及年收入变化的百分数，则可得项目必须满足下式才能成为可行：

$$NAV = -10000(1+x)(A/P,8\%,5) + 5000(1+y) - 2200 + 2000(A/F,8\%,5)$$
$$= 636.32 - 2504.60x + 500y$$

如果 $NAV \geqslant 0$，即 $636.32 - 2504.60x + 500y \geqslant 0$，则该投资方案可以盈利。将以上不等式绘制成图形，就得到如图 8-5 所示的 $NAV = 0$ 时直线上下的两个区域。这是一个直线方程，在临界线上 $NAV = 0$，在临界线左上方的区域 $NAV > 0$，在临界线右下方的区域 $NAV < 0$，其中所希望的区域 $NAV \geqslant 0$ 占优势。如果预计造成 $\pm 20\%$ 的估计误差，则 NAV 对投资增加比较敏感。例如投资增加 10%，年收入减少 10%，则 $NAV < 0$，此时便达不到 8% 的基准收益率。

敏感性分析虽然分析了不确定性因素的变化对方案的经济效益的影响，但它并不能说明不确定因素发生变动的可能性大小，即发生变动的概率，而这种概率与项目的风险大小直接相关。实际上，有些因素变动尽管对项目经济效果的影响很大，但是由于实际发生的可能性很小，所以给项目带来的风险并不大；而另外一些因素虽然它们变动对项目的经济效益影响不大，但因其发生的可能性很大，反而可能给项目带来很大的风险。对这类问题的分析，敏感性分析无法解决，而应借助于风险分析。

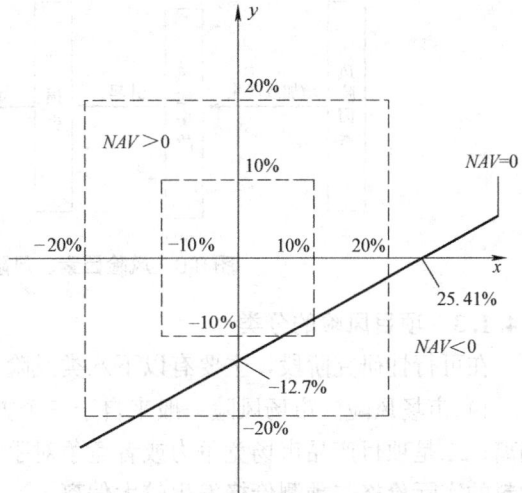

图 8-5 两个参数的敏感性分析图

8.4 风险分析

8.4.1 风险的相关概念

8.4.1.1 项目风险的含义

项目风险是指在项目决策和实施过程中，造成项目实际结果达不到预期目标的不确定性。项目风险的不确定性包含损失的不确定性和收益的不确定性。本章所讨论的项目风险仅指损失的不确定性。

8.4.1.2 项目风险构成三要素

1. 风险因素

风险因素是指能产生或增加损失频率和损失幅度的要素。它是项目风险事故发生的潜在原因，是造成项目损失内在的或间接的原因。

2. 风险事故

风险事故是指造成项目损失的偶发事件。风险因素通过风险事故引发损失。前者是损失的间接原因，后者是损失的直接原因。

3. 损失

损失作为项目风险的一个重要概念，是指非故意的、非计划的和非预期的经济价值的减少。其包含两层含义：①损失发生的不可预知；②经济价值的减少。

4. 风险因素、风险事故和损失三者之间的关系风险因素、风险事故和损失三者是风险的构成要素，构成风险统一体，相互之间存在因果关系，风险因素引发风险事故，风险事故导致损失。一般认为，这三者的关系可通过风险的作用链条图 8-6 表示。认识风险构成的三要素及其相互关系对预防风险、降低风险损失有着十分重要的意义。

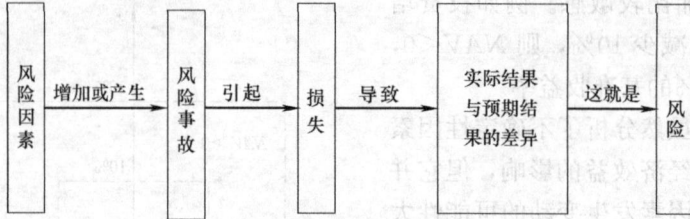

图 8-6　风险因素、风险事故和损失关系图

8.4.1.3　项目风险的分类

在可行性研究阶段，主要有以下八类风险。

1）市场风险。市场风险一般来自于三个方面：一是市场供需实际情况与预测值发生偏离；二是项目产品市场竞争力或者竞争对手情况发生重大变化；三是项目产品和主要原材料的实际价格与预测价格发生较大偏离。

2）资源风险。资源风险主要指资源开发项目，如金属矿、非金属矿、石油、天然气等矿产资源的储量、品位、可采储量、工程量与预测发生较大偏差，导致项目开采成本增加，产量降低或者开采周期缩短。

3）技术风险。项目采用技术的先进性、可靠性、适用性和可得性与预测方案发生重大变化，从而导致生产能力利用率低，生产成本增加，产品质量达不到预期要求。

4）工程风险。工程地质条件、水文地质条件与预测发生重大变化，导致工程量增加、投资增加、工期拖长。

5）资金风险。资金供应不足或者来源中断导致项目工期拖期甚至被迫终止；利率、汇率变化导致融资成本升高。

6）政策风险。国内外政治经济条件发生重大变化或者政府政策做出重大调整，项目原定目标难以实现甚至无法实现。

7）外部协作条件风险。交通运输、供水、供电等主要外部协作配套条件发生重大变化，给项目建设和运营带来困难。

8）社会风险。预测的社会条件、社会环境发生变化，给项目建设和运营带来损失。

8.4.1.4　项目风险等级的划分

项目风险等级按风险因素对投资项目影响程度和风险发生的可能性大小进行划分，风险等级分为一般风险、较大风险、严重风险和灾难性风险。

1）一般风险，是指风险发生的可能性不大，或者即使发生，造成的损失较小，一般不影响项目的可行性。

2）较大风险，是指风险发生的可能性较大，或者发生后造成的损失较大，但造成的损失程度是项目可以承受的。

3）严重风险，有两种情况：一是风险发生的可能性大，风险造成的损失大，使项目由可行变为不可行；二是风险发生后造成的损失严重，但是风险发生的概率很小，采取有效的防范措施，项目仍然可以正常实施。

4）灾难性风险，是指风险发生的可能性很大，一旦发生将产生灾难性后果，项目无法承受。

8.4.1.5 项目风险分析的程序

项目风险分析的程序主要包括风险识别、风险评估、风险对策决策、实施决策和风险实施控制五方面的内容。

8.4.2 概率分析

概率分析是运用概率方法和数理统计方法对风险因素的概率分布和风险因素对评价指标的影响进行定量分析。

概率分析首先预测风险因素发生的概率，将风险因素作为自变量，预测其取值范围和概率分布；再将选定的评价指标作为因变量，测算评价指标的相应取值范围和概率分布，计算评价指标的期望值，以及项目成功的概率。

8.4.2.1 概率分析的步骤

1）选定一个或几个评价指标，通常是将财务内部收益率、财务净现值等作为评价指标。

2）选定需要进行概率分析的风险因素，通常有产品价格、销售量、主要原材料价格、投资额，以及外汇汇率等。针对项目的不同情况，通过敏感性分析，选择最为敏感的因素进行概率分析。

3）预测风险因素变化的取值范围及概率分布。一般分为两种情况：一是单因素概率分析，即设定一个自变量因素变化，其他因素均不变化，进行概率分析；二是多因素概率分析，即设定多个自变量因素同时变化，进行概率分析。

4）根据测定的风险因素值和概率分布，计算评价指标的相应取值和概率分布。

5）计算评价指标的期望值和项目可接受的概率。

6）分析计算结果，判断其可接受性，研究减轻和控制风险因素的措施。

概率分析的方法有很多，这些方法大多以项目经济评价指标（主要是 NPV）的期望值的计算过程和计算结果为基础。本节介绍项目净现值的期望值法和决策树法，计算项目净现值的期望值及净现值大于或等于零时的累积概率，以判断项目承担风险的能力。

8.4.2.2 净现值的期望值

期望值是用来描述随机变量的一个主要参数。项目净现值的期望值和方差计算公式如下：

$$E(NPV) = \sum_{i=1}^{n} NPV_i \times P_i \tag{8-8}$$

$$D(NPV) = \sum \left[NPV_i - E(NPV) \right]^2 P_i \tag{8-9}$$

式中　$E(NPV)$——随机变量 NPV 的期望值；

　　　NPV_i——随机变量 NPV 的各种取值；

　　　P_i——NPV 取值 NPV_i 时所对应的概率值。

【例 8-6】　已知某投资方案各种因素可能出现的数值及其对应的概率如表 8-4 所示。

假设投资发生在期初，年净现金流量均发生在各年的年末。已知标准折现率为10%，试求其净现值的期望值。

投资方案变量因素值及其概率　　　　　　　　　　　　　　表8-4

投资额(万元)		年净收益(万元)		寿命期(年)	
数值	概率	数值	概率	数值	概率
120	30%	20	25%	10	100%
150	50%	28	40%		
175	20%	33	35%		

【解】　根据各因素的取值范围，共有9种不同的组合状态。根据净现值的计算公式，可求出各种状态的净现值及其对应的概率如表8-5所示。

方案所有组合状态的概率及净现值　　　　　　　　　　　　表8-5

投资额(万元)	120			150			175		
年净收益(万元)	20	28	33	20	28	33	20	28	33
组合概率	0.075	0.12	0.105	0.125	0.2	0.175	0.05	0.08	0.07
净现值(万元)	2.89	52.05	82.77	−27.11	22.05	52.77	−52.11	−2.95	27.77

$E(NPV) = 2.89 \times 0.075 + 52.05 \times 0.12 + 82.77 \times 0.105 - 27.11 \times 0.125 + 22.05 \times 0.2 + 52.77 \times 0.175 - 52.11 \times 0.05 - 2.95 \times 0.08 + 27.77 \times 0.07 = 24.51$ 万元

$D(NPV) = \sum [NPV_i - E(NPV)]^2 P_i = [2.89 - 24.51]^2 \times 0.075 + [52.05 - 24.51]^2 \times 0.12 + [82.77 - 24.51]^2 \times 0.105 + [-27.11 - 24.51]^2 \times 0.125 + [22.05 - 24.51]^2 \times 0.2 + [52.77 - 24.51]^2 \times 0.175 + [-52.11 - 24.51]^2 \times 0.05 + [-2.95 - 24.51]^2 \times 0.08 + [27.77 - 24.51]^2 \times 0.07 = 1311.18$

$\sigma(NPV) = \sqrt{D(NPV)} = 36.21$ 万元

离散系数 $C_V = \dfrac{\sigma(NPV)}{E(NPV)} = \dfrac{36.21}{24.51} = 1.4774$

净现值大于等于零的累计概率为：

$P(NPV \geqslant 0) = 0.075 + 0.12 + 0.105 + 0.2 + 0.175 + 0.07 = 0.745 = 74.5\%$

该项目的净现值的期望值为24.51万元，净现值大于或等于零的累计概率为74.5%，但标准差为36.21万元，离散系数为1.4774，说明项目有较大风险。

【例8-7】　假设上题的项目方案净现值服从均值为24.51万元、标准差为36.21万元的正态分布。试求：（1）项目方案净现值大于等于零的概率；（2）项目方案净现值大于等于20万元的概率。

【解】　根据概率论的有关知识，若连续型随机变量 X 服从参数 μ（均值）、σ（标准差）的正态分布，则 X 小于 χ_0 的概率为：

$$P(X < \chi_0) = \Phi\left(\frac{\chi_0 - \mu}{\sigma}\right)$$

Φ值可由标准正态分布表中查出。

（1）项目净现值大于等于0的概率为：

$$P(NPV \geqslant 0) = 1 - P(NPV < 0) = 1 - \Phi\left(\frac{0 - 24.51}{36.21}\right) = 1 - 1 + \Phi(0.68) = 75.17\%$$

（2）项目方案净现值大于等于 20 万元的概率为：

$$P(NPV \geqslant 20) = 1 - P(NPV < 20) = 1 - \Phi\left(\frac{20 - 24.51}{36.21}\right) = 1 - 1 + \Phi(0.13) = 55.17\%$$

8.4.3 决策树法

决策树法是指将各种可能的方案按阶段绘成图形，每一方案的有关收益或代价和其发生的概率都标注在相应的位置上，然后运用概率方法求出各方案损益的数学期望值，再进行比较，从而得出决策结论的方法。决策树法属于风险型决策方法，特别适用于多阶段决策分析。

决策树一般由决策点、机会点（状态点）、方案枝、概率枝等组成（图 8-7），其绘制方法如下：

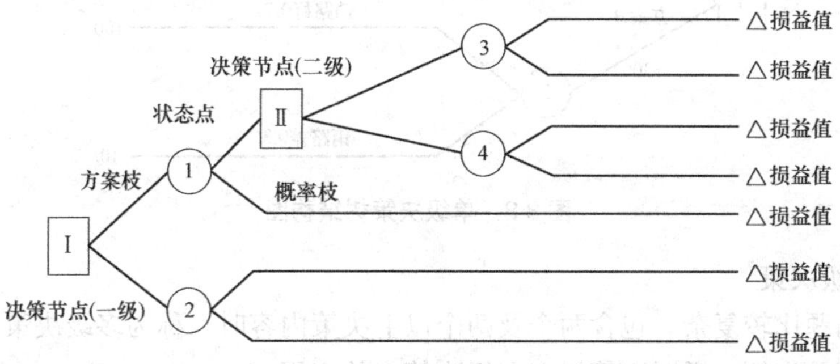

图 8-7　决策树结构图

首先确定决策点，决策点一般用"□"表示；然后从决策点引出若干条直线，代表各个备选方案，这些直线称为方案枝；方案枝后面连接一个"○"，称为机会点；从机会点画出的各条直线，称为概率枝，代表将来的不同状态，概率枝后面的数值代表不同方案在不同状态下可获得的损益值，一般用"△"表示。为了便于计算，对决策树中的"□"（决策点）和"○"（机会点）均进行编号。编号的顺序是从左往右，从上到下。画出决策树后，就可以很容易地计算出各个方案的期望值并进行比选。下面通过实例来说明如何运用决策树法对方案进行比选。

8.4.3.1 单级决策

当决策问题只涉及一个决策内容时，称为单级决策。对于单级决策问题，用决策树来进行分析十分简单易行。

【例 8-8】　某项目有两个备选方案 A 和 B，两个方案的寿命期均为 10 年，生产的产品也完全相同，但投资额及年净收益均不相同。A 方案的投资额为 500 万元，其年净收益在产品销量好时为 150 万元，销路差时为 -50 万元；B 方案的投资额为 300 万元，其年净收益在产品销路好时为 100 万元，销路差时为 10 万元。根据市场预测，在项目寿命期内，产品销路好的可能性为 70%，销路差的可能性为 30%。已知基准折现率 $i_c = 10\%$。试运用决策树法对备选方案进行比选。

【解】 首先，画出决策树。此问题属于单级决策问题，只有一个决策点，两个备选方案，每个方案又面临着两种状态。由此，可画出其决策树，如图 8-8 所示。

然后，计算各个机会点的期望值：

机会点②的期望值＝$150 \times (P/A, 10\%, 10) \times 0.7 - 50 \times (P/A, 10\%, 10) \times 0.3 = 533$ 万元

机会点③的期望值＝$100 \times (P/A, 10\%, 10) \times 0.7 + 10 \times (P/A, 10\%, 10) \times 0.3 = 448.5$ 万元

最后，计算各个备选方案净现值的期望值：

方案 A 的净现值的期望值＝$533 - 500 = 33$ 万元

方案 B 的净现值的期望值＝$448.5 - 300 = 148.5$ 万元

因此，应该优先选择方案 B。

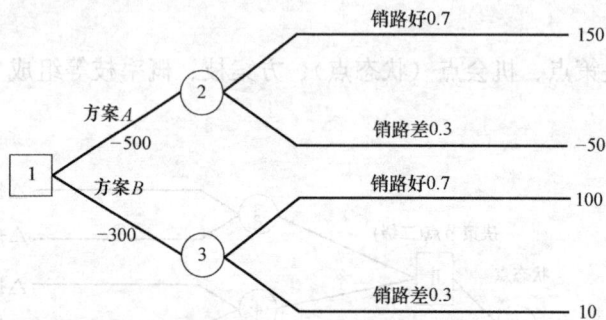

图 8-8　单级决策树结构图

8.4.3.2　多级决策

当决策问题比较复杂，包含两个及两个以上决策内容时，称为多级决策。下面以一个两阶段决策问题为例，说明决策树在多级决策中的应用。

【例 8-9】 某投资者欲投资兴建一工厂，建设方案有三种：①大规模投资 300 万元；②小规模投资 160 万元。两个方案的生产期均为 10 年，其的损益值及销售状态的概率如表 8-6 所示。③先小规模投资 160 万元，生产 3 年后，如果销路差，则不再投资，继续生产 7 年；销路好，则再做决策是否再投资 140 万元扩建至大规模（总投资 300 万元），生产 7 年，前 3 年和后 7 年销售状态的概率如表 8-7 所示，大小规模投资的年损益值同方案①②。试用决策树法选择最优方案。

各个自然状态的概率和损益值　　　　　　　　　表 8-6

销售状态	概率	损益值(万元/年)	
		大规模投资	小规模投资
销路好	0.7	100	60
销路差	0.3	−20	20

各个自然状态的概率和损益值　　　　　　　　　表 8-7

概率	前 3 年的销售状态		后 7 年的销售状态	
	好	差	好	差
	0.7	0.3	0.9	0.1

【解】 （1）绘制决策树，如图 8-9 所示。

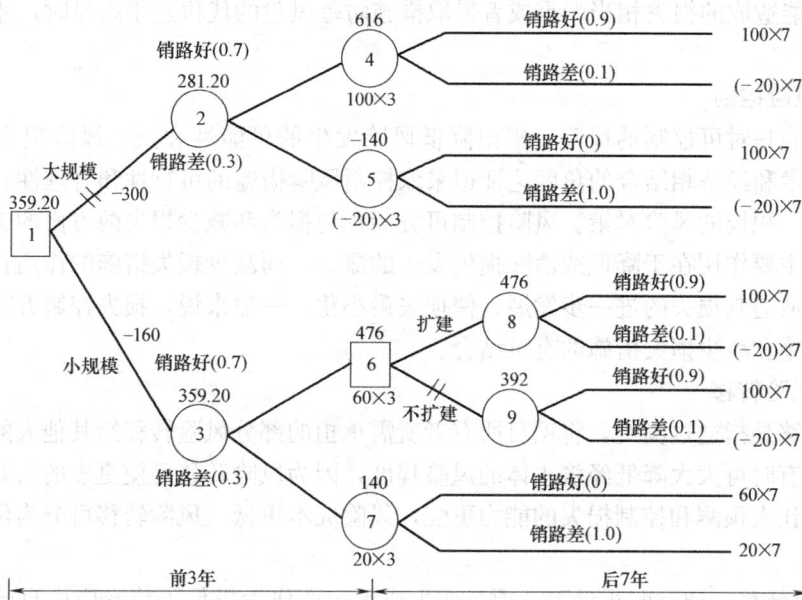

图 8-9 多级决策树结构图

（2）计算各节点的期望收益值并选择方案。

节点④：$[100\times7\times0.9+(-20)\times7\times0.1]=616$ 万元

节点⑤：$[100\times7\times0+(-20)\times7\times1.0]=-140$ 万元

节点②：$(616+100\times3)\times0.7+[(-140)+(-20)\times3]\times0.3-300=281.20$ 万元

节点⑧：$[100\times7\times0.9+(-20)\times7\times0.1]-140=476$ 万元

节点⑨：$(60\times7\times0.9+20\times7\times0.1)=392$ 万元

节点⑧的期望收益值为 476 万元，大于节点⑨的期望损失值 392 万元，故选择扩建方案，"剪去"不扩建方案。因此，节点⑥的期望损益值取扩建方案的期望损益值 476 万元。

节点⑦：$(60\times7\times0+20\times7\times1.0)=140$ 万元

节点③：$[(476+60\times3)\times0.7+(140+20\times3)\times0.3]-160=359.20$ 万元

节点③的期望损益值 359.20 万元，大于节点②的期望损益值 281.20 万元，故"剪去"大规模投资方案。

综上所述，投资者应该先进行小规模投资，3 年后如果销售状态好则再扩建，否则不扩建。

8.4.4 风险防范对策

风险分析的目的是研究如何降低风险程度或者规避风险，减少风险损失。在预测主要风险因素及其风险程度后，应根据不同风险因素提出相应的规避和防范对策，以期减少可能的损失。项目风险防范对策主要有以下几类。

8.4.4.1 风险回避

风险回避是彻底规避风险的一种做法，即断绝风险的来源。它对投资项目可行性研究而言，意味着可能彻底改变方案甚至否定建设项目。需要说明的是，风险回避对策虽然完全杜绝了风险的发生，但是在某种程度上也意味着丧失项目可能获利的机会，因此只有当风险因素可能造成的损失相当严重或者采取措施防范风险的代价过于高昂时，才采用风险回避对策。

8.4.4.2   风险控制

风险控制是对可控制的风险，提出降低风险发生的可能性和减少风险损失程度的措施，并从技术和经济相结合的角度论证拟采取控制风险措施的可行性和合理性。风险控制是一种主动、积极的风险对策。风险控制可分为预防损失和减少损失两方面的工作。预防损失措施的主要作用在于降低或消除损失发生的概率，而减少损失措施的作用在于降低损失的严重性或遏制损失的进一步发展，使损失最小化。一般来说，损失控制方案都应当是预防损失措施和减少损失措施的有机结合。

8.4.4.3   风险转移

风险转移是指通过契约，将项目所有者所需承担的部分风险转移给其他人的措施。通过风险转移有时可大大降低经济主体的风险程度，因为风险转移可使更多的人共同承担风险，或者受让人预测和控制损失的能力更强，风险成本更低。风险转移可分为保险转移和非保险转移。

1）保险转移。通过购买保险，项目业主或承包商作为投保人将本应由自己承担的项目风险转移给保险公司，从而使自己免受风险损失。保险这种风险转移形式之所以能得到越来越广泛的运用，原因在于其符合风险分担的基本原则，即保险人较投保人更适宜承担项目的有关风险。

2）非保险转移，包括签订工程承发包合同和工程担保合同转移风险。例如，在建设合同发包阶段，业主可以与设计、采购、施工联合体签订交钥匙工程合同，并在合同中规定相应的违约条款，从而将一部分风险转移给设计、采购和施工承包商。另外，在建设过程中，也可以签订工程保证担保合同将信用风险转移。

8.4.4.4   风险自留

风险自留是将可能的风险损失留给拟建项目所有者自己承担。这种方式适用于已知有风险存在，但可获高利回报且甘愿冒险的项目，或者风险损失较小，可以自行承担风险损失的项目。风险自留包括无计划自留和有计划自我保险。

1）无计划自留，是指风险损失发生后从收入中支付，即不是在损失前作出资金安排。当经济主体没有意识到风险并认为损失不会发生时，或将意识到的与风险有关的最大可能损失显著低估时，就会采用无计划保留方式承担风险。一般来说，无资金保留应当谨慎使用，因为如果实际总损失远远大于预计损失，将引起资金周转困难。

2）有计划自我保险，是指可能的损失发生前，通过做出各种资金安排以确保损失出现后及时获得资金以补偿损失。有计划自我保险主要是通过建立风险预留基金的方式来实现的。

8.5   案例分析

某建设项目，计划投资 3000 万元，建设期 3 年，计算期 15 年，项目报废时，残值与清理费正好抵消。基准收益率为 12%，每年的建设投资发生在年初，营业收入和经营成本均发生在年末。该建设项目各年的现金流量情况，见表 8-8。

现金流量表（万元）　　　　　　　　　　　　　　　　　　　　表 8-8

项目 ＼ 时点	合计	0	1	2	3	4	5	6～15
建设投资	3000	500	1500	1000				
营业收入	72100				100	4000	5000	6300
经营成本	61970				70	3600	4300	5400
净现金流量		−500	−1500	−1000	30	400	700	900

按照 12％的基准收益率可得该建设项目的净现值 $NPV=921.76$ 万元，内部收益率 $IRR=16.69\%$。从计算结果可以看出，该项目正常情况下的净现值为正值，且数值较大；内部收益率也高于投资者的期望收益率，具有较大的吸引力。对此类项目成本效益影响较大的因素是投资成本、建设周期、生产成本和价格波动。需分别对这些因素进行敏感性分析。

1. 进行建设投资增加的敏感性分析

假定该项目由于建筑材料涨价，导致建设投资上升 20％，原来 3000 万元的投资额增加为 3600 万元。进行敏感性分析时，首先在基本情况表中对建设投资一栏加以调整，见表 8-9。

建设投资增加后现金流量表（万元）　　　　　　　　　　　表 8-9

项目 ＼ 时点	合计	0	1	2	3	4	5	6～15
建设投资	3000	600	1800	1200				
营业收入	72100				100	4000	5000	6300
经营成本	61970				70	3600	4300	5400
净现金流量		−600	−1800	−1200	30	400	700	900

根据上表，建设投资增加后的净现值 NPV 为 394.46 万元，内部收益率 IRR 为 13.79％。在其他条件不变，建设投资上升 20％时，该项目的效益虽然下降，但仍高于投资者的期望，项目仍可实施。

2. 进行项目建设周期延长的敏感性分析

假定该项目施工过程中，由于天气原因造成部分工程返工停工，建设周期延长 1 年，并由此导致投资增加 100 万元，试生产和产品销售顺延 1 年，预测数据及计算结果，见表 8-10。

建设周期延长后现金流量表（万元）　　　　　　　　　　表 8-10

项目 ＼ 时点	合计	0	1	2	3	4	5	6～15
建设投资	3100	500	1400	900	300			
营业收入	68100					100	5000	6300
经营成本	58370					70	4300	5400
净现金流量		−500	−1400	−900	−300	30	700	900

此时，净现值 $NPV=620.74$ 万元，内部收益率 $IRR=15.10\%$。计算表明，该项目对工期延长 1 年的敏感度不高，内部收益率在 12% 以上，项目可以进行。

3. 进行经营成本增加的敏感性分析

假定由于原材料和燃料调价，使该项目投产后经营成本上升 5%，其他条件不变，将表 8-8 中的经营成本提高 5%，净现金流量和净现值相应调整后计算净现值和内部收益率。此时，净现值 $NPV=-182.77$ 万元，内部收益率 $IRR=10.95\%$。计算表明，经营成本上升对项目效益影响较大，经营成本上升 5%，导致该项目净现值小于零，内部收益率低于基准收益率。所以，当经营成本提高 5% 的情况下，此方案不可行。计算数字清晰地警告投资者，该项目对经营成本这一因素非常敏感，必须采取有效措施降低经营成本，否则无法实现投资者的期望收益率，假如通过努力，仍不能控制经营成本提高的幅度，此项目不可行。

4. 进行价格下降的敏感性分析

在市场经济条件下，产品价格若呈上升趋势，当然对项目效益有利，但也不能排除价格下降的可能性。假定，经过市场预测后得知，项目投产以后前两年按计划价格销售，第三年开始，由于市场需求减少，产品价格下降 3%，才能薄利多销，保证生产的产品全部售出。在其他条件不变的情况下，销售收入也随之下降 3%，基本情况表将作相应调整。据此计算出的净现值 $NPV=152.30$ 万元，内部收益率 $IRR=12.85\%$。这显示，该项目对销售价格较为敏感。当销售价格下降 3% 时，虽然内部收益率下降了近 4 个百分点，但是净现值仍大于零．内部收益率仍高于基准收益率，若能保证产品销售价格不继续下降，该项目是可行的。

5. 综合分析

对该项目的敏感性分析进行汇总、对比分析，具体见表 8-11。

敏感性综合分析表　　　　　　　　　表 8-11

	敏感因素	净现值(万元)	与基本情况差异(万元)	内部收益率(%)	与基本情况差异(%)
1	基本情况	921.76	0	16.69	0
2	投资成本上升 20%	394.46	−527.30	13.79	−2.90
3	建设周期延长 1 年	620.74	−301.02	15.10	−1.59
4	经营成本增加 5%	−182.77	−1104.53	10.95	−5.74
5	销售价格下降 3%	152.30	−769.46	12.85	−3.84

从汇总表中可以得知，该企业新建项目对分析的四类影响因素的敏感程度由大到小为：经营成本增加 5%、销售价格下降 3%、投资成本增加 20%、建设周期延长 1 年。后三个因素发生时净现值仍为正值，仍能实现投资者期望收益率。当经营成本增加 5% 时，净现值降为负值，不能满足投资者需要，在财务评价和社会经济评价时，必须提出切实措施，以确保方案有较好的抗风险能力，否则就另行设计方案。

本章小结

本章通过不确定性分析和风险分析的学习，对项目的分析更具科学性，使决策者的决策行为更具稳妥性。

（1）不确定性分析是研究项目中各种因素的变化和波动对其经济效益影响的方法，包括盈亏平衡分析、敏感性分析、风险分析。盈亏平衡分析方法适用于财务评价，敏感性分析和概率分析同时适用于经济效益评价和企业财务评价。

（2）盈亏平衡分析是指通过计算项目达产年的盈亏平衡点，分析项目成本与收入的平衡关系，判断项目对产出品数量变化的适应能力和抗风险能力。盈亏平衡分析的关键是测算项目方案的盈亏平衡点。一般来说，对工程项目的生产能力而言，盈亏平衡点越低，项目盈利的可能性就越大，对不确定性因素变化所带来的风险承受能力就越强。

（3）敏感性分析是指通过分析项目主要不确定性因素发生增减变化时，对财务或经济评价指标的影响，并计算敏感度系数和临界点，找出敏感因素。敏感性分析分为单因素敏感性分析和多因素敏感性分析。

（4）风险识别是指采用系统论的观点对项目全面考察、综合分析，找出潜在的各种风因素，并对各种风险进行比较、分析确定各因素间的相关性与独立性，判断其发生的可能性及对项目的影响程度，按其重要性进行排队，或赋予权重。敏感性分析是初步识别风险因素的重要手段。

风险估计是运用数理统计方法，确定风险因素，计算项目评价指标相应的概率分布或累计概率、期望值、标准差等。在离散型概率分布的情况下，常用概率树分析方法进行方案选择。

思考与练习题

一、思考题

8-1　线性盈亏平衡分析的前提假设是什么？

8-2　简述敏感性分析的步骤、作用及局限性。

8-3　项目风险防范对策有哪些？

8-4　简述概率分析的步骤。

二、单项选择题

8-5　某房地产开发商拟开发建设商品住宅项目，市场预测售价为 6000 元/m^2，变动成本为 2550 元/m^2，固定成本为 1800 万元，综合营业税金为 450 元/m^2。该开发商保本开发商品住宅面积是（　　）。

A. 3000m^2　　　　B. 3540m^2　　　　C. 4850m^2　　　　D. 6000m^2

8-6　某技术方案的设计生产能力为 10 万件，有两个可实施方案甲和乙，其盈亏平衡点产量分别为 1 万件和 9 万件，下列说法正确的是（　　）。

A. 方案甲的风险大　　　　　　　　B. 方案乙的风险大

C. 风险相同　　　　　　　　　　　D. 方案甲产品降价后的风险大

8-7　某技术方案年设计生产能力为 10 万台，年固定成本为 1200 万元，产品单台销售价格为 900 元，单台产品可变成本为 560 元，单台产品管营业税金及附加为 120 元，则该技术方案的盈亏平衡生产能力利用率为（　　）。

A. 53.50%　　　　B. 54.55%　　　　C. 65.20%　　　　D. 74.50%

8-8　现对某技术方案进行评价，确定性评价得到技术方案的内部收益率为 18%，选择

3 个影响因素对其进行敏感性分析，当产品价格下降 3%、原材料上涨 3%、建设投资上涨 3%时，内部收益率分别降至 8%、11%、9%。因此，该项目的最敏感性因素是（　　　）。

　　A. 建设投资　　　　B. 原材料价格　　　　C. 产品价格　　　　D. 内部收益率

　　8-9　如果进行被感性分析的目的是对不同的技术方案进行选择，一般应选择的技术方案是（　　　）。

　　A. 敏感程度大、承受风险能力强、可靠性大的
　　B. 敏感程度小、承受风险能力强、可靠性大的
　　C. 敏感程度大，承受风险能力弱、可靠性大的
　　D. 敏感程度小、承受风险能力弱、可靠性大的

三、多项选择题

8-10　关于盈亏平衡分析，下列说法正确的是（　　　）。

A. 通过计算技术方案达产年盈亏平衡点（BEP），分析技术方案成本与收入的平衡关系
B. 用来判断技术方案对不确定性因素导致产销量变化的适应能力和抗风险能力
C. 可以用绝对值表示，如以实物产销量、单位产品售价等表示的盈亏平衡点
D. 以产销量和生产能力利用率表示的盈亏平衡点应用最为广泛
E. 只能用绝对值表示，不可以用相对值表示

8-11　关于量本利图，下列说法正确的是（　　　）。

A. 销售收入线与总成本线的交点是盈亏平衡点
B. 在盈亏平衡点的基础上，满足设计生产能力增加产销量，将出现亏损
C. 产品总成本是固定总成本和变动总成本之和
D. 盈亏平衡点的位置越高，适应市场变化的能力越强
E. 盈亏平衡点的位置越高，项目投产后盈利的可能性越小

8-12　敏感度系数提供了各个不确定因素变动率与评价指标变动率之间的比例，正确表述敏感度系数的说法是（　　　）。

A. 敏感度系数的绝对值越小，表明评价指标对于不确定性因素越敏感
B. 敏感度系数的绝对值越大，表明评价指标对于不确定性因素越敏感
C. 敏感度系数大于零，评价指标与不确定性因素同方向变化
D. 敏感度系数小于零，评价指标与不确定性因素同方向变化
E. 敏感度系数越大，表明评价指标对于不确定性因素越敏感

四、计算题

8-13　已知某化工项目，设计年产量为 5800kg，估计产品售价为 79 元/kg，固定成本为 60000 元/年，可变成本为 32 元/kg，其销售收入和总成本费用与产量皆呈线性关系，销售税金及附加和增值税共为 10 元/kg。求以产量、生产能力利用率、销售价格、单位产品可变成本表示的盈亏平衡点。

8-14　某生产性工业项目，估计寿命期为 15 年，计划年初一次性投资 200 万元，第 2 年年初投产，每天生产产品 100m³，每年可利用 250 天时间，每立方米产品售价估计为 40 元，每立方米产品生产成本估计为 10 元。估计到期时设备残值为 20 万元，基准贴现率为 15%。试就售价、投资额、产量 3 个影响因素对投资方案进行敏感分析。

8-15　某投资项目有两个方案，一个是建大厂，另一个是建小厂。建大厂需投资 300 万元，建小厂须投资 160 万元，使用年限均为 10 年，估计在此期间产品销路好的概率为 0.7，销路差的概率是 0.3，$i=6\%$，两方案年净收益如表 8-12 所示。试以决策树法决策。

题 8-6 用表　　　　　　　　　　　　　　　　　　　　　表 8-12

自然状态	概率	大厂方案	小厂方案
销路好	0.7	100 万元	40 万元
销路不好	0.3	—20 万元	10 万元

第9章 价 值 工 程

本章要点及学习目标

本章要点：

价值工程亦称价值分析，是一种把功能与成本、技术与经济结合起来进行技术经济评价的方法。应用价值工程相关的技术和方法进行项目决策，可以达到有效降低资源消耗、获取最佳综合效益的目的。本章主要介绍价值工程的起源、基本概念，提高产品价值的途径，价值工程对象的选择，信息的收集，功能分析以及方案的创造及评价，最后通过典型案例分析价值工程在实际工程中应用。

学习目标：

了解价值工程的产生、发展和应用领域；掌握应用价值工程方法解决问题的工作程序；掌握价值工程分析对象的选择方法；熟悉功能分析及功能评价常用方法；掌握方案优选及方案改进的原理及方法。

9.1 价值工程概述

价值工程（Value Engineering，简称 VE），也称价值分析（Value Analysis，简写 VA），产生于 20 世纪 40 年代后期的美国，创始人是美国通用电气公司（GE）电气工程师麦尔斯（L. D. Miles）。

9.1.1 价值工程的概念

价值工程是指以研究对象的功能分析为核心，以提高产品（或作业）价值和有效利用资源为目的，通过有组织的创造性的工作，寻求以最低寿命周期成本来可靠地实现研究对象必要功能的一种有组织的技术经济活动。价值工程中的"工程"是指为实现提高产品价值的目标所进行的一系列分析研究活动。价值工程的对象是指为了获取功能而发生费用的事物，如服务、产品、工程、工艺等。价值工程的核心是对研究对象进行功能分析。

价值工程涉及价值、功能、寿命周期成本三个基本要素。

9.1.1.1 价值

价值工程中的"价值"（Value）是个相对的概念，是指研究对象所具有的功能与取得该项功能的寿命周期成本之比，即功能与费用之间的比值。它不是指对象的使用价值或交换价值，而是对象的比较价值，即性能价格比。价值定义式为：

$$V = \frac{F}{C} \tag{9-1}$$

式中　V——研究对象的价值；

　　　F——研究对象的功能，即产品或作业的功能和用途；

　　　C——研究对象的成本，即寿命周期成本。

从式中可以看出，价值的高低取决于功能和成本相对比值的大小。由于价值的引入，产生了对产品新的评价形式，即将功能与成本、技术与经济结合起来进行评价。在实际价值工程活动中，一般功能 F、成本 C 和价值 V 都用某种系数表示。

9.1.1.2　功能

1. 功能的含义

功能（function）即产品最本质的东西，指产品（或作业）满足用户需求的属性。人们购买产品实际是购买这个产品所具有的功能。例如：人们需求住宅，实质是需求住宅所提供的生活空间的功能及辅助功能。但由于设计制造等原因，产品在具备满足用户需求功能的同时可能存在着一些多余的功能，这必将造成产品不必要的成本。

2. 功能的分类

产品的功能多种多样，其性质、重要程度差别很大。根据功能的不同特性，可以将功能分为以下四类。

1）按功能性质分类，产品功能分为使用功能与品味功能。

使用功能是对象所具有的与技术经济用途直接相关的一种动态功能，包括可用性、可靠性、安全性、易维修性等。

品味功能是与使用者的主观意识、精神感觉有关的功能，如美学功能、欣赏功能、贵重功能等，是一种静态的外观功能。

例如建筑物中使用的输电暗线和地下管道等，需要强化使用功能，不需要在外观功能上多花费资金。相反，某些产品需要使用功能和美观功能两者兼备，例如墙纸、室内家具和灯具等，为了增加这类产品在市场上的竞争能力，必须重视其品味功能并投入适当的成本。当然，有的产品如房屋建筑、桥梁等两者功能兼而有之。

2）按功能的重要程度分类，产品功能分为基本功能和辅助功能。

基本功能是达到这种产品的目的所必不可少的功能，是产品的主要功能。如住宅的主要功能是提供居住空间、学校的主要功能是提供学习场所和环境等。

辅助功能是指为更好实现基本功能以外的附加功能，是次要功能，也叫二次功能。如室内隔墙的基本功能是分割空间，同时也具有隔声、隔热、保温等辅助功能。辅助功能可以根据用户需求而改变。

3）按用户需求分类，功能可分为必要功能与不必要功能。

必要功能是为满足使用者的要求而必须具备的功能；不必要功能是对象（产品）所具有的、与满足使用者需求无关的功能，不必要功能又称为多余功能。功能分析的目的就在于，确保必要功能，消除不必要功能。

4）按功能的量化标准分类，功能分为不足功能与过剩功能。

不足功能是指对象尚未满足使用者需求的必要功能；过剩功能是指对象所具有的、超过使用者需求的功能，不足功能和过剩功能具有相对性。同样一件产品对甲消费者而言，可能是功能不足，而对乙消费者而言，已是功能过剩。因此，不足功能和过剩功能都要作为价值工程的对象，通过设计进行改进和完善。

9.1.1.3　成本

成本（Cost）是指实现分析对象功能所需要的费用，是在满足功能要求条件下的制造生产技术和维持使用技术的耗费支出。价值工程中的成本包括功能现实成本、功能目标成本、寿命周期成本3个方面的内容。

1. 功能现实成本

功能现实成本指目前实现功能的实际成本。在计算功能现实成本时，需要将产品的成本分配给各零部件，得到各个零部件的现实成本，再将零部件的现实成本转化为功能的现实成本。

功能现实成本是以功能为对象进行计算的。在产品中，零部件与功能之间常呈现一种相互交叉的复杂情况，即一个零部件往往具有几种功能，而一种功能往往通过多个零部件才能实现。因此，计算功能的现实成本，就是采用适当方法将零部件成本转移分配到功能中去。具体有以下几种情况：

1）当一个零部件只实现一项功能，且这项功能只由这个零部件实现时，零部件的成本就是功能的现实成本。

2）当一项功能由多个零部件实现，且这多个零部件只实现这项功能时，这多个零部件的成本之和就是该功能的现实成本。

3）当一个零部件实现多项功能，且这多项功能只由这个零件实现时，则该零部件实现各功能所起作用的比重将成本分配到各项功能上去，即为各功能的现实成本。

4）更多的情况是多个零部件交叉实现了多项功能，且这多项功能只能由这多个零部件的交叉才能实现。此时，计算各功能的现实成本，可通过填表进行。首先将各零部件成本按该零部件对实现各功能所起作用的比重分配到各项功能上去，然后将各项功能从有关零部件分配到的成本相加，便可得出各功能的现实成本。零部件对实现功能所起作用的比重，可以请几位有经验的人员集体研究确定，或者采用评分方法确定。

例如：某产品具有 $F1 \sim F5$ 共五项功能，由四种零件实现，功能现实成本计算见表9-1。

功能现实成本计算表（元）　　　　表 9-1

零部件		功能区域									
名称	成本	F1		F2		F3		F4		F5	
		比重	成本	比重	成本	比重	成本	比重	成本	比重	成本
A	150	0	0	66.70%	100	0	0	33.30%	50	0	0
B	250	20%	50	0	0	60%	150	0	0	20%	50
C	500	50%	250	10%	50	0	0	40%	200	0	0
D	100	0	0	0	0	100%	100	0	0	0	0
合计	1000		300		150		250		250		50

在表9-1中，A 零部件对实现 $F2$、$F4$ 两项功能所起的作用分别为 66.7% 和 33.3%，故功能 $F2$ 分配成本为 66.7%×150＝100 元，$F4$ 分配成本为 33.3%×150＝50 元。按此方法将所有的零部件成本分配到有关功能中去，再按照功能进行相加，即可以得出 $F1 \sim F5$ 五种功能的现实成本。

2. 功能目标成本

功能目标成本是指可靠地实现用户要求功能的最低成本。通常，根据国内外先进水平或市场竞争的价格，确定实现用户功能需求的产品最低成本（企业的预期成本或理想成本等）。再根据各功能的重要程度，将产品的成本分摊到各功能，得到功能目标成本。

3. 寿命周期成本

任何一种产品都有它的寿命周期。产品寿命周期是指产品从研究开发、设计、制造、用户使用直到报废为止的整个时期，价值工程研究对象从研究、形成、销售、使用到退出使用所需要的全部费用称为寿命周期成本，也称总成本。

就建筑产品而言，其寿命周期是指从规划、勘察、设计、施工建设、使用维护，直到报废为止的整个时期。建筑产品在整个寿命周期过程中所发生的全部费用，称为寿命周期成本。

产品的寿命周期成本可以表达为：

寿命周期成本＝生产成本＋使用成本，即 $C = C_1 + C_2$。式中，C 为寿命周期成本；C_1 为生产成本；C_2 为使用成本。

成本与功能之间的关系如图 9-1 所示，一般而言，生产成本与产品的功能呈正向关系，使用成本与产品的功能呈反向关系。

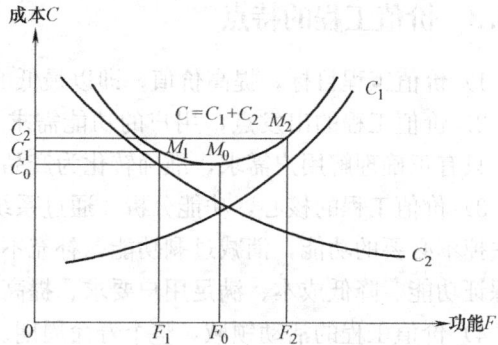

图 9-1　成本和功能关系图

9.1.2　提高产品价值的途径

价值工程的特点之一，就是价值分析并不单纯追求降低成本，也不片面追求较高功能，而是追求 F/C 的比值的提高，追求产品功能与成本之间的最佳匹配关系。由上面分析可知，价值取决于功能和成本两个要素，因此，要提高某一产品的价值，必须从功能和成本两方面来考虑，提高产品价值的途径有以下 5 种，见表 9-2。

提高产品价值分析表　　　　　　　　　　　　　　　　　　　　表 9-2

提高价值的类型	提高价值途径	表达公式	备注
双向型	功能提高，成本降低	$F\uparrow/C\downarrow = V\uparrow\uparrow$	最理想的途径
节约型	功能不变，成本下降	$F\rightarrow/C\downarrow = V\uparrow$	
投资型	功能提高幅度较大，产品成本略有增加	$F\uparrow\uparrow大/C\uparrow小 = V\uparrow$	
改进型	成本不变，功能提高	$F\uparrow/C\rightarrow = V\uparrow$	
牺牲型	功能略有下降，成本大幅度下降	$F\downarrow小/C\downarrow大 = V\uparrow$	实际中应持慎重态度

上述五种基本途径，仅是依据价值工程的基本关系式 $V = F/C$，从定性的角度提出来的一些思路。在价值工程活动中，具体选择提高价值途径时，则须进一步进行市场调查，依据用户的要求，针对不同情况进行具体的选择。如在产品形成的各个阶段都可以应用价值工程提高产品的价值，但在不同的阶段进行价值工程活动，其经济效果的提高幅度却是

大不相同的。对于建设工程，应用价值工程的重点在规划和设计阶段，因为这两个阶段是提高技术方案经济效果的关键环节。施工阶段同样可展开大量价值工程活动，以寻求技术、经济、管理上的突破，获得最佳综合效果，如对施工项目开展价值工程分析，可以更加明确业主的要求、设计的要求、结构特点以及项目所在地的自然地理条件，更有利于施工方案的制定，对提高项目组织水平、改善内部组织管理、降低不合理消耗等，都有积极直接的影响。美国建筑业价值工程应用效果统计结果表明：一般情况下应用价值工程可以降低整个建设项目初始投资 5%～10%。在某些情况下可以高达 35%以上，而整个价值工程研究的投入费用仅为建设成本的 0.1%～0.3%。因此，推动价值工程在我国建筑业中的发展和应用，对获得良好经济效益、提高我国建筑业整体经营管理水平具有重要意义。

9.1.3　价值工程的特点

1）价值工程目标，提高价值，即以最低的寿命周期成本实现必要功能。

2）价值工程的出发点，用户的功能需求（必要功能），即将用户需求转化为产品功能，只有正确理解用户需求，准确转化为产品功能才能真正实现产品价值。

3）价值工程的核心，功能分析。通过系统研究功能与成本的关系，可以在改进方案中去掉不必要的功能，消减过剩功能，补充不足功能，使产品的功能结构更加合理，以达到保证功能、降低成本、满足用户要求、提高产品竞争能力的目的。

4）价值工程的活动领域，整个寿命周期。价值工程的基本思想就是有效地利用资源，尽量用最少的资源满足用户对功能的要求，并使得所形成的寿命周期成本最低，有时虽然生产成本提高了一点，但使用成本会有所下降，同样是对社会资源的节约。因此通过降低成本提高价值的活动应贯穿于生产和使用的全过程。

5）价值工程分析，可以量化。价值工程要求将功能定量化，即将功能转化为能够与成本直接相比的量化值。

9.1.4　价值工程工作步骤

价值工程是一个发现问题、分析问题和解决问题的过程，在工程建设中，价值工程的工作程序，实质就是针对工程产品（或作业）的功能和成本提出问题、分析问题、解决问题的过程，实施步骤可分为准备阶段、分析阶段、创新阶段与方案实施评价四个阶段，具体如表 9-3 所示。价值工程的实施就是围绕这四个工作程序进行的。

价值工程的工作步骤　　　　　　　　　　　　　　　　　　　表 9-3

工作阶段	设计程序	工作步骤		解决的问题	说明
		基本步骤	详细步骤		
准备阶段	制定工作计划	确定目标	1. 对象选择	1. 价值工程研究对象是什么	1. 应明确目标、约束条件和分析范围 2. 一般由项目负责人、专业技术人员以及熟悉价值工程的人员组成 3. 具体的执行人、执行日期、工作目标
			2. 资料收集		

续表

工作阶段	设计程序	工作步骤		解决的问题	说明
		基本步骤	详细步骤		
分析阶段	规定评价（功能要求事项实现程度的）标准	功能分析	3. 功能定义 4. 功能整理	2. 它的功能有哪些	4. 贯穿于价值工程的全过程 5. 明确功能特征要求，绘制功能系统图 6. 明确目标成本，确定功能改进区
		功能评价	5. 功能成本分析	3. 它的成本是多少	
			6. 功能评价		
			7. 确定改进对象范围	4. 它的价值是多少	
创新阶段	初步设计	制定创新方案	8. 方案创造	5. 还有其他途径能实现这一功能吗	7. 提出各种不同的实施方案 8. 从技术、经济、社会等方面综合评价各方案的可行性 9. 将优选出的方案及有关资料编制成册
	评价各设计方案，改进优化方案		9. 概略评价	6. 新方案的成本是什么	
			10. 调整完善		
			11. 详细评价		
	方案书面化		12. 提出方案	7. 新方案能满足功能要求吗	
实施阶段	检查实施情况并评价活动结果	方案实施与成果评价	13. 方案审批	8. 偏离目标了吗	10. 主管部门进行方案的审批 11. 制定实施计划，组织实施并跟踪检查 12. 对实施后取得的技术经济成果进行鉴定
			14. 方案实施与检查		
			15. 成果评价		

9.2 价值工程对象选择

价值工程是就某个具体对象开展的有针对性的分析评价和改进，凡是为了获取功能而发生费用的事物，如服务、产品、工程、工艺等，都可以作为价值工程的研究对象。但组织不可能对所有的子项目、产品零件或工序、作业等都进行分析、研究，价值工程对象选择过程就是逐步收缩研究范围、寻找目标、确定主攻方向的过程。实际上，选择对象的过程就是寻找主要矛盾的过程。能否正确选择价值工程的对象是价值工程收效大小与成败的关键。选择时必须分清主次轻重，有重点、有顺序地选择每次价值活动的对象。应注意将那些价格高的产品、难以销售的产品、复杂的生产环节等作为价值工程的对象，同时，还应注意保持必要功能和降低成本潜力较大的项目。

9.2.1 选择对象的原则

在工程建设中，并不是对所有的工程产品（或作业）都进行价值分析，而是主要根据企业的发展方向、市场预测、用户反映、存在问题、薄弱环节以及提高劳动生产率、提高质量、降低成本等方面选择分析对象。因此，价值工程的对象选择过程就是分析明确研究的目标即主攻方向的过程。价值工程一般选择在经营上迫切需要改进的产品、功能改进和成本降低的潜力比较大的产品。

9.2.2 选择价值工程对象的方法

选择对象的方法很多，下面介绍经验分析法、ABC 法和强制确定法三种。

9.2.2.1 经验分析法

经验分析法也称因素分析法，它是对照有关标准、法规、检查表或依靠有丰富实践经验的专业人员和管理人员的观察分析能力，对设计、加工、制造、销售和成本等方面存在的问题进行综合分析，找出关键因素，并把存在这些关键问题的产品或零部件作为研究对象的方法。经验分析法是辨识中常用的方法。这种方法的优点是简便易行，节省时间。缺点是缺乏定量的数据，不够精确，用于初选阶段是可行的。为弥补个人判断的不足，常要求发挥集体智慧，采取专家会议等方式来相互启发、交换意见、集思广益，使选择对象更加合理。

运用这种方法选择对象时，可以从设计、加工、制造、销售和成本等方面进行综合分析。

1) 设计阶段，选择结构复杂、性能和技术指标差、体积和重量大的工程产品进行价值工程分析。

2) 施工阶段，选择产量大、原材料和能源消耗高、工艺复杂、成品率低以及占用关键设备多、质量难以保证的产品。

3) 从成本方面，选择成本占总费用比重大、功能不重要而成本较高者。

4) 销售阶段，一是选择用户意见大、竞争能力差、利润低的产品，以赢得消费者的认同，占领更大的市场份额；二是选择畅销产品，以保持优势，提高竞争力。

5) 从产品发展方面，选择正在研制将要投放市场的产品。选择可利用新材料、新设备、新工艺、新结构及在科研上已有先进成果的工程和构配件，这样可有效节约成本，提高产品价值。

9.2.2.2 ABC 分析法

ABC 分析法，即成本比重分析法，又称排列图法或帕莱托分析法，是一种定量分析方法。它是将产品的成本构成进行逐项统计，将每一种零部件占产品成本的多少从高到低排列出来，分成 A、B、C 三类，找出少数数量不多而占总成本比重相当大的部件作为分析的主要对象。

一般来说，将零件数量占总数的 $10\%\sim20\%$ 左右，而成本却占总成本的 $70\%\sim80\%$ 左右的零部件规定为 A 类；将零件数量占总数的 $70\%\sim80\%$ 左右，而成本只占总成本的 $10\%\sim20\%$ 左右的零件规定为 C 类。A 和 C 以外的零部件归为 B 类，具体如图 9-2 所示。从这种分类，就可以看出，在价值工程的选择对象中，应以 A 类零部件作为价值工程活动的重点分析对象，B 类只作一般分析，C 类可以不加分析。通过 ABC 分析法分析，产品零部件项数与成本之间的关系就能一目了然，

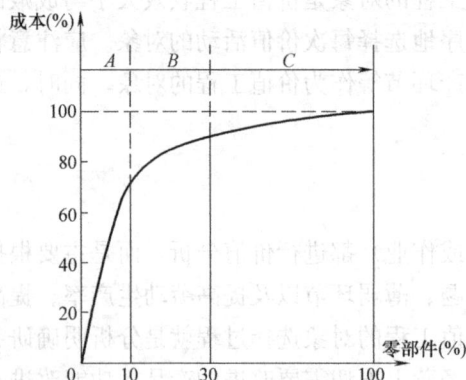

图 9-2 ABC 分析曲线图

价值工程的重点在 A 类零部件，属于"关键的少数"。

ABC 分析法的优点是抓住重点，突出主要矛盾，在对复杂产品的零部件作对象选择时，常用它来进行主次分类。据此，价值工程分析小组可以结合一定的时间要求和分析条件，略去"次要的多数"，抓住"关键的少数"，卓有成效地开展工作。但是，该法没有把成本与功能紧密地联系起来，因而容易使个别功能重要而成本比重较少的零部件遭到忽视。

9.2.2.3 功能重要性分析法

1. 功能重要性分析法的含义

所谓功能重要性分析法，是采用分析评分法将产品的零部件、工序等进行功能评价，给出其功能重要性系统，按重要性系数大小进行排队，优先选择功能重要的作为价值工程的研究对象。

二维码 9-1 强制确定法

此方法从功能的角度突出了重点对象，但对于那些功能并不重要，而成本分配较高的现象，往往得不到重视。求解重要性系数有多种方法，一般采用强制确定法。

2. 强制确定法的含义

强制确定法是价值工程应用的技术方法之一，简称"FD 法"，又称评定价值系数法。这种方法抓住每一事物的评价特性，然后把这些因素组合起来进行强制评价，包括"0-1"评分法、"0-4"评分法以及环比评分法，它们在价值工程对象选择、功能评价和方案评价中都可以应用。

其基本思想是：产品的每一个零部件成本应该与该零部件功能的重要性相匹配，以功能重要程度作为选择价值工程对象的决策指标。

3. 强制确定法的评价规则

①由对产品性能熟悉的人员参加评价；②评价人数 5～15 人；③评价人员在评价时各自计分，互不通气；④评价两个功能的重要性时，采用一比一的方法，功能重要的赋值高，相对不重要的赋值低。

4. 强制确定法的计算及评价

具体做法是先求出分析对象的成本指数、功能指数，然后求出两个指数之比，即价值指数。揭示出分析对象的功能与花费的成本是否相符，不相符、价值低的被选为价值工程的研究对象。

$$功能重要性指数＝每个对象的功能修正得分/各个对象的功能修正得分之和 \quad (9-2)$$

$$成本指数＝每个对象的成本/各个对象的成本之和 \quad (9-3)$$

$$价值指数＝功能重要性指数/成本指数 \quad (9-4)$$

根据价值指数的大小来确定价值工程的研究对象

运用强制确定法时，价值指数 V_i 的计算结果有三种情况：

第一，$V_i > 1$，说明产品或部件重要程度大而成本低，可作为研究对象。具体分析，一是评价对象在经济、技术方面存在某些特殊性，在满足功能同时成本较低，可不作为价值工程改进对象；二是对象目前具有不必要的功能，即过剩功能，应列为价值工程改进对象，改进方向是降低功能水平；三是目前成本偏低，不能满足对象实现应有功能要求，应列为价值工程改进对象，改进方向是提高成本。

第二，$V_i<1$，说明产品或部件重要程度小而成本高，应作为研究对象。功能不足则应提高功能，成本过高应着重从各方面降低成本，使成本与功能比例趋于合理。

第三，$V_i=1$，说明产品或部件重要程度和成本相当，该零件功能与成本匹配，不作为价值工程活动的选择对象。

从以上分析可以看出，对产品零件进行价值分析，就是使每个零件的价值指数尽可能趋近于1。在应用该法选择价值工程对象时，应当综合考虑价值指数偏离1的程度和改善幅度，优先选择V_i小于1且改进幅度大的产品或零部件。

9.3　信息资料的收集

价值工程工作的全部过程，就是分析问题与解决问题的过程。从对象选择开始到最佳方案确定的全过程，都必须以全面可靠的信息资料为基础。从某种意义上说，价值工程工作成败，效果大小，都取决于信息资料的质量与数量能否满足要求。信息资料的收集必须遵循目的性原则、可靠性原则、系统性原则、时效性原则，即明确收集哪些信息资料、确定收集信息资料的合适数量、系统的收集与掌握各种资料、在确定时间内收集完成全面可靠的信息资料。

9.3.1　信息资料收集范围

价值工程所需的信息资料，应视具体情况而定，一般应收集以下方面的信息资料。

9.3.1.1　用户方面的信息资料

1）对产品功能、可靠性、服务、维护、安全、操作及美观方面的要求。

2）对产品规格、空间条件、环境条件的要求。

3）对寿命期的要求。

4）有关产品使用的实际情况：产品、零部件的实际使用寿命，零部件更换的原因和状况，购买价格及维护费用，使用上的问题及应改进的地方。

9.3.1.2　市场方面的信息资料

1）产品产销量的演变及目前产销情况、市场需求量及市场占有率的预测。

2）产品竞争的情况，竞争企业的产品价格、质量、产量、服务、市场占有率、经营策略、管理水平等。

3）同类企业和同类产品的发展计划、拟增投资额、规模大小、重新布点、扩建改建或合并调整情况等。

9.3.1.3　设计技术方面的信息资料

1）产品设计应达到的技术要求。

2）这些技术的演变过程及质量要求。

3）现在的设计及部件结构的图纸、说明书、各种技术规范、标准、技术专利、装备等。

4）现在设计上存在的问题及应改进的地方。

9.3.1.4　制造和供应方面的信息资料

1）产品的加工工艺、作业方法、产量、合格率、不良品率等。

2）使用的设备、工夹具、模型及附件等。

3）生产标准时间及实际时间。

4）生产成本，包括原材料费、人工费、管理费等。

5）供应者、供应方法及相关费用等。

9.3.1.5　本企业的基本信息

1）企业的经营概况，包括企业的经营思想、方针、目标、发展规划；企业的经营业务以及产量、质量情况；企业的技术经济指标在同类企业中所处的地位。

2）企业综合能力，包括企业的开发、设计、研究能力；技术经济的总体水平；施工生产能力；施工机械等技术装备情况；保证产品质量能力；按时交货能力及应变能力等。

9.3.1.6　环境保护方面的信息资料

1）环境保护的现状，"三废状况"处理方法和国家法规标准。

2）改善环境和劳动条件，减少粉尘、有害液体和气体外泄、减少噪声污染、减轻劳动强度、保障人身安全等相关信息等。

9.3.1.7　外协方面的信息资料

1）原材料及外协或外购件种类、质量、数量、交货期、价格、材料利用率等情报。

2）供应与协作部门的布局、生产经营状况、技术水平、价格、成本、利润等。

3）运输方式及运营情况等。

9.3.1.8　有关部门法规、条例等方面的信息资料

1）国家的经济政策、技术政策、能源政策、优惠政策。

2）贸易、技术引进、环保等方面的法规等。

9.3.2　信息资料的收集、分析与鉴定

收集信息资料的方法很多，要根据具体情况，有目的、有计划地选择合适的方法收集汇总资料。主要有访问、函调、参观、查阅、购买或利用参加各种交流会、展览会、鉴定会、新产品试销试用活动等方式，收集信息资料。

对于建设项目产品而言，应收集的资料包括：

1）项目产品使用者的要求，如建筑物的使用目的、使用条件、安全性、舒适性、美学性、品位等。

2）建设条件，如地质情况、场地情况、气候温度、运输条件、"三通一平"等。

3）工程技术方面的资料，如施工新技术、新工艺、新材料、新设备、有关的技术规范、技术标准、环保技术标准等。

4）经济管理方面的资料，如工程成本构成、各种材料价格、人工成本的变动资料、劳动定额、有关的税费资料等。

5）项目组织的资料、组织的发展战略、经营方针目标、组织对项目的期望、组织内部的管理制度、资源配置策略等。

收集到的信息资料并非都有利于进行价值工程活动的分析研究，一般尚需加以归纳、鉴别、分析、整理，剔除无效资料，使用有效资料，作为分析问题、解决问题的依据。

9.4　功能分析

功能分析是价值工程活动的核心和基本内容，价值工程就是围绕着对产品和劳务进行功能分析而不断深入展开的，它将决定价值工程的有效程度。功能分析的目的是合理确定VE活动对象的必备功能，消除多余的、不必要的功能，加强不足功能，消减过剩功能。功能分析的步骤包括功能的定义、功能整理和功能评价三个阶段。三者关系紧密衔接、有机结合。功能分析具有明确用户的功能要求、转向对功能的研究、可靠实现必要的功能三个方面的作用。

9.4.1　功能定义

功能定义是对价值工程对象及其组成部分的功能所做的明确表述。这一表述应能明确功能的本质，限定功能的内容。功能定义要求简明扼要，常采用动词加名词的方法。如梁的功能是传递荷载；隔墙的功能是分隔空间；灯的功能是发光等。这里要求描述的是产品的"功能"，而不是对象的结构、外形或材质。

9.4.2　功能整理

9.4.2.1　功能整理目的

功能定义完成后就应该加以整理，使之系统化。功能整理就是将功能按目的-手段的逻辑关系把VE对象的各个组成部分的功能根据其流程关系相互连接起来，整理成功能系统图。目的是为了确认真正要求的功能，发现不必要的功能，确认功能定义的正确性，明确功能领域。

9.4.2.2　功能整理的步骤

1. 分析出产品的基本功能和辅助功能

依据用户对产品的功能要求，挑出基本功能，并把其中最基本的排出来，称之为上位功能。基本功能一般总是上位功能，它通常可以通过回答以下几个问题来判别：

第一，取消了这个功能，产品本身是不是就没有存在的必要了？

第二，对于功能的主要目的而言，它的作用是否必不可少？

第三，这个功能改变之后，是否要引起其他一连串的工艺和零部件的改变？如果回答是肯定的，这个功能就是基本功能。除了基本功能，剩下的功能就是辅助功能。

2. 明确功能的上下位和并列的关系

在一个系统中，功能的上下位关系，就是指功能之间的从属关系，上位功能是目的，下位功能是手段。例如，热水瓶的功能中"保护水温"和"减少散热"的关系就是上下位功能关系。"保持水温"是上位功能，而"减少散热"是为了能够"保持水温"，是实现"保持水温"的一种手段，是下位功能。

需要指出的是，目的和手段是相对的，一个功能对它的上位功能来说是手段，对它的下位功能来说义是目的。功能的并列关系是指两个功能，谁也不从属于谁，但却同属于一个上位功能的关系。

3. 绘制功能系统图

根据上述原理，将各个功能按并列关系，上、下位关系以一定的顺序排列起来，即形

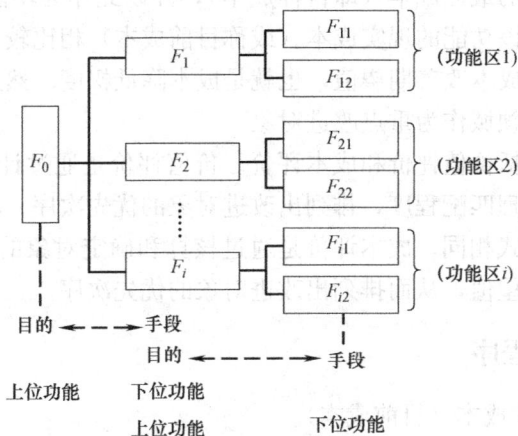

图 9-3　功能系统图

成功能系统图。

功能系统图一般如图 9-3 所示。图中 F_0 是产品的最基本功能，即最上位功能 F_1，$F_2 \cdots$，F_i 是并列关系的功能，是实现 F_0 的手段，也是 F_0 的下位功能；$F_{11} \cdots$，$F_{21} \cdots$，$\cdots$，$F_{i1} \cdots$ 分别是 F_1，$F_2 \cdots$，F_i 的手段和下位功能。

通过绘制功能系统图，可以清楚地看出每个功能在全部功能中的作用和地位，使各功能之间的相互关系系统化。价值工程的原理之一是"目的是主要的，手段是可以广泛选择的"。根据这一原理并结合功能系统图就可以从上位功能出发，抛开原有结构，广泛设想实现这一功能的各个途径，并且便于发现不必要功能，提高价值。图 9-4 为平屋顶功能系统图。

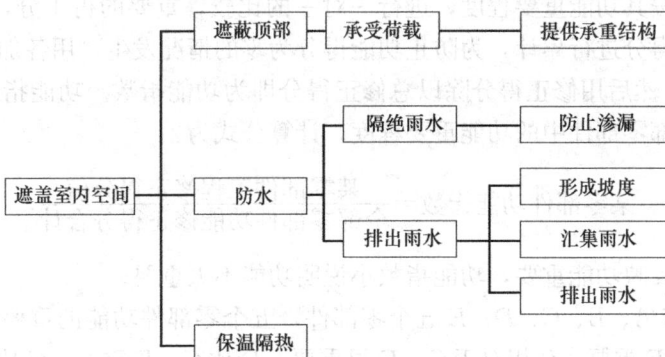

图 9-4　平屋顶功能系统图

9.5　功能评价

9.5.1　功能评价的含义和内容

功能评价是在功能定义和功能整理的基础上，应用一定的科学方法，进

二维码 9-2　功能评价方法

一步求出实现某种功能的最低成本（即目标成本），并以此作为功能评价的基准，亦称功能评价值，通过与实现该功能的现实成本（或称目前成本）相比较，求得两者的比值即为功能价值；两者差值为成本改善期望值，也就是成本降低幅度。然后选择价值系数低，成本改善期望值大的功能领域作为重点改进对象。

功能评价的内容包括价值评价和成本评价。价值评价是通过计算和分析对象的价值，以及分析成本功能的合理匹配程度，排列出改进对象的优先次序。功能价值的一般计算公式与价值工程的基本公式相同。成本评价是通过核算和确定对象的目前成本和目标成本，分析、测算成本降低期望值，从而排列出改进对象的优先次序。

9.5.2 功能评价的程序

1）计算功能的现实成本（目前成本）。

2）确定功能的评价值（目标成本）。

3）计算功能价值。

4）计算成本改善期望值。

5）选择价值系数低、成本改善期望值大的功能作为重点改进对象。

9.5.3 确定功能重要性系数（功能指数）

确定功能重要性系数的关键是对各子功能进行打分。这里主要介绍强制打分法和环比评分法。强制打分法又称FD法，包括0-1打分法和0-4打分法两种方法。它是采用一定的评分规则，采用强制对比打分来评定评价对象的功能重要性系数。

9.5.3.1 0-1打分法

0-1打分法是请5～15名对研究对象熟悉的人员参加的功能评价。首先把构成产品的零件排列起来，按其功能重要程度，进行一对一的比较，重要的得1分，次要的得0分。然后把各零件的得分进行累计，为防止功能得分为零的情况发生，用各加1分的方法予以修正，见表9-4。然后用修正得分除以总修正得分即为功能指数。功能指数定量的说明每一个零部件在全部零部件中的功能重要程度。计算公式为：

$$某零部件功能指数＝\frac{某零部件工程修正得分值}{全部零部件功能修正得分合计} \tag{9-5}$$

功能指数大反映功能重要，功能指数小说明功能不太重要。

【例9-1】 有 A、B、C、D、E 五个零部件，五个零部件功能的重要性关系为：A 相对于 B、C、D、E 重要，B 相对于 C、E 很重要，D 比 C、E 重要，C 比 E 重要。用0-1打分法计算各功能的权重，填表9-4。

功能指数计算表 表9-4

零部件名称	两两对比评分					得分	修正值	功能指数
	A	B	C	D	E			
A	×	1	1	1	1	4	5	0.33
B	0	×	1	0	1	2	3	0.20
C	0	0	×	0	1	1	2	0.13

续表

零部件名称	两两对比评分					得分	修正值	功能指数
	A	B	C	D	E			
D	0	1	1	$\times$	1	3	4	0.27
E	0	0	0	0	$\times$	0	1	0.07
Σ		—				10	15	1.00

9.5.3.2 0-4 打分法

0-1 打分法中，各功能的重要程度差别仅为 1 分，不能拉开档次。为弥补这一不足，0-4 打分法将分档扩大到 4 级，其打分矩阵与 0-1 打分法相同。档次划分如下：

F_1 比 F_2 重要得多——F_1 得 4 分，F_2 得 0 分；

F_1 比 F_2 重要——F_1 得 3 分，F_2 得 1 分；

F_1 与 F_2 同等重要——F_1、F_2 各得 2 分。

自身对比不得分。根据两两对比的重要程度对功能重要性进行赋值，计算功能指数。

强制确定法适用于被评价对象的各功能重要程度差异不太大，并且子功能数目不太多的情况。

【例 9-2】 各种功能的重要性关系为：F_3 相对于 F_4 很重要，F_3 相对于 F_1 较重要，F_2 和 F_5 同样重要，F_4 和 F_5 同样重要。用 0-4 打分法计算各功能的权重，填表 9-5。

【解】 根据 0-4 打分法规则，F_3 相对于 F_4 很重要，则 F_3 赋值为 4，F_4 赋值为 0；F_3 相对于 F_1 较重要，则 F_3 赋值为 3，F_1 赋值为 1；F_2 和 F_5 同样重要，则 F_2 和 F_5 皆赋值为 2；F_4 和 F_5 同样重要，则 F_2 和 F_5 皆赋值为 2；同时，该条件隐含 F_2、F_4 和 F_5 同样重要，其对应赋值应该一样。根据分析填列表 9-5。

功能指数计算表　　　　　　　　　　　　　　表 9-5

功能	F_1	F_2	F_3	F_4	F_5	得分	功能指数
F_1	$\times$	3	1	3	3	10	0.25
F_2	1	$\times$	0	2	2	5	0.125
F_3	3	4	$\times$	4	4	15	0.375
F_4	1	2	0	$\times$	2	5	0.125
F_5	1	2	0	2	$\times$	5	0.125
Σ			—			40	1.000

9.5.3.3 环比评分法

环比评分法又称 DARE 法，是一种通过确定各种因素的重要性系数来评价和选择创新方案的方法。具体做法如下：

第一步，确定功能区。根据功能系统图决定评价功能的级别，确定功能区 FA_1、FA_2、FA_3、FA_4。

第二步，对各功能进行打分。将上下相邻两项功能的重要性进行对比打分。如将 FA_1 和 FA_2 进行对比，FA_1 的重要性是 FA_2 的 1.5 倍，就将 1.5 记入表内，同样，FA_2 与 FA_3 对比为 2.0 倍，FA_3 与 FA_4 对比为 3.0 倍。

第三步，对功能得分进行修正。首先将最下面一项功能 FA_4 的得分定位 1.0，称为修正得分，根据各功能对比关系，可得 FA_3 的修正得分为 3.0，FA_2 的修正得分为 6.0，FA_1 的修正得分为 9.0。强各功能修正得分相加，即得各功能区的得分和为 19.0。

第四步，计算功能重要性系数。将各功能的修正得分除以全部功能总得分 19.0，即得各功能的功能重要性系数。其具体计算过程参见表 9-6。

环比评分法　　　　　　　　　　　　　　　表 9-6

功能	重要性比值	修正重要性比值	功能指数
FA_1	1.5	9.0	0.47
FA_2	2.0	6.0	0.32
FA_3	3.0	3.0	0.16
FA_4		1	0.05
合计		19.0	1.00

此方法适用于各个评价对象之间有明显的可比关系，能直接对比，并能准确地评价功能重要程度比值的情况。

9.5.4　确定功能评价值

功能评价值或目标成本，是依据功能系统图上的功能概念，预测出对应于功能的成本。它不是一般概念的成本计算，而是把用户需求的功能换算为金额，其中成本最低的即是功能评价值。求功能评价值的方法较多，功能重要性系数评价法较为常用。功能重要性系数评价法是一种根据功能重要性系数确定功能评价值的方法。它是根据功能的重要程度和复杂程度，确定各个功能区在总功能中所占的比重，即功能重要性系数。然后将对象的目标成本按照功能重要性系数分配给各个功能区作为该功能区的目标成本，即功能评价值。

一般在产品设计之前，根据市场供需情况、价格、企业利润与成本水平，已初步设计了产品的目标成本。因此，在功能重要性系数确定之后，就可将产品设定的目标成本，按照已有的功能重要性系数加以分配计算，求得各个功能区的功能评价值，并将此功能评价值作为各功能区的目标成本。

如果需要进一步求出各功能区所有各项功能（各功能区的下位功能）的功能评价值时，则采取同样的方法，先求出各项功能的重要性系数，然后按所求出的功能重要性系数将成本分配到各功能，求出功能评价值，并以此作为各项功能的目标成本。

9.5.5　计算功能价值

通过计算和分析研究对象各功能部分的功能价值，可以分析成本和功能的合理匹配程度。功能价值的计算方法可分为两大类——功能成本法和价值系数法。

9.5.5.1　功能成本法

功能成本法是通过计算评价对象各功能部分的功能评价值（目标成本）与功能现实成本的比值，求得其功能价值和成本降低期望值，来确定价值工程的改进对象。其表达式如下：

$$V = \frac{F}{C} \tag{9-6}$$

式中　F——研究对象各功能部分的功能评价值（目标成本）；

　　　C——研究对象各功能部分的功能现实成本（目前成本）；

　　　V——研究对象各功能部分的功能价值。

此时，功能评价值 F，常被作为功能成本降低的奋斗目标，亦称标准成本。

根据上述计算公式，功能价值 V 的计算结果有以下三种情况：

第一种情况，当 V 等于或趋近于 1 时，功能现实成本等于或接近于功能目标成本，说明功能现实成本是合理的，价值最佳，无需改进。

第二种情况，当 V 小于 1 时，表明功能现实成本大于功能评价值，说明该项功能现实成本偏高，应该作为改进对象。这时可能有两种情况，一种可能是由于存在着过剩功能；另一种可能是虽无过剩功能，但实现功能的条件或方法不佳，以致使得实现功能的现实成本大于功能的实际需要。这两种情况都应列入功能改进的范围，并且以剔除过剩功能（功能改进）及降低现实成本（成本改进）为改进方向，使成本与功能比例区域合理。

第三种情况，当 V 大于 1 时，表明功能现实成本小于功能评价值，说明功能现实成本偏低。其原因可能是功能不足，满足不了用户的要求。在这种情况下，应该增加成本，更好地实现用户所要求的功能（功能改进）。还有一种可能是功能评价值确定不准确，而以现实成本就能够可靠实现用户要求的功能，现实成本是比较先进的，此时无须再对功能或功能区域进行改进。

9.5.5.2　价值指数法

研究对象各功能的价值指数，是研究对象各功能的功能指数与相对应的成本指数的比值，得出研究对象各功能的价值指数，可以确定改进对象。其表达式为：

$$V_i = \frac{F_i}{C_i} \tag{9-7}$$

式中　V_i——研究对象各功能部分的价值指数；

　　　F_i——研究对象各功能部分的功能重要性指数；

　　　C_i——研究对象各功能部分的成本指数。

其中成本指数 C_i 的计算方法如下：

首先查出各零部件的目前成本，将各零部件的目前成本相加得出总成本，然后，再将各零部件目前成本除以总成本，即得出各零部件的成本指数。计算公式为：

$$某零部件成本指数 = \frac{某零部件目前成本}{全部零部件目前成本合计} \tag{9-8}$$

价值系数计算结果可能出现以下三种情况：

第一种情况，价值系数 V_i 小于 1 的功能，说明其重要程度小而成本高。存在两种可能：一种可能是实现功能的条件或方法不佳，使实现该功能的成本有不当之处；另一种可能是由于功能过剩，附加了过多的不必要功能或剩余功能。这是价值工程活动的重点对象。应用剔除不必要功能和过剩功能、改进工艺等方案创新来提高功能价值，实现功能成本的匹配。因此若选为价值工程的工作对象，可以用降低成本（成本改进）或提高重要程度方法（功能改进）来提高产品价值。

第二种情况，价值系数 V_i 大于 1，说明该评价对象的功能比较重要，但分配的成本较少，即功能现实成本低于功能评价值。是否选做工作对象，视具体情况而定。如果发生原因可能有三个：一是评价对象在经济、技术方面存在某些特殊性，在满足功能的前提下，成本较低，可不作为价值工程改进对象；二是对象目前具有过剩功能，应列为价值工程改进对象，改进方向是降低功能水平；三是目前成本偏低，不能满足评价对象实现应有的功能要求，应列为价值工程改进对象，改进方向是提高成本。

第三种情况，价值系数 V_i 等于 1，说明该功能的重要程度和成本相当，即现实成本与实现该功能所需要的期望成本相当，是理想状态，不需要改进。

从以上分析可以看出，对研究对象进行价值分析，就是使研究对象的各个组成部分的价值系数尽可能趋近于 1，同时，应该综合考虑价值系数偏离 1 的程度和改善幅度，优先选择价值系数远小于 1 且改进幅度大的部分作为改进对象。

9.5.6　计算评价对象成本降低期望值

某个评价对象的成本改善期望值（ΔC）等于其目前成本减去其目标成本，即：

$$\Delta C_i = C_i - F_i \tag{9-9}$$

式中　ΔC_i——第 i 个评价对象的成本降低期望值；

C_i——第 i 个评价对象的目前成本；

F_i——第 i 个评价对象的功能目标成本；

$$某功能的目标成本＝该功能的目前成本×该功能的功能指数 \tag{9-10}$$

成本降低期望值主要反映了评价对象成本的可能降低幅度，也是确定价值工程重点研究对象的重要指标，可以根据成本降低期望值绝对值大小来确定各评价对象的重点改善次序。

$\Delta C_i > 0$，说明功能的目前成本大于目标成本；

$\Delta C_i = 0$，说明功能的目前成本等于目标成本；

$\Delta C_i < 0$，说明功能的目前成本小于目标成本。

实际工作中，应选择具体目标，在选择改进对象时，要将功能价值 V 和成本改善期望值 ΔC 两个因素综合起来考虑，即选择 V 比较小、成本改善期望值 ΔC 大的功能或功能区域作为重点改进对象，并且要根据分析改进对象的功能重要性系数，确定应进行功能改进还是成本改进。如果企业某时期工作中的是增收节支，则选择 ΔC_i 正数值大的作为重点改善对象。如果企业的工作重点是提高产品质量，则选择 ΔC_i 负数值大的作为重点改善对象。

价值指数法的评价程序如图 9-5 所示。

【例 9-3】　已知组成某一建设产品的构配件为 A、B、C、D、E。其成本费用分别为 1.8 万、0.8 万、0.8 万、1.1 万、2.5 万，总成本为 7 万，现组织甲、乙、丙、丁、戊共 5 人参加评选，试确定价值工程分析对象。

【解】　（1）计算功能指数

首先把构成产品成本或总成本的构配件排列起来，专家甲采用强制确定法对 A、B、C、D、E 部件的重要性进行评判，甲认为，A、B 相比 A 重要，A、C 相比 C 重要，A、D 相比 A 重要，A、E 相比 A 重要，见表 9-7。

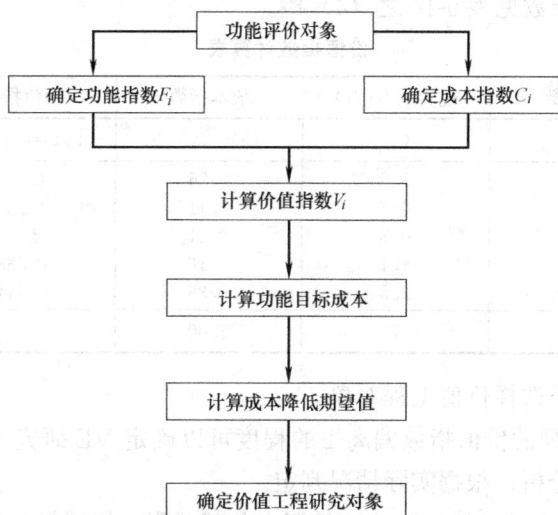

图 9-5　价值指数法的评价程序

零部件重要性评价表（甲）　　表 9-7

构件名称	一对一比较结果					实际得分	修正得分
	A	B	C	D	E		
A	$\times$	1	0	1	1	3	4
B	0	$\times$	0	1	1	2	3
C	1	1	$\times$	1	1	4	5
D	0	0	0	$\times$	0	0	1
E	0	0	0	1	$\times$	1	2
合计						10	15

同样的方法，得出 5 位专家的评分结果，详见表 9-8。

零部件平均得分　　表 9-8

构件名称	甲	乙	丙	丁	戊	合计	平均得分
A	4	4	3	5	5	21	4.2
B	3	5	2	4	2	16	3.2
C	5	3	5	2	4	19	3.8
D	1	2	1	2	1	7	1.4
E	2	2	4	1	3	12	2.4
合计							15

零部件功能指数　　表 9-9

	A	B	C	D	E	合计
功能均分	4.2	3.2	3.8	1.4	2.4	15
功能指数	0.280	0.213	0.253	0.094	0.160	1.0

（2）计算成本指数

根据公式（9-8）计算各构配件的成本指数见表 9-10 之（3）栏。

（3）计算价值指数

各构配件的价值指数见表 9-10 之（4）栏。

价值指数计算表　　　　　表 9-10

构件名称	功能指数	现实成本(万)	成本指数	价值指数	分析对象
	(1)	(2)	(3)=(2)/7	(4)=(1)/(3)	
A	0.280	1.8	0.26	1.077	
B	0.213	0.8	0.11	1.936	
C	0.253	0.8	0.11	2.30	
D	0.094	1.1	0.16	0.588	√
E	0.160	2.5	0.36	0.444	√
合计	1.00	7	1.00		

（4）根据价值指数选择价值工程对象

根据表 9-10 中所列的价值指数偏离 1 的程度可以确定 VE 研究对象首选 E 和 D。其他研究对象是否需要分析，根据实际情况判定。

【例 9-4】　某工程有 A、B、C、D、E 五个分部工程，根据设计概算可知各分部工程目前的设计成本分别为 63.2 万元、17.5 万元、11.4 万元、9.2 万元、8 万元。经实际调查和测算分析发现目前的设计方案中，有的部分工程设计成本偏高，存在过剩功能；而有的设计成本偏低，存在严重的功能不足。重新调整后得到甲、乙、丙三个设计方案，各方案概算的设计成本数据见表 9-11。试根据资料确定各分部工程目标成本；各分部工程价值指数并进行一般性分析；计算成本降低期望值并确定各分部工程的改进次序。

新方案设计成本　　　　　表 9-11

	工程总成本	分部工程成本				
		A	B	C	D	E
甲方案设计成本(万元)	130.6	65.6	18.2	23.6	13.4	9.8
乙方案设计成本(万元)	118.8	58.9	22.7	19.8	8.9	8.5
丙方案设计成本(万元)	111.3	59.6	16.7	19.8	7.3	7.9

【解】　（1）从表 9-11 可知，丙方案的总设计成本最低，依据设想最低费用测算法，可作为工程的目标成本，因此 A、B、C、D、E 分部工程的目标成本分别为 59.6 万元、16.7 万元、19.8 万元、7.3 万元、7.9 万元。

（2）计算各分部工程价值系数、成本降低期望值，见表 9-12。

各分部工程价值系数及成本降低期望值计算表　　　　　表 9-12

序号	分部工程	目标成本(万元)	目前成本(万元)	价值系数	成本降低期望值
1	A	59.6	63.2	0.94	3.6
2	B	16.7	17.5	0.95	0.8
3	C	19.8	11.4	1.74	−8.4
4	D	7.3	9.2	0.79	1.9
5	E	7.9	8	0.99	0.1
合计		111.3	109.3		−2

（3）根据计算和实际调查结果所进行的一般性分析及各部分工程的改进顺序见

表 9-13。

各部分工程一般性分析及改进次序表 表 **9-13**

序号	分部工程	目标成本（万元）	目前成本（万元）	价值系数	一般性分析	成本降低期望值	改进次序
1	A	59.6	63.2	0.94	成本偏高,功能可能过剩	3.6	2
2	B	16.7	17.5	0.95	成本偏高,功能可能过剩	0.8	4
3	C	19.8	11.4	1.74	成本偏低,功能严重不足	−11.4	1
4	D	7.3	9.2	0.79	成本偏高,功能可能过剩	1.9	3
5	E	7.9	8	0.99	功能与成本基本匹配	0.1	5
	合计	111.3	109.3			−2	

　　仅从价值系数的计算结果看，改进顺序为 $D—A—B—C—E$；仅从成本节约的角度看，改进顺序为 $A—D—B—E—C$；但是，价值工程的实质是追求功能与成本的合理匹配，既不一味追求评价对象的价值高，也不一味追求成本的降低。只要功能不能满足客户的要求，就在时待改善之列，所以经过统筹考虑价值系数、成本降低期望值的数值以及实际调查结果，最终选择的改进顺序是 $C—A—D—B—E$。

　　【例 9-5】 某产品的 6 种功能是由 5 种零部件实现的，则功能现实成本的计算步骤是：先将与功能相对应的零部件名称及现实成本填入表中（表 9-14）；然后再将功能值填入表中；将各零部件的现实成本逐一按其为实现多功能提供的成本分配至各功能领域，例如 C 部件提供了三种功能，则将 C 部件现实成本 2500 元按上述思想分配到 3 种功能中。

功能现实成本计算表 表 **9-14**

零部件			功能或功能领域					
序号	名称	成本(元)	F_1	F_2	F_3	F_4	F_5	F_6
1	A	3000	1000		1000		1000	
2	B	2000		500		1500		
3	C	2500	500		500			1500
4	D	1500		1000		500		
5	E	1000			400		600	
		10000	1500	1500	1900	2000	1600	1500

　　最后将每项功能分配的成本相加，即可得功能的现实成本。

9.6　方案创造与评价

　　为了提高产品的功能和降低成本，达到有效利用资源的目的，就需要寻找最佳的代替方案，寻求或构思这种最佳方案的过程就是方案的创造过程。创造也可以理解为"组织人们通过对过去经验和知识的分析与综合以实现新的功能"的一种活动。价值工程的活动能否取得成功，关键是功能分析评价之后能否构思出可行的方案。这是一个创造、突破、精制的过程，如果不能构思出最佳的可行方案则会前功尽弃。

9.6.1　方案创造

方案的创造过程是从提高对象的功能价值出发，在正确的功能评价基础上，针对具体目标，通过创造性的思维活动，提出能够可靠地实现必要功能的最佳代替方案的过程。常采用以下方法。

9.6.1.1　德尔斐法

德尔斐法（Delphi）又称专家意见法，不采用开会的形式，而是由主管人员或部门把已构思好的方案采用背对背的通信方式分发给有关的专业人员，征询他们的意见，然后将意见汇总，统计和整理之后再分发下去，再次补充修改，如此经过几轮征询，把原来比较分散的意见集中成统一的集体结论，作为新的代替方案。德尔斐法又名专家意见法，是依据系统的程序，采用匿名发表意见的方式，即团队成员之间不得互相讨论，不发生横向联系，只能与调查人员发生关系。缺点是花费时间较长，缺乏面对面的交谈和商议。

9.6.1.2　头脑风暴法

头脑风暴法是国外在创造方案阶段使用较多的一种方法，简称 BS（Brain Storming）法。与德尔斐法相反，这种方法是以小组开会方式进行，会议参加人数一般为 5～10 人，最好有不同专业或不同岗位者组成。具体做法是事先通知议题，主持人扼要地介绍有待解决的问题，介绍时须简介、明确，不可过分周全，否则，过多的信息会限制人的思维，干扰思维创新。会议应遵守以下规则：不墨守成规；不迷信权威；不互相指责；不互相批评；不怕行不通，力求彻底改进；要求在改善或者结合别人意见的基础上提出设想。

9.6.1.3　模糊目标法

二维码 9-3
方案比选
与优化方法

模糊目标法是美国人哥顿于 1964 年提出的决策方法，亦称哥顿法（Gordon）。该法与头脑风暴法相类似，先由会议主持人把决策问题向会议成员作笼统的介绍，然后由会议成员（即专家成员）海阔天空地讨论解决方案；当会议进行到适当时机，决策者将决策的具体问题展示给小组成员，使小组成员的讨论进一步深化，最后由决策者吸收讨论结果，进行决策。其特点是与会人员会前不知道议题，在开会讨论时也只是抽象地讨论，不接触具体的实质性问题，以免束缚与会人员的思想，待讨论到一定程度以后才把要研究的对象提出来，以作进一步研究。

9.6.2　方案评价

方案评价是在方案创造的基础上对新构思方案的技术、经济和社会效果等几方面进行的评估，以便于选择最佳方案。按其做法分为概略评价和详细评价。

9.6.2.1　概略评价

概略评价是对已创造出来的方案从技术、经济和社会三个方面进行初步研究。其目的是从众多的方案中进行粗略地筛选，减少详细评价的工作量，使精力集中于优秀方案的评价，为详细评价做准备。

技术可行性方面，即分析和研究所创新的方案能否满足功能要求，在技术上能否实现。

经济可行性方面，即分析和研究产品成本能否降低和降低的幅度，以及实现目标成本的可能性。

社会评价方面，即分析研究创新方案对社会厉害影响的大小。

综合评价方面，即分析和研究创新方案能否使价值工程活动对象的功能和价值有所提高。

9.6.2.2 详细评价

方案的详细评价，就是对概略评价所得到的比较抽象的方案进行调查和收集情报，使在材料、结构、功能等方面进一步具体化，然后对它们作最后的审查和评价。

在详细评价阶段，对概略评价获得的少数方案进行详尽的技术评价、经济评价、社会评价和综合评价，要证明方案在技术和经济方面是可行的，而且价值必须得到真正的提高。方案经过评价，淘汰了不能满足要求的方案后，就可从保留的方案中选择技术上先进，经济上合理和社会上有利的最优方案。

技术可行性方面，主要以用户需要的功能为依据，对创新方案的必要功能条件实现的程度做出分析评价。

经济可行性方面，主要考虑成本、利润、企业经营的要求；创新方案的适用期限与数量；实施方案所需费用、节约额与投资回收期以及实现方案所需的生产条件等。

社会评价方面，是在上述评价的基础上，对整个创新方案的诸因素做出全面系统的评价。为此，首先要明确规定评价项目，即确定评价所需的各种指标和因素；然后分析各个方案对每一评价项目的满足程度；最后再根据方案对各评价项目的满足程度来权衡利弊，判断各方案的总体价值，从而选出总体价值最大的方案，即技术先进、经济合理、对社会有利的最优方案。

综合评价的方法有优缺点列举法、价值系数法等。其中价值系数法较为常用。

【例 9-6】 某工程师针对某住宅楼提出的 A、B、C 三个方案，进行技术分析和专家调整后的数据见表 9-15。问题：计算方案成本系数、功能系数、价值系数，并确定最优方案。

方案功能得分计算表   表 9-15

方案功能/造价	方案功能得分			方案功能重要程度
	A	B	C	
F_1	9	9	8	0.25
F_2	8	10	10	0.35
F_3	10	7	9	0.25
F_4	9	10	9	0.10
F_5	8	8	6	0.05
单方造价	1325	1118	1226	

【解】 （1）计算功能得分

A 功能得分 $=9\times0.25+8\times0.35+10\times0.25+9\times0.1+8\times0.05=8.85$

同理： $B=8.9$；$C=8.95$

（2）功能总得分

$$8.85+8.9+8.95=26.7$$

（3）功能系数

$$F_A = 8.85/26.7 = 0.332$$

同理：$F_B = 0.333$；$F_C = 0.335$

（4）成本系数

$C_A = 1325/3669 = 0.361$　　　同理：$C_B = 0.305$；$C_C = 0.334$

（5）价值系数

$V_A = F_A/C_A = 0.332/0.361 = 0.92$　　　同理：$V_B = 1.09$；$V_C = 0.99$

计算结果见表9-16。

某住宅楼方案优选表　　　　　表 9-16

方案	单方造价	成本系数	功能系数	价值系数	最优方案
A	1325	0.361	0.332	0.92	
B	1118	0.305	0.333	1.09	B
C	1226	0.334	0.335	0.99	
合计	3669	1.000	1.000		

因为 B 的价值系数最大，所以选择 B 方案。

9.6.3　方案的试验研究和提案审批

通过对方案的评价，就可以选择出能够提高价值的新方案，在新的方案中如果对某些环节或因素无把握达到预期要求时，还必须进一步进行必要的试验，以验证其是否可行。

试验通过后，即可着手制定正式的实施方案，提交有关部门审批，获准后便可付诸实施，按计划做出具体安排。在实施过程中，从事价值工程工作的人员应深入实际，随时了解执行情况，并协助解决实施中出现的问题。

9.6.4　价值工程活动成果的评价

开展价值工程活动的目的，在于提高产品价值，取得较好的经济效益。通过功能分析、方案创造和实施等一系列活动，实际取得的技术经济效果如何，必须认真进行总结和评价。

价值工程活动成果评价，就是将改进方案的各项技术经济指标与原设计进行比较，以考查方案（活动）所取得的综合效益。

价值工程活动评价工作是在保证质量、性能，即在保证产品功能的前提下，计算如下几个指标：

$$成本节约率 = \frac{原方案成本 - 改进后新方案的成本}{原方案成本} \times 100\%$$

$$全年节约额 = （原来成本 - 改进后成本）\times 全年产量 - 价值工程投资费用$$

$$投资效率 = \frac{全年节约额}{价值工程年投资费用} \times 100\%$$

$$达到目标比率 = \frac{改进后成本}{节约目标额} \times 100\%$$

9.7 价值工程在建设项目方案选择中的应用案例

【案例1】 某市高新技术开发区有两幢科研楼和一幢综合楼，其设计方案对比项目如下：

A楼方案：结构方案为大柱网框架轻墙体系，采用预应力大跨度叠合楼板，墙体材料采用多孔砖及移动式可拆装式分室隔墙，窗户采用单框双玻璃钢塑窗，面积利用系数为93%，单方造价为1438元/m^2；

B楼方案：结构方案同A方案，墙体采用内浇外砌，窗户采用单框双玻璃空腹钢窗，面积利用系数为87%，单方造价为1108元/m^2；

C楼方案：结构方案采用砖混结构体系，采用多孔预应力板，墙体材料采用标准黏土砖，窗户采用单玻璃空腹钢窗，面积利用系数为79%，单方造价为1082元/m^2。

方案各功能的权重及各方案的功能得分见表9-17。

方案各功能权重及功能得分表　　　　　　　　　　　表 9-17

方案功能	功能权重	方案功能得分		
		A	B	C
结构体系	0.25	10	10	8
模板类型	0.05	10	10	9
墙体材料	0.25	8	9	7
面积系数	0.35	9	8	7
窗户类型	0.10	9	7	8

问题：

（1）试应用价值工程方法选择最优设计方案。

（2）为控制工程造价和进一步降低费用，拟针对所选的最优设计方案的土建工程部分，以工程材料费为对象开展价值工程分析。将土建工程划分为四个功能项目，各功能项目评分值及其目前成本见表9-18。按限额设计要求，目标成本额应控制为12170万元。

功能项目评分值及其目前成本　　　　　　　　　　　表 9-18

功能项目	功能评分	目前成本(万元)
桩基围护工程	10	1520
地下室工程	11	1482
主体结构工程	35	4705
装饰工程	38	5105
合　计	94	12812

试分析各功能项目的目标成本及其可能降低的额度，并确定功能改进顺序。

【解】 问题1：

分别计算各方案的功能指数、成本指数和价值指数，并根据价值指数选择最优方案。

（1）计算各方案的功能指数，见表9-19。

各方案的功能指数　　　　　表 9-19

方案功能	功能权重	方案功能加权得分		
		A	B	C
结构体系	0.25	10×0.25=2.50	10×0.25=2.50	8×0.25=2.00
模板类型	0.05	10×0.05=0.50	10×0.05=0.50	9×0.05=0.45
墙体材料	0.25	8×0.25=2.00	9×0.25=2.25	7×0.25=1.75
面积系数	0.35	9×0.35=3.15	8×0.35=2.80	7×0.35=2.45
窗户类型	0.10	9×0.10=0.90	7×0.10=0.70	8×0.10=0.80
合　计		9.05	8.75	7.45
功能指数		9.05/25.25=0.358	8.75/25.25=0.347	7.45/25.25=0.295

注：表中各方案功能加权得分之和为：9.05+8.75+7.45=25.25。

（2）计算各方案的成本指数，见表 9-20。

各方案的成本指数　　　　　表 9-20

方　案	A	B	C	合计
单方造价(元/m²)	1438	1108	1082	3628
成本指数	0.396	0.305	0.298	0.999

（3）计算各方案的价值指数，见表 9-21。

各方案的价值指数　　　　　表 9-21

方　案	A	B	C
功能指数	0.358	0.347	0.295
成本指数	0.396	0.305	0.298
价值指数	0.904	1.138	0.990

由表 9-21 的计算结果可知，B 方案的价值指数最高，为最优方案。

问题 2：

根据表 9-19 所列数据，分别计算桩基围护工程、地下室工程、主体结构工程和装饰工程的功能指数、成本指数和价值指数；再根据给定的总目标成本额，计算各工程内容的目标成本额，从而确定其成本降低额度。具体计算结果汇总见表 9-22。

各功能项目目标成本及成本降低额汇总表　　　　　表 9-22

功能项目	功能评分	功能指数	目前成本(万元)	成本指数	价值指数	目标成本(万元)	成本降低额(万元)
桩基围护工程	10	0.1064	1520	0.1186	0.8971	1295	225
地下室工程	11	0.1170	1482	0.1157	1.0112	1424	58
主体结构工程	35	0.3723	4705	0.3672	1.0139	4531	174
装饰工程	38	0.4043	5105	0.3985	1.0146	4920	185
合　计	94	1.0000	12812	1.0000		12170	642

由表 9-22 的计算结果可知，桩基围护工程、地下室工程、主体结构工程和装饰工程均应通过适当方式降低成本。根据成本降低额大小，功能改进顺序依此为：桩基围护工

程、装饰工程、主体结构工程、地下室工程。

本章小结

价值工程主要研究如何用最低的寿命周期成本实现产品、作业或服务的必要功能，推广应用价值工程能够促使社会资源得到合理有效的利用。本章重点阐述价值工程的基本原理以及功能分析和功能评价的方法。

1. 价值工程公式

$$V = F/C$$

2. 价值工程工作程序和方法

价值工程包括以下工作程序：对象选择；资料收集；功能定义；功能整理分析；功能评价；方案创造与评价。

（1）对象选择

经验分析法、ABC分析法、功能重要性分析法、百分比分析法、功能重要性分析法。

（2）资料收集

含本企业、用户、市场、技术、成本、供应、法规等信息。

（3）功能定义

明确产品或服务的能够满足用户需求的属性。

（4）功能整理分析

进行功能分类（基本功能和辅助功能；必要功能与不必要功能；使用功能和美学功能等），绘制功能系统图。

（5）功能评价

功能成本法：确定目前成本、目标成本、价值系数以及成本降低期望值；根据价值系数以及成本降低期望的情况分析出应重点改善的对象。

功能指数法：确定功能指数、成本指数、价值指数以及成本降低期望值；根据价值指数以及成本降低期望值的情况分析出应重点改进的对象。

（6）方案创造与评价

方案创造方法：德尔斐法；头脑风暴法；模糊目标法。

方案评价方法：概略评价（技术评价、经济评价、社会评价、综合评价）和详细评价。

3. 价值工程的应用

建设项目方案的评价和综合评价（最优方案选择；方案功能的改进）。

思考与练习题

一、思考题

9-1　价值工程的原理是什么？提高价值的途径有哪些？

9-2　价值工程的特点有哪些？

9-3　功能评价有基本程序是什么？功能评价的方法有哪些？

9-4　价值工程对象的选择方法有哪些?

9-5　价值工程所需信息资料主要内容有哪些?

9-6　什么是功能?功能怎么分类?

9-7　什么是功能评价?其步骤是什么?

9-8　方案创造的方法有哪些?

二、单项选择题

9-9　价值工程与一般投资决策理论不同,强调的是产品的功能分析和(　　)。

A. 用途最大　　　B. 成本最低　　　C. 价值合理　　　D. 功能改进

9-10　价值工程中的"价值"是指作为某种产品(或作业)所具有的功能与获得该功能的全部费用的比值。他是对象的(　　)。

A. 比较价值　　　B. 交换价值　　　C. 更新价值　　　D. 使用价值

9-11　价值工程中关于功能和成本之间的关系,下列表述错误的是(　　)。

A. 处理好功能与成本之间的对立统一关系

B. 主要追求高功能、多功能水平

C. 提高功能与成本之间的比值水平

D. 研究功能与成本的最佳配置

9-12　某地面工程原设计造价为 50 万元以上,后经分析更换地面材料。既保持了原有的坚实的功能,又节约投资 10 万元。根据价值工程的原理。该方案提高价值的途径是(　　)。

A. 功能提高,成本不变　　　　　　B. 功能不变,成本降低

C. 功能和成本都提高　　　　　　　D. 功能提高,成本降低

9-13　对于建设工程各个阶段,应用价值工程的重点阶段是(　　)。

A. 决策和规划、设计　　　　　　　B. 规划、设计和施工

C. 规划与设计　　　　　　　　　　D. 决策与施工

9-14　价值工程中,功能整理使用系统的观点将已定义了的功能加以系统化,找出个局部功能相互之间的逻辑关系是并列关系还是上下位置关系,表达这种功能之间关系可用(　　)。

A. 功能系统图　　　B. 功能评价图　　　C. 成本构成图　　　D. 功能定义图

9-15　在对工程甲、乙、丙、丁进行成本评价时,它们的成本改善期望值分别为:$\triangle C_甲=-20$,$\triangle C_乙=-10$,$\triangle C_丙=10$,$\triangle C_丁=20$,则优先改进的对象是(　　)。

A. 工程甲　　　B. 工程乙　　　C. 工程丙　　　D. 工程丁

9-16　某公司为了站稳市场,对占市场份额比较大的四种产品进行功能价值分析,得到相应的价值系数分别是:$V_甲=0.5$,$V_乙=0.8$,$V_丙=1.1$,$V_丁=1.5$,该公司应重点研究改进的产品是(　　)。

A. 产品甲　　　B. 产品乙　　　C. 产品丙　　　D. 产品丁

9-17　应用功能成本法计算功能价值 V,测定实现应有功能所必须消耗的最低成本,同时计算为实现应有功能所耗费的现实成本,若 $V_i<1$,表明评价对象有可能(　　)。

A. 功能不足　　　　　　　　　　　B. 现实成本偏低

C. 成本支出与功能相当　　　　　　D. 现实成本偏高

9-18   运用价值工程优选设计方案，分析计算结果为：方案一的单方造价为 1500 元，价值系数 1.13；方案二的单方造价为 1550 元，价值系数 1.25；方案三的单方造价为 1300 元，价值系数 0.89；方案四的单方造价为 1320 元，价值系数 1.08，则最佳方案为（   ）。

    A. 方案一   B. 方案二   C. 方案三   D. 方案四

三、多项选择题

9-19   价值工程涉及价值、功能和寿命周期成本等三个基本要素，关于价值工程的特点，下列说法错误的是（   ）。

    A. 价值工程的目标，是以最低的寿命周期成本，使产品具备它所必须具备的功能

    B. 价值工程的核心，是对产品进行价值分析

    C. 价值工程将产品价值、功能和成本作为一个整体同时来考虑

    D. 价值工程强调是功能最大化

    E. 价值工程是以集体智慧开展的有计划、有组织、有领导的管理活动

9-20   应用功能成本法计算功能价值 V，进行功能价值分析，对于功能价值系数的计算结果，下列说法错误的是（   ）。

    A. $V_i=0$，评价对象的价值为最佳，一般无需改进

    B. $V_i=1$，表示功能评价值等于功能现实成本

    C. $V_i>1$，说明功能现实成本高于功能评价值

    D. $V_i>1$，说明该评价对象的功能比较重要，但分配的成本较少

    E. $V_i<1$，评价对象的现实成本偏高，而功能要求不高，存在过剩功能

9-21   价值工程研究对象的选择应该考虑（   ）。

    A. 在生产经营上有迫切需要的产品或项目

    B. 投放市场后经济效益最好的产品

    C. 改善价值上有巨大潜力的产品或项目

    D. 一时尚未兴起，但市场前景看好的项目

    E. 对国计民生有重大影响的项目

9-22   价值工程实施的创新阶段，方案创造的方法很多，包括（   ）。

    A. 头脑风暴法   B. 模糊目标法   C. 对比分析法

    D. 德尔菲法   E. 专家检查法

四、计算分析题

9-23   某建设项目有四个备选方案，其评价指标值甲功能评价总分为 16.0，成本系数 0.36；乙功能评价总分为 11.0，成本系数 0.21；丙功能评价总分为 14.5，成本系数 0.32；丁功能评价总分为 13.0，成本系数 0.27。根据价值工程原理，最好选用哪个方案？

9-24   某工程有三个方案：方案一的功能评价系数 0.61，成本评价系数 0.55；方案二的功能评价系数 0.63，成本评价系数 0.6；方案三的功能评价系数 0.69，成本评价系数 0.5。根据价值工程原理确定最优方案是什么？

五、案例分析

9-25   某业主邀请若干厂家对某商务楼的设计方案进行评价，经专家讨论确定的主要评价指标分别为：功能适用性（F_1）、经济合理性（F_2）、结构可靠性（F_3）、外形美观性（F_4）、与环境协调性（F_5）五项评价指标，各功能之间的重要性关系为：F_3 比 F_4 重要得

多，F_3比F_1重要，F_1和F_2同等重要，F_4和F_5同等重要，经过筛选后，最终对A、B、C三个设计方案进行评价，三个设计方案评价指标的评价得分结果和估算总造价见表9-23。

各方案评价指标的评价结果和估算总造价表　　　表 9-23

功能	方案 A	方案 B	方案 C
功能适用性(F_1)	9 分	8 分	10 分
经济合理性(F_2)	8 分	10 分	8 分
结构可靠性(F_3)	10 分	9 分	8 分
外形美观性(F_4)	7 分	8 分	9 分
与环境协调性(F_5)	8 分	9 分	8 分
估算总造价(万元)	6500	6600	6650

问题：

（1）用 0-4 评分法计算各功能的权重（以表格方式计算）。

（2）用价值指数法选择最佳设计方案（以表格方式计算）。

（3）若A、B、C三个方案的年度使用费用分别为 340 万元、300 万元、350 万元，设计使用年限均为 50 年，基准折现率为 10%，用寿命周期年费法选择最佳设计方案（以表格方式计算，表中数据保留 3 位小数，其余计算结果均保留两位小数）。

9-26　某施工单位承接了某项工程的总包施工任务，该工程由A、B、C、D四项工作组成，施工场地狭小。为了进行成本控制，项目经理部对各项工作进行了分析，其结果见表 9-24。

功能成本分析表（万元）　　　表 9-24

工作	功能评分	预算成本
A	15	650
B	35	1200
C	30	1030
D	20	720
合计	100	3600

工程进展到第 25 周 5 层结构时，公司各职能部门联合对该项目进行突击综合大检查。检查成本时发现：C 工作，实际完成预算费用 960 万元，计划完成预算费用为 910 万元，实际成本 855 万元，计划成本 801 万元。

检查现场时发现：

（1）塔吊与临时生活设施共用一个配电箱；无配电箱检查记录。

（2）塔吊由木工班长指挥。

（3）现场单行消防通道上乱堆材料，仅剩 1m 宽左右通道，端头 20m×20m 场地堆满大模板。

（4）脚手架和楼板模板拆除后乱堆乱放，无交底记录。

工程进展到第 28 周 4 层结构拆模后，劳务分包方作业人员直接从窗口向外乱抛垃圾造成施工扬尘，工程周围居民因受扬尘影响，有的找到项目经理要求停止施工，有的向有关部门投诉。

问题：

（1）计算表9-25中A、B、C、D四项工作的评价系数、成本系数和价值系数（将此表复制到作业纸上，计算结果保留小数点后两位）。

相关系数表　　　　　　　　　　　　　表 9-25

系数	成本系数	价值系数
A	15	650
B	35	1200
C	30	1030
D	20	720
合计	100	3600

（2）在A、B、C、D四项工作中，施工单位应首选哪项工作作为降低成本的对象？说明理由。

9-27　某产品各零部件功能重要程度采用0-4评分法评分的结果见表9-26。

某产品各零部件功能重要程度 0-4 评分表　　　　　表 9-26

零部件	F_1	F_2	F_3	F_4	F_5
F_1	$\times$				
F_2		$\times$			
F_3		3	$\times$		
F_4	0	1	2	$\times$	
F_5	4	3	0	1	$\times$

在不修正各功能累计得分的前提下，零部件F_4的功能重要性系数是什么？

9-28　造价工程师在某开发公司的某幢公寓建设工程中，采用价值工程的方法对该工程的设计方案和编制的施工方案进行了全面的技术经济评价，取得了良好的经济效益和社会效益。有四个设计方案A、B、C、D，经有关专家对上述方案根据评价指标$F_1 \sim F_5$进行技术经济分析和论证，已知A的单方造价1420元/m²，B的单方造价1230元/m²，C的单方造价1150元/m²，D的单方造价1360元/m²，得出如下资料（表9-27和表9-28）。

功能重要性评分表　　　　　　　　　表 9-27

方案功能	F_1	F_2	F_3	F_4	F_5
F_1	$\times$	4	2	3	0
F_2	0	$\times$	1	0	1
F_3	2	3	$\times$	3	2
F_4	1	4	1	$\times$	3
F_5	3	3	1	3	$\times$

方案功能评分及单方造价　　　　　　　表 9-28

方案功能	方案功能得分			
	A	B	C	D
F_1	9	10	9	8
F_2	10	10	8	9

续表

方案功能	方案功能得分			
	A	B	C	D
F_3	9	9	10	9
F_4	8	8	8	7
F_5	9	7	9	6
单方造价(元/m²)	1420	1230	1150	1360

问题:

(1) 计算功能重要性系数。

(2) 计算功能系数、成本系数、价值系数并选择最优设计方案。

9-29　某开发公司在某住宅建设中采用价值工程的方法对施工方案进行了分析。现有三个方案,经专家论证分析得到如下信息(表9-29)。

题 9-29 用表　　　　　　　　　　　　　表 9-29

方案功能	重要性系数	得分		
		A	B	C
F_1	0.227	9	10	9
F_2	0.295	10	10	8
F_3	0.159	9	9	10
F_4	0.205	8	8	8
F_5	0.114	9	7	9
单方造价(元/m²)		1420	1230	1150

试计算各方案功能系数、成本系数、价值系数并进行方案选择。

第10章 建设项目可行性研究

本章要点及学习目标

本章要点：

本章系统介绍建设项目可行性研究概述、建设项目可行性研究报告编制、建设项目可行性研究的主要内容、社会评价和环境影响评价、建设项目后评价等内容。

学习目标：

要求掌握建设项目可行性研究的含义与研究内容，掌握建筑项目可行性研究报告的编制步骤、依据及方法，掌握社会评价、环境影响评价的内容与方法。

10.1 建设项目可行性研究概述

10.1.1 可行性研究的含义及发展

可行性研究是一门管理技术，通常是指在投资决策之前，对拟建项目在技术上是否适用、经济上是否有利、建设上是否可行所进行的综合分析和全面科学的论证的技术经济研究活动，目的是为了避免或减少项目决策失误，提高投资的综合效果。

可行性研究自诞生以来，经历了三个发展阶段：

第一阶段是 20 世纪 50 年代以前，主要从企业立场出发对项目进行可行性研究，侧重财务分析。

第二阶段是 20 世纪 50 年代末到 60 年代初，可行性研究从侧重微观财务分析发展到从微观和宏观的角度评价项目的经济效果。

第三阶段是 20 世纪 60 年代以来，推出社会分析这一新方法，进一步促进可行性研究及项目评价方法的提高。

10.1.2 建设项目可行性研究的主要作用

可行性研究广泛应用于企业投资、工程项目、技术改造、技术引进、新产品开发等各个方面。建设项目可行性研究的主要作用包含以下内容。

1) 作为建设工程项目投资决策的依据。由于可行性研究对建设工程项目有关的各个方面都进行了调查研究和分析，并以大量数据论证了项目的先进性、合理性、经济性及其他方面的可行性，这是建设工程项目投资建设的首要环节，项目主管机关主要是根据项目可行性研究的评价结果，并结合国家的财政经济条件和国民经济发展的需要，做出此项目是否应该投资和如何进行投资的决定。

2）批准的可行性研究是项目建设单位筹措资金特别是向银行申请贷款或向国家申请补助资金的重要依据，也是其他投资者的投资根据。凡是应向银行贷款或申请国家补助资金的项目，必须向有关部门报送项目的可行性研究。银行或国家有关部门通过对可行性研究的审查，并认定项目确实可行后，才同意贷款或进行资金补助。如世界银行等国际金融组织以及我国建设银行、国家开发银行等金融机构都要求把提交可行性研究作为建设项目申请贷款的先决条件。

3）可行性研究是编制项目初步设计的依据。初步设计是根据可行性研究对所要建设的项目规划出实际性的建设蓝图，即较详尽地规划出此项目的规模、产品方案、总体布置、工艺流程、设备选型、劳动定员、三废治理、建设工期、投资概算、技术经济指标等内容，并为下一步实施项目设计提出具体操作方案，初步设计不得违背可行性研究已经论证的原则。

4）可行性研究是国家各级计划综合部门对固定资产投资实行调控管理，编制发展计划、固定资产投资、技术改造投资的重要依据。由于建设项目尤其是大中型项目考虑的因素多，涉及的范围广、投入的资金数额大，可能对全局和当地的近、远期经济生活带来深远的影响，如三峡工程不仅耗资大、工期长，还需要大批的移民迁徙，因此这些项目的可行性研究内容更加详细，可作为计划综合部门实际对固定资产投资调控管理和编制国民经济及社会发展计划的重要依据。

5）可行性研究是编制设计任务书的重要依据，也是进行初步设计和工程建设管理工作中的重要环节。

6）可行性研究可作为工程项目建设有关部门或单位之间签订协议、合同的依据。项目所需的建筑材料、协作条件以及供电、供水、供热、通信、交通等很多方面，在可行性研究中都有论证和估算，相应的供应合同、协作合同都要根据这些估算和论证进行签订。

7）作为环保部门审查项目对环境影响的依据，亦作为向当地政府部门或规划部门申请建设执照的依据。项目在建设中和投产后对市政建设、环境及生态都有影响，因此项目的开工建设需当地市政、规划和环保部门的认可。在可行性研究报告中，对选址、总图布置、环境及生态保护方案等诸方面都做了论证，为申请和批准建设执照提供了依据。

8）作为施工组织、工程进度安排及竣工验收的依据。可行性研究报告对以上工作都有明确的要求，所以它是检查施工进度及工程质量的依据。

9）作为项目后评估的依据。在项目后评估时，以可行性研究报告为依据，将项目的预期效果与实际效果进行对比考核，从而对项目的运行进行全面的评价。

10.1.3　建设项目可行性研究工作阶段

建设项目从设想提出、建设直到建成投产的全过程，称为"项目发展全生命周期"。它可分为投资前期（建设前期）、投资（建设期）和生产期三个时期，每个时期又分成若干阶段。投资前期是决定项目效果的关键时期，主要包括项目设想、初选、准备和评估四个阶段；这个时期的主要工作是进行可行性研究和资金筹措。建设时期，是项目实施与监督阶段。生产时期包括项目生产经营和评价总结工作。项目进展过程如图10-1所示。

各阶段的研究内容由浅入深，项目投资和估算的精度要求由粗到细，研究工作量由小

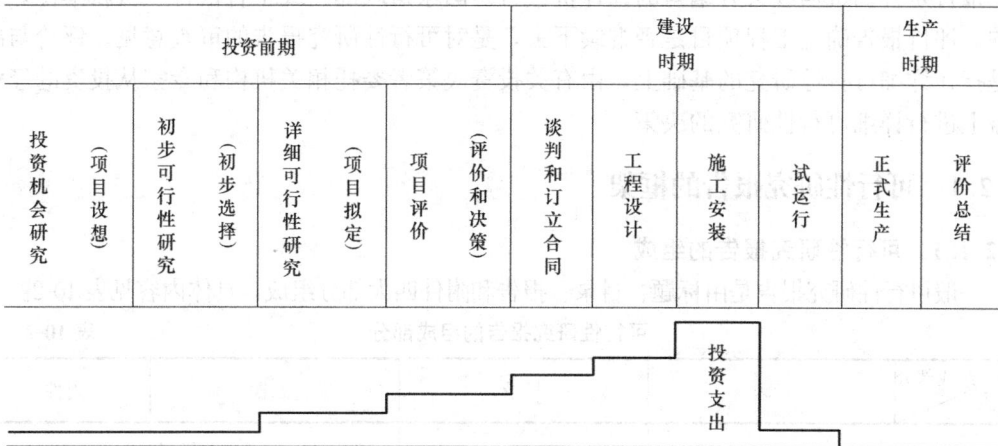

图 10-1 建设项目可行性研究工作阶段

到大，研究目标和作用逐步提高，因此，工作时间和费用也相应逐渐增加。根据可行性研究深度的不同，可以把可行性研究分为机会研究、初步可行性研究、详细可行性研究（最终研究，或称可行性研究）、项目评估与决策四个阶段，项目可行性研究的阶段及内容深度比较如表 10-1 所示。

项目可行性研究的阶段及主要内容深度比较 　　　　　　表 10-1

工作阶段 ／ 项目	机会研究	初步可行性研究	详细可行性研究	项目评价
主要内容	对投资方向提出设想，对建设项目和投资机会做出鉴定，选择有利的投资项目，提出建设项目投资方向建议	对项目在市场、技术、环境、选点、效益、资金等方面的可行性进行初步分析，为项目设计出主要的实施方案或方案纲要	深入细致地分析项目在技术上、财务上、经济上的可行性，解决有关产品的市场定位、生产能力、生产技术方案、原料投入、投资费用和生产成本估算、投资收益、贷款偿还能力等问题	对项目可行性研究报告进行评估论证，分析该可行性研究的可靠性和真实性，判断项目是否可行
工作成果及作用	提出项目建议，作为制定计划和编制项目建议书的基础，为初步选择投资项目提供依据	编制初步可行性研究报告，确定是否有必要进行下一步详细可行性研究，进一步判明建设项目未来状况	编制可行性研究报告，作为项目投资决策的基础和重要依据	提出项目评估报告，为投资决策提供最后决策依据，决定项目取舍和选择最佳投资方案
耗时（月）	1~3	4~6	8~12（或更长）	
费用在总投资百分比（%）	0.2~1.0	0.25~1.25	大型项目 0.8~1.0、中小型项目 1.0~3.0	
估算精度（%）	±30	±20	±10	±10

10.2 建设项目可行性研究报告编制

编写可行性研究报告应从实际出发，以实事求是、公正而灵活的态度来完成。可行性研究报告是咨询机构或买方编写的；评价报告是国家财政部门或主管银行（贷款单位）编写的。评价报告确定工程项目是否继续下去，是对可行性研究报告的审查意见。评价与决策是指在详细可行性研究的基础上，由有关投资决策者委托相关机构和专家从投资的经济效益上进行详细可行性研究的决策。

10.2.1　可行性研究报告的框架

10.2.1.1　可行性研究报告的组成

一般可行性研究报告是由标题、目录、报告和附件四大部分组成，具体内容见表 10-2。

可行性研究报告的组成部分　　　　　　　　　　　表 10-2

组成部分 内容	标　题	目　录	报　告	附　件
主 要 内 容	标题部分一般由企业名称、企业性质和企业文种三部分组成。标题下面应署编制单位、负责人姓名和编制日期。以上部分可以写在第一页封面上，换页再写其他部分	紧接着封面以后是可行性研究报告的目录，这部分不仅要标注正文各部分所在的位置，而且还需注明附件及其名称	报告在目录之后，是可行性研究的主体部分，主要依据目录中列举的内容针对整个项目分别进行技术上和经济上的分析、评价，最后得出综合结论	各类支撑材料的附件

10.2.1.2　可行性研究的程序

编制可行性研究报告应当实行资信制度，根据我国的实际情况，投资者提供项目建议书后，一般要委托有能力的中介机构（如工程咨询公司、各类设计院等）编制可行性研究报告。在可行性研究的各阶段中，通常遵循如下程序。

1. 组织工作小组

对拟建项目进行可行性研究，首先要确定工作人员，成立可行性研究小组。工作小组的人员结构要尽量合理，不同规模和不同行业的项目，工作小组的人员构成有一定的区别，以工业投资项目可行性研究为例：一般包括工业经济学家（一般担任组长）、市场分析专家、财务分析专家、土木建筑工程师、专业技术工程师和其他辅助人员等。工作小组成立以后，可按可行性研究的工作内容进行分工，并分头进行调研，分别撰写详细的提纲，然后由组长综合工作小组各成员的意见，编写可行性研究报告的详细提纲，并要求根据提纲展开下一步的工作。

2. 数据调研

根据分工，可行性研究工作小组各成员分别进行数据调查、整理、估算、分析以及有关指标的计算等。在可行性研究过程中，数据的调查和分析是重点。可行性研究需要的数据可来源于三个方面：投资者提供的资料、中介咨询机构本身拥有的信息资源、通过调研获取的信息。

3. 形成可行性研究报告初稿

在取得信息资料后，要对其进行整理和筛选，并组织有关人员进行分析论证，以考察其全面性和准确性。在掌握了所需信息资料以后，便可进入可行性研究报告的编写阶段。在可行性研究工作小组成员的共同配合下，编写出可行性研究报告的初稿。

4. 修改和论证

编写出可行性研究报告的初稿以后，需要进一步讨论、修订、补充和完善，最终形成可行性研究报告。首先要由工作小组成员进行分析论证，形式是：由工作小组成员介绍各自负责的部分，大家一起讨论，提出修改意见。对于可行性研究报告，要注意前后的一致性，数据的准确性，方法的正确性和内容的全面性等，提出的每一个结论，都要有充分的依据。有些项目还可以扩大参加讨论的人员的范围，可以邀请有关方面的决策人员、专家和投资者等参加讨论。在经过充分的讨论以后，再对可行性研究报告进行修改，并最后定稿。

10.2.1.3 可行性研究报告的格式和内容

可行性研究报告的具体内容和格式如表 10-3 所示。

可行性研究报告的具体内容和格式 表 10-3

	可行性研究报告格式	具体内容
1	总论	主要包括项目的概况研究结果概要、存在的问题和建议
2	市场需求预测和拟建规模	市场预测是可行性研究的首要问题，是确定企业生产方案以及规模的主要依据。对市场情况的分析、估计的正确与否，直接关系到企业投产后的经济效益。 ①国内、国外市场近期需求情况及发展预测。 ②国内现有工厂生产能力的估计，包括生产能力、产品质量、销售情况。 ③国内、国外市场产品价格分析、销售预测以及本企业产品竞争能力分析。 ④拟建项目的规模、产品方案的技术经济比较和分析
3	原材料、能源及公用设施情况	①确定所需的原材料(包括辅助材料、外购件、协作件)的种类，估算其年需要量及年费用值。 ②确定所需的能源(包括煤、气、油、电)种类，估计其年需要量及年费用值。 ③落实所需的原材料及能源(附供应单位的意向书或协议书)。 ④所需公用设施的数量、供应方式和供应条件
4	工艺技术和设备选择	①有哪些工艺技术方案可采用。各方案优缺点论述，推荐方案及其理由。 ②有哪些工艺流程可供选择。详细分析各种方案的优缺点，提出推荐方案并说明理由。 ③列出选定的主要设备与辅助设备名称、型号、规格、数量，并说明选用理由。若是引进设备，应说明必须引进的理由、国别；若是改建、扩建项目，则应说明原有固定资产利用情况。 ④根据工艺技术、工艺流程、设备品种及数量，确定项目土建工程的构成及方案，绘出工厂平面布置图、车间平面布置图及车间剖面图等
5	厂址选择	①选定厂址、厂址面积及用地范围(附城市规划部门同意选址的证明文件)。 ②选址范围内的现状、土地种类(水田、菜地、棉田、荒地等)。 ③建厂地区的地理位置，与原料产地、市场的距离，地区环境情况，现有铁路、公路、内河航道、港口码头的运输能力、实际负荷及发展规划情况。 ④该地区现有供水、排水、供电、煤气、蒸汽的能力和实际负荷及其发展规划情况。 ⑤厂址比较与选择意见
6	环境保护	①对建厂具体地区历史和现在的环境调研，以及建设项目投产后对环境影响的预测。 ②制定环境保护措施和"三废"治理方案，如防止公害的主要措施、三废处理的主要方法。 ③编制审批环境影响报告书(附建设项目环境影响评价资格证书的单位所完成的"环境影响报告书")

续表

	可行性研究报告格式	具体内容
7	企业组织、劳动定员和人员培训	①全厂生产管理体制及机构设置的论述。 ②在项目进展的各个不同时期需要的各种级别管理人员、工程技术人员、工人及其他人员数量、水平以及来源。 ③人员培训规划和费用的估算
8	项目实施进度的建议	①项目建设的基本要求和总安排。 ②勘察设计、设备制造、工程施工、安装、调试、投产、达产所需时间和进度要求。 ③论述最佳实施计划方案的选择，并用线条图或网络图来表示
9	投资费用、产品成本和资金筹措	①主体工程和协作配套工程所需的投资。 ②流动资金的估算。 ③产品成本估算。 ④叙述资金来源及依据(附意向书)，筹措方式，以及贷款偿付方式
10	项目财务评价	微观的财务评价是工程项目经济评价的重要组成部分。财务评价是根据国家现行财税制度和现行价格，分析测算项目的效益和费用，考察项目的获利能力、清偿能力等财务状况，进行不确定性分析，从企业财务角度分析、判断工程项目是否可行，为投资决策提供可靠的依据
11	项目国民经济评价	宏观的国民经济评价是项目经济评价的核心部分，它是从国家整体角度考察项目的效益和费用，用影子价格、影子工资、影子汇率和社会折现率，计算分析项目给国民经济带来的净收益，评价项目经济上的合理性，它是考虑项目或方案取舍的主要依据
12	结论和建议	①运用各项数据从技术、财务、经济方面论述项目的可行性。 ②存在问题。 ③建议

10.2.2 可行性研究报告编制要求

10.2.2.1 编制可行性研究报告的要求

1) 为了确保可行性研究报告的科学性、客观性和公正性，编制可行性研究报告应满足以下要求：可行性研究报告是投资者进行项目最终决策的重要依据，其质量如何影响重大。应以客观数据为基础，利用科学分析，得出可行或不可行的结论，不能为了限定可行结论或不可行结论虚造数据。

2) 可行性研究报告的内容深度要达到国家规定的标准要求，基本内容需完整。需坚持多方案比较，择优选取的准则；要按照国家发改委颁布的有关文件的要求进行编制，以满足投资决策的要求，需坚持先有论据，后下结论的基本原则。

3) 项目可行性研究报告是最高层次的社会、科技预测报告。为保证可行性研究报告的质量，承办单位需有相应资质且要配齐相关领域的专业人才，研究人员应具有所从事专业的中级以上专业职称，并具有相关的知识、技能和工作经历，保证充足的研究时间，严格执行签订的合同内容，按合同的要求签订验收可行性研究的工作和报告。

4) 可行性研究报告编制完成以后，应该由编制单位的行政、技术、经济方面的主要负责人签字，并对可行性研究报告的质量负责，还需上报相关主管部门审批。

10.2.2.2 可行性研究报告的编写要求

1) 客观、全面、实事求是地收集和研究材料。在调查研究的基础上，比较多个方案，按客观情况论证和评价，按科学规律办事。

2）明确报告的写作目的。可行性研究报告要用于立项和申请贷款等，所以在内容上要满足项目审批部门和银行等特定读者的需要。在写可行性研究报告的时候不仅要考虑项目的技术先进性、经济和资金筹措方面的可行性，还要从法律、政策等方面审查项目的合法性和合理性，以及投资各方的经济实力等。

3）全面、准确、具体地回答可行性研究必须回答的问题。可行性研究是指对所提出的设想和解决办法要加以分析，说明其合理性，说明项目实施的前提条件。此外，可行性研究还应对各种制约因素提出解决办法，深入分析、说明项目的风险和不明确因素。

4）目标明确。可行性研究报告要目标明确，前后一致，始终围绕项目的必要性、可能性和可行性进行分析，比较论证，切忌因内容繁杂、材料多而出现目标不明和前后脱节等问题。在具体论证时一定要算好两笔账：一是核算好投资规模账，尽量做到以最少的投资取得最好的效益；二是核算好收益账，投资利润率是投资双方都关心的热点问题，所以，核算投资利润率要客观准确并留有余地，避免满打满算。

5）论据充分，论证科学、灵活、周密。

6）重视附件的特殊作用。可行性研究报告往往附有大量的附件与图表，这些附件和图表具有专业性强、技术性强、数量多的特点。它除了有使正文表达简练的作用外，更具有补充正文，使正文论证观点更严密、更具科学性的独特作用。

10.3 建设项目可行性研究的主要内容

建设项目的可行性研究报告的内容很广泛，这里只介绍三个主要内容，即市场调查和研究、技术研究和经济评价。这三部分也称为建设项目可行性研究的三大支柱。

10.3.1 市场调查和研究

10.3.1.1 市场分析的概念与作用

市场分析是指通过市场调查和市场预测，对项目的市场环境、竞争能力和对手进行详细的分析和判断，进而分析和判断项目在可预见时间内是否有市场，以及实现项目目标应当采取怎样的策略。市场调查的重要功能如表 10-4 所示。

市场调查的重要功能一览表　　　　　　　　　　　　　表 10-4

市场调查 重要功能	市场调查有助于寻求和发现市场需要的新产品
	市场调查可以发掘新产品和现有产品的新用途
	市场调查可以发现新的需求市场和需求量
	市场调查可以发现用户和竞争者的新动向
	市场调查可以预测市场的增减量
	市场调查是确定销售策略的依据

10.3.1.2 市场调查的基本内容

从市场需求预测的要求来看，主要有产品需求调查、销售调查和竞争调查三大方面。

1）产品需求调查：主要是了解市场上产品的需要类型、需求程度（即需要量多大）以及对于产品的新要求或新需求。

2）销售调查：通过对销路、购买行为和购买力的分析，了解产品的需要人群以及需要目的。

3）竞争调查：企业产品综合竞争能力的调查，主要涉及内容有生产、质量、价格、功能、经营、销售、服务等多个方面。

以上三大方面的调查，其内容是相互联系和相互交叉的。生产资料市场和消费资料市场不可分别进行分析，所以往往两者需要同步进行，并加以对比分析。

10.3.1.3　市场调查的程序

1. 编制、确定调查计划

市场调查是一项相对复杂且费时费力的工作，所以必须有针对性地进行特定问题的调查，并根据所要调查的问题，明确调查目的、对象、范围、方法、进度、分工等。其基本内容应包括以下五点。

1）明确调查目的和目标

一般来讲，市场调查的起因都源于一些不明确或把握不准的问题。当已掌握了一些基本情况，但这些情况只能提供方向性的启示，还不足以说明问题时，就必须进行市场调查。调查计划需要明确调查的目的、主题和目标。一般情况下，调查的问题不能过多，最好确定一两个主要问题进行重点调查，否则，调查的效果就会受到影响。

2）确定调查对象和范围

所谓明确调查范围，就是根据调查对象的分布特点，确定是全面调查还是抽样调查；如果采用抽样调查，则要确定如何抽样等。

3）选择调查方法

市场调查的方法很多，每种方法都有其各自的优缺点。因此，必须根据调查的内容和要求来选择合适的调查方法。

4）设计调查数据表

市场调查的内容和要求决定了市场调查的各类问题。对各类问题的调查结果，都要设计出数据表格，需要进行汇总的，还要设计汇总表格。对于一些原始答案或数据，不应在加以分类和统计后就弃之不用。这些第一手资料数据往往是十分重要的，从不同的角度去观察它，可能得出不同的结论。因此，这些资料数据应出现在分类统计表中。同样，分类统计表中的资料数据也应出现在汇总表中。

5）明确调查进度和分工

一般的市场调查，都要在允许的时间范围内完成。因此，根据调查目的、对象、范围和要求，确定调查的时间安排和人员分工，是一项十分重要的工作。市场调查不可能由一个人全部承担，一般是多人分工协作进行。这样有利于节约时间，或者说，有利于缩短市场调查的总体时间。

2. 收集情报资料

一般而言，情报的来源有两种：一种是已有的各种统计资料出版物，一种是现时发生的情况。

1）已有情报资料的收集

利用已有的各种情报资料，是市场调查工作中节约时间和费用的一步，一般有以下四种情报源：一是政府统计部门公布的各种统计资料，包括宏观的、中观的和微观的 3 种；

二是行业和行业学会出版的资料汇编和调研报告等；三是一些大型的工具类图书，如年鉴、手册、百科全书等；四是杂志、报纸、广告和产品目录等出版物。

2）实际情况的收集

对于一些市场变化迅速的行业和企业，将历史统计资料作为市场调查的依据往往是不准确的。此外，一些保密性极强的资料和数据是不可能在出版物中找到的，所以，对实际情况的搜集必不可少。

3. 分析处理情报资料

由于统计口径、目的和方法的不同，收集到的情报资料有时可能出现较大误差，甚至互相矛盾的现象。造成这一现象的原因是多方面的，一种情况是调查问题含糊不清造成回答者的理解错误，从而出现答案的错误；另一种情况是问题比较清楚而回答者理解有误，从而出现错误的答案。还有可能是回答者有意做出的歪曲回答，或是不正确和不确切的解释和联想，造成了答案的偏差。因此，市场调查所得的资料数据必须经过分析和处理，并正确地做出解释。其主要过程如下：

1）比较、鉴别资料数据

比较和鉴别资料数据的可靠性和真实性，无论对历史统计资料，还是对实际调查资料，都是必须进行的工作。这是因为调查资料的真实性和可靠性，将直接导致市场调查结论的准确性和可取性，进而影响到决策的成败。

2）归纳处理资料数据

在进行了资料数据可取性和准确性的鉴别，并剔除了不真实和矛盾的资料数据之后，就要利用适宜的方法进行数据分类处理，制作统计分析图表。需要由计算机进行处理的还应进行分类编号，以便于计算和处理。

3）分析、解释调查结论

在资料数据整理成表后，还要进行分析和研究，写出有依据、有分析、有结论的调查报告。

4. 编写调查报告

这是市场调查的最后一步，编写调查报告应简明扼要、重点突出、内容充实、分析客观、结论明确，其内容包括下述 3 个方面：

1）总论。总论中应详细而准确地说明市场调查的目的、对象、范围和方法。

2）结论。结论部分是调查报告的重点内容，应描述市场调查的结论，并对其进行论据充足、观点明确而客观的说明和解释，以及建议。

3）附件。附件部分包括市场调查所得到的图、表及参考文献。

10.3.1.4 市场调查的方法

市场调查的方法较多，从可行性研究的需求预测的角度来看，有资料分析法、直接调查法和抽样分析法 3 大类。

1. 资料分析法

资料分析法是对已有的情报资料和数据进行归纳、整理和分析，来确定市场动态和发展趋向的方法。针对市场调查的目标和要求，通过资料收集整理，给出分析和研究的结论。

例如，平时没有积累有关资料，在明确市场调查主题后，可以通过情报资料的检索来查找所需的各种情报资料，包括政府部门的统计资料、年鉴、数据手册、期刊、产品资料、报纸、广告和新闻稿等。

资料分析法的优点是省时、省力。缺点是多数资料都是第二手或第三手的，无法判断其准确性。如果可供分析用的资料数据缺乏完整性和齐全性，则分标结论的准确性和可靠性将会降低。

2. 直接调查法

直接调查法是调查者通过一定的形式向被调查者提问，来获取第一手资料的方法。常用的方法有电话查询、实地访谈和邮件调查 3 种方法。

1）电话查询

电话查询是借助电话直接向使用者或有关单位和个人进行调查的方法。这种方法的优点首先是迅速，节省时间，对于急需得到的资料或信息来讲，这种方法最简单易行；其次，这种方法在经济上较合算，电话费较之其他调查所需费用是便宜的。此外，这种方法易于为被调查者所接受，避免调查者与被调查者直面相对。

电话查询应注意以下三个原则：一是所提的问题应明确清楚；二是对于较为复杂的问题，应预先告之谈话内容，约好谈话时间；三是要对被调查者有深入地了解，根据其个性等特征确定适宜的谈话技巧。

2）实地访谈

实地访谈就是通过采访、讨论、咨询和参加专题会议等形式进行调查的方法。这种方法的最大优点是灵活性和适应性较强，适用于市场调查的所有内容，但是，如果调查对象较多、范围较大，其费用和时间支出也较大，而且，这种调查的效果直接取决于市场调查人员的能力、经验和素质。

实地访谈应注意以下三点：一是明确市场调查的时间要求；二是根据市场调查费用选定调查对象和范围；三是选择好能够胜任该项工作的市场调查人员。

3）邮件调查

邮件调查包括邮寄信函或以电子邮件的方式发出调查表进行调查的方法。调查所提问题的内容应明确具体，并力求简短。提问的次序应遵循先易后难、先浅后深和先宽后窄的原则。

邮件调查的最大缺点是回收率低，而且调查项问题回答可能不全。此外，对于一些较复杂的问题，无法断定回答者是否真正理解，以及回答这一问题时的动机和态度。但是，由于邮件调查费用较低、调查范围广且调查范围可大可小，尤其是能给被调查者充分的思考时间，所以，这种方法也是市场调查中常用的方法之一。

3. 抽样分析法

抽样分析法是根据数理统计原理和概率分析进行抽样分析的方法，包括随机抽样分析法、标准抽样分析法和分项抽样分析法 3 种。

1）随机抽样分析法

这种方法就是对全部调查对象的任意部分进行抽取，然后根据抽取部分的结果去推断整体比例。其缺点是没有考虑到所抽样本的代表性，对于样本个体差别较大的调查来讲，其结果可能出现较大的偏差。

2）标准抽样分析法

标准抽样分析法是在全体调查对象中，选取若干个具有代表性的个体进行调查分析。其分析计算过程和方法与随机抽样分析法相同，不同之处是这种方法首先设立了样本标准，不像随机抽样那样任意选取样本，其结果较随机抽样更具代表性和普遍性。难点在于选取标准样本。

3）分项抽样分析法

分项抽样分析法是把全体调查对象按划定的项目分成若干组，通过对各组进行抽样分析后，再综合起来反映全体。分组时可按地区、职业、收入水平等各种标准进行，具体的划分标准应根据实际调查的要求和需要来确定。这种抽样分析方法同时具有随机抽样和标准抽样分析法的优点，是一种比较普通和常用的分析方法。

资料分析法、直接调查法和抽样分析法各有其优缺点，一般来讲，如果有条件的话，这些方法应结合使用，这样才有利于达到市场调查的准确性和实用性。

10.3.1.5 市场预测的方法

市场预测的方法种类很多，总体分为定性预测和定量预测两大类。可行性研究中主要是预测需求，说明拟建项目的必要性，并为确定拟建规模和服务周期等提供依据。按照预测的长短，可以分为短期预测（一年内）、中期预测（2～5年）和长期预测（5年以上）。

一般情况下市场预测采用以下四种常用方法：

1. 德尔菲法

德尔菲法（Delphi Method），又称专家规定程序调查法，是一种准确率较高的集体判断方法，详见9.6.1.1中相关内容。

2. 年平均增长率法

年平均增长率法是通过过往数据计算年增长率和年平均增长率，对产品市场进行预测。该方法是最简单、最常用的市场需求预测方法，适用于产品需求变化比较稳定，且历史资料数据较为完整的产品需求量预测。该方法的主要优点有方便、快捷，而缺点则是分析数据相对比较笼统、粗略。

3. 回归分析预测法

回归分析预测法，是在分析市场现象自变量和因变量之间相关关系的基础上，建立变量之间的回归方程，并将回归方程作为预测模型，根据自变量在预测期的数量变化来预测因变量关系大多表现为相关关系。因此，回归分析预测法是一种重要的市场预测方法，当我们在对市场现象未来发展状况和水平进行预测时，如果能将影响市场预测对象的主要因素找到，并且能够取得其数量资料，就可以采用回归分析预测法进行预测。它是一种具体的、行之有效的、实用价值很高的常用市场预测方法。

4. 平滑预测法

平滑预测法通常包括移动平均法和指数平滑法两种。

移动平均法是用一组最近的实际数据值来预测未来一期或几期内公司产品的需求量、公司产能等的一种常用方法。移动平均法适用于近期预测。当产品需求既不快速增长也不快速下降，且不存在季节性因素时，移动平均法能有效地消除预测中的随机波动，是非常有用的。

指数平滑法是生产预测中常用的一种方法，也用于中短期经济发展趋势预测。所有预测方法中，指数平滑法是用得最多的一种。

在进行市场预测时方法很多，其适应情况各不相同。简单的全期平均法是对时间数列的过去数据一个不漏地全部加以同等利用；移动平均法则不考虑较远期的数据，并在加权移动平均法中给予近期资料更大的权重；而指数平滑法则兼容了全期平均和移动平均所长，不舍弃过去的数据，但是仅给予逐渐减弱的影响程度，即随着数据的远离，赋予逐渐收敛为零的权数。

10.3.2 技术研究

10.3.2.1 技术选择

1. 工艺流程的选择

工艺流程是指项目生产产品所采用的制造方法及生产过程。在编制工艺流程时，首先要搜集了解各种已成熟的生产工艺方法及所要求的工艺条件。要对每种方法的优点和缺点加以具体分析，对这些方法在生产中的应用情况、应用效果、复杂程度和约束条件（主要是指设备和投资）做分析。工艺流程确定后，同时确定了主要设备方案和技术方案的选择。

2. 合理布置总平面

布置图包括地面布置和建筑物内部布置。地面布置要使厂内的原料、半成品、制成品、水、电、气及工业废料的流转在经济上和技术上最合理。同时，要使工厂内部运输和服务系统与厂外设施能实现有机的结合，各个车间之间的关系、室内外设备的衔接、厂内道路、专用铁路、堆场和仓库、办公和生产指挥中心、福利设施等，均要在工艺流程的基础上做出妥善安排。建筑物内部布置直接与工艺有关，机器和设备布置、产品物料流向、工作场地面积、通道、通风、照明、维修、安全保护等，都要通盘考虑。

3. 环境制约

环境保护是可行性研究的重要内容之一，不仅应在可行性研究报告中有专章论述，而且另外需有专门的环境影响报告书（表）。

环境影响可以是自然环境污染，也可以是社会环境污染。可行性研究中的污染，是指自然环境污染，指由于人类的社会经济活动对自然界造成的破坏，从而恶化了人类生活环境的现象。在可行性研究阶段，除要求编制环境影响报告书或填报环境影响报告书外，还需要对环境保护进行专门论述。

10.3.2.2 厂址选择

在工程项目的可行性研究中，当拟建项目的产品品种、生产规模、原料和技术路线确定以后，便要进行厂址选择。

厂址选择必须考虑技术和经济两方面的问题。一个好的厂址不仅要满足生产的要求，而且在项目投产后要有较好的经济效益。厂址选择不当，对工业布局、基建投资、产品生产成本、生态环境乃至建成后的正常生产，都将产生不利影响，有些影响甚至是长期的。

厂址选择有新建企业和老企业扩建两种情况。扩建由于受老企业影响，厂址选择余地很小。而新建企业厂址选择的内容包括两个层次：选点和定址。项目发起人身份不同，考虑的侧重面不同，同时项目发起人的投资意向常常限制厂址和建厂地区的选择。

1. 建厂地点选择的步骤

1）拟定建厂条件指标。根据设置的生产规模和采用的技术，拟定建厂条件指标，包括占地面积（生产用房、公用工程、附属工程、仓库、厂区道路等用地以及施工用地和发展预留地）、全厂原料和燃料的种类及数量、运输量及运输和储存的特殊要求、用水量及对水质的要求、污水量及其性质、用电量及最高负荷量和负荷等级、需要的高压蒸汽量及低压蒸汽量、全厂定员及生活区占地面积、土建工程内容和工作量、对其他厂协作要求等。

2）进行现场踏勘并收集选厂基础资料。收集选厂基础资料要针对拟定的建厂条件指标。

3）方案比较和分析论证。根据现场踏勘结果，对各个方案进行比较，经过综合论证，提出推荐方案。

4）提出选址报告。选址报告是厂址选择工作的最终成果，其内容包括：选厂依据，采用的工艺路线、建厂条件指标以及选厂的主要经过；建设地区的概况（包括自然的、经济的及社会概况）；厂址建设条件概述；厂址方案比较，并提出厂址技术方案比较表及厂址建设投资及经营费用比较表；各厂址方案的综合分析论证，推荐方案及推荐理由；当地领导部门、环保部门、交通部门、地震地质部门对厂址的意见；存在问题及解决方法。选址报告要附厂址规划示意图和工厂总平面布置示意图。

2. 厂址选择的方法

1）最小费用法选择厂址

这是一种偏重于经济方面考虑的选择方法。如果某方案的投资费用和经营费用均低，则为最优方案。如果某方案的建设投资费用大，但经营费用少，或者投资少，经营费用高，则可采用追加投资回收期、费用年值等指标评选。

2）评分优选法

在实际工作中经常遇到几个方案在满足建厂条件方面各具特色、互有优劣势，而这些优劣势很难折算成费用，这时可采用评分优选法。

10.3.3　经济评价

项目的经济效益主要从企业财务效益和国民经济效益两个方面进行综合评价，主要内容包括投资估算、资金规划及经济评价三部分。这里仅对经济评价进行简单分析。

10.3.3.1　经济评价的内容

建设项目的经济评价结果对项目决策、实施和运营产生重大影响。如果这类项目产品的市场价格基本能反映其真实价值且财务评价结果能满足决策需求时，可不进行经济效益分析。但对于关系国家安全、国土开发、公共利益和市场不能有效配置资源等具有较明显外部效果的项目（一般指政府审批或核准项目），除应进行财务评价外，还要进行经济费用效益（国民经济）分析；对于特别重大的建设项目，除进行财务评价和国民经济评价外，还要进行区域经济与宏观经济影响分析。经济评价内容选择详见表10-5。

10.3.3.2　财务评价与国民经济评价比较分析

经济评价包括财务评价、国民经济评价等，具体内容详见第6章、第7章。国民经济评价和财务评价是项目经济评价的两个层面，其异同点分析见表10-6。

建设项目经济评价内容选择参考表　　表 10-5

项目类型		生存能力分析	偿债能力分析	盈利能力分析	经济费用效益分析	费用效果分析	不确定分析	风险分析	区域经济与宏观经济影响分析
政府投资 直接投资	经营	☆	☆	☆	☆	△	☆	△	△
	非经营	☆	△		☆	☆	△	△	△
政府投资 资本金	经营	☆	☆	☆	☆	△	☆	△	△
	非经营	☆	△		☆	☆	△	△	△
政府投资 转贷	经营	☆	☆	☆	☆	△	☆	△	△
	非经营	☆	△		☆	☆	△	△	△
政府投资 补贴	经营	☆	☆	☆	☆	△	☆	△	△
	非经营								
政府投资 贴息	经营	☆	☆	☆	☆	△	☆	△	△
	非经营								
企业投资（核准制）	经营	☆	☆	☆	△	△	☆	△	△
企业投资（备案制）	经营	☆	☆	☆		△	☆		△

注：1. ☆表示要做；△表示根据项目的特点，有要求时才做，无要求时可以不做；

　　2. 企业投资项目的经济评价内容可根据规定要求进行，一般按经营性质项目选用，非经营性项目可参照政府投资项目选择评价内容。

国民经济评价与财务评价的区别　　表 10-6

项目	财务评价	国民经济评价
评价的角度	以企业净收入最大化为优	资源最优配置，国民经济收入最大
费用和收益的范围	只考虑项目的直接货币效益	除考虑直接经济效果外，还要考虑间接效果（定量、定性）
费用和收益的划分不同	根据项目实际收支来确定	企业利润、工资作为国民收益，税金和国内借款利息视为国民经济内部转移支付
采用的价格	市场价格	根据机会成本和供求关系确定影子价格
采用的贴现率不同	采用因行业而异的基准贴现率	采用国家统一测定的社会贴现率
采用的汇率不同	官方汇率	国家统一测定的影子汇率
采用的工资不同	当地通常的工资水平	影子工资

由于财务评价和国民经济评价有区别，因此可能出现同一项目的财务评价和国民经济评价结论不一致，其决策原则见表 10-7。

根据财务评价和国民经济评价结论进行项目决策原则　　表 10-7

项目财务评价	项目国民经济评价	结论
可行	可行	可行
可行	不可行	不可行
不可行	可行	可行
不可行	不可行	不可行

10.4 社会评价和环境影响评价

10.4.1 社会评价方法

社会评价是项目评价方法体系的重要组成部分。它是分析拟建项目对当地（或波及地区，乃至全社会）社会的影响和社会条件对项目的适应性和可接受程度，评价项目的社会可行性，通过识别、监测和评估投资项目的各种社会影响，促进利益相关者对项目投资活动的有效参与，优化项目建设实施方案，规避投资项目社会风险的重要工具和手段，在国际组织援助项目及市场经济国家公共投资项目的投资决策、方案规划和项目实施中得到广泛应用。

社会评价是项目设计中用以分析社会问题和构建利益相关者参与框架的一种评价方法。社会评价作为一种分析工具，提供了一个研究框架，将社会问题分析和利益相关者参与结合到项目设计中。社会评价试图解决不可"货币化"的问题，体现了"以人为中心"的可持续发展理念。

10.4.1.1 社会评价的特点与范围

社会评价相对于财务评价与国民经济评价而言有所区别，其主要特点如下：

1. 宏观性

对项目进行社会影响评价是依据社会发展目标，考察项目建设和运营对实现社会发展目标的作用和影响。而社会发展目标本身是依据国家和地区的宏观经济与社会发展需要来制定的，包括经济增长目标、国家安全目标、人口控制目标、就业目标、减少贫困目标、环境保护目标等，涉及社会生活的各个方面。虽然不是每一个项目的社会效益都覆盖了以上社会目标的所有领域，但在进行项目的社会影响评价时却要认真考察与项目建设相关的各种可能的影响因素，无论是正面影响还是负面影响，是直接影响还是间接影响。这种分析和考察是全面的，是全社会性质的，因而比财务评价和国民经济评价更具广泛性和宏观性。所以，社会影响评价应着眼大局，把握整体，权衡社会效益的利弊。

2. 长期性

一般地，项目进行经济评价时只需要考察项目不超过 20 年的经济效果，而社会影响评价通常要考虑一个国家、一个地区的中期和远期发展规划和要求，涉及对有些领域的影响或效益可能不是短短的几十年，而是上百年，甚至是关系到几代人。如建设三峡工程这样的项目，在考察项目对生态环境、人民生活、国家发展的影响时，考察的时间跨度势必是几代人。

3. 层次性

项目经济评价的目标通常比较单一，主要是衡量财务盈利能力高低和对国民经济净贡献的大小；而社会影响评价的目标则是多样和复杂的。社会影响评价的目标分析首先是多层次的，是针对国家、地方和当地社区各层次的发展目标，以及各层次的社会政策所展开的。通常较低层次的社会目标是依据较高层次的社会目标制定的，但各层次在就业、扶贫、妇女的参与程度以及地位、文化、教育、卫生保健等方面可能存在不同情况，要求和侧重点也不尽相同。因此，社会影响评价需要从国家、地方、社区三个不同的层次进行分析，做到宏观分析与微观分析相结合。

4. 多样性

社会影响评价的目标分析是多样性的，它需要综合考虑社会生活的各个领域与项目之间的相互关系和影响，必须分析多个社会发展目标、多种社会政策、多种社会效益和多样的人文因素和环境因素。需要分析各个不同的社会发展目标对项目的影响程度及其重要程度，要结合项目的性质和特点，具体问题具体分析。因此，综合考察项目的社会可行性，通常要采用多目标综合评价法。

5. 指标差异性

在项目的经济评价中，每个行业和不同投资者都有自己的评价指标和相应的评价标准。社会影响评价由于涉及的社会因素多种多样，比较复杂，社会目标多元化和社会效益本身的多样性使得难以使用统一的评价指标和标准来计算和比较社会效益，因而在不同行业和不同地区的项目评价中差异明显，评价指标的设定往往因项目而异。同时，社会影响评价中的各个影响因素，有的可以定量计算，但更多的社会因素是难以定量计算。因此，社会影响评价中，通用评价指标少，专用指标多；定量指标少，定性指标多。

并不是任何环境下的所有项目都需要进行社会影响评价。社会影响评价有助于将项目建设方案设计和实施与区域性社会发展结合起来，力求找到经济与社会之间的有机联系，减少社会风险，并有利于促进社会稳定。社会影响评价适用于那些社会因素较为复杂、社会影响较为久远、社会效益较为显著、社会矛盾较为突出、社会风险较大的项目。

根据项目周期的阶段划分，可将社会影响评价分为三个层次：

1. 初级社会影响评价（项目识别阶段）

通过实地考察，确定项目利益主体，筛选主要的社会因素和风险，确定负面影响。通过初步的社会影响评价，识别项目，并为项目建设方案设计、实施做准备。

2. 详细社会影响评价（项目准备阶段）

详细社会影响评价具体描述影响项目发展诸方面的社会因素以及项目开展后对社会各方面所造成的影响，为项目实施做准备。

3. 社会影响跟踪评价（项目实施阶段）

在项目实施阶段，测量投入与产出，以此作为衡量项目成功进展的尺度，并随时间的发展衡量项目的社会影响。

10.4.1.2　评价作用与评价原则

社会影响评价旨在系统调查和预测拟建项目的建设和运营产生的社会影响与社会效益，分析项目所在地的社会环境对项目的适应性和可接受程度。通过分析项目涉及的各种社会因素，评价项目的社会可行性，提出项目与当地社会协调关系、规避社会风险、促进项目顺利实施、保持社会稳定的方案。具体来说，项目社会影响评价的作用主要表现在以下三个方面：

1. 协调国民经济发展目标与社会发展目标

开展项目社会影响评价有利于国民经济发展目标与社会发展目标协调一致，防止单纯追求项目的经济效益。对于那些应该进行社会影响评价的项目，如果在项目投资建设前没有做社会影响评价，项目的社会、环境问题未能在实施前解决，将会阻碍项目预期目标的实现。社会影响较大的项目将直接关系到国家和当地的经济发展目标和社会发展目标的协调一致。

2. 协调项目与所在地区利益

项目在客观上一般都会对所在地区产生有利影响和不利影响。有利影响与所在地区利益相协调，对地区社会发展和人民生活水平起到促进和推动作用；不利影响则会对地区的局部利益或社会环境带来一定的损害。分析有利影响和不利影响的作用范围，判断有利影响和不利影响在项目作用中的程度，是社会影响评价中判断一个项目好坏的标准。

3. 规避社会风险

项目评价人员在进行社会影响评价时要侧重于分析项目是否适合当地人民的文化生活需要，对项目的态度如何。同时，也要求社会分析要广泛深入并应结合实际，提出合理的针对性建议以降低项目的社会风险。只有消除了项目的不利影响，避免了社会风险，使项目与当地居民的需求相一致，才能保证项目的顺利实施，持续发挥项目的投资效益。

一般地，项目的社会影响评价具有如下原则和要求：

1. 规范化原则

认真贯彻国家经济建设和社会发展的方针政策、战略规划，遵循有关法律及规章制度。

2. 统一性原则

以国民经济与社会发展计划的发展目标为依据，以近期目标为重点，兼顾远期各项社会发展目标，并考虑项目与当地社会环境的关系，力求分析评价能够全面反映项目投资引发的各项社会效益与影响、当地社区及人民对项目的不同反应，从而促进项目与当地社区、人民相互适应，共同发展。

3. 科学性原则

依据客观规律，从实际出发，实事求是，采用科学、适用的评价方法。要深入调查，摸清基本情况，提高分析评价的科学性和准确性。

4. 可比性原则

在进行社会影响分析和有关数据对比及方案比选时，无论定量分析还是定性分析，均应注意可比性。

5. 次序性原则

按目标的重要程度进行排序。每个项目的建设都有其预先期望达到的主要社会目标和次要社会目标，由于项目建设对各个目标的贡献程度不同，因此，应依据其重要程度进行排序，并以之作为进行综合社会影响评价的基础。

6. 以人为本原则

在考虑国家及地方利益的前提下，把对人民负责和对国家负责统一起来，对项目的利益与当地人民的利益同等重视，尽力做到两者兼顾，并在涉及人民切身利益的问题上，把人民利益摆在首位。深入了解人民的意见和要求，积极采取措施，提高人民参与项目的程度，以保证项目与当地社会的协调发展。

7. "有无"对比原则

"有无"对比的原则在社会影响评价中同样适用，即对开展项目和不开展项目对社会影响的效果进行对比，找出项目对社会影响的利弊之处，针对不利的影响提出弥补改进的方案措施。

8. 客观公正原则

社会影响评价人员必须以公正、客观、实事求是的态度从事社会影响评价工作。评价工作不应受到任何的人为干扰，力求使分析评价结果反映客观实际。

10.4.1.3 社会评价主要内容

建设项目社会评价的主要内容包括以下方面：

1. 社会影响分析

建设项目的社会影响分析在内容上可分为三个层次四个方面的分析，即分析在国家、地区、项目三个层次上展开，包括项目对社会环境方面、社会经济方面、自然与生态环境方面和自然资源方面的影响，包括正面影响和负面影响。

1）项目对所在地居民收入的影响

主要分析预测由于项目实施可能造成当地居民收入增加或者减少的范围、程度及其原因，收入分配是否公平，是否扩大贫富收入差距，并提出促进收入公平分配的措施建议。

2）项目对所在地区居民生活水平和生活质量的影响

分析预测项目实施后居民居住水平、消费水平、消费结构、人均寿命的变化及其原因。

3）项目对所在地区居民就业的影响

分析预测项目的建设、运营对当地居民就业结构和就业机会的正面影响与负面影响。其中正面影响是指可能增加就业机会和就业人数，负面影响是指可能减少原有就业机会及就业人数，以及由此引发的社会矛盾。

4）项目对所在地区不同利益群体的影响

分析预测项目的建设和运营使哪些人受益或受损，以及对受损群体的补偿措施和途径。

5）项目对所在地区弱势群体利益的影响

分析预测项目的建设和运营对当地妇女、儿童、残疾人员利益的正面影响或负面影响。

6）项目对所在地区文化、教育、卫生的影响

分析预测项目的建设和运营是否可能引起当地文化教育水平、卫生健康程度的变化，以及对当地人文环境的影响，提出减小不利影响的措施建议。

7）项目对当地基础设施、社会服务容量和城市化进程等的影响

分析预测项目的建设和运营期间，是否可能增加或者占用当地的基础设施，包括道路、桥梁、供电、给水排水、服务网点以及产生的影响。

8）项目对所在地区少数民族风俗习惯和宗教的影响

分析预测项目建设和运营是否符合国家的民族和宗教政策，是否充分考虑了当地民族的风俗习惯、生活方式或者当地居民的宗教信仰，是否会引发民族矛盾、宗教纠纷，影响当地的社会安定。

2. 互适性分析

主要分析预测建设项目能否为当地的社会环境、人文环境所接纳，以及当地政府、居民支持项目存在与发展的程度，考察项目与当地社会环境的相互适应关系，包括分析和预测与项目直接相关的不同利益群体、不同组织对项目建设和运营的态度及参与程度，分析

和预测所在地区现有技术、文化状况能否适应项目的建设和发展，编制社会对项目的适应性和可接受程度分析表。

3. 社会风险分析

对可能影响项目的各种社会因素进行识别和排序，选择影响面大、持续时间长，容易导致较大矛盾的社会因素进行预测，分析可能出现这种风险的社会环境和条件，并提出防范措施，编制社会风险分析表。

10.4.1.4　社会评价方法

1. 社会评价步骤

对于大中型建设项目，在可行性研究阶段进行全面的社会评价时，必须遵循基本工作程序，具体可分为以下九个工作步骤。

1）筹备与计划

项目社会评价应由独立的经国家批准的有资质的咨询评估单位承担，在项目评估机构的统一领导下组成社会评价小组，熟悉项目的基本情况，确定调研地点和内容，制订工作计划，做好分析评价的准备工作。

2）确定项目的目标和评价范围

根据项目投资的任务和功能，运用逻辑框架法，分析研究项目的内外关系，明确项目的评价目标，分析研究评价范围，包括项目直接影响的空间范围和时间范围。空间范围是指项目所在的社区、县市或更广泛的地域；时间范围是指项目的寿命期及其影响年限。

3）选择评价指标

根据国家（地方）的社会发展目标与社会政策，结合项目的功能、产出等具体情况，确定项目可能产生的效益与影响、项目与社会相互适应的各种因素，选择适当的定量与定性评价指标。

4）调查预测，确定评价基准

项目社会评价首先要进行详细深入的社会调查，预测项目寿命期（或影响年限）内的社会变化，作为分析评价的摹本资料。其主要内容包括项目建设实施前的基准线确定情况，预测项目所在地社区（或受影响的社区）的基本社会经济情况。

5）制定备选方案

根据项目确定的目标，对项目的建设地点、厂址选择、资源、工艺技术等方面提出若干可供选择的备选方案。

6）社会分析评价

依据调查预测资料，对每个备选方案进行定量和定性的分析评估。首先，计算各项社会效益与影响的定量指标，运用"有无对比法"评价其优劣。然后，对项目与社会相互适应性的因素进行定性分析。再次，分析判断各项定量与定性指标对项目实施社会发展目标的重要程度，确定效益指标与影响因素的权重和排序。最后，采用多目标综合分析评估法对各备选方案进行社会综合分析、评价。

7）选择最优方案

对各备选方案的综合评价结果，重点抓住关键指标进行对比分析。选出最优方案，并结合项目的财务和经济评估结果，选出财务、经济和社会效益均好，不利影响最小，受损群众最少，社会补偿措施费用最低和社会风险最小的方案。如果各项要求生产矛盾，则须通过方案调整，对不利因素和社会风险采取补救措施和解决办法，并将估算的各项费用计入项目总投资中。

9）行业专家论证

按照项目的不同情况与要求，分别召开不同类型、专题和规模的专家论证会。选出最优方案进行论证，根据专家论证意见，优选方案进行修改、调整与完善。

9）评估总结

针对分析论证中的重要问题与有争议的问题，尚未解决的遗留问题，以及防止社会风险的措施与费用等情况，写出书面报告，提出项目社会评价的优劣和项目在社会上是否可行的结论与建议。

2．社会评价方法的种类

项目涉及的社会因素、社会影响和社会风险不可能用统一的指标、量纲和判据进行评价，因此，在项目决策分析评价的不同阶段，根据工作深度要求和受时间限制的不同，社会评价应根据项目的具体情况采用灵活的评价方法。

1）快速社会评价法和详细社会评价法

（1）快速社会评价法

快速社会评价法是在项目前期阶段进行社会评价常用的一种简捷方法，通过这一方法可大致了解拟建项目所在地区社会环境的基本状况，识别主要社会影响因素，粗略地预测可能出现的情况及其对项目的影响程度。快速社会评价主要是分析现有资料和现有状况，着眼于负面社会因素的分析判断，一般以定性描述为主。快速社会评价的方法步骤如下：

步骤一：识别主要社会因素，对影响项目的社会因素分组，可按其与项目之间关系和预期影响程度划分为影响一般、影响较大和影响严重三级，应侧重分析评价那些影响严重的社会因素。

步骤二：确定利益群体，对项目所在地区的受益、受损利益群体进行划分，着重对受损利益群体的情况进行分析。按受损程度，划分为受损一般、受损较大、受损严重三级，重点分析受损严重群体的人数、结构，以及他们对项目的态度和可能产生的矛盾。

步骤三：估计接受程度，大体分析当地现有经济条件、社会条件对项目存在与发展的接受程度，一般分为高、中、低三级。应侧重对接受程度低的因素进行分析，并提出项目与当地社会环境相互适应的措施建议。

（2）详细社会评价法

详细社会评价法是在可行性研究阶段广泛应用的一种评价方法。其功能是在快速社会评价的基础上，进一步研究与项目相关的社会因素和社会影响，进行详细论证，并预测风险度。结合项目备选的技术方案、工程方案等，从社会分析角度进行优化。详细社会评价采用定量与定性分析相结合的方法，进行过程分析，主要步骤如下：

步骤一：识别社会因素并排序，对社会因素按其正面影响与负面影响，持续时间长短，风险度大小，风险变化趋势（减弱或者强化）分组。应着重对那些持续时间长、风险度大、可能激化的负面影响进行论证。

步骤二：识别利益群体并排序，对利益群体按其直接受益或者受损，间接受益或者受损，减轻或者补偿受损措施的代价分组。在此基础上详细论证各受益群体与受损群体之间，利益群体与项目之间的利害关系，以及可能出现的社会矛盾。

步骤三：论证当地社会环境对项目的适应程度，详细分析项目建设与运营过程中可以从地方获得支持与配合的程度，按好、中、差分组。应着重研究地方利益群体、当地政府和非政府机构的参与方式及参与意愿，并提出协调矛盾的措施。

步骤四：比选优化方案，将上述各项分析的结果进行归纳，比选，推荐合理方案。

在进行项目详细社会评价时一般采用参与式评价，即吸收公众参与评价项目的技术方案、工程方案等。这种方式有利于提高项目方案的透明度；有助于取得项目所在地各有关利益群体的理解、支持与合作；有利于提高项目的成功率，预防不良社会后果。一般来说，公众参与程度越高，项目的社会风险越小。参与式评价可采用下列形式：

咨询式参与：由社会评价人员将项目方案中涉及当地居民生产、生活的有关内容，直接交给居民讨论，征询意见。通常采用问卷调查法。

邀请式参与：由社会评价人员邀请不同利益群体中有代表性的人员座谈，注意听取反对意见，并进行分析。

委托式参与：由社会评价人员将项目方案中特别需要当地居民支持、配合的问题，委托给当地政府或机构，组织有关利益群体讨论，并收集反馈意见。

2）定性分析方法和定量分析方法

投资项目的社会因素多而复杂，多数是无形的，甚至是潜在的。如项目对社区安全稳定的影响，人们对项目的态度、社区的人际关系，项目对卫生保健、文化生活水平提高的效益，对生态环境的影响，对人口素质提高的影响等，很难采用统一的方法进行评价。有的社会因素可以采用一定的计算公式定量计算，如对就业和收入分配的影响等，而更多的社会因素则难以计量，更难以一定的量纲、用统一的计算公式进行计算。因此，社会评价通常采用定量分析与定性分析相结合、参数评价与经验判断相结合的方法，其中定性分析在社会评价中占有重要地位。

常用的定性分析和定量分析方法主要有：有无对比分析法、利益相关者分析法、排序打分法、财富排序法、综合分析评价法等。

10.4.2 环境影响评价方法

环境影响评价（Environmental Impact Assessment，EIA）简称环评，是我国的一项基本环境保护法律制度。《中华人民共和国环境影响评价法》给出的建设项目环境影响评价的法律定义为："对规划和建设项目实施后可能造成的环境影响进行分析、预测和评估，提出预防或者减轻不良环境影响的对策和措施，进行跟踪监测的方法与制度。"通俗地说，就是分析项目建成投产后可能对环境产生的影响，并提出污染防治对策和措施。

10.4.2.1 环境评价的主要内容

根据《规划环境影响评价条例》以及其他相关规章的规定，我国环境影响评价制度的主要内容包括以下六点：

1）环境影响评价的对象是建设项目。

2）对建设项目的环境影响评价实行分类管理。

3）建设项目环境影响报告书的内容。

4）环境影响评价报告书（表）或登记表由行业部门预审，环保部门审批。

5）对从事建设项目环境影响评价工作的单位实行资格审查制度。

6）征求公众意见。

10.4.2.2　建设项目环境评价的概念

建设项目环境评价就是我国对领域内建设项目的环境影响评价和环境质量评价的一种行政审批程序。从广义上说，建设项目环境评价是对拟建项目环境系统状况的价值评定、判断和提出对策。

建设项目环境影响评价的根本目的是鼓励在项目规划和决策中考虑环境因素，最终达到更具环境相容性的人类活动。具体地说，是为了保障和促进国家可持续发展战略的实施，预防因建设项目实施对环境造成不良影响，促进经济、社会和环境的协调发展。

建设项目环境影响评价的主体依据各国环境影响评价制度而定。我国环境影响评价主体可以是学术研究机构、工程、规划和环境咨询机构等，但必须获得国家或地方环境保护行政机构认可的环境影响评价资格证书。或者说是只能持证上岗，分为甲级和乙级，分别有规定的工作范围和职责范围。

国家根据建设项目对环境的影响程度，对建设项目的环境影响评价实行分类管理：

1）建设项目可能造成重大环境影响的，应当编制环境影响报告书，对环境的影响进行全面评价。

2）建设项目可能造成轻度环境影响的，应当编制环境影响报告表，对所产生的环境影响进行专项分析或者专项评价。

3）建设项目对环境影响很小，不需要进行环境影响评价的，应当填制环境影响登记表。

10.4.2.3　建设项目环境评价的基本程序

建设项目环境影响评价的基本程序是指按一定的顺序或步骤指导完成建设项目环境影响评价工作的过程，又可分为管理程序和工作程序。

1. 建设项目环境影响评价的管理程序

管理程序用于建设项目环境影响评价的监督与管理，包括建设项目环境影响的分类筛选和评价项目的监督管理。

建设项目环境影响分类筛选是指对于新建或改扩建工程，根据原中华人民共和国国家环境保护总局分布的分类管理名录，确定应编制环境影响报告书、环境影响报告表或填报环境影响登记表。

建设项目可能造成重大环境影响的，应当编制环境影响报告书，对产生的环境影响进行全面评价；建设项目可能造成轻度环境影响的，应当编制环境影响报告表，对产生的环境影响进行分析或者专项评价；对于环境影响很小、不需要进行环境影响评价的，应当填报环境影响登记表。

环境影响评价项目的监督管理，包括四个方面的内容：①评价单位资格考核与人员培训；②评价大纲的审查；③环境影响评价的质量管理；④环境影响评价报告书的审批。

环境影响报告书的审查以技术审查为基础，审查方式是专家评审会还是其他形式可由负责审批的环境保护行政主管部门根据具体情况而定。

2. 建设项目环境影响评价的工作程序

建设项目环境影响评价的工作程序用于指导环境影响评价的工作内容和进程，是环境影响评价的一个重要步骤。

从工作程序上，建设项目环境影响评价可分为三个阶段，即准备阶段、正式工作阶段、环境影响报告书编制阶段，见表10-8。

建设项目环境影响评价工作程序

表 10-8

序号	阶段	内容	工　作
1	准备阶段	研究与建设项目有关的文件和资料，进行初步的工程分析和环境现状调查，筛选重点评价项目，确定各单项环境影响评价的工作等级及范围，编制环境影响评价工作大纲	首先研究与建设项目有关的文件。与建设项目有关的文件和资料包括国家和地方的法律法规、发展规划和环境功能区划、技术导则和相关标准、建设项目依据、可行性研究资料及其他有关技术资料。之后进行初步的工程分析和初步的环境现状调查。这一工作能明确建设项目的工程组成，根据工艺流程确定排污环节和主要的污染物，同时进行建设项目环境影响区的环境现状调查。结合初步工程分析结果和环境现状资料，可识别建设项目的环境影响因素。筛选主要的环境影响因子，明确评价重点。最后确定各单项环境影响评价的范围和评价工作等级，编制评价大纲或工作方案
2	正式工作阶段	这一阶段主要进行工程分析和环境现状调查，进行环境影响预测和评价环境影响	对工程做进一步的分析。进行充分的环境现状调查、监测，开展环境质量现状评价，之后根据污染源强和环境现状资料进行建设项目的环境影响预测，评价建设项目的环境影响并开展公众意见调查。根据建设项目的环境影响、法律法规和标准等的要求以及公众的意愿，提出减少环境污染和生态影响的环境管理措施和工程措施。若建设项目需要进行多个厂址的比选，则需要对各个厂址分别进行预测和评价，并从环境保护角度推荐最佳厂址方案；如果对原选厂址得出了否定的结论，则需要对新选厂址重新进行环境影响评价
3	环境影响报告书编制阶段	编制环境影响评价报告书	经过对前两个阶段所得到的各种资料和数据进行分析、汇总并得出结论，编制环境影响报告书。从环境保护的角度确定项目建设的可行性，给出评价结论和提出进一步缓解环境影响的建议，并最终完成环境影响报告书或报告表的编制

10.4.2.4　建设项目环境评价的方法

项目环境影响评价的方法可分为直接法、替代市场法和环境补偿法三大类。

1. 直接法

市场价值法和人力资本法这两种方法是直接效益-费用分析法，重点描述污染物对自然系统或对人工系统影响的效益与费用。

1）市场价值法

市场价值法将环境质量当作一个生产要素，环境质量的变化将导致生产率和生产成本的变化，从而影响生产或服务的利润和产出水平，而产品或服务的价值、利润是可以利用市场价格来计量的。市场价值法就是利用环境质量变化而引起的产品或服务产量及利润的变化来评价环境质量变化的经济效果。

2）人力资本法

环境作为人类社会发展的最重要的资源之一，其质量变化对人类健康有很大影响。如果人类生存环境受到污染或破坏，使原来的环境功能下降，就会给人类的生活质量及健康带来损失，这不仅会使人们的劳动能力水平下降，而且还会给社会带来负担。人力资本法就是对这种损失的一种估算方法。对人类健康方面所造成的损失主要包括：过早死亡、疾病或病休所造成的收入损失；医疗费用的增加；精神或心理上的代价等。

当然，在这里，为了分析上的方便，可将环境污染引起的经济损失分为直接经济损失和间接经济损失两部分。其中，直接经济损失包括预防和医疗费用、死亡丧葬费；间接经济损失包括病人耽误工作造成的经济损失，非医护人员护理、陪住影响工作造成的经济损失等。评价的具体步骤是：通过污染区和非污染区的流行病学进行调查和对比分析，确定环境污染因素在发病原因中占多大比重，调查患病和死亡人数，以及病人和陪住人员耽误的劳动总工日，来计算环境污染对人类健康影响的经济损失。

2. 替代市场法

对于所讨论的物品或劳务及服务品不能用市场价格表示时，则可采用替代市场法来进行评价分析，即用替代的物品和劳务或服务品的市场价格来作为该物品和劳务及服务价值的依据。

1）资产价值法

资产价值法与市场价值法的区别在于，它不是利用受环境质量变化所影响的商品或劳务及服务品的直接市场价格来估计环境效益，而是利用替代或相应物品的价格，来估计无价格的环境商品或劳务。如清洁空气的价值、不同水平下的环境舒适性价值，都可成为销售商品或所提供劳务价格中的一个因素。另外，又如在建设项目环境影响评价中，经常考虑由于建设项目引起周围环境质量发生变化，则附近的房地产价格也受其影响，由此使人们对房产的支付意愿或房地产的效益都发生了变化。

2）工资差额法

即利用环境质量不同条件下工人工资的差异来估计环境质量变化造成的经济损失或带来的经济效益。工人的工资受很多因素的影响，如工作性质、技术水平、风险程度、工作期限、周围环境质量等。在现实中也存在着这样一种情况，即往往用高工资吸引人们到污染地区工作，如果工人可以自由调换工作，则此工资的差异部分即可归因于工作地点的环境质量。因此，工资差异的水平可用来估计环境质量变化带来的经济损失或经济效益，即我们可以把类似工作的工资差额看作与工作地点的工作条件、生产条件相关的职业属性的函数，如果可以估计工资水平和上述职业属性之间的函数关系，则隐价格就可以确定（与资产价值法一样）。假定隐价格为一常数，则它可以反映从事较低（高）水平特征属性的职业，收入较高（低）水平的工资的边际支付（或接受）意愿，并进而评定职业属性水平改善的效益。

影响工资差额的许多职业属性是可以识别的。例如：空气污染属性的隐价格提供了一个空气质量与收入之间的权衡价值。

3. 环境补偿法

前面介绍的几种方法是完全依赖于以意愿为基础的环境质量效益评价方法，但是在很多情况下，要全面估计保护和改善环境质量和经济效益是件很困难的事情。这是因为，一方面受研究技术和资料的限制；另一方面受支付意愿理论不完整的限制。实际上，许多有关环境质量评价是在没有对效益进行货币估算的情况下做出的，是用一些特定目标或某种数量指标来代替货币效益的，如排放总量等。下面介绍根据计算出替代被破坏的环境所需的费用来评价环境质量的方法。

1）防护费用法

防护费用法是生产者和消费者愿意承担防护费用时所显示的环境质量效益所得的隐含价值。根据所包含的费用，按照所使用那些资源的经济价值，就提供了产生效益的最低估计。防护费用已被广泛应用于环境影响评价中。

2）恢复费用法

由于建设项目或环境管理措施不当造成环境质量下降以及由此造成其他生产性资产受到损害，而将环境质量或生产性资产恢复到初始状态所需费用作为估计环境效益损失的最低期望值的方法就称为恢复费用法。如水污染引起农、渔业的损失，开矿引起地面下沉而造成建筑物损失的恢复费用，就是这种方法的具体应用。

本章小结

（1）本章对建设工程项目可行性研究的工作程序、可行性研究的内容，以及可行性研究中的市场研究和技术可行性分析等内容进行阐述。

工程项目的建设程序就是对项目建设全过程各个环节所做工作和先后次序的规定。目前，我国工程项目建设的程序分为建设期、勘测设计期、项目建设实施期和项目建成投产期。

项目可行性研究是投资项目前期的重要工作，是投资项目在整个周期内的最重要环节。可行性研究根据项目的用途分为不同的类型，其研究内容也不同，基本包括图 10-2 内容。

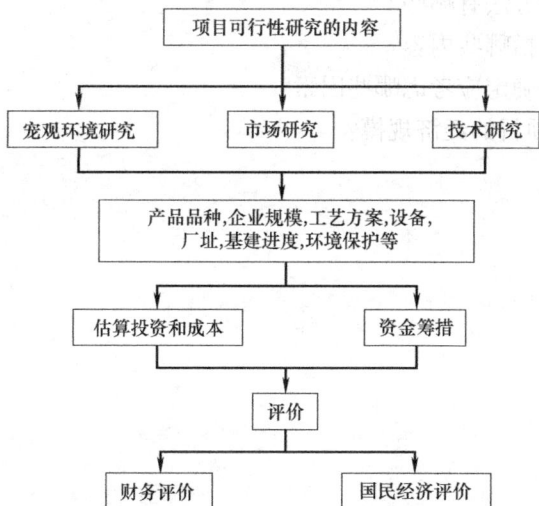

图 10-2　项目可行性研究内容

（2）市场研究包括市场调查和市场预测。市场研究主要包括：市场定位、市场现状及发展趋势预测、目标市场特征分析、产品销售量预测及销售策略确定、市场风险分析。市场调查主要包括：市场容量、价格、市场竞争力和市场特征等。市场调查方法一般有直接访问法、现场观察法、间接调查法等。市场预测的方法较多，较为常用的有德尔菲法、移动平均法和回归分析法。

（3）技术研究主要是技术方案选择确定。技术方案的选择应满足先进性、适用性、可靠性、安全性和经济合理性的要求，主要包括生产方法选择、工艺流程选择。生产规模的确定应考虑建设项目的性质、建设项目的产品市场、资金、原材料、劳动力、经济合理可行等因素。

工艺设备方案的评价是为了选择最佳的工艺设备方案，评价的内容主要有先进性程度、可靠性程度、对产品质量性能的保证程度、工艺流程的合理性、对环境的影响程度、经济效果等。

（4）进行投资估算和成本估算，筹措资金，进行微观的财务评价和宏观的国民经济评价。特别重大项目，除进行财务评价和国民经济评价外，还应进行区域经济与宏观经济影响分析。

思考与练习题

10-1　简述可行性研究的基本任务和作用。

10-2　为什么工程建设项目要按照一定的程序进行？

10-3　简述可行性研究的内容和工作程序。

10-4　可行性研究报告的编制依据有哪些？

10-5　可行性研究报告的作用有哪些？

10-6　简述市场研究的目的和内容。

10-7　市场调查的方法有哪些？

10-8　技术研究包括哪些内容？

10-9　市场规模的确定应考虑哪些因素？

10-10　　如何理解项目的经济规模？

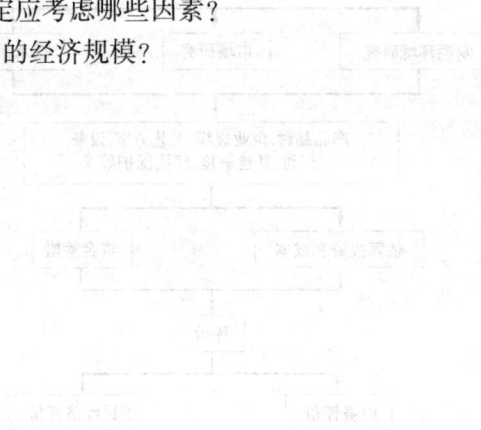

第 11 章　设备更新经济分析

本章要点及学习目标

　　本章要点：
　　本章主要包括设备磨损、磨损补偿及更新经济分析等内容。主要介绍设备磨损的分类及补偿方式，设备更新分析的特点，设备经济寿命的确定，设备更新和大修经济分析方法以及设备租赁与购置方案比选分析等。
　　学习目标：
　　本章要求重点掌握设备磨损的类型及补偿方式，设备更新方案的比选原则与方法，设备租赁与购买的影响因素及其方案的比选分析方法。能够对正在使用的设备是否更新、应何时更新、怎样更新进行正确分析评判。

11.1　设备更新经济分析概述

11.1.1　设备更新的意义

　　设备是现代企业生产的重要物质和技术基础。各种机器设备的质量、技术水平和效率是衡量一个国家工业化水平的重要标志，是判断一个企业技术创新能力、产品开发能力的重要标准，也是影响企业和国民经济各项经济技术指标的重要因素。

　　设备更新是指企业为保证生产效率，对技术上或经济上不宜继续使用的设备，用新的设备更换或用先进的技术对原有设备进行局部改造。设备更新的需求源于运营环境中设备使用的经济性发生了变化，其主要原因是设备的磨损。

　　设备更新分析能为企业提供科学合理的设备更新决策信息，提高企业运行效率，对于提升企业技术创新能力，增强企业市场竞争能力，具有重要的现实意义。

11.1.2　设备磨损

　　设备磨损是指设备在使用或闲置过程中，由于物理作用（如震动、弯曲、冲击力、摩擦力等）、化学作用（如腐蚀、锈蚀、老化）、技术进步影响等原因，都会发生损耗。设备磨损分为有形磨损、无形磨损及两者的综合形式。

11.1.2.1　设备磨损的分类

1. 有形磨损

　　有形磨损是指设备在使用或闲置过程中，实体所遭受的破坏。有形磨损有两种形式。

　　第一种有形磨损是物理磨损，指设备在使用过程中，在机械外力（如摩擦、碰撞或交变应力等）的作用下实体发生的磨损、变形和疲劳损坏。如设备零部件尺寸形状、精度的改变，直至损坏。

第二种有形磨损是化学磨损，指设备由于使用或保养不当，或者不可抗力（如日照、潮湿和腐蚀性气体等）的影响，实体发生锈蚀、损伤和老化。如金属件锈蚀，零部件内部损伤，橡胶和塑料老化等。

上述两种有形磨损都造成设备的性能、精度等的降低，使得设备的运行费用和维修费用增加，效率低下，设备使用价值降低。

2. 无形磨损

无形磨损是由于科学技术进步而引起设备价值相对贬值的现象。无形磨损不产生设备实体外形和内在性能的变化，难以从直观上看出来，是无形的。无形磨损有两种形式。

第一种设备绝对价值的降低，是指设备的技术结构和性能并没有变化，但由于技术进步，设备制造工艺不断改进，社会劳动生产率水平的提高和材料节省等导致社会必要劳动时间减少，同类设备的再生产价值降低，致使原设备相对贬值。

第二种设备相对价值的降低，是指由于科学技术的进步，性能更完善、生产效率更高、可靠性更好的新型设备不断出现，使原有设备相对陈旧落后，若要继续使用，其使用成本高或者其生产的产品质量和性能等已经不符合目前的要求，其经济效益相对降低而发生贬值。

3. 设备的综合磨损

设备的综合磨损是指同时存在有形磨损和无形磨损的损坏和贬值的综合情况。对任何特定的设备来说，这两种磨损必然同时发生和同时互相影响。某些方面的技术要求可能加快设备有形磨损的速度，例如高强度、高速度、大负荷技术的发展，必然使设备的物理磨损加剧。同时，某些方面的技术进步又可提供耐热、耐磨、耐腐蚀、耐振动、耐冲击的新材料，使设备的有形磨损减缓，但使其无形磨损加快。

有形和无形两种磨损都引起机器设备原始价值的贬值，这一点两者是相同的。不同的是，遭受有形磨损的设备，特别是有形磨损严重的设备，在修理之前，常常不能工作；而遭受无形磨损的设备，即使无形磨损很严重，其固定资产物质形态却可能没有磨损，仍然可以使用，只不过继续使用它在经济上是否合算，需要分析研究。

11.1.2.2　设备磨损的补偿

有形磨损和无形磨损导致的设备使用价值的绝对降低或相对降低，需要及时、合理地予以补偿和更新，以恢复设备的使用价值。

设备磨损的类型、形式不同，磨损补偿的方式也不相同。设备补偿分为补偿分局部补偿和完全补偿。具体形式有更换（更新）、现代化改装和大修理等。

1. 设备更换（更新）

有形磨损和无形磨损的完全补偿是设备更新，分为原型设备更新和新型设备更新。原型设备更新是简单更新，就是用结构相同的新设备去更换有形磨损严重而不能继续使用的旧设备。这种更新主要是解决设备的损坏问题，不具有更新技术的性质；新型设备更新是以结构更先进、技术更完善、效率更高、性能更好、能源和原材料消耗更少的新型设备来替换那些技术上陈旧、在经济上不宜继续使用的旧设备。

2. 设备现代化改造

设备无形磨损的局部补偿是现代化改造。现代化改造是对设备的结构作局部的改进和技术上的革新（如增添新的、必需的零部件）以增加设备的生产功能和效率，以使之接近或达到新型设备的水平的补偿方式。设备现代化改造与新型设备更换相比，具有以下优点：一是能尽快把科学技术的最新成就变为直接生产力；二是具有较强的适应性和针对性，能及时满足生产和工艺的要求；三是投资少，改造时间比设计制造一台新设备少得多。

3. 设备大修理

设备有形磨损的局部补偿是修理。修理是更换设备部分已磨损的零部件和调整设备，以恢复设备的生产功能和效率为主的补偿方式。与设备更换和现代化改装两种设备更新形式相比，设备大修理能利用保存下来的零部件，通常也不需要对配套的设备和设施进行改变，节约设备投资，一般情况下可以尽快恢复生产减少停工损失，是一种保持生产能力和延长设备使用期限的措施。但是，大修理的必要性必须与经济性相结合，才能取得最佳的经济效果。

当设备发生有形磨损，如磨损具有可消除性，既可以通过设备修理进行局部补偿，也可以通过原型设备更新予以完全补偿；如有形磨损属于不可消除性有形磨损，只能进行原型设备更新。当设备出现无形磨损，如属于第一种无形磨损，只是现有设备原始价值部分贬值，设备本身的技术特性和功能即使用价值并未发生变化，故不影响现有设备的使用，因此不产生提前更换设备的问题；如属于第二种无形磨损，则不仅使原有设备价值降低，而且技术上更先进的新设备使原有设备的使用价值局部或完全丧失，因此根据具体情况一方面可以通过对设备进行现代化技术改造，使设备磨损得以改革性补偿；另一方面，也可以通过新型设备更新，彻底实现设备的完全补偿。设备磨损形式与其补偿方式的相互关系见图 11-1。

由于设备总是同时遭受到有形磨损和无形磨损，因此，对其综合磨损后的补偿形式应进行更深入的研究，以确定恰当的补偿方式。

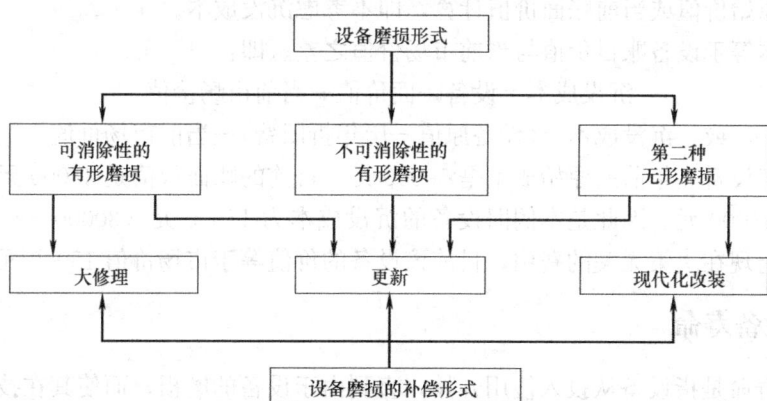

图 11-1 设备磨损形式与其补偿方式的相互关系

11.1.3 设备更新分析解决的主要问题

设备更新分析同任何技术方案选择一样，应遵循有关的技术政策，进行技术论证和经济分析，作出最佳的选择。如果因为设备暂时故障而草率作出报废的决定，或者片面追求现代化，过早的设备更新，将造成资金的浪费，失去其他的收益机会；过迟的设备更新，将造成生产成本的迅速上升，企业将失去竞争的优势。因此，设备更新分析需要解决的主要问题有以下四个方面：一是如何确定设备经济性寿命期；二是影响设备使用经济性的主要要素有哪些；三是以何种方式进行更新比较分析；四是确定设备是否需要更换以及何时更换。上述问题会在下面章节中重点阐述。

11.1.4　设备更新经济分析的特点和原则

由设备磨损形式与其补偿方式的相互关系可以看出，设备更新经济分析大部分可归结为互斥方案比较问题，由于设备更新的特殊性，设备更新经济分析具有其自身的原则。

1) 假定设备的收益相同，方案比选时只对其费用进行比较。选择不同设备其效用和收益是相同的，只比较费用可以减少经济分析的工作量。

2) 对使用寿命不同的设备方案，常采用年度费用进行比较。对于寿命期不同的互斥方案，用年度费用进行比较可以大大减少工作量。

3) 站在客观的立场分析问题，考虑机会成本。

设备更新问题的要点是站在客观的立场上，而不是站在旧设备的立场上考虑问题。站在客观立场意味着若要保留旧资产，首先要付出相当于旧资产当前市场价值的现金，才能取得旧资产的使用权，也就是从机会成本角度考虑现有设备目前实际价值的归属，做到公平合理，这是设备更新分析的重要原则。

4) 立足现实，不考虑沉没成本。

沉没成本是企业过去投资决策发生的、非现在决策能改变（或不受现在决策影响）、已经计入过去投资费用回收计划的费用。由于沉没成本是已经发生的费用，在设备更新分析中，现有设备的最初购置费以及会计账面余值，从经济分析的角度来看，它们属于沉没成本，将不予考虑。因此，设备更新分析时设备的价值应依据原设备目前实际价值计算，而不能按其原始价值或当前账面价值计算，即不考虑沉没成本。

沉没成本等于设备账目价值与当前市场价值之差。即：

$$沉没成本＝设备账面价值－当前市场价值 \tag{11-1}$$
$$或　沉没成本＝（设备原值－历年折旧费）－当前市场价值 \tag{11-2}$$

例如，某设备 3 年前的原始成本是 50000 元，目前的账面价值是 30000 元，现在的市场价值仅为 15000 元。因此是本例旧设备的沉没成本为 15000 元（30000－15000），是过去发生的而与现在决策无关的费用，目前该设备的价值等于市场价值 15000 元。

11.1.5　设备寿命

设备的寿命是指设备从投入使用开始，直到由于设备的磨损，而使其在技术上或经济上不宜继续使用为止的整个时间过程。设备的经济寿命有以下几种不同的形态。

1. 物理寿命

设备的物理寿命，又称自然寿命，是指设备从投入使用开始，直到因物质磨损严重而不能继续使用、报废为止所经历的全部时间。它主要是由设备的有形磨损所决定的。做好设备维修和保养可延长设备的物质寿命，但不能从根本上避免设备的磨损，任何一台设备磨损到一定程度时，经济上会不合理，须进行更新。因此，设备的自然寿命不能成为设备更新的估算依据。

2. 技术寿命

设备的技术寿命就是指设备从投入使用到因技术落后而被淘汰所延续的时间，也就是指设备在市场上维持其使用价值的时间，故又称有效寿命。例如一个手机，即使完全没有使用过，它也会被功能更为完善、技术更为先进的手机所取代，这时它的技术寿命可以认为等于零。由此可见，技术寿命主要是由设备的无形磨损所决定的，一般短于物理寿命，科学技术进步越快，设备技术寿命越短。所以，在估算设备寿命时，必须考虑设备技术寿命期限的变化特点及其使用的制约或影响。

3. 折旧寿命

设备的折旧寿命即设备的折旧年限，是指按现行会计制度规定的折旧原则和方法，将设备的原值通过折旧的形式转入产品成本，直到提取的折旧费累计额达到设备原值与预计净残值间差额所经历的全部时间。折旧寿命确定除考虑设备自然寿命、技术寿命外，还应考虑国家技术政策、产业政策以及财政税收状况。折旧寿命一般短于设备的自然寿命和技术寿命。

4. 经济寿命

经济寿命是指设备从投入使用开始，到继续使用在经济上不合理而被更新所经历的时间，也是到其年平均成本费用最小的使用年限，一般是设备最合理的使用年限。经济寿命由设备资产消耗成本费用和运营成本费用决定。设备使用年限越长，所分摊的各年资产消耗成本越少。但是随着设备使用年限的增加，一方面需要更多的维修费维持原有功能；另一方面机器设备的操作成本及原材料、能源耗费也会增加，年运行时间、生产效率、质量将下降。因此，年资产消耗成本的降低，会被年度运行成本的增加或收益的下降所抵消。在整个变化过程中存在着某一年份，设备年平均使用成本最低，经济效益最好，如图 11-2 所示，N_0 就是设备的经

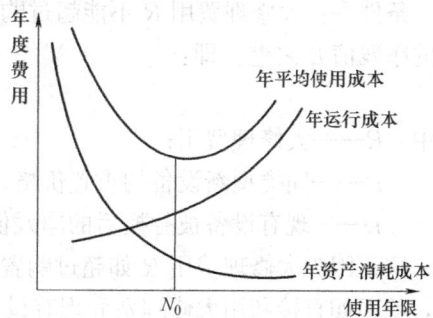

图 11-2　设备年度费用曲线

济寿命，此时设备年平均使用成本达到最低值。所以，设备按经济寿命进行更新，其使用设备的年平均成本费用最低。

11.2　设备修理经济分析

11.2.1　设备修理概述

在实践中，通常把为保持设备在平均寿命期限内的完好使用状态而进行的局部更换或修复工作叫作维修或修理。按其经济内容来讲，维修工作可分为日常维护、小修理、中修理和大修理等几种形式。

日常维护是指与拆除和更换设备中被磨损的零部件无关的一些维修内容，诸如设备的

润滑与保洁，定期检验与调整，消除部分零部件的磨损等。

　　小修理是工作量最小的计划修理，指设备使用过程中为保证设备工作能力而进行的调整、修复或更换个别零部件的修理工作。

　　中修理是进行设备部分解体的计划修理，其内容有：更换或修复部分不能用到下次计划修理的磨损零件，通过修理、调整，使规定修理部分基本恢复到出厂时的功能水平以满足工艺要求，修理后应保证设备在一个中修间隔期内能正常使用。

　　大修理是最大的一种计划修理，它是在原有实物形态上的一种局部更新。它是通过对设备全部解体，修理耐久的部分，更换全部损坏的零部件，修复所有不符合要求的零部件，全面消除缺陷，以使设备在大修理之后，无论在生产率、精确度、速度等方面达到或基本达到原设备的出厂标准。大修理是设备修理工作中规模最大、花费最高的修理，因此进行设备经济分析，应以设备大修理为重点。

11.2.2　设备大修理的经济分析

　　设备大修理能够利用现有设备大部分零部件，并在一定程度上恢复设备的效能水平。但随着设备大修次数的增多，设备劣化程度逐次加深，大修理费用越来越高，大修间隔期也越来越短，大修理的经济性也越来越差。因此，在决策设备大修时，需要与设备更新的效果进行比较。

　　设备大修应满足以下两个条件：

　　条件一：大修理费用 R 不能超过购置同类型新设备的重置价格 P 与现有设备被替换后的净残值 L 之差。即：

$$R \leqslant P - L \tag{11-3}$$

式中　R——大修理费用；

　　　　P——同类型新设备的重置价格；

　　　　L——现有设备被替换后的净残值。

　　这是因为大修理费用 R 如超过购置同类型新设备重置价值 P 与现有设备净残值 L 之差，就不如直接利用大修理费和现有设备净残值之和购置新设备。上式成立的前提是设备在大修后的效能水平与同类型新设备相同，但实际上大修后的设备效能水平大都有所下降。因此，$R \leqslant P - L$ 仅是设备大修理的必要条件。

　　条件二：现有设备大修理后的单位产品生产成本不能高于同类型新设备的单位产品生产成本即：

$$C_p \leqslant C_n \tag{11-4}$$

　　其中，

$$C_p = \frac{(R + \Delta V_p)(A/P, i, T_p)}{Q_{Ap}} + C_{op}$$

$$C_n = \frac{\Delta V_n (A/P, i, T_n)}{Q_{An}} + C_{on}$$

式中　C_p——现有设备大修理后的单位产品生产成本；

　　　　C_n——同类型新设备的单位产品生产成本；

　　　　ΔV——设备运行到下一次大修期间的价值损耗现值；

T——设备运行到下一次大修的间隔年数；

Q_A——设备到下一次大修期间的年均产量；

C_o——设备到下一次大修期间的产品单位经营成本。

【例 11-1】 某企业一台设备已使用 6 年，现市场价值 4000 元，需要进行第一次大修，预计大修费 5000 元，大修后设备增值为 6500 元，平均每年加工产品 50t，年平均运行成本费用 2600 元。设备经大修后可继续使用 4 年，届时设备市场价值为 2000 元。现市场新设备价值 32000 元，平均每年加工产品 65t，年平均运行成本费用 2300 元。预计使用 5 年进行第一次大修，大修时设备价值 8000 元。基准收益率为 10%，请为该企业设备大修理决策进行经济分析。

【解】 （1）由题可知，现有设备大修费：$R=5000$ 元

新设备更换所需净费用：$P-L=32000-4000=28000$ 元

$$R < P-L$$

即大修理费用 R 小于新设备更换所需净费用 $P-L$，满足大修理条件一。

（2）由已知条件，有：

$$C_p = \frac{[5000+4000-2000 \times 0.6830] \times 0.3155 + 2600}{50} = 100.17$$

$$C_n = \frac{[32000-8000 \times 0.6209] \times 0.2638 + 3200}{65} = 145.10$$

$$C_p < C_n$$

即现有设备大修理后的单位产品生产成本费用 C_p，小于同类型新设备的单位产品生产成本费用 C_n，满足大修理条件二。

所以，该企业应选择对设备进行大修理。

11.3 设备更新经济分析

11.3.1 原型设备更新经济分析

原型设备更新，就是用结构相同的新设备去更换有形磨损严重而不能继续使用的旧设备。即在现有设备使用期内还没有出现功能更完善、性能更优越的先进设备，现设备与替换设备类型完全相同，具有完全相同的经济属性（如设备年平均成本费用），当该设备到达经济寿命进行更新时，花费的年平均成本费用最小。因此，原型设备更新的最佳时机就是设备的经济寿命。原型设备更新经济分析即设备的经济寿命的确定。

二维码 11-1 经济寿命　　二维码 11-2 设备更新经济分析

按照是否考虑资金时间价值，设备经济寿命的确定可以分为经济寿命的静态计算和动态计算。

1. 经济寿命的静态计算

静态模式下设备经济寿命的确定方法，就是在不考虑资金时间价值的基础上计算设备年平均使用成本 AC_N。使 AC_N 为最小的 N_0 就是设备的经济寿命。

$$AC_N = \frac{P-L_N}{N} + \frac{1}{N}\sum_{t=1}^{N} C_t \tag{11-5}$$

式中　AC_N——N 年内设备的年平均使用成本;

　　　　P——设备目前实际价值;

　　　　C_N——第 t 年的设备运行成本;

　　　　L_N——第 N 年末的设备净残值。

其中,$\dfrac{P-L_N}{N}$ 为设备的平均年度资产消耗成本,而 $\dfrac{1}{N}\sum\limits_{t=1}^{N} C_t$ 为设备的平均年度运行成本。

【例 11-2】　某设备目前实际价值为 30000 元,自然寿命 7 年,有关统计资料见表 11-1,求其经济寿命。

设备有关统计资料(元)　　　　　　　　　　　　　　　表 11-1

继续使用年限	1	2	3	4	5	6	7
年运行成本	5000	6000	7000	9000	115000	14000	17000
年末残值	15000	7500	3750	1875	1000	1000	1000

【解】　由统计资料可知,该设备在不同使用年限时的年平均成本如表 11-2 所示。由计算结果可以看出,该设备在使用 5 年时,其平均使用成本 13500 元为最低。因此,该设备的经济寿命为 5 年。

设备在不同使用年限时的静态年平均成本(元)　　　　　　表 11-2

使用年限	资产消耗成本	平均资产消耗成本	年度运行成本	运行成本累计	平均年度运行成本	年平均使用成本
	$P-L_N$	$\dfrac{P-L_N}{N}$	C_t	$\sum\limits_{t=1}^{n} C_t$	$\dfrac{1}{N}\sum\limits_{t=1}^{n} C_t$	AC_N
(1)	(2)	(3)=(2)/(1)	(4)	(5)	(6)=(5)/(1)	(7)=(3)+(6)
1	15000	15000	5000	5000	5000	20000
2	22500	11250	6000	11000	5500	16750
3	26250	8750	7000	18000	6000	14750
4	28125	7031	9000	27000	6750	13781
5	29000	5800	11500	38500	7700	13500
6	29000	4833	14000	52500	8750	13583
7	29000	4143	17000	69500	9929	14072

由于设备使用时间越长,设备的有形磨损和无形磨损越加剧,从而导致设备的维护修理费用越增加,这种逐年递增的费用 ΔC_N 称为设备的低劣化。用低劣化数值表示设备损耗的方法称为低劣化数值法。如果每年设备的劣化增量是均等的,即 $\Delta C_N = \lambda$,每年劣化呈线性增长。假设评价基准年(即评价第一年)设备的运行成本为 C_1,则平均每年的设备使用成本 AC_N 可用下式表示:

$$AC_N = \frac{P-L_N}{N} + \frac{1}{N}\sum_{t=1}^{N} C_t$$

$$= \frac{P-L_N}{N} + C_1 + \frac{1}{N}[\lambda + 2\lambda + L + (N-1)\lambda]$$

$$= \frac{P-L_N}{N} + C_1 + \frac{1}{2N}[N(N-1)\lambda]$$

$$= \frac{P-L_N}{N} + C_1 + \frac{1}{2}[(N-1)\lambda]$$

要使 AC_N 为最小，对上式的 N 进行一阶求导，并令其导数为零，据此，可以简化经济寿命的计算，即：

$$N_0 = \sqrt{\frac{2(P-L_N)}{\lambda}} \qquad (11-6)$$

式中　N_0——设备的经济寿命；

　　　λ——设备的低劣化值。

【例11-3】　设有一台设备，目前实际价值 $P=10000$ 元，预计残值 $L_N=400$ 元，第一年的设备运行成本 $Q=600$ 元，每年设备的劣化增量是均等的，年劣化值 $\lambda=300$ 元，求该设备的经济寿命。

【解】　根据式（11-6），有：

$$N_0 = \sqrt{\frac{2(10000-400)}{300}} = 8 \text{ 年}$$

2. 经济寿命的动态计算

动态模式下设备经济寿命的确定方法，就是在考虑资金的时间价值的情况下计算设备的净年值 NAV 或年成本 AC_N，当找到使净年值 NAV 最大或年等值费用 AC_N 为最小的 N_0 值，即为设备的经济寿命，此时为设备更新的最佳时机。

其计算式见式（11-7）和式（11-8），即 $NAV(N) = \sum_{t=0}^{N}(CI-CO)_t(P/F,i_c,t)(A/P,i_c,N)$

$$\qquad (11-7)$$

或 $$AC(N) = \sum_{t=0}^{N}CO_t(P/F,i_c,t)(A/P,i_c,N) \qquad (11-8)$$

在上式中，如果使用年限 N 为变量，则当 $N_0(0<N_0<N)$ 为经济寿命时，应满足：

$$NAV(N_0) \to \text{最大(max)}$$
$$AC(N_0) \to \text{最小(min)}$$

如果目前设备实际价值为 P，使用年限为 N 年，设备第 N 年的净残值为 L_N，第 t 年的运行成本为 C_t，基准折现率为 i_c，其经济寿命为年成本 AC 最小时所对应的 N_0，即：

$$AC_{min} = P(A/P,i_c,N_0) - L_{N_0}(A/F,i_c,N_0) + \sum_{t=0}^{N_0}C_t(P/F,i_c,t)(A/P,i_c,N_0) \qquad (11-9)$$

或 $$AC_{min} = (P-L_{N_0})(A/P,i_c,N_0) + L_{N_0}i_c + \sum_{t=0}^{N_0}C_t(P/F,i_c,t)(A/P,i_c,N_0) \qquad (11-10)$$

由式（11-9）、式（11-10）可以看到用净年值或年成本估算设备的经济寿命的过程是：在已知设备现金流量和折现率的情况下，逐年计算出从寿命1年到 N 年全部使用期的年等效值，从中找出平均年成本的最小值（仅考虑项目支出时），或是平均年盈利的最大值（全面考虑项目收支时）及其所对应的年份，从而确定设备的经济寿命。

【例11-4】　假设折现率为6%，计算【例11-2】中设备的经济寿命。

【解】　计算设备不同使用年限的年成本 AC，见表11-3。可以看出，考虑资金时间价值时，该设备使用到6年时，等值年费用为14405.2元，即最低。使用年限大于或小于6年时，其等值年费用均大于14405.2元，故该设备动态经济寿命为6年。

设备在不同使用年限时的动态年平均成本（元）　　　　　　表 11-3

N	$P-L_N$	$(A/P, 6\%, t)$	$L_N \times 6\%$	$(2) \times (3) + (4)$	C_t	$(P/F, 6\%, t)$	$[\Sigma(6) \times (7)] \times (3)$	$AC = (5) + (8)$
(1)	(2)	(3)	(4)	(5)	(6)	(7)	(8)	(9)
1	15000	1.0600	900	16800.0	5000	0.9434	5000.0	21800.0
2	22500	0.5454	450	12721.5	6000	0.8900	5485.1	18206.6
3	26250	0.3741	225	10045.1	7000	0.8396	5961.0	16006.1
4	28125	0.2886	112.5	8229.4	9000	0.7921	6656.0	14885.4
5	29000	0.2374	60	6944.6	11500	0.7473	7515.4	14460.0
6	29000	0.2034	60	2958.6	14000	0.7050	8446.6	14405.2
7	29000	0.1791	60	5253.9	17000	0.6651	9462.5	14716.4

在实际应用时，如果根据经验即可大致估计出经济寿命的范围，则只需计算在此范围内年限内各年的等值年费用，然后加以比较，找出等值年费用最小值所在的年数即为设备经济寿命，这样可减少数值计算的工作量。

11.3.2　新型设备更新经济分析

新型设备更新是以结构更先进、技术更完善、效率更高、性能更好、能源和原材料消耗更少的新型设备来替换那些技术上陈旧、在经济上不宜继续使用的旧设备。因此，新型设备更新问题实质上是现有设备方案与新型设备方案的互斥方案比较问题，即从经济效益角度分析继续使用现有设备有利还是购置新型设备有利。设备更新的关键是，新设备与现有设备相比的节约额是否比新设备投入的购置费用的价值要大。

由于新设备方案与旧设备方案的寿命在大多数情况下是不等的，各方案在各自的计算期内的净现值不具有可比性。因此，新型设备更新主要仍然是用净年值或年成本进行分析，以经济寿命为依据的新型设备更新的原则是使设备使用到最有利的年限来进行更新。

（1）如果旧设备继续使用 1 年的年平均使用成本低于新设备的年平均使用成本，即：

$$AC_旧 < AC_新$$

此时，不更新旧设备，继续使用旧设备 1 年。

（2）当新旧设备方案出现相反情况时，即：

$$AC_旧 > AC_新$$

应更新现有设备，这即是设备更新的时机。

【例 11-5】某单位 3 年前用 40 万元购买了一台磨床，它一直运行正常。但现又有了一种改进的新型号，售价为 35 万元，并且其运营费用低于现有磨床。现有磨床和新型磨床各年的残值及运营费用见表 11-4。旧磨床目前的转让价格为 12 万元，磨床还需要使用 4 年，新磨床的经济寿命为 6 年。基准收益率为 15%，分析是否需要更新。

磨床相关统计资料（元）　　　　　　表 11-4

年份	现有磨床		新型磨床	
	运营费	残值	运营费	残值
1	34000	70000	2000	300000
2	39000	40000	10000	270000
3	46000	25000	12000	240000

续表

年份	现有磨床		新型磨床	
	运营费	残值	运营费	残值
4	56000	10000	15000	200000
5			20000	170000
6			26000	150000

【解】 因为磨床还需要使用 4 年，所以对于新磨床来说，只要考虑前 4 年的情况。如前面设备更新经济分析应遵循的原则所述，设备更新分析时设备的价值应依据原设备目前实际价值计算，不考虑沉没成本，所以现有设备价值按 12 万元的现行市场价格计算。

$$AC_{旧} = [120000 + 34000(P/F, 15\%, 1) + 39000(P/F, 15\%, 2) + 46000(P/F, 15\%, 3) + 56000(P/F, 15\%, 4) - 10000(P/F, 15\%, 4)] \times (A/P, 15\%, 4) = 82531 元$$

$$AC_{新} = [350000 + 200000(A/P, 15\%, 4) + 200000 \times 15\% + 2000(P/F, 15\%, 1) + 10000(P/F, 15\%, 2) + 12000(P/F, 15\%, 3) + 15000(P/F, 15\%, 4)] \times (A/P, 15\%, 4) = 91571 元$$

$$AC_{旧} < AC_{新}$$

【例 11-6】 某单位的一台旧机器，目前可以转让，价格为 25000 元，下一年将贬值 10000 元，以后每年贬值 5000 元。由于性能退化，它今年的使用费为 80000 元，预计今后每年将增加 10000 元。它将在 4 年后报废，残值为 0。现有一台新型的同类设备，它可以完成与现在设备相同的工作，购置费为 160000 元，年平均使用费为 60000 元，经济寿命为 7 年，期末残值为 15000 元，并预计该设备在 7 年内不会有大的改进。基准收益率为 12%，问是否需要更新现有设备？如果需要，应该在什么时候更新？

【解】 确定新设备的年平均费用：

$$AC_{新} = (160000 - 15000) \times (A/P, 12\%, 7) + 15000 \times 12\% + 60000 = 93572 元$$

确定旧设备持续使用 4 年的年平均费用：

$$AC_{旧} = 25000 \times (A/P, 12\%, 4) + [80000(P/F, 12, 1) + 90000(P/F, 12, 2) + 100000(P/F, 12, 3) + 110000(P/F, 12, 4)] \times (A/P, 12\%, 4) = 101819 元$$

显然，旧设备的年费用高于新设备的年费用，那么旧设备需要更新。但如果做出马上就应更新的决策，可能是错误的。这需要对此进一步的分析。

如果旧设备再保留使用一年，则一年的年费用为：

$$AC_{旧1} = (25000 - 15000)(A/P, 12\%, 1) + 15000 \times 12\% + 80000 = 93000 元$$

小于新设备的年平均费用，所以旧设备在第一年应该继续保留使用。

如果旧设备再保留使用到第二年，则第二年一年的年费用为：

$$AC_{旧2} = (15000 - 10000)(A/P, 12\%, 1) + 10000 \times 12\% + 90000 = 96800 元$$

显然，如果保留使用到第二年，第二年的年费用高于新设备的年平均费用，则旧设备在第二年使用之前就应该更新。

因此，现有设备应该再保留使用一年，一年后更新为新设备。

11.4　设备租赁与购置经济分析

11.4.1　设备租赁概述

设备租赁是设备承租人（使用人）按照合同规定按期向设备出租人（所有人）支付一定费用而取得设备使用权的一种经济活动。设备租赁一般有融资租赁和经营租赁两种方式。

融资租赁，一般租赁期较长，租赁双方承担确定时期的租让和付费义务，而不得任意中止和取消租约。该方式常用于资金不足的企业租赁生产经营长期需要的贵重和大型设备。

经营租赁，一般租赁期较短，租赁双方的任何一方可以随时以一定的方式在通知对方后的规定期限内取消或中止租约。该方式常适用于技术更新快，临时或短期使用的车辆、设备和仪器。

对于承租人来说，设备租赁与设备购买相比的优点在于：

（1）在资金短缺的情况下，既可用较少资金获得生产急需的设备，也可以引进先进设备，加速技术进步的步伐；

（2）可获得良好的技术服务；

（3）可以保持资金的流动状态，防止呆滞，也不会使企业资产负债状况恶化；

（4）可避免通货膨胀和利率波动的冲击，减少投资风险；

（5）设备租金可在所得税前扣除，能享受税费上的利益。

设备租赁与设备购买相比的不足之处在于：

（1）在租赁期间承租人对租用设备无所有权，只有使用权，故承租人无权随意对设备进行改造，不能处置设备，也不能用于担保、抵押贷款；

（2）承租人在租赁期间所交的租金总额一般比直接购置设备的费用要高；

（3）长年支付租金，形成长期负债；

（4）融资租赁合同规定严格，毁约要赔偿损失、罚款较多等。

至于融资租赁，是企业应对资金不足，确保生产经营需要的一个融资手段，不是企业自主经营的结果。因此，本节不考虑设备融资租赁与设备购置的经济分析。

11.4.2　设备经营租赁与购置方案经济比选

对于承租人来说，采用购置设备或是采用租赁设备应取决于这两种方案在经济上的比较，比较的原则和方法与一般的互斥投资方案的比选方法相同。进行设备经营租赁与购置方案的经济比选时，必须详细地分析各方案寿命期内各年的现金流量情况，据此分析各方案的经济效益并进行比较，从而确定以何种方式投资才能获得最佳收益。

11.4.2.1　设备经营租赁方案的净现金流量

采用设备经营租赁的方案，租赁费可以直接计入成本，其每期净现金流量为：

第 t 年净现金流量营业收入＝租赁费用－经营成本－与营业相关的税金－所得

$$(11-11)$$

第 t 年净现金流量＝营业收入－租赁费用－经营成本－与营业相关的税金－所得税率

$\times$（营业收入－经营成本－租赁费用－与营业相关的税金）   （11-12）

式中，租赁费用主要包括租赁保证金、担保费和租金。

1. 租赁保证金

租赁保证金是为了确认租赁合同并保证其执行，承租人预先交纳的保证金。当租赁合同结束时，租赁保证金将被退还给承租人或在偿还最后一期租金时加以抵消。保证金一般按合同金额的一定比例计，或是某一基期数的金额（如一个月的租金额）。

2. 担保费

出租人一般要求承租人请担保人对租赁交易进行担保，当承租人由于财务危机付不起租金时，由担保人代为支付租金。一般情况下，承租人需要付给担保人一定数目的担保费。

3. 租金

租金是出租人从取得的租金中得到出租资产的补偿和收益，即要收回租赁资产的购进原价、贷款利息、营业费用和一定的利润；承租人则要比照租金核算成本。影响租金的因素很多，如设备的价格、融资的利息及费用、各种税金、租赁保证金、运费、租赁利差、各种费用的支付时间，以及租金采用的计算公式等。租金的计算主要有附加率法和年金法。

1）附加率法

附加率法是在租赁资产的设备货价或概算成本上再加上一个特定的比率来计算租金。特定比率通常是出租人的纳税税率。

每期租金 R 的表达式为：

$$R = P \frac{(1+N \times i)}{N} + P \times r \tag{11-13}$$

式中 R——每期期末租金；

       P——租赁资产的价格；

       N——租赁期数，可按月、季、半年、年计；

       i——与租赁期数相对应的利率；

       r——附加率。

附加率法计算租金一般在经营性租赁或使用特殊的租赁物件时才采用，原因是经营性租赁与融资租赁的税制不同，租赁公司在取得某种租赁物件时提供了一些额外的服务，为此要增加费用，因此租金收益要提高一些。

【例 11-7】 某施工企业拟租赁一台施工机械，已知该施工机械的价格为 60 万元，租期为 6 年，每年年末支付租金，折现率为 10%，附加率为 4%，问每年租金为多少？

【解】 $R = P \dfrac{(1+N \times i)}{N} + P \times r = 60 \times \dfrac{(1+6 \times 10\%)}{6} + 60 \times 4\% = 18.4$ 万元

2）年金法

年金法是将一项租赁资产价值按相同比率分摊到未来各租赁期间内的租金计算方法。年金法计算有期末支付和期初支付租金之分。

（1）期末支付方式是在每期期末等额支付租金。每期租金 R 的表达式为：

$$R = P \frac{i(1+i)^n}{(1+i)^n - 1} = P(A/P, i, n) \tag{11-14}$$

（2）期初支付方式是在每期期初等额支付租金，期初支付要比期末支付提前一期。每期租 R 的表达式为：

$$R=P\frac{i\,(1+i)^{n-1}}{(1+i)^n-1}=P(A/P,i,n)/(1+i) \tag{11-15}$$

年金法计算租金适用范围广，目前我国大部分租赁公司采用年金法计算租金。

【例 11-8】 各种数据与【例 11-7】相同，试分别按每年年末、每年年初支付方式计算租金。

【解】 按年末支付方式：

$$R=P\frac{i\,(1+i)^n}{(1+i)^n-1}=60\times\frac{10\%(1+10\%)^6}{(1+10\%)^6-1}=13.78\,\text{万元}$$

按年初支付方式：

$$R=P\frac{i\,(1+i)^{n-1}}{(1+i)^n-1}=60\times\frac{10\%(1+10\%)^{6-1}}{(1+10\%)^6-1}=12.53\,\text{万元}$$

11.4.2.2　设备购置方案的净现金流量

与设备经营租赁相同条件下的设备购置方案的每期净现金流量为：

第 t 年净现金流量＝营业收入－经营成本－设备购置费－贷款利息－
与营业相关的税金＋设备净残值－所得税率×（营业收入－经营成本－折旧－
贷款利息－与营业相关的税金） $\tag{11-16}$

11.4.2.3　增量现金流量

由于设备购置与租赁方案选择的经济比选属于寿命期相同的互斥方案比选，可以采用净现值法或年值法进行比较，选择收益效果较大（或成本较少）的方案。为了简化计算，只需比较它们之间的差额部分。假设租赁与购置设备方案营业收入相同的前提下，则净现金流量中与营业相关的税金、经营成本和所得税税率数额及发生时间均完全相同。

$$\text{设备租赁}=\text{所得税率}\times\text{租赁费}-\text{租赁费} \tag{11-17}$$

设备购置＝所得税率×（折旧＋贷款利息）－设备购置费－贷款利息＋设备净残值

$$\tag{11-18}$$

则设备购置对于设备租赁方案的增量现金流量为：

第 t 年增量现金流量＝设备购置净现金流量－设备租赁净现金流量＝
所得税率×（折旧＋贷款利息－租赁费）－设备购置费－贷款利
息＋租赁费＋设备净残值 $\tag{11-19}$

根据互斥方案增量分析法，如果设备购置与设备租赁方案的增量现金流量的现值大于等于零，则说明设备购置方案增加投资财务上是可行的，应选择设备购置；否则，如果设备购置与设备租赁方案的增量现金流量的现值小于零，则说明增加投资不值得，应选择设备租赁。

【例 11-9】 某建筑企业因施工需要施工机械，如购买需购置费 20 万元，可利用 50% 的银行贷款，贷款期限 3 年按利率 8% 等额支付本利和；如该设备租赁每年末租赁费 56 万元。设备采用直线法折旧，使用期为 5 年，期末残值 5000 元，企业所得税率 25%，行业基准收益率 10%。请为企业进行方案选择。

【解】（1）计算年折旧费

$$\text{年折旧费}=(200000-5000)/5=39000\,\text{元}$$

（2）计算年借款利息

各年支付的本利和按下式计算，则各年的还本付息如表 11-5 所示。

$$年等额还本付息 = 200000 \times 50\% \times (A/P, 8\%, 3) = 38803 \ 元$$

各年支付的利息（元）　　　　　　　　　　表 11-5

年份	期初剩余本金(1)	本期应计本息 (2)=(1)×8%	本期还款余额(3)	其中本期支付 本金(4)=(3)—(2)	其中本期支付 利息(5)
1	100000	8000	38803	30803	8000
2	69197	5536	38803	33267	5536
3	35930	2874	38803	35930	2874

（3）计算增量现金流量

第 t 年增量净现金流量＝租赁费＋所得税率×（折旧＋贷款利息－租赁费）＋设备净残值－设备购置费－贷款利息

各年增量现金流量如表 11-6 所示。

各年增量现金流量（元）　　　　　　　　　表 11-6

现金流量项目	0	1	2	3	4	5
设备购置费(1)	200000					
折旧费(2)		39000	39000	39000	39000	39000
贷款利息(3)		8000	5536	2874		
租赁费(4)		56000	56000	56000	56000	56000
折旧＋利息－租赁费 (5)=(2)+(3)-(4)		−9000	−11464	−14126	−17000	−17000
（折旧＋利息－租赁费）×税率 (6)=(5)×25%		−2250	−2866	−3531.5	−4250	−4250
设备残值回收(7)						5000
净现金流量 (8)=(4)+(6)+(7)-(1)-(3)	−200000	45750	47598	49594.50	51750	56750

（4）计算增量现金流量的现值

$\Delta NPV_{购置-租赁} = -200000 + 45750(P/F, 10\%, 1) + 47598(P/F, 10\%, 2) + 49594.50$
$(P/F, 10\%, 3) + 51750(P/F, 10\%, 4) + 56750(P/F, 10\%, 5) = -11232.01 \ 元 < 0$

说明增加投资的内部收益率小于基准收益率，增加投资不可行，应选择投资较小的租赁施工机械方案，可取得较好的经济效益。

本章小结

（1）设备是企业生产的重要物质条件，企业为了进行生产，必须花费一定的投资，用以购置各种机器设备。设备使用与否都会发生磨损，设备磨损分为有形磨损（物质磨损）、无形磨损（精神磨损、经济磨损）、综合磨损等形式，磨损补偿分为局部补偿和完全补偿。完全补偿是设备更新，分为原型设备更新和新型设备更新。

（2）设备寿命分为自然寿命、技术寿命、经济寿命。经济寿命确定原则一是使设备在经济寿命内平均每年净收益（纯利润）达到最大，二是使设备在经济寿命内一次性投资和各种经营费总和达到最小。采用合理方法确定设备经济寿命。

（3）进行设备大修还是更新的经济分析。设备大修应满足以下两个条件，即条件一：大修理费用 R 不能超过购置同类型新设备的重置价格 P 与现有设备被替换后的净残值 L 之差；条件二：现有设备大修理后的单位产品生产成本 C_p 不能高于同类型新设备的单位产品生产成本 C_n。

（4）影响设备租赁的主要因素有项目的寿命期、设备的技术性能和生产效率、设备的经济寿命等；影响设备购买的主要因素有租赁期长短、设备租金额、租金的支付方式、维修方式等；影响设备购买的因素有设备的购置价格、设备价款的支付方式、设备的年运转费用、维修方式及费用等。

（5）设备经营租赁与购置方案的经济比选方法。设备经营租赁方案的净现金流量计算，采用设备经营租赁的方案，租赁费可以直接计入成本，但为与设备购置方案具有可比性，特将租赁费用从经营成本分离出来；租金计算采用附加率法、年金法进行；设备租赁与购置的经济比选也是互斥方案选优问题，一般寿命相同时可以采用净现值（或费用现值）法，设备寿命不同时可以采用净年值（或年成本）法。

思考与练习题

一、思考题

11-1　设备更新经济分析应遵循哪些原则？

11-2　简述设备的自然寿命、技术寿命、折旧寿命和经济寿命。

11-3　设备磨损分为哪些类型？如何补偿？

11-4　对于承租人来说，设备租赁与设备购买相比，优点与缺点分别有哪些？

二、单项选择题

11-5　可以采用大修理方式进行补偿的设备磨损是（　　　　）。

A. 不可消除性有形磨损　　　　　　　B. 第一种无形磨损

C. 可消除性有形磨损　　　　　　　　D. 第二种无形磨损

11-6　某企业 2005 年年初以 3 万元的价格购买了一台新设备，使用 7 年后发生故障不能正常使用，且市场上出现了技术更先进、性能更完善的同类设备，但原设备经修理后又继续使用，至 2015 年末不能继续修复使用而报废，则该设备的自然寿命为（　　　）年。

A. 7　　　　　　　B. 10　　　　　　　C. 11　　　　　　D. 12

11-7　企业拟向租赁公司承租一台施工机械，机械价格为 100 万元，租期 4 年，每年年末支付租金，折现率为 8%，附加率为 3%，按照附加率法计算，该企业每年应支付的租金为（　　）万元。

A. 32　　　　　　　B. 33　　　　　　　C. 36　　　　　　　D. 44

11-8　某企业进行设备租赁和购买方案比选。甲方案为租赁设备，租赁费每年 50 万，租期 5 年；乙方案为购买设备，购置费 200 万元，全部来源于银行借款，借款单计利息，年利率 10%，借款期限 5 年，设备可使用年限 5 年，预计净残值为 0。企业所得税率 25%。其他条件不考虑，关于方案比选的说法，正确的是（　　　　）。

A. 考虑税收影响时，甲、乙方案税后成本相同

B. 考虑税收影响时，甲方案优于乙方案

C. 考虑税收影响时，乙方案优于甲方案

D. 设备方案比选不应考虑税收的影响

11-9　某租赁设备买价 50 万元，租期 5 年，每年年末支付租金，折现率 10%，附加率 5%，则按附加率法计算每年的租金应为（　　）万元。

A. 20.0　　　　　B. 17.5　　　　　C. 15.0　　　　　D. 12.5

11-10　某企业利用借款购买的一台生产设备，每期按规定提取折旧费 15 万元，每期借款利息 3 万元，该企业营业税金及附加率为 5.5%，所得税税率为 25%，则企业购买该项设备带来的每期税收节约为（　　）万元。

A. 5.49　　　　　B. 4.58　　　　　C. 4.50　　　　　D. 3.75

三、多项选择题

11-11　下列生产设备磨损形式中，属于无形磨损的有（　　）。

A. 长期超负荷运转，造成设备的性能下降、加工精度降低

B. 出现了加工性能更好的同类设备，使现有设备相对落后而贬值

C. 技术特性和功能不变的同类设备的再生产价值降低，致使现有设备贬值

D. 出现了效率更高、耗费更少的新型设备，使现有设备经济效益相对降低而贬值

E. 因设备长期封存不用，设备零部件受潮腐蚀，使设备维修费用增加

11-12　下列导致现有设备贬值的情形中，属于设备无形磨损的有（　　）。

A. 设备连续使用导致零部件磨损　　B. 设备长期闲置导致金属件锈蚀

C. 同类设备的再生产价值降低　　　D. 性能更好耗费更低的替代设备出现

E. 设备使用期限过长引起橡胶件老化

11-13　某设备 5 年前的原始成本为 10 万元，目前的账面价值为 4 万元，现在的市场价值为 3 万元，同型号新设备的购置价格为 8 万元。现进行新旧设备更新分析和方案比选时，正确的做法有（　　）。

A. 采用新设备的方案，投资按 10 万元计算

B. 继续使用旧设备的方案，投资按 3 万元计算

C. 新旧设备现在的市场价值差额为 4 万元

D. 新旧设备方案比选不考虑旧设备的沉没成本 1 万元

E. 新设备和旧设备的经济寿命和运行成本相同

11-14　关于确定设备经济寿命的说法，正确的有（　　）。

A. 使设备在自然寿命期内一次性投资最小

B. 使设备的经济寿命与自然寿命、技术寿命尽可能保持一致

C. 使设备在经济寿命期平均每年净收益达到最大

D. 使设备在经济寿命期年平均使用成本最小

E. 使设备在可用寿命期内总收入达到最大

四、计算题

11-15　现有一台设备，目前实际价值为 1000 元，预计残值为 100 元，第一年的设备总成本费用为 80 元，每年设备的劣化增量均等，年低劣化值为 50 元，求该设备的经济寿命。

11-16   某施工企业拟租赁一施工设备，已知设备的价格为70万元，租期为5年，折现率为12%，附加率为4%。

(1) 租金按附加率法计算，每年年末支付，该施工企业每年应付租金为多少？

(2) 租金按年金法计算，每年年初和每年年末支付，该施工企业每年应付租金分别为多少？

11-17   某设备原值16000元，其各年残值及使用费资料如表11-7所示。试求在不考虑时间因素的情况下，该设备的经济寿命。

设备有关统计资料（元）   表 11-7

继续使用年限	1	2	3	4	5	6	7
年运行成本	2000	2500	3500	4500	5500	7000	9000
年末残值	10000	6000	4500	3500	2500	1500	1000

11-18   某企业需要某种设备，其购置费为100万元，可贷款70万元，贷款利率为8%，在贷款期3年内每年末等额还本付息。设备使用期为5年，期末设备残值为5000元。这种设备也可以租赁到，每年末租赁费为280000元。企业所得税税率为25%，采用直线法折旧，基准折现率为10%，试为企业选择方案。

第 12 章　建设项目后评价

本章要点及学习目标

本章要点：

工程项目后评价是工程项目中的一个重要环节，是对项目前期的各个环节做出客观全面的分析并总结经验教训基础上，进行及时有效的信息反馈，为将来新的工程项目的决策提出建议，从而达到提高管理水平和投资效益的目的。本章介绍了工程项目后评价的概念、一般性原则、基本程序及基本方法。

学习目标：

通过本章的学习，要求读者了解项目后评价的目的与作用，掌握项目后评价的内容、方法与程序。

12.1　建设项目后评价概念

在建设项目建成投产并稳定运营 2 至 3 年后，对项目的实施过程、经济效益、社会经济环境影响、持续性等方面进行全过程全方位的评价，是对项目前评估进行的再分析评价，是项目决策管理的反馈环节，这称为建设项目的后评价。

二维码 12-1
建设项目后评价

广义的项目后评价是指对当前正在实施的或已经实施完成的项目活动的目的、执行过程、效益、作用和影响所进行的系统的、客观的分析；通过项目活动实践的检查总结，确定项目预期的目标是否达到，项目或规划是否合理有效，项目的主要效益指标是否实现；通过分析评价找出成败的原因，总结经验教训；并通过及时有效的信息反馈，为未来新项目的决策和提高完善投资决策管理水平提出建议，同时也为后评价项目实施运营中出现的问题提出改进建议，从而达到提高投资效益的目的。就建设项目后评价而言，是指根据国家及其有关部门确定的基本建设项目的政策、法规以及该建设项目的实施过程，按照后评价相应的目的、程序及方法，经过系统的综合分析，对该项目的商业性（或社会性）、技术性、经济性做出客观的审核与判断，预测项目未来的发展前景，提出改进措施，总结经验教训，以改善该项目的管理与生产，并指导未来建设项目的决策活动。

12.1.1　建设项目后评价分类

我国建设项目后评价可分为以下五种。

1）国家重点建设项目。这类项目由国家发展与改革委员会制定评价规定，编制评价计划，委托独立的咨询机构来完成。国家重点建设项目后评价有很多种类型，包括项目后评价、项目效益调查、项目跟踪评价、行业专题研究等。

2）国际金融组织贷款项目。这类项目主要是指世界银行和亚洲开发银行在华的贷款项目。国际金融组织贷款项自按其规定开展项目后评价。多数国际金融组织的贷款项目也是中国国家的重点建设项目，其中部分项目国家发展与改革委员会也要安排进行国内的后评价。

3）国家银行贷款项目。过去国家建设项目的投资执行机构是中国建设银行，该行从1987 年起就开展了国家投资大、中型项目的效益调查和评价工作。目前中国建设银行已形成了自己的评价体系。1994 年国家开发银行成立，开始对国家政策性投资实行统一管理。国家开发银行担负起对国家政策性投资业务的后评估工作，多年来在后评估机构建设、人员配备和业务开发方面取得了重大的进展。

4）国家审计项目。20 世纪 80 年代末中华人民共和国审计署（以下简称审计署）建立，开始了对国家投资和大、中型项目利用外资的正规审计工作。对这些主要项目的审计由审计署自己来完成，主要进行项目开工、实施和竣工的财务方面的审计。目前审计署正在积极开拓绩效审计等与项目后评估相关的业务。

5）行业部门和地方项目。由行业部门和地方政府安排投资的建设项目一般由部门和地方安排后评估。部门和地方项目管理机构还参与了在本地区或本部门的国家一级和世界银行、亚洲开发银行项目的后评估工作。

12.1.2　建设项目后评价的程序

项目后评价的程序是指项目后评价工作开展的步骤，一般包括后评价项目选择、后评价计划、后评价内容与范围、后评价专家或机构确定、后评价实施及后评价报告编制等。

1. 后评价项目选择

一般根据下列条件选择须开展后评价的项目：

① 政府投资项目中规定需要进行后评价的项目；

② 特殊项目（如大型项目、复杂项目和试验性的新项目等）；

③ 可为即将实施的国家预算、宏观战略和规划制定提供信息的项目；

④ 具有未来发展方向的有代表性的项目；

⑤ 对行业或地区的投资发展有重要意义的项目；

⑥ 竣工运营后与前评估的预测结果有重大变化的项目；

⑦ 其他需要了解项目的作用和效果的项目。

从原则上讲，为使项目的运营、管理更加完善和本着对投资者负责的态度，大、中型投资项目有条件都应进行项目后评价工作。

2. 项目后评价计划

确定需要进行后评价的项目后，就要制订项目后评价计划。制订项目后评价计划的时间应当尽可能地早，因为一旦确定需要进行后评价之后，从项目的可行性论证开始，就要注意收集和保存有关的信息资料。计划的内容要对后评价的预计时间、后评价范围、指标系统、技术方法以及人员机构等做出总体安排。

3. 项目后评价内容与范围

后评价计划主要强调各评价阶段的划分和时间安排，项目后评价的内容与范围则是以项目后评价任务书的形式加以确定，并对目的、内容、深度、范围和方法做出明确而具体的说明。其主要包括以下六点：

① 项目后评价的目的；

② 项目后评价的范围与内容；

③ 项目后评价的方法；

④ 项目后评价采用的指标体系；

⑤ 项目后评价所需的经费；

⑥ 项目后评价的时间安排。

4. 项目后评价机构和咨询专家的选择

项目后评价一般分为两个阶段：自我后评价和独立后评价。自我后评价通常由项目实施单位和项目使用单位，并以项目使用单位为主来完成，重点是记录和收集项目运行的原始数据，从使用者的角度来进行后评价；独立后评价由独立的评价机构完成。评价机构接受任务后，要确定一名专业负责人，并由专业负责人组织相关专家成立后评价小组，评价小组成员与被评价项目没有经济和社会利益关系，以保证项目后评价的公正性。

后评价机构也可聘请机构以外的独立后评价咨询专家，共同完成项目的后评价任务，以增加公正性和提高评价质量。

5. 项目后评价的实施

项目后评价的具体实施，根据不同类型的项目可能有所不同，从大的方面包括以下三个方面。

1）项目后评价信息资料的收集

首先应尽可能全面地收集与后评价项目有关的原始资料，包括项目可行性论证（研究）报告、立项审批书、项目变更资料、竣工验收资料、决算审计报告、各项设计文件、项目运营情况的原始记录以及自我后评价报告等资料。

2）项目后评价的现场调查资料

现场调查要预先做好现场调查设计，根据项目后评价内容的需要设计调查的内容和问题、调查对象、调查形式以及具体安排等。调查的内容要包括项目实施情况、项目目标的实现情况、项目各经济技术指标的合理性、项目产生的作用及影响等。

3）项目后评价资料的整理与分析

资料的整理过程中要注意资料的客观性和有效性，只有同时满足这两者要求的资料才是合格的资料，对于非正常条件下及偶然因素作用下获取的信息数据不应作为项目后评价的分析依据。分析主要从三个方面进行：一是项目后评价结果与项目前评估预测结果的对比分析；二是对项目后评价本身结果所做的分析；三是对项目未来发展的分析。

6. 项目后评价报告的编写

项目后评价报告是后评价工作中的最后一项，也是反映项目后评价工作成果最关键的一项。报告的编写以前5项工作内容为依据，以评价原则为指导，客观、全面、公正地描述被评价项目的实施现状。项目后评价报告要具有项目绩效评价、改善项目后续发展和提高项目决策人员水平的功能和作用。

12.2 建设项目后评价的一般性原则

1. 公正性和独立性

公正性标志着后评价及评价者的信誉，避免在发现问题、分析原因和做结论时避重就轻，做出不客观的评价。独立性标志着后评价的合法性，后评估应从项目投资者和受援者或项目业主以外的第三者的角度出发，独立地进行，特别要避免项目决策者和管理者自己评价自己的情况发生。公正性和独立性应贯穿后评价的全过程，即从后评价项目的选定、计划的编制、任务的委托、评价者的组成，到评价过程和报告。

2. 可信性

后评价的可信性取决于评价者的独立性和经验，取决于资料信息的可靠性和评价方法的适用性。可信性的一个重要标志是应同时反映出建设项目的成功经验和失败教训，这就要求评价者具有广泛的阅历和丰富的经验。同时，后评价也提出了"参与"的原则，要求项目建设者、管理者及其他干系人应参与后评价，以利于收集资料和查明情况。为增强评价者的责任感和可信度，评价报告要注明评价者的名称或姓名，要说明所用资料的来源或出处，报告的分析和结论应有充分可靠的依据。评价报告还应说明评价所采用的方法。

3. 实用性

为了能使后评价成果对决策产生作用，后评价报告必须具有可操作性，即实用性强。因此，后评价报告应针对性强，文字简练明确，避免引用过多的专业术语。报告应能满足多方面的要求。实用性的另一项要求是报告的时间性，报告不应面面俱到，应突出重点。报告所提的建议应与报告其他内容分开表述，建议应能提出具体的措施和要求。

4. 透明性

从可信度看，要求后评价的透明度越高越好，因为后评价往往需要引起公众的关注，对国家预算内资金和公众储蓄资金的投资决策活动及其效益和效果实施更有效的社会监督。从后评价成果的扩散和反馈的效果看，成果及其扩散的透明度也是越高越好，使更多的人借鉴过去的经验教训。

5. 反馈特性

建设项目后评价的结果需要反馈到决策部门，作为新项目的立项和评估的基础，以及调整投资规划和政策的依据，这是后评价的最终目标。因此，后评价结论的扩散和反馈机制、手段和方法成为后评价成败的关键环节之一。国外一些国家建立了"项目管理信息系统"，通过项目周期各个阶段的信息交流和反馈，系统地为后评价提供资料和向决策机构提供后评价的反馈信息。

12.3 建设项目后评价的内容

12.3.1 项目财务后评价

项目财务后评价是从企业角度对项目投产后的实际财务效益进行再评价，根据现行财务制度规定及项目建成投产后投入物和产出物的实际价格水平，重点分析总投资、产品成本、企业收益率、贷款偿还期与当初预测值之间的差距，剖析原因，并做出新的预测。

项目财务后评价指标体系包括三类：第一类是反映项目实际财务效果的指标，与前评价中的指标一致；第二类是反映项目后评价与前评价两者之间财务效果指标偏离程度的指标，如净现值变化率、内部收益率变化、投资利润率变化率等；第三类是分析财务指标偏离原因的指标，包括固定资产投资变化率、产品销售收入变化率、产品经营成本变化率等。

在项目后评价时，对已发生的现金流量要采用实际数值，并将不同时点的现金流量折算到评价当时的数值，扣除通货膨胀因素对现金流量、财务内部收益率、财务净现值等指标的影响，因为前评价时计算的财务指标是不含通货膨胀因素的，对后评价数据要采取同样的处理，使后评价的数据和评价指标与前评价具有可比性。对后评价以后的项目现金流量，采用按评价当时物价水平下的预测值。

12.3.2　项目国民经济后评价

国民经济后评价是从宏观国民经济角度出发，采用影子价格、影子汇率、影子工资和社会折现率等参数，对项目投产后的国民经济效益进行再评价，重点分析项目的实际成本效益与预测成本效益之间的差别及产生的原因，包括投资的国民收入分析、直接外汇效益分析、调价的经济分析、社会效益分析和环境效益评价等。项目后评价中的国民经济评价与前评价中的国民经济评价的方法与内容是一致的，效益与费用的计算要建立在数据资料同期性的基础上。

12.3.3　项目社会影响后评价

项目社会影响后评价主要从两个方面进行分析：一是项目实施后对社会影响的实际结果；二是这种实际结果与前评估预测分析结果的差距及其原因。其具体内容包括以下五项：

1. 对社会就业的影响

项目对社会就业的影响包括直接和间接的影响，评价指标可采用新增就业人数或用剔除投资额影响的单位投资就业人数，前者为绝对量指标，后者为相对量指标。

2. 对地区收入分配的影响

项目对地区收入分配的影响，主要是从国家对社会公平分配和扶贫政策的角度考虑。项目所处地区是处于相对富裕或贫困的状况用地区（省级）收益分配系数中的人均国民收入来描述，通过重新计算引入地区收益分配系数后的经济净现值指标（IDR），对项目的社会影响后评价进行分析。

3. 对居民生活条件和生活质量的影响

项目对于当地居民生活条件和生活质量的影响后评价主要考察项目实际引起的居民收入变化、人口增长率变化、住房条件和服务设施的改善、体育和娱乐设施的改善等。此外，同样也须做项目前评估与后评价的分析对比。

4. 项目对地方和社区发展的影响

评价项目实施后对当地社区发展的影响主要分析地方和社区的社会安定、社区福利、地方政府和社区的参与程度、社区的组织机构和管理机制等。

5. 项目对文化教育和民族宗教的影响

项目对文化、教育水平是否具有促进作用，对妇女社会地位的影响、特别是对当地风俗习惯、宗教信仰的影响以及对少数民族团结的影响等，主要以定性分析为主，也须从项目实施后的状况和项目前评估的预测情况及其对比的角度来分析。

12.3.4　项目环境影响后评价

项目建设对环境的影响评价主要是对照前评价时的环境影响报告，重新审查项目实施后对环境产生的实际影响，审查项目环境管理的决策、规定、规范和参数的可靠性和实际效果。环境影响评价主要包括项目的污染控制、区域的环境质量、自然资源的利用、区域的生态平衡和环境管理能力五个方面。

1）污染控制。检查和评价项目的废气、废水、废渣和噪声是否在总量上和浓度上达到了国家和地方政府颁布的标准；考察选用的设备和装置在经济和环境治理效益上是否合理；项目的环保治理装置是否做到同时设计、同时施工、同时运转，并运转正常，环保管理和监督是否有效。

2）区域的环境质量。分析对当地环境影响较大的 CO_2、SO_2、NO_x、CFC_s 等与当地环境之间的关系以及与项目"三废"排放的关系。

3）自然资源的利用。包括对水体、海洋、土地、森林、草原、矿产、渔业、野生动植物等自然资源的合理开发、综合利用和再生增值能力的评价，重点是节能、节约和保护水资源、资源合理开采和综合利用程度。

4）区域的生态平衡。分析项目实施后人类活动对动植物种群，珍稀、濒危野生动植物，重要水源含氧区，具有重要科教文化价值的地质构造的影响，可能引起或加剧自然灾害的影响。

5）环境管理能力。包括对环境管理，环保法令和条例的执行，环保资金、设备和仪器的管理能力的评价。

12.4　建设项目后评价的方法

项目后评价的方法是进行后评价的手段和工具，没有切实可行的后评价方法，就无法开展后评价工作。后评价与前期评价在方法上都采用定量分析与定性分析相结合的方法，但是评价选用的参数及比较的对象不同，决定了后评价方法具有不同于前期评价的特殊性。

项目后评价最常用的方法主要有对比分析法、逻辑框架法、成功度评价法。

1. 对比分析法

项目后评价采用的对比分析法有前后对比法、有无对比法及横向对比法。

1）前后对比法

项目后评价中的前后对比法是指项目可行性研究和评估阶段所计算的项目的投入、产出、效益、费用和相应的评价指标与项目实施后的评价指标进行对比分析，用以发现前后变化的数量、变化的原因，以揭示计划、决策和实施的质量。

2）有无对比法

有无对比法是在项目后评价的同一时点上，将有此项目时实际发生的情况与无此项目可能发生的情况进行对比，以度量此项目的真实效益、影响和作用。这种对比一般用于对项目的效益评价和影响评价，是后评价的一个重要方法。

3）横向比较法

横向对比是同一行业内类似项目相关指标的对比，用以评价项目的绩效或竞争力。

2. 逻辑框架法

逻辑框架法（LFA）是美国国际开发署在 1970 年开发并使用的一种设计、计划和评价的工具，目前已有三分之二的国际组织把该方法应用于援助项目的计划管理和后评价。逻辑框架法不是一种机械的方法程序，而是一种综合、系统地研究和分析问题的思维框架，它将几个内容相关且必须同步考虑的动态因素组合起来，通过分析相互之间的关系，从设计、策划、目标等方面来评价项目。逻辑框架法的核心是分析项目营运、实施的因果关系，揭示结果与内外原因之间的关系。

LFA 的基本模式见表 12-1，其可用一张 4×4 的矩阵图来表示。2005 年 5 月，国务院国资委对中央企业固定资产投资项目后评价工作制定工作指南，其中对逻辑框架法通过投入、产出、直接目的、宏观影响四个层面对项目进行总结描述，其评价模式见表 12-2。

逻辑框架法的矩阵表　　　　　　　　　　　表 12-1

项目结构	验证指标	验证方法	假设条件
目标/影响	目标指标	资料来源,采用方法	目标与目的间的条件
目的/作用	目的指标	资料来源,采用方法	产出与目的间的条件
产出/结果	产出定量指标	资料来源,采用方法	投入与产出间的条件
投入/措施	投入定量指标	资料来源	项目原始条件

国资委项目后评价逻辑框架表　　　　　　　　表 12-2

项目描述	可客观验证的指标			原因分析		项目可持续能力
	原定指标	实现指标	差别/变化	内部原因	外部条件	
项目宏观目标						
项目直接目的						
产出/建设内容						
投入/活动						

3. 成功度评价法

成功度评价法是一种综合评价方法，是根据逻辑框架法分析的项目目标的实现程度、经济效益分析的结论，以项目目标和效益为核心的综合评价的方法，得出项目成功程度的结论。

进行项目成功度分析首先必须明确项目成功的标准。一般来说，成功度可以分为五个等级，各个等级的标准如下：

1）完全成功（AA）：表明项目各个目标都已经全面实现或超过，与成本相比，项目取相了巨大效益和影响。

2）成功（A）：表明项目的大部分目标已经实现，与成本相比，项目达到了预期的效益和影响。

3）部分成功（B）：表明项目实现了原定的部分目标，与成本相比，项目只取得了一定的效益和影响，未取得预期的效益。

4）不成功（C）：表明项目实现的目标非常有限，主要目标没有达到，与成本相比，项目几乎没有产生什么效益和影响。

5）失败（D）：表明项目的目标无法实现，即使建成后也无法正常营运，目标不得不终止。

项目的成功度评价是项目后评价中一项重要的工作，是项目评价专家组对项目后评价结论的集体定性。一个大型项目一般要对十几个重要的和次重要的综合评价因素指标进行定性分析，断定各项指标的等级。这些综合评价指标见表12-3。

表 12-3

项目成功度评价表

评定项目指标	相关重要性	成功度	评定项目指标	相关重要性	成功度
宏观目标和产业政策			项目投资及其控制		
决策及其程序			项目经营		
布局与规模			机构和管理		
项目目标及市场			项目财务效益		
设计与技术装备水平			项目经济效益和影响		
资源和建设条件			社会和环境影响		
资金来源和融资			项目可持续性		
项目进度及其控制			项目总评		
项目质量及其控制					

4. 综合评价法

建设项目的综合后评价，就是在建设项目的各分项分部工程、项目施工的各阶段以及从项目组织各层次评价的基础上，寻求项目的整体优化。由于建设项目的复杂性，技术、经济、环境和社会的影响因素众多，各种评判指标也只能反映投资项目的某些侧面或局部功能，因此采用综合评价法对项目进行综合后评价更能从整体上把握投资项目的建设质量和投资者的决策水平。

综合评价法的一般步骤如下：确定目标→确定评价范围→确定评价指标和标准→确定指标的权重→确定综合评价的判据。

综合评价法一般采用定性分析或定性分析与定量分析相结合的方法，常用的方法有德尔菲法、层次分析法（AHP）、模糊综合评判法等。

本章小结

（1）工程项目后评价是指在工程项目建成竣工验收并运行一段时间以后，对该项目准备、立项决策、实施以及项目效益、作用和影响所做的系统客观的分析总结，并通过及时有效的信息反馈，为未来新的工程项目的决策提出建议，为后评价项目实施运营中出现的问题提出改进建议，从而达到提高投资效益的目的。

（2）根据评价时的不同，工程项目后评价也可细分为跟踪评价、实施效果评价和影响评价。

（3）工程项目后评价的目的是反馈信息，改进或完善在建项目，增强项目实施的社会透明度和管理部门的责任心，提高投资决策水平，改进未来的投资计划和管理，增加投资效益。工程项目后评价具有科学性、独立性、透明性、实用性、反馈性等特征。

（4）工程项目后评价的基本程序一般包括后评价计划的制订、后评价范围的选择、后评价组织的建立、后评价的执行以及编制工程项目后评价报告等阶段。

（5）项目后评价的内容包括对工程项目的目标、实施效果、技术水平、财务、国民经济、社会影响等方面的评价。工程项目后评价一般采用定量和定性相结合的方法。

思考与练习题

12-1   什么是工程项目后评价？

12-2   工程项目后评价的类型有哪些？

12-3   工程项目后评价的目的和内容是什么？

12-4   简述工程项目后评价的程序。

12-5   工程项目后评价常用的方法有哪些？

附录1 案例：某某绿色建筑示范 工程可行性研究报告

1 工程概况

中国某某工程是新中国成立以来建设的第一个国家级大型综合性体育训练中心，为国家重点工程，也是国家财政投资的第一个中央代建制试点项目。短期内主要用于我国某某体育代表团参加 2008 年残奥会比赛的赛前训练，长期作为我国某某体育运动员参加各项国内、国际比赛的训练基地。共设 12 个训练项目：田径、游泳、乒乓球、举重、盲人柔道、自行车、足球、射箭、轮椅击剑、轮椅篮球、轮椅橄榄球、盲人门球，全部按照某某奥运会项目设置及某某特型建筑功能需求进行设计。

项目也将成为建设单位和全体建设者充分展示北京 2008 年某某奥运会的主要训练场地之一，是我国某某运动员取得优异成绩的坚实物质基础。同时它具有更加深远的政治意义，一经产生注定将会成为传播"人文奥运"精神的平台，工程概况见附表 1-1。

项目工程概况   附表 1-1

工程名称	中国某某体育综合训练基地运动员公寓及科研楼等 9 项工程
勘察单位	中国某某建筑技术集团有限公司
建设单位	北京首都某某控股(集团)有限公司
设计单位	中国某某建筑设计研究院
工程监理	北京某某建设工程管理有限公司
施工单位	北京某某开发建设有限公司

1.1 地理位置

中国某某体育综合训练基地项目位于北京市东北部顺义区后沙峪镇新城内的温榆河畔，地处在京承高速公路与京密公路之间。代建项目占地总面积 238235m² （约 357 亩），包括代征道路面积 2929.6m²。具体地块位置为：北侧-顺平南辅路；东侧-后沙峪镇一号路；南侧-后沙峪镇二号路；西侧-后沙峪镇渔场，现无规划路。用地基本呈梯形状，南北向长，东西向短。南侧红线呈东西向，长度为 431m；北侧红线与东西向呈 15°，长度为 450m；西侧和东侧用地红线为正南北向，长度分别为 502m 和 583m。

1.2 总平面图

基地西侧为规划中的公园。体育训练场布置在西侧，同西侧公园绿地结合，形成宽阔的室外运动空间。训练馆布置在东侧，靠近规划中的后沙峪 1 号路，便于人流疏散，同时沿路形成良好的景观。

基地主入口处建设一个广场，安排各仪式和室外休闲活动。田径及力量训练馆位于建设用地最中央，主入口面对广场，考虑到它是最大、最高的场馆，成为本项目内的标志建筑，也方便馆内人员的疏散。运动员公寓、餐厅、科研资源楼属于辅助用房，布置在用地的北侧，形成后勤服务区。

1.3 建筑类型、建筑面积和结构形式

中国某某体育综合训练基地分为运动员公寓楼和科研楼、田径及力量训练馆、综合训练馆、游泳馆、门球馆五座主要建筑以及自行车训练场、田径场、足球场、射箭场等室外场馆，总建筑面积64382m²，其中地上建筑面积59611m²，地下建筑面积4771m²，训练场建设面积50176m²，绿化率34.5%，运动员公寓科研楼，分公寓楼（7层）和科研楼（4层）两部分，训练时为560名运动员提供食宿，共有客房282间，建筑面积27532m²。

运动员公寓及科研楼建筑工程概况见附表1-2。

运动员公寓及科研楼建筑工程概况 附表1-2

建筑面积27533m²		地上建筑面积22762m²	地下建筑面积4771m²	
±0绝对标高(m)		32.55m	室内外高差(m)	0.15m
建筑耐火等级		二级	建筑抗震设防烈度	8度
建筑物层数及功能		公寓楼地下一层为冷冻机房、变配电室、厨房、设备用房；科研楼地下一层为车库，战时为人防		
		公寓楼首层为消防控制室、餐厅、大堂、报告厅 科研楼首层为休息厅、教室		
		公寓楼二层至七层为客房 科研楼二层为会议室、治疗室；三层、四层为办公室、研究室		
建筑物高度(m)		27.05m		
层高(m)		地下一层	首层	二层至七层
		4.85m	6.5m、5m	3.3m、3.6m
保温		墙面：70厚聚苯板外墙外保温		
		屋面保温：70厚聚苯板保温		
楼地面	二层以上	楼面	地毯楼面、地砖楼面	
		楼梯	地砖楼面	
	首层	楼面	花岗岩楼面、地砖楼面、防静电地板	
	地下一层	地面	耐磨砼地面、地砖地面、水泥地面	
	卫生间	均做防水，防滑地砖地面成活		
内墙面	地下一层	走道、电梯厅、汽车库、变配电室、治疗室	水性耐擦洗涂料墙面	
		设备机房	玻璃棉毡铝板网吸声墙面	
		卫生间、厨房、水疗室	釉面砖墙面	
	首层	大堂、报告厅	木质吸音板、乳胶漆墙面	
		电梯厅、门厅	大理石墙面	
		休息厅	乳胶漆墙面	
		餐厅、教室、强弱电	水性耐擦洗涂料墙面	
		设备机房	玻璃棉毡铝板网吸声墙面	
	二层以上	卫生间	釉面砖墙面	
		设备机房	玻璃棉毡铝板网吸声墙面	
		客房、走道、楼梯间、电梯厅、休息厅、办公室、研究室、强弱电	水性耐擦洗涂料墙面	

顶棚	地下一层	卫生间、厨房、水疗室	铝条板吊顶
		走道、电梯厅、治疗室	矿棉吸声板吊顶
		汽车库、变配电室、楼梯间	乳胶漆顶棚
		设备机房	玻璃棉毡铝板网吸声顶棚
	首层	电梯厅、大堂、休息厅	石膏板吊顶
		卫生间、备餐	铝条板吊顶
		楼梯间、强弱电、库房等	乳胶漆顶棚
		教室、急救室、走道、分级处置	矿棉吸声板吊顶
	二层及以上	电梯厅、休息厅、办公室、研究室、治疗室等	矿棉吸声板吊顶
		卫生间	铝条板吊顶
		楼梯间、强弱电、客房	乳胶漆顶棚
防水		地下室外墙采用两层(3+3)SBS改性沥青防水卷材	
		卫生间、空调机房、热交换间、水泵房、水箱间采用1.5mm厚环保型聚氨酯防水涂膜	
		集水坑、水池采用0.8厚水泥基渗透结晶型涂料加2.0厚SBS弹塑性防水涂料	
		屋面采用SBS改性沥青涂膜＋SBS改性沥青防水卷材	
门窗		采用中空双玻断桥铝合金外窗，铝合金框玻璃幕墙，采用电动门、木门、钢质防火门及卷帘门	
屋面		彩色水泥砖，上人和不上人屋面	
外墙装饰		外墙饰面为金属釉面砖及玻璃幕墙装饰	

运动员公寓及科研楼结构工程概况见附表1-3。

运动员公寓及科研楼建筑工程概况　　　　　　　　　　　　　附表 1-3

结构形式	框架-剪力墙结构
基础类型	筏板基础
槽底标高	—6.2m
结构抗震等级	一级
安全等级	二级
人防等级	六级

场馆类工程概况见附表1-4。

运动员公寓及科研楼建筑工程概况　　　　　　　　　　　　　附表 1-4

建筑概况	建筑面积	田径及力量训练馆	11548.7m²
		综合训练馆	14778.7m²
		游泳馆	5330.5m²
		盲人门球馆	2357m²
		田径场看台	273.6m²
		自行车训练馆	2494m²

续表

建筑概况	±0.00 绝对标高	田径及力量训练馆	32.25m
		盲人门球馆	32.35m
		田径场看台	32.30m
		自行车训练馆	34.70m
		综合训练馆	31.90m
		游泳馆	32.10m
	室内外高差	田径及力量训练馆	0.15m
		综合训练馆	
		游泳馆	
		盲人门球馆	
		田径场看台	
		自行车训练馆	2.00m
	建筑高度	田径及力量训练馆	15.25m
		综合训练馆	14.25m
		游泳馆	14.25m
		盲人门球馆	7.5m
		田径场看台	7.33m
		自行车训练场	14.2m
	建筑物层数及功能	田径及力量训练馆	地上 1 层；田径及力量训练
		综合训练馆	地上 1 层；综合训练馆
		游泳馆	地上 1 层；游泳比赛场地
		盲人门球馆	地上 1 层；盲人门球训练
		田径场看台	地上 1 层；田径看台
		自行车训练场	地上 1 层；自行车训练
	耐火等级		二级
	防水等级		屋面防水为 II 级,耐久年限为 15 年
结构概况	结构安全等级		2 级
	结构抗震等级	地上一层	混凝土框架结构 一级
	基础类型		独立基础
	结构类型		钢筋混凝土框架结构
	基础底标高	田径力量训练馆	−4.5m(底板底标高)
		综合训练馆	
		游泳馆	−5.5m(底板底标高)
		盲人门球馆	−4.5m(底板底标高)
		田径场看台	
		自行车训练馆	−6.55m(底板底标高)

续表

		田径及力量训练馆	水性耐擦洗涂料、釉面砖墙面、玻璃棉毡铝板网吸声墙面
装修概况	内墙面	综合训练馆	水性耐擦洗涂料、釉面砖墙面、矿棉吸声板墙面
		游泳馆	氟树脂涂料墙面、釉面砖墙面、水性耐擦洗涂料墙面、矿棉吸声板墙面、玻璃棉毡铝板网吸声墙面
		盲人门球馆	水性耐擦洗涂料、釉面砖墙面、吸声墙面
		田径场看台	水性耐擦洗涂料、釉面砖墙面
		自行车训练场	水性耐擦洗涂料、釉面砖墙面
	地面	田径及力量训练馆	体育专用木地板、塑胶地面、防滑地砖地面、水泥地面
		综合训练馆	水泥地面、地砖地面、体育专用木地板
		游泳馆	防滑地砖地面(地采暖)、地砖地面、水泥地面
		盲人门球馆	体育专用地板、地砖地面、水泥地面
		田径场看台	防滑地砖地面、普通地砖、水泥地面
		自行车训练馆	自行车专用木地板、地砖地面
	顶棚	田径及力量训练馆	铝条板吊顶、矿棉吸声板吊顶、玻璃粘贴铝板网顶棚
		综合训练馆	铝条板吊顶、矿棉吸声板吊顶、粘贴矿棉吸声板顶棚
		游泳馆	铝条板吊顶、矿棉吸声板吊顶、粘贴矿棉吸声板顶棚、玻璃粘贴铝板网顶棚
		盲人门球馆	铝条板吊顶、矿棉吸声板吊顶
		田径场看台	
		自行车训练馆	铝条板吊顶
	外檐	田径及力量训练馆	氟树脂幕墙墙面
		综合训练馆	
		游泳馆	
		盲人门球馆	金属釉面砖墙面
		田径场看台	氟树脂幕墙墙面
		自行车训练馆	丙烯酸高档涂料墙面
	屋面	屋-1 为镀铝锌钢板屋面(不上人) 屋-2 为彩色水泥砖(不上人)	
	门窗	铝合金窗、感应自动门、木门、钢质防火门	

续表

建筑防水	屋面	田径及力量训练馆	防水层为SBS改性沥青涂膜＋SBS改性沥青卷材复合防水
		综合训练馆	
		游泳馆	
		盲人门球馆	
		田径场看台	屋-1为结构自防水混凝土楼板＋渗透结晶型刚性防水层 屋-2防水层为涂膜 ＋ SBS改性沥青卷材复合防水
	卫生间	1.5mm厚聚氨酯防水涂料	
	其他用水房间	1.5mm厚聚氨酯防水涂料	

1.4 工程投资

中国某某项目工程属中央财政投资项目，项目批复总投资概算46288万元，其中包含建安工程费32676.67万元、专项设备购置费447万元、工程建设其他费用11722.3万元、预备费1442.03万元。设备价格均参考国产或合资产品市场价，建筑装修材料按中档标准考虑。

1.5 开发与建设周期

按照国家发改委和中国某某联合会批准的中国某某体育综合训练基地建设进度计划，该项目按时于2006年7月初正式开工，2007年6月底全面竣工，并于2007年7月正式交付中国某某联合会和中国某某奥林匹克体育运动管理中心投入使用。该项目即将于2007年年底完成项目结算、审计，并进行全面资产移交。

2 示范目标及主要内容

中国某某体育综合训练基地作为2008年残奥会进行赛前训练和测试赛的重要场所，充分体现了"绿色奥运、科技奥运、人文奥运"的三大奥运理念，在基地内实施环保节能项目，向世界展示我国在此方面的科技成果。同时，赛后基地将成为节能环保的绿色训练基地，对于建设节约化社会具有积极的作用。

基地与西侧城市绿地景观共享；基地内大片绿化，种植乔木，减少西晒；绿化广场设置水池，改善局部生态环境。场馆设计天窗，充分利用自然光，采用阳光控制镀膜玻璃，减少热辐射，室内设有遮阳，有效防止眩光。墙面合理开窗，有利自然通风。场馆大空间部分采用高性能低材耗、耐久性好的钢结构体系，施工速度快，材料可回收，工业化程度高，降低建筑层高的同时减轻了结构自重，提高了材料的使用率。大量采用HRB400高强度钢筋，现浇混凝土全部采用预拌混凝土。体现了绿色环保的要求。

训练基地采用了多种节能环保设计，包括场馆大空间采取分层空调、上部通风，节约能源。游泳馆采用地板采暖，提高舒适度。循环利用水资源，设置中水处理站、雨水收集池，回收利用中水和雨水。

空调、生活热水及供热系统采用水源热泵形式，解决了空气热泵外温低时效率下降的问题，采用这种方式整个冬季气候条件都可实现一度电产生3.5度以上的热量，夏季还可使空调效率提高，降低30%～40%的制冷电耗。同时此方式冬季可产生45℃热水。整个系统全部为电驱动、无污染，并采用空调热回收装置，达到了节约能源、保护环境、节约用地、综合利用的效果。夏季生活热水和泳池加热采用热回收技术，即热泵主机在制冷的同时，利用其冷凝余热加热生活热水和泳池，同时充分利用地下水源，并完成全部回灌，达到节能环保条件，节约了运行费用和减少初始投资。

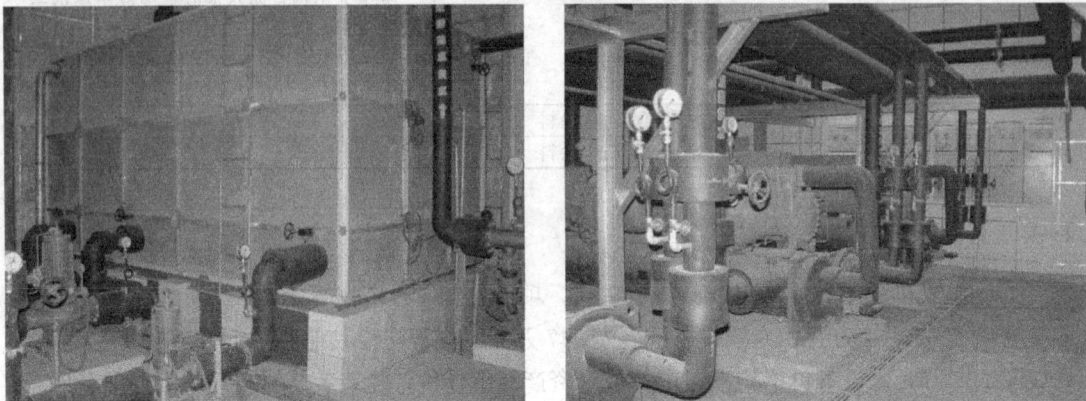

附图1-1 水源热泵机组及换热机组

外墙使用了加气混凝土砌块、陶粒砌块、空心轻质墙板、复合墙板等新型建筑材料，减轻了结构自重，节约了土地资源，同时消化了粉煤灰等工业废料，为减排做出了贡献。

3 工程技术示范方案（包括方案的遴选情况）

3.1 场地与室外环境

3.1.1 选址与规划

场址位于北京市顺义区后沙峪镇新城内的温榆河畔，地处京承高速公路与京密公路之间的地块内。地块原为人工种植的枣树地，不属于湿地、基本农田、森林和其他保护区，场地建设不破坏当地文物、自然水系。地界西侧规划有大片公共绿地，北临规划中的顺平路，东面与规划的居住区隔路相望，地界南侧为发展预留用地。建筑用地：东北侧集中布置，缩短运动员训练、休息的距离，并便于闲置期的对外开放。室外运动场地：西南侧布置，邻近城市绿地，环境良好，空气清新。

（1）公寓楼、餐厅及科研楼：布置于建筑用地的北侧，既邻近训练场馆，又便于对外。西侧面临城市绿地，景色优美。

（2）门球馆及交流厅：位于主入口绿化广场的中心。内设展厅，展示某某体育精神，为社会了解某某文化提供交流场所，为整个训练基地的重要场馆。

（3）田径馆、综合训练馆及游泳馆：分别布置于绿化广场的南北两侧，均为单层建筑，方便使用，有利疏散。

（4）设备用房：集中布置于公寓楼的地下一层。

（5）附属用房：分布于运动场附近，方便使用。

建筑场地选址无洪灾、泥石流及含氡土壤的威胁，建筑场地安全范围内无电磁辐射危害和火、爆、有毒物质等危险源。建设场地内不在地址断裂带、易液化土、人工填土等地段上。选址内周围土壤氡浓度符合国家《民用建筑工程室内环境污染控制规范》GB 50325 的规定（详见检测报告）；建设用地周围没有电视广播发射塔、雷达站、通信发射台、变电站、高压电线、油库、有毒物质车间等有可能发生火灾、爆炸和毒气泄漏等的区域。

建设用地距离村庄及建筑至少 800m，不会对周边建筑物带来光污染，不影响周围居住建筑的日照要求。

3.1.2　保护环境具体措施

现场围墙采用现有围墙并按甲方及我公司标准进行标识，需另行围挡的部分将全部采用由市建委推荐使用的钢制压型围挡，围挡高 2m，并按建设单位和集团总公司要求进行统一粉刷，做到牢固、美观、封闭完整。施工现场出入口、围墙按公司企业形象视觉识别系统的标准进行设计。

在主要大门口明显处设置施工标志标牌，标牌写明工程名称、建筑面积、建设单位、设计单位、施工单位、工地负责人、开工日期、竣工日期等内容，字迹书写规范、美观，并经常保持整洁完好。

大门口内设二图五板（即施工现场平面图、施工现场卫生区域划分图、施工现场安全生产管理制度板、施工现场消防保卫管理制度板、施工现场管理制度板、施工现场环境保护管理制度板、施工现场环境卫生管理制度板）。

为确保进出施工现场车辆整洁，在大门出入口内侧设置车辆冲洗设施，出场车辆必须经过冲洗，避免将尘土、泥浆带到场外，运输散装材料的车辆，车箱后封闭，避免散落。

施工现场主要道路及施工场地除美化环境需绿化外，其余场地裸露部位全部采用双层密目网覆盖处理，施工阶段将定时对施工区域内道路、露天场地及工程周边进行淋水降尘，控制粉尘污染。

建筑结构内的施工垃圾，采用容器吊运或袋装，现场设置两个封闭垃圾站用于垃圾临时堆放，施工中严禁随意凌空抛撒，施工垃圾及时清运，并适量洒水，减少粉尘对空气的污染。

专人负责现场道路及大门出入口的清扫工作，并经常洒水，防止扬尘。

水泥和其他易飞扬物、细颗粒散体材料，安排在库内存放或严密遮盖，运输时要防止遗洒、飞扬，卸运时采取码放措施，减少污染。

砂浆搅拌站全部封闭，并且在搅拌机棚内部加设喷雾设施，在搅拌机运行中进行降尘，保证无灰尘飞扬。内设置三级沉淀池，废水经三级沉淀后一部分可以循环利用节约用水量（可再用作冲洗或者降尘），另一部分经沉淀后方可由环卫部门进行无害化处理。并控制污水流向，严禁污水流出施工区域，污染环境。

现场内的采暖和烧水茶炉均采用电器产品，不设燃煤锅炉房，厨房火源采用天然气罐供给，不会造成空气污染。

冬施加温措施采用电热毯、电热棒、新型进口专用燃油炉对施工作业面、作业环境及水泥砂浆用水进行加温。

严格执行北京市有关建筑施工环境保护管理规定，噪声大的项目尽量在早 6：00～晚 10：00间完成，减少噪声污染，运输车辆不鸣笛，装卸货物尽量轻放，配置低噪声振捣棒，并不得振动模板，拆模及倒运模板尽量轻放，教育工人不大声喧哗，不得有意制造噪声。

施工现场进行噪声声值监测，以便随时了解现场内的噪声值，满足《建筑施工场界噪声限值》GB 12523 的要求。

施工现场内食堂，设置简易隔油池，生活垃圾派专人负责定期清理，以防止污染。施工工地污水符合执行国家标准《污水综合排放标准》GB 8978 的要求。

因建设场地较大，为了节约能源，夜间除对施工区、生活办公区区域提供照明外，其余非施工区域照明暂停。

建设场地距离村庄、建筑群 800m 以上，距机场北线及天北路 400m 以上，场地环境噪声符合现行国家标准《城市区域环境噪声标准》GB 3096 的规定。

工程建筑面积 6.4 万 m², 占地面积 23 万 m²，容积率仅为 0.27，场地内分布多个训练场地，仅有的建筑物间距都比较大，最高建筑物公寓楼 27m，各场馆高度 18m，建筑物对风速影响低于 5m/s，不影响室外活动的舒适性和建筑通风。

工程除建设大面积绿化场地外，在公寓科研楼墙面外种植爬山虎，这样既能增加绿化面积，提高绿化在二氧化碳固定方面的作用，又改善了墙壁的保温隔热效果，节约了土地。

由于场地绿化面积较大，为节约国家投资，不考虑屋顶绿化。

3.1.3　场地绿化

绿化设计以乔、灌、草复层混交为基本形式，用人工的方式结合植物自然生态群落演替的基本规律，营造一个多种类树种共生的生境。绿化设计将生态功效与景观特色结合，近期与远期结合，采用常绿树与落叶树，速生树种与慢生树种，不同色彩变化的树种之间的合理配置，使各个绿化层次相映成景，为人们提供一个良好的生态环境。

种植设计原则：以乡土树种为主，乔、灌、常绿树合理搭配，注意树木的季相变化。苗木要求：树木长势健壮、旺盛，树冠丰满匀称。所有树木均要求是本地树种，如果要求进南方树种，必须经过甲方同意并保证成活。其他方面：非正常季节施工时要求灌木和乔木也带冠，带土球；如果所选树种很难找到，或有品种好、树形好的苗木也可以适当替换，但要求是同一类的，并且树形相似的，不可以用灌木替换乔木，不可以用落叶乔木替换常绿树等等；种植过程中，当遇到地下管线时，常绿树和乔木位置可以适当调整。

经统计绿化种植常绿乔木 76 株，其中油松 43 株，青杆 33 株；落叶乔木 781 株，其中银杏 7 株，白蜡 90 株，栾树 8 株，国槐 169 株，毛白杨 284 株，法桐 75 株，紫叶李 19 株，圆柏 68 株，立柳 38 株，杜仲 23 株；竹类（早园竹）2730 株；灌木 3156 株，其中紫叶稠李 15 株，紫薇 67 株，黄栌 6 株，华北珍珠梅 11 株，金银木 29 株，金叶女贞球 100 株，美人梅 69 株，紫叶小檗 590 株，红瑞木 375 株，棣棠 336 株，榆叶梅 119 株，欧洲丁香 20 株，铺地柏 1145 株，迎春 1455 株，连翘 129 株；色带 518m²，其中大叶黄杨 284m²，金叶女贞 234m²；花卉（丰花月季）2145 株；草坪（冷季型草）24696m²，草花 25020.6m²。

3.1.4　交通组织

用地东、北、南三侧设置出入口，与城市道路连接。主入口位于基地东侧，站在宽阔的绿化广场，面向西侧城市绿地注重人车分流，保证运动员的安全，并考虑训练期与闲置期的交通流线。

车流：车行道、停车场位于用地外围，车辆不进入场地内部。

人流：基地内道路均为人行道，设置无障碍设施，有盲人专用道路和为运动员休闲散步用的景观大道。运动员从公寓出发，经过室外连廊、绿化步道可到达训练馆及室外训练场。

消防通道：人行道必要时均为消防通道，满足消防的要求。

紧急通道：人行道必要时均为紧急救护通道，满足救护的要求。

建设用地距离已有村庄和建筑小区较远，目前暂时没有公交到达，据了解随着工程的正式交付中国残联使用，近期顺义区已做好公交通车规划，公交车站将设在东大门外，距离各建筑物出入口步行距离不超过500m。

建设场地内公寓科研楼地下一层设计平战结合，战时为人防，平时为地下车库，合理利用了地下空间。

3.1.5　景观环境

总体布局体现西侧城市绿地的景观共享；主入口绿化广场布置绿地、水池、小品，体现运动精神和奥运主题；室外运动场地周边均为大乔木绿化，形成树荫遮阳；运动员公寓楼设置室外休闲活动绿地；硬质地面采用透水砖。

3.1.6　无障碍设计

室外道路：人行通路内侧设有路缘石，道路为缓坡，无台阶。

停车车位：运动员公寓楼前最近的停车位为某某专用停车车位。

建筑入口：室内外高差为150，缓坡，无台阶。

公共走道：走道宽度方便轮椅通行和回转，公共走道两侧设扶手，扶手起止处贴盲文说明牌。

楼梯：地面防滑，两侧设扶手，扶手起止处贴盲文说明牌。

电梯：公寓楼设置多部无障碍电梯，电梯带盲文和低位选层按钮，有报层音响。

卫生间及浴室：安有"男、女"报声器和盲文，方便轮椅进入和回转，设有安全抓杆和关门拉手，无障碍浴位设座椅。

其他设施：服务台、取款机、饮水机、休息室等服务项目，在位置、高度和宽度上方便某某使用。

盲道：人行道、建筑入口、楼梯、电梯、卫生间等处设提示盲道，公寓楼门厅设带盲文的总平面图。

走道及房间内均设置木防撞板，防止轮椅损坏，有利于长期使用。

3.1.7　生态环保

基地与西侧城市绿地景观共享；基地内大片绿化，种植乔木，减少西晒；绿化广场设置水池，改善局部生态环境。建筑材料使用轻集料空心砌块，符合环保要求。

场馆设计天窗，充分利用自然光，采用阳光控制镀膜玻璃，减少热辐射，室内设有遮阳，有效防止眩光。墙面合理开窗，有利自然通风。场馆大空间采取分层空调、上部通风，节约能源。游泳馆采用地板采暖，提高舒适度。循环利用水资源，设置中水处理站、雨水收集池，回收利用中水和雨水。全部空调冷凝水收集，达到国内领先水平。利用施工过程中产生的土方，填充原场地低洼处，土方平衡。

3.2　节能与能源利用

3.2.1　建筑主体节能

（1）体型系数：训练基地工程建筑外形简洁，凹凸少，除公寓楼为七层、科研楼四层，各场馆均为一层，利于节能，体型系数小于0.3。

（2）外墙节能保温措施：公寓科研楼采用 300 厚加气混凝土外维护墙，部分钢筋混凝土墙采用 70 厚聚苯板保温，传热系数 $0.58W/m^2 \cdot K$；田径馆、综合馆和游泳馆外墙采用 250mm 加气混凝土挂板，传热系数 $0.55W/m^2 \cdot K$，外墙选用建筑构造图集《墙身—外墙外保温（节能 65%）》；盲人门球馆外墙采用 40mm 聚氨酯发泡保温，传热系数 $0.55W/m^2 \cdot K$。

附图 1-2　场馆设计效果图

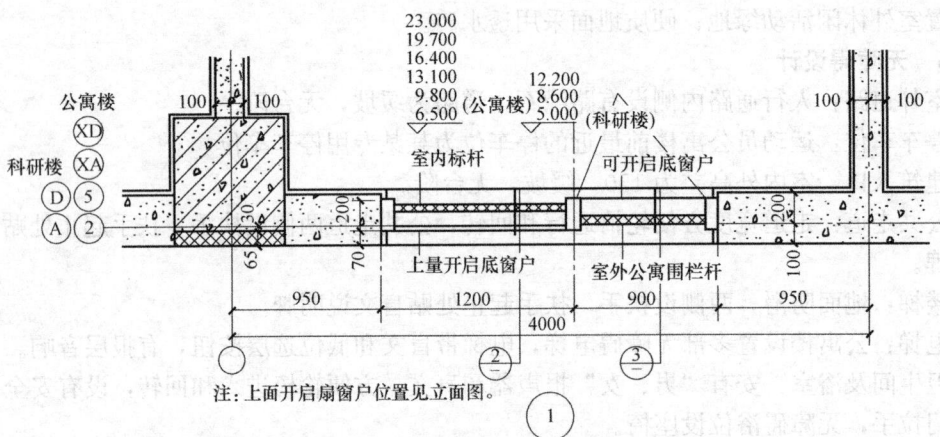

附图 1-3　外墙保温做法示意图

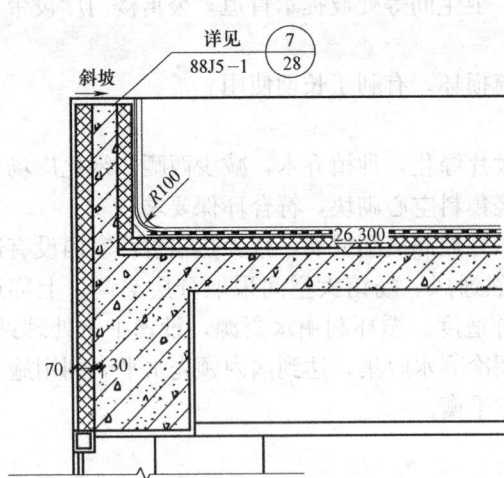

附图 1-4　公寓楼屋面保温做法图

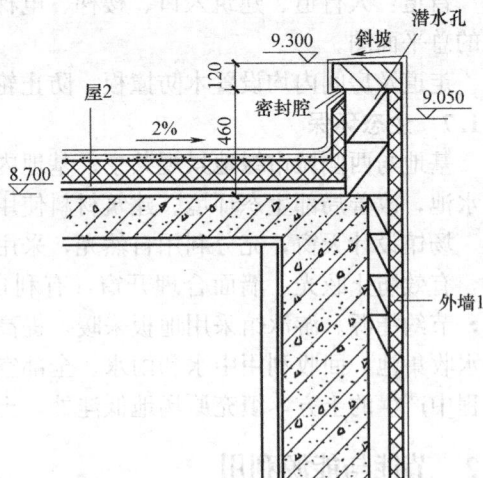

附图 1-5　盲人门球馆屋面及外墙做法

（3）屋顶节能保温措施：公寓科研楼、盲人门球馆及游泳馆、田径馆、综合馆附属房间屋面采用 70mm 挤塑板保温，传热系数 $0.55W/m^2 \cdot K$，游泳馆、田径馆、综合馆大跨度空间采用100mm超细玻璃丝棉彩钢屋面，传热系数0.58W/m²·K，游泳馆、田径馆、综合馆、盲人门球馆屋顶布置彩光天窗，充分利用自然光，有利于节能。

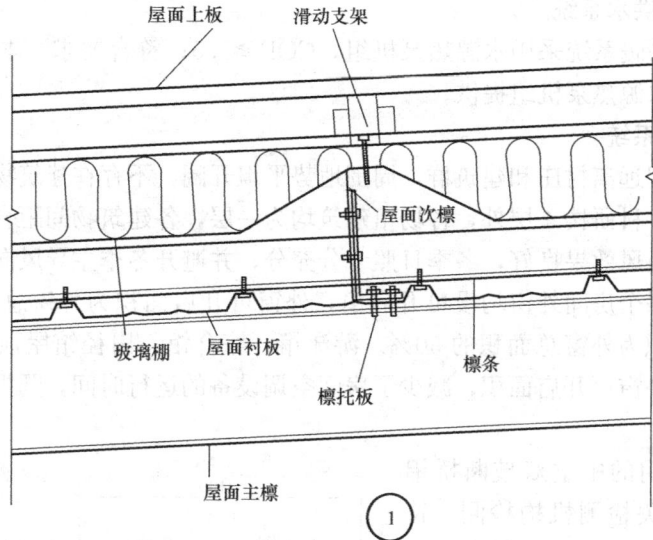

附图1-6 各场馆彩钢屋面保温做法节点图

（4）外窗节能保温措施：公寓科研楼及各场馆外窗采用广东"金兰"牌铝型材，窗料壁厚1.4mm；门料壁厚2.0mm；断桥铝合金中空双层玻璃（5mm+12mm+5mm），传热系数2.8W/m²·K。

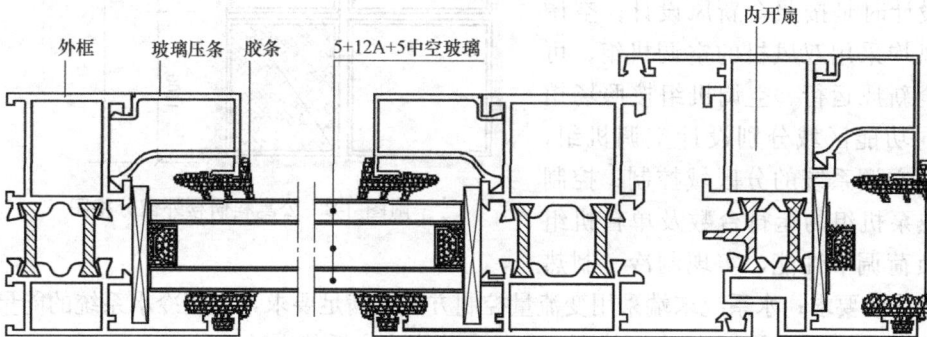

附图1-7 中空双玻铝合金门窗剖面图

（5）主要节能、保温材料使用量统计

中空双玻断桥铝合金门窗量：　5057m²（所有场馆的外门窗）

加气混凝土砌块量：　　　　　1882m³（所有场馆框架填充墙）

外墙加气混凝土挂板量：　　　3790m³（综合训练馆、田径及力量训练馆、游泳馆外墙）

保温材料发泡聚氨酯用量：　　51m³（盲人门球馆）

聚苯保温板用量：挤塑板：　　108m³

非挤塑板：　　　　　　　　　2423m³

陶粒空心砌块：　　　　　　　1026m³

采光天窗面积：　　　　　　　田径及力量训练馆：687m²

综合训练馆：　　　　　392m²
盲人门球馆：　　　　　91m²

3.2.2　空调采暖供水系统

本工程空调采暖系统采用水源热泵机组，COP≥5.5；符合要求。本工程的冷热源和生活热水全部由水源热泵机组提供。

3.2.3　通风换气系统

残训基地工程远离村庄和建筑群，周围地势平坦开阔，不存在建筑物遮挡问题，基地内除公寓楼7层、科研楼4层外，各场馆建筑均为一层，各建筑物间距合理，考虑了开窗通风，夏季自然通风效果良好，冬季日照十分充分，并避开冬季主导风向。

公寓科研楼每个房间外窗均设可开启扇，外窗可开启面积为外窗总面积的64%。各场馆外窗开启面积为外窗总面积的50%。游泳馆、综合馆、田径馆屋顶设风机可进行通风换气。较大的外窗可开启面积，减少了房间空调设备的运行时间，既提高舒适性，又节约了能源。

训练基地采用的中空双玻断桥铝合金门窗，经相关检测机构检测，符合下列要求：外门窗抗风压性能为5级；气密性能为4级；水密性能为4级；保温性能为8级；隔声性能为3级；热回收比例50%以上（只针对公寓楼）；热回收效率大于60%。

设计时是按照全新风设计；空调及新风均采用双风机的空调机组，可实现全新风运行。空调机组按照场馆的不同功能区域分别设计空调机组，可实现空调系统的分区域控制；控制水源热泵机组的运行台数及单台机组部分负荷调节性能，实现制冷、制热

附图1-8　公寓科研楼外窗分格图

负荷变化的要求；水系统末端采用变流量控制方式。满足要求，空调冷水系统的能量输送能效比为0.022。夏季利用水源热泵机组的余热作为生活热水的热源。

3.2.4　照明系统主要指标

本工程照明系统参照现行国家标准及建设单位的设计任务委托书要求，主要指标为：

办公室　　　　　　　300～500Lx
会议室　　　　　　　300Lx
大堂、大会议厅　　　300Lx（可调）
展厅　　　　　　　　200～300Lx
餐厅　　　　　　　　200Lx
厨房　　　　　　　　200Lx
地下车库　　　　　　75～100Lx

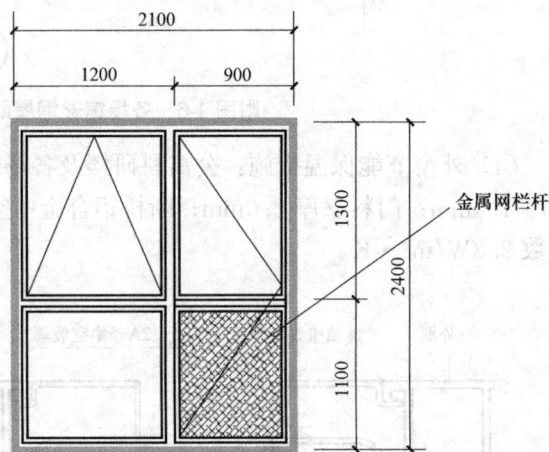

教室	300～500Lx
治疗室	300Lx
机房	100～150Lx
宿舍	150～200Lx
变配电室	200Lx

优先使用高光效灯具及节能光源，采用细管荧光灯、紧凑型荧光灯、金属卤化物灯等节能光源及灯具，镇流器为电子式镇流器或节能型电感镇流器。低压设功率因数自动补偿装置，使 $\cos\phi \geqslant 0.9$，减少了无功功率损耗。采用智能照明控制系统，将普通照明人为的开与关转换成了智能化管理。

智能照明管理系统应用在残训基地，是将公寓楼大堂、科研楼前厅、田径训练馆前厅等区域照明，以及各训练场馆体育专用照明设备，采用设置照明工作状态等方式，通过智能化管理实现节能。不仅使残训基地的管理者能将其高素质的管理意识运用于照明控制系统中去，而且将大大减少大楼的运行维护费用。

在节能方面可比传统照明控制节电 20% 以上，而更值得一提的是智能照明控制系统是一个开放式的系统，通过标准网络接口可方便地与 BAS 系统连接，实现残训基地的计算机系统集成。

使用高效节能机电产品（如低损耗变压器、大载流量电缆等）。设置楼宇自控系统，自动调控空调、水泵等，使其工作处于最佳状态。

3.2.5　设备监控系统

残训基地设备监控系统实现以下功能：

（1）舒适 — 提供舒适良好的空气环境。可以根据季节、空气状态情况的变化，控制空调机组、新风机组的送风温度在要求值上，使室内人员感觉最舒适。同时在控制中心，通过对空调机组、新风机组的全方位控制，可以针对不同区域提供最佳的温湿度控制，保证物品的存储环境参数。

（2）节能 — 降低能耗和管理成本。在满足舒适性的前提下，设备监控系统通过合理组织设备运行，使残训基地的运行费用为最低。也就是说以能耗值最低为控制目标，进行优化系统控制。设备监控系统软件设有节能程序，我们可以根据季节、人员和空气流动情况的变化，将各区域的温度加以合理调整，控制设备得以合理运行，使残训基地的能耗降至最低。

（3）安全 — 提供突发故障的预防手段。机电设备突然发生故障而停机，将给业主带来不便。设备监控系统可以从以下几个方面预防这种局面的出现：

① 随时检查设备的实际负载和额定负载，一旦发现设备过载，立即自动卸载同时向中央控制室发出报警信号，以防损坏贵重设备；

② 监视设备运行状况，一旦发现其中某台设备运行异常，立即报警通知检修人员前去检查，以防引起更大范围的设备故障；

③ 自动记录设备的累计运行小时数，当累计值达到规定的维修时间时，自动报告中央控制室，及时提醒进行设备检修；

④ 当一组设备中的某台设备出现故障不能继续运转时，自动切换到备用设备；同时，对于临时停电的情况，当恢复供电后，系统自动执行顺序启动程序，可保证设备投运顺

利，避免启动失败对设备的损害。

通过上述检测、报警和处理方式，使机电设备突发故障具备有效的预防手段，以确保设备和财产安全。

（4）高效 —— 提高设备运行效率、减少管理人员数量。通过对设备运行状况的监测、诊断和记录，早期发现和排除故障，及时通知维护和保养，保证设备始终处于良好的工作状态，也保证了残训基地各类设备的正常运营。设备监控系统对设备的有效监控，可使设备的故障率大大降低，同时也使维修工人可以更有效的工作，及时解决设备出现的问题，因此可以减少残训基地维修人员的数量。

（5）充分的扩展 —— 系统具有良好的扩展性，保证今后扩展的需要。系统选用时遵循开放的原则，系统容量可以有充分的冗余以适于今后的扩充。

3.2.6　监控内容

设备监控系统主要用于实现对残训基地内冷热源系统、空调通风系统、照明系统、给水排水系统、水处理系统、变配电系统、电梯系统等其他机电设备的监视管理和最佳节能控制。该系统主要由楼宇自控中央管理工作站、通信总线、现场控制器、传感器和执行机构组成。

设备监控系统的监控主要包括以下内容：①冷热源系统的控制和监视；②空调、新风机组的控制和监视；③通风设备的控制和监视；④给排水系统的控制和监视；⑤水处理系统的监视；⑥电梯系统的监视；⑦照明系统的控制和监控；⑧变配电系统的监视。

3.2.7　可再生能源利用

本工程冷热源全部采用水源热泵机组，含卫生热水热负荷。1号冷热源站房供公寓科研楼（共4台），2号冷热源站房供田径、综合、游泳及门球训练馆等（共6台），热泵机组均制冷量均为650kW/台，制热量均为726kW/台，制冷 cop 为5.5，制热 cop 为4.7。该系统冬季提供50/45℃热水，夏季提供7/12℃冷水，较低的供热温度，确保热泵高效运行，达到国内先进水平。夏季生活热水和泳池加热采用热回收技术，即热泵主机在制冷的同时，利用其冷凝余热加热生活热水和泳池，节约了运行费用和减少初始投资。

本工程公寓科研楼的大堂及报告厅、田径及力量训练馆的力量训练区、综合训练馆的训练区、游泳馆、盲人门球馆内门球场均采用双风机全空气系统（其中游泳馆为配热回收器的直流式全空气系统），过渡季可充分利用室外空气调节室温，以减少制冷主机的运行时间而达到节能目的。其他区域均采用风机盘管加新风系统，部分新风系统设有热回收。

空调水系统均采用两管制一次泵定流量，末端变流量系统。公寓客房部分管路水平为同程式系统，竖向为异程式，其余各处管路均采用异程式系统。但主要分支管路上均设有平衡阀，以利于系统的水力平衡。

3.2.8　能耗对环境的影响

全区全部采用水源热泵机组，无其他燃烧供热设备，污染物排放符合绿色奥运标准。因采用污水处理回用（中水）技术，项目排放及排放量控制在极低的水平。

3.2.9　节水与水资源利用

1. 用水规划

根据本项目水资源状况及本地的气候特点，通过对生活用水、绿化、道路及景观用水等的水量平衡计算分析，提高水循环利用率和节水效率，节约用水，减少雨污水的排放量，实现水资源的可持续发展。

整个场地内排出的污废水，经过处理达到城镇杂用水水质控制指标后，作为中水水源，回用于场地浇洒、道路浇洒及绿化用水。

2. 给水排水系统

生活饮用水、再生水等用水依据"高质高用，低质低用"的用水原则，实行分质供水：生活用水由地下水经水处理设备净化后提供；冲厕、绿化、道路及景观用水由再生水供应。

生活给水系统、中水系统均为分区供水，控制系统最低配水点水压不大于 0.3MPa，节约用水。

给水管材室内采用衬塑钢管，室外采用球墨给水铸铁管，室内排水采用柔性排水铸铁管，室外采用双壁波纹管。有完善的污水收集处理及排放设施，实现雨污分流。供水采用高效变频供水设备；防止管道渗漏的措施齐全。

3.2.10 节水设施与器具

采用节能、节水技术措施：确定合理的供水压力；通过水量平衡，实现分质供水；选用耐腐蚀的给水管材、采用可靠的连接技术，减少管网的渗漏；选择耐旱草种和树种，减少浇灌次数并采用先进的浇灌技术以节约用水。

选用节能、节水的卫生器具和配件：如节水型家电、结合某某特点，广泛使用感应式冲洗阀及龙头、充气水嘴、延时自闭水龙头等。

具体为：各场馆公共卫生间均选用两档式坐便器，感应式小便器；公寓科研楼客房选用陶瓷阀芯，节水型淋浴龙头，两档式坐便器；洗衣房选用高效节水洗衣机；卫生器具及五金配件全部符合《节水型卫生用水器具》CJ 164。

3.2.11 绿化、景观、洗车等用水采用非传统水源以节约市政供水

北京地区年均降水无法满足绿化浇灌，因此采用再生水进行灌溉。建筑水景同样采用再生水。其他非饮用水如洗车用水、消防用水、浇洒道路用水等均合理采用雨水、再生水等非传统水源。定期检测所采用雨水、再生水水质是否达到相应标准，保障不对公共卫生造成威胁。场地内雨水均有加强雨水渗透的措施。绿化、地面等均为中水水源。绿化灌溉采用喷灌系统。基地设立封闭式中水处理站，集中处理。基地内按不同用途均设了计量水表。经计算在训练使用季中水利用率为 20%，在非训练季达到 37%。系统采用多立管系统，以减少冷水的放空量，保证节水、节能。

（1）污废水处理及再利用：训练基地内污废水全部收集排入小区污水管网，经统一处理后作为中水，回用于冲厕、绿化、道路及景观用水，污废水回用率达到100%。

（2）雨水利用：铺装地面采用透水材料，满足相应的承载力要求，保证冬季不发生冻涨。帮助雨水快速下渗。

（3）泳池水处理：采用硅藻土处理工艺，大幅度降低泳池过滤设备的反冲洗用水量，达到节水的目的。

（4）绿化景观用水：绿化及景观用水全部由中水供应，同时绿化采用高效灌溉技术，把灌水时间或灌水量作为控制参数，根据不同的特定植物和土壤的需水要求设定，实现自动灌溉的全过程。

3.3　建筑结构体系节材设计

（1）公寓科研楼采用框架剪力墙体系，最大限度地降低结构墙体的用量，减少施工耗材（模板）等。根据实际情况定基础标高，最大限度地减少土方量。

（2）车库根据实际使用情况，合理布置柱距，提高建筑使用功能，节约土地资源。

（3）场馆大空间部分采用高性能低材耗、耐久性好的钢结构体系，施工速度快，材料可回收，工业化程度高，降低建筑层高的同时减轻了结构自重，提高了材料的使用率，体现了绿色环保的要求。

（4）各场馆建筑造型设计十分简约，外形方正，没有使用装饰性构件，节约材料。

3.4　绿色建材

在中国某某体育综合训练基地项目的建设中，所用建筑材料均符合《民用建筑室内环境污染控制规范》GB 50325 的规定，符合《室内装饰装修材料有害物质限量》中十项室内装饰装修材料有害物质限量标准。杜绝使用国家明确淘汰或禁止使用的材料和产品。各场馆装修一次到位，不存在二次装修的问题，满足了训练时的各项需求，避免了造成不必要的浪费及环境、噪声污染。

工程所有建筑涂料、油漆、防水材料、建筑陶瓷、门窗、体育工艺专用木地板等都是业内知名品牌产品，体育工艺专用地胶产地意大利，为 2008 年奥运会指定专用产品。所用产品均无毒、无味、无污染，并达到国家或国际检测标准。

工程建筑材料设备除空调主机、电梯、外墙金属砖、洁具、体育工艺专用意大利盟多地胶外，其余建材产地基本在北京、天津、河北，运距小于 500km，保证了材料及时供应。500km 以内生产的建筑材料重量÷建筑材料总重量×100％＝10.3 万吨/11.2 万吨＝92％。工程中大量使用了加气混凝土砌块、陶粒空心砌块、空心轻质墙板、加气混凝土挂板等新型建筑材料，减轻了结构自重，节约了土地资源，同时消化了粉煤灰等工业废料，为减排做出了贡献。

预拌混凝土使用：残训基地工程现浇混凝土全部采用预拌混凝土，约 40000m³。

工程中大量采用 HRB400 级高强度钢筋作为主筋，用量 1700t，占主筋钢筋总用量的 30％。

3.5　垃圾处理

针对施工过程产生的垃圾、尘土及噪声污染等问题，采取措施加以解决：

（1）为确保进出施工现场车辆整洁，在大门出入口内侧设置车辆冲洗设施，出场车辆必须经过冲洗，避免将尘土、泥浆带到场外，运输散装材料的车辆，车箱后封闭，避免散落。

（2）施工现场主要道路及施工场地除美化环境需绿化外，其余场地裸露部位全部采用双层密目网覆盖处理，施工阶段将定时对施工区域内道路、露天场地及工程周边进行淋水降尘，控制粉尘污染。

（3）建筑结构内的施工垃圾，采用容器吊运或袋装，现场设置两个封闭垃圾站用于垃圾临时堆放，施工中严禁随意凌空抛撒，施工垃圾及时清运，并适量洒水，减少粉尘对空气的污染。

（4）专人负责现场道路及大门出入口的清扫工作，并经常洒水，防止扬尘。

（5）水泥和其他易飞扬物、细颗粒散体材料，安排在库内存放或严密遮盖，运输时要防止遗洒、飞扬，卸运时采取码放措施，减少污染。

（6）砂浆搅拌站全部封闭，并且在搅拌机棚内部加设喷雾设施，在搅拌机运行中进行降尘，保证无灰尘飞扬。内设置三级沉淀池，废水经三级沉淀后一部分可以循环利用节约用水量（可再用作冲洗或者降尘），另一部分经沉淀后方可由环卫部门进行无害化处理，并控制污水流向，严禁污水流出施工区域，污染环境。

（7）现场内的采暖和烧水茶炉均采用电器产品，不设锅炉房，不会造成空气污染。

（8）严格执行北京市有关建筑施工环境保护管理规定，噪声大的项目尽量在早6：00～晚10：00间完成，减少噪声污染，运输车辆不鸣笛，装卸货物尽量轻放，配置低噪音振捣棒，并不得振动模板，拆模及倒运模板尽量轻放，教育工人不大声喧哗，不得有意制造噪声。

（9）施工现场进行噪声声值监测，以便随时了解现场内的噪声值，满足国家或北京市噪声排放标准

（10）施工现场内食堂，设置简易隔油池，派专人负责定期清理，以防止污染。

3.6 资源再利用

施工过程中产生的废混凝土、废砌块、废砂浆等优先作为男子射箭场人工湖回填材料加以应用，减少了施工垃圾的外运。

根据抗浮水位，合理确定基础标高，尽可能做到土方的减量化，采用浇筑钢渣混凝土作为抗浮措施之一，节约了材料。

工程中使用的大量建材及设备，都可回收再利用，包括：页岩砖、加气混凝土砌块及挂板、陶粒砌块、透水砖、盲道砖、开关面板及灯具、电梯、空调机组及风道、盘管、室内外金属栏杆扶手、断桥铝合金门窗、装饰门、防火门、防火卷帘、室内外各种设备管道、井盖、水源热泵机组、电缆、配电柜、变压器、公寓楼大堂干挂石材、各场馆体育工艺专用木地板及地胶、地毯、自行车木赛道、各场馆的钢网架、洁具、钢结构连廊、围墙栏杆及电动大门、公寓楼方钢管墙。使用可再利用材料的重量÷工程建筑材料的总重量×100％＝0.57万吨/11.2万吨＝5.1％。

3.7 其他绿色工程设计

残训工程土建与装修工程为一体化设计施工，装修一次到位，避免了重复装修。

残训工程作为国家财政投资的公益性建筑，不存在商业用途，房间装修及功能布局一次到位，不必采用灵活隔断，这样既满足使用功能也避免了重新装修时的材料浪费、垃圾清运及噪声扰民的问题。

工程所选用的建筑材料及构件，如加气混凝土砌块及挂板、页岩砖、陶粒空心砌块都在保证性能及安全性和健康环保的前提下，使用或掺入以粉煤灰、页岩等废弃物为原料生产的建筑材料，其用量占同类建筑材料的比例为：5400吨/5400吨＝100％。

游泳馆、田径馆、综合馆、自行车训练场屋顶因功能要求、跨度大，经过与常规屋面

结构形式如现浇混凝土梁板屋盖、钢网架结构比选，最终采用了大跨度焊接钢网架屋面结构体系，其中田径馆跨度 76m×116m，重 360t，施工中采用整体提升施工工艺一次成功，节约了资源消耗，减少了对环境的不利影响。

4 室内环境质量

训练基地各场馆满足现行国家标准《公共建筑节能设计标准》GB 50189 中的设计要求，公寓科研楼采用中央集中空调系统调节室内热环境，游泳馆采用地板辐射采暖，提高舒适度。

其余场馆采用风机盘管和散热器，分区域设有温控装置，空调布置合理，室内温度调节适当。部分大空间场馆采取分层空调、上部通风，节约能源。

（1）所有外墙外露部位采用 70mm 厚聚苯板，断桥铝合金窗和框之间填充聚氨酯发泡材料，很好地解决了冷桥问题，防止结露现象的产生（附图 1-9）。

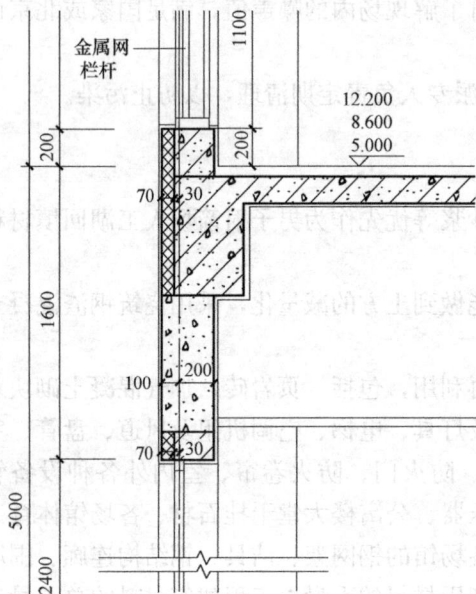

附图 1-9 防结露措施示意图

（2）公寓和科研楼所有房间均设明窗，采用自然对流通风效果显著。卫生间均设置风道，采用专门排风扇，通风量达到 1200～2000m³/h，既满足通风要求，又有效地净化室内空气。排风竖井设有防回流装置。

（3）运动场馆均设计自然采光通风，尽量设计可开启窗，对流通风效果显著。各体育场馆根据空间和使用情况，同时采用自然通风（侧窗、屋顶天窗）和机械送排风系统实现室内外空气交换，并满足体育训练比赛的特殊要求。

（4）工程在建设中，所用建筑材料均符合《民用建筑室内环境污染控制规范》GB 50325 的规定，符合《室内装饰装修材料有害物质限量》中十项室内装饰装修材料有害物质限量标准。杜绝使用国家明确淘汰或禁止使用的材料和产品。所有建筑涂料、油漆、防水材料、建筑陶瓷等均无毒、无味、无污染，从而达到国家及国际检测标准，从而体现绿色奥运的宗旨。

（5）竣工阶段的环境检测工作，委托北京旭展建筑环境与能源技术有限公司对公寓科研楼及全部场馆室内空气中甲醛、氨、苯、TVOC（总挥发性有机物）、氡等污染物浓度进行检验。结果 100% 符合标准。

（6）室内背景噪声均符合现行国家标准《民用建筑隔声设计规范》GBJ 118 中室内允许噪声标准中的二级要求。在公寓套内空间布置上，注意各功能空间的联系与分隔，在保证使用功能合理的情况下，尽量做到了动静空间的划分，房间内部设备管道都采用了减震隔震措施，并采用了防水措施，减少了卫浴间对居住空间的干扰。卧室不与设备用房相邻。各功能空间的分隔构件的隔声性能均达到 A 级。本项目均为集中空调系统，因此没有空调室外机的噪声干扰。

（7）房间内部在提高外窗隔热指标满足住宅节能要求的前提下，适当增加开窗面积，尽可能提供优质高效可调节的自然照明，沿道路所有外窗均加设卷帘，防盗、遮阳、可自由调节自然采光。有效减少灯具使用时间，节约能源。

外窗选用中空双层玻璃，透光率适宜，并设置了遮阳百叶等光线控制装置。场馆公共部位都有天然采光，地面照度大于 30Lx。

房间内光源位置合理，充分考虑房间的使用功能、室内装饰及布置等要求。

体育场馆设计天窗，充分利用自然光，白天训练室内光照充足，完全满足正常训练比赛使用，有利节能。

公共部分设置用于夜间标识的显示灯，并设置安全出口指示灯及疏散指示灯。过道、楼梯间的照度值为 50Lx，公共部分使用红外感应、声控等非触摸式开关。

所有照明设备均采用环保材料，并达到国家及国际检测标准。

（8）建筑设计和构造设计有促进自然通风的措施：在建筑设计和构造设计中，建筑总平面布局和建筑朝向采用了有利于夏季和过渡季节的自然通风措施，采取诱导气流、促进自然通风的主动措施。

（9）各场馆及房间均采用了空调液晶温度控制器；在各空调机组中均有湿度加湿器，提高了人员舒适性。

（10）公寓科研楼客房间隔墙、客房与走廊间隔墙（包括门）、客房外窗，以及客房层间楼板、客房与各种有振动的房间之间的楼板均满足现行国家标准《民用建筑隔声设计规范》GB 50118—2010 的要求。

（11）在设计、施工过程中考虑了场馆建筑平面布局和空间功能的合理安排，并在设备系统设计、安装时就考虑其引起的噪声与振动控制手段和措施。

（12）场馆及公寓科研楼 75％以上主要功能空间室内采光系数符合《建筑采光设计标准》GB 50033 的要求。

（13）场馆及公寓科研楼出入口、走道、大厅等主要活动空间均设无障碍设施，其中建筑出入口、电梯、卫生间、楼梯间设计均满足《城市道路与建筑物无障碍设计规范》JGJ 50 中规定的设计要求。（附图 1-10、附图 1-11）

附图 1-10　盲人门球馆吸声墙面、顶棚

附图 1-11　运动员公寓楼疏散坡道

5　运营管理

该项目刚刚投入运营，正在按照绿色建筑示范工程和设计标准的要求对运营管理制度进行完善。该项目的物业管理公司已经通过 ISO 14001 环境管理体系认证。

5.1　节能措施

5.1.1　公共区域照明

平时只开高杆路灯和围墙灯，有重大活动开启庭院灯和草坪灯。

5.1.2　楼宇和场馆内的通道照明

楼宇和场馆内的通道灯分成使用模式和工作模式，使用模式照明隔一个亮一盏、三个管的亮两盏，工作模式照明灯全部开启。

附图 1-12　无障碍电梯

5.1.3　电梯厅照明

电梯厅平时只亮中间一组吸顶灯，减少两组灯。

5.1.4　服务层照明

2～7 层服务台照明减少一个日光灯管，吸顶灯可调整为最小照明亮度。

5.1.5　办公区照明

办公室照明靠窗户一侧每组可减少一个灯管。田径力量馆的淋浴间，一般情况下白天不开灯，晚间更衣处可开中间一组，淋浴间里视使用情况，确定开灯数量，田径力量馆的卫生间只允许开一组照明灯。

5.2　项目运营管理的总体计划

本项目于 2007 年 7 月逐渐开始投入运营。管理方式按备战残奥会的训练目标要求和某某体育运动事业建设的长远目标来确定。某某体育综合训练基地是专门为某某运动员队伍训练的国家级基地，不仅承担体育教育、科研的任务，而且承担高水平的运动训练任务。项目建成后，中国某某联合会建立了中国某某奥林匹克体育运动管理中心（以下简称"残奥管理中心"）专门负责训练基地的管理工作，该中心由某某联合会管理人员和体育方面的专家组成，这样有利于基地资源的有效利用。

5.3　运营管理安排

本项目建成后，按照各单体使用方式，确定运营管理组织和管理方式。

中国某某体育综合训练基地隶属于中国某某联合会，由残联下属"残奥管理中心"直接管理。设置办公室、群体部、竞赛部、培训部、信息科研部、市场开发部、特奥部、运动队管理部、基地管理部、宣传联络部、器材设备部、人事部、财务部等管理部门，负责联络、组织协调比赛前的各项准备工作及训练中的各项管理工作。一级管理人员 210 人

（未包括陪练人员及物业管理人员）。2008 年奥运会之后，人员逐年递减 10 人，到 2012 年维持在 170 人。"奥体中心"转为残联体育训练中心，负责某某运动员日常的训练、培训、教育等各项工作。预计管理组织人员情况如附表 1-5 所示。

2007 和 2008 年国家残奥中心编制计划表 附表 1-5

年度\类别	负责人	办公室	群体部	竞赛部	培训部	信息科研部	市场开发部	特奥部	聋奥部	运动队管理部	基地管理部	宣传联络部	器材装备部	人事部	财务部	合计
2007	5	9	8	20	50	8	10	8	8	35	25	8	10	3	3	210
2008	5	9	8	10	50	8	10	8	8	45	25	8	10	3	3	210

5.4 运营设想

作为国家级某某体育综合训练基地，按照建设的初衷及正常运营的考虑，其设计是按照总体功能进行设计，即 2008 年残奥会前以能够满足国家队运动员训练为主；2008 年残奥会后仍将作为参加各种赛事的某某运动员队伍训练、培训、教育、科研的重要基地，同时可以举办一定规模的比赛。

本项目属于社会公益项目，在 2008 年残奥会后，根据国家财政支持情况，可以设想有两种运营方案：一是训练基地不考虑对外开放，运营费用主要来源于国家财政支持和社会捐赠等方式；另一种情况是在国家财政投入不足的情况下，适当考虑对社会开放。运营费用除了国家财政投入、社会捐赠外，可以出租部分场地作为收入来源。

5.5 场馆年使用情况分析

使用功能安排；2008 年残奥会后，场馆的年使用情况，主要是集训、科研、培训的安排使用。

1）运动员集训

（1）承担某某奥运会，聋人奥运会、特殊奥运会及与之相对应的洲际运动会、世界锦标赛、单项积分赛、资格赛等赛事的中国代表团赛前集训；近期主要的赛事为：2008 年第七届全运会、第十三届残奥会。

（2）承担部分项目某某国家队常年集训。

（3）举办国际交流和合作活动（如承担各类国际培训班及接待其他国家和地区来华集训）。

2）体育比赛

承接国际残奥会、聋奥会、特奥会及其单项组织委托的国际单项赛事；举办部分项目的全国锦标赛、选拔赛等单项赛事。

3）培训班

承担中国某某体育教练员、分级员、裁判员、科研人员的培训任务。

4）业务会议

5）中国残联体育中心的科研、办公

6）某某康复与健身

5.6 使用时间段安排

每年参加国家赛事数十项，平均每项集训 2～3 个月，训练基地每年承担的训练任务至少在 10 个月以上。

6　技术经济分析

6.1　工程项目投资概算

中国某某项目工程项目位于北京市顺义区后沙峪镇新城内的温榆河畔，项目占地总面积为 238235m²，批复项目总投资概算 46288 万元。其中包含建安工程费 32676.67 万元、专项设备购置费 447 万元、工程建设其他费用 11722.3 万元、预备费 1442.03 万元。设备价格均参考国产或合资产品市场价，建筑装修材料按中档标准考虑。

为建设绿色建筑工程，确保工程质量、安全、经济、适用等前提下，在节能、节地、节水、节材和环保等方面尽最大可能使用了新材料、新技术、新工艺。

6.1.1　建筑节能技术

1）采用了适合我国国情的水源热泵系统，见附表 1-6、附表 1-7。

建设期投资经济比较　　　　　　　　　　　　　　　　　附表 1-6

比较项目	水源热泵	蓄能电锅炉＋冷水机组	燃油锅炉＋冷水机组
投资估算	1200 万	1600 万	800 万

运行期投资经济比较　　　　　　　　　　　　　　　　　附表 1-7

季节工况 方案	冬季供暖	夏季制冷
	每 m² 采暖费用（元/m²·采暖季）	每 m² 制冷费用（元/m²·制冷季）
水源热泵	21.89	7.20
蓄能电锅炉＋冷水机组	26.27	9.36
燃油锅炉＋冷水机组	58.77	9.36

采用了外墙保温技术，在 1980 年基准水平基础上节能达到 65%。另采用了节约热能源的空调热回收装置、节约电能源的智能照明控制装置等。有效节约了能源，并大大减轻了空气污染，有利于大气环境的改善，与传统的工艺相比对节约资金也起到了很大的作用。

2）节水与水资源合理利用：

我国是一个水资源短缺的国家，随着用水量持续增长，且水污染严重，水质型缺水等问题的出现使的对水资源的合理利用要求越来越高。

（1）采用了中水处理技术，经统一处理后作为中水，回用于冲厕、绿化、道路及景观用水，污废水回用率达到 100%。

（2）另采用了污废水处理技术、雨水处理技术、泳池水处理、节水设施与器具等，大大地提高了用水效率和效益，在工程整体寿命期内很大限度地节约了资金。

3）材料资源节约与合理利用：

预拌混凝土使用等；不仅减少了对环境的污染，而且在运营期内减少了维持费用。

4）运营管理：

设备监控技术，采用了人性化的设计，充分体现了分散控制、集中管理的特点，提高了效率，减少了事故发生的概率；使工程在运营期大大节约运营资金。

5）对北京市建设工程禁止和限制使用的建筑材料及施工工艺严格遵守相关规定。

新技术、新工艺、新材料的采用，在工程寿命周期内对节约资金、节约能源、节约水资源、保护环境、提高效率起到了很好的作用。

从经济效益角度出发，本工程充分体现了以科技为先导、节能减排为重点、功能完善、特色鲜明、具有辐射带动作用的绿色建筑与低能耗建筑示范工程项目。

6.1.2 绿色建筑增量成本概算

使用新技术、新工艺建设绿色建筑与传统工艺的建设成本相比有所增加，重点体现在：

（1）水源热泵，与燃油锅炉加冷水机组相比成本增加约 16.79 元/m²。

（2）外墙外保温，建安成本增加约 12.20 元/m²。

（3）另有空调热回收装置、智能照明控制装置、中水处理技术及预拌混凝土的使用，也相应增加了工程成本。

6.2 资金落实情况

本项目为中央第一个"代建制"试点工程，资金全部由国家财政拨款，并按照国家财政部的相关规定进行资金拨付。

7 进度计划与安排

按照国家发改委和中国某某联合会批准的中国某某体育综合训练基地建设进度计划，该项目按时于 2006 年 7 月初正式开工，2007 年 6 月底全面竣工，并于 2007 年 7 月正式交付中国某某联合会和中国某某奥林匹克体育运动管理中心投入使用。该项目即将于 2007 年年底完成项目结算、审计，并进行全面资产移交。

由于项目的意义特殊、要求紧迫，从代建工作一开始，建设工期就成为该项目最突出的矛盾。为此，我们组建了强有力的项目管理机构、建立了完善的管理制度，超常规加紧完成前期工作、全面落实深化设计施工图纸、实施现场三通一平、疏通资金拨付渠道、组织工程招标、协助解决拆迁纠纷等各项工作，为正式开工打好基础。同时积极主动与发改委、财政部、专员办、市区建委、质监站以及镇政府主管部门沟通联系，及时取得了建设工程规划许可证，并以最快速度完成艰苦细致的工程招投标工作，工程于 2006 年 7 月正式开工。

开工以后，在工期控制方面，我们始终把工期计划目标作为一项政治任务来抓，针对项目工期紧、专业分包多、工序作业交叉多的特点，积极组织会同总包单位和监理公司对项目总体工期进行了合理部署和细致安排，代建单位项目部 24 小时值守现场工地，项目各个参建单位同心协力，全力以赴地投入到工程建设当中，掀起了全面会战的高潮。通过采取有力的施工保障措施，首先，通过合理增加投入，确保现场劳动力，同时增加施工机械的比例，以保证较高的工效水平。其次，通过对各个专业分包单位的科学组织管理，根本解决交叉作业中的技术矛盾和施工降效问题。同时做到土建施工为体育工艺和园林绿化施工创造好条件，保证了体育工艺、总包室内装修以及各水电设备安装工程不间断作业，实现了节假日不停工，在保证工程施工质量的基础上，合理有效地缩短了工期，全方位充分保障项目尽快竣工。在相关配套大市政工作中，我们专门成立了大市政专项工作小组，先后完成了大量的前期规划和设计方案工作，保证了大市政配套工作的顺利同步完成。

8 效益分析

8.1 绿色建筑示范效果预测分析

8.1.1 对社会的影响

（1）有利于为国家培养更多某某体育人才，为我国的某某体育事业做出更大贡献。现代体育竞赛越来越激烈，体育人才培养和体育科技的应用非常重要。训练基地的建成，为培养高质量的体育专业人才创造了良好的条件。

（2）培训高水平的某某运动员，在2008年残奥会上争取更多的金牌，为国争光。

训练基地既有田径、游泳等体育项目的训练场地，也有为各运动项目培养人才的科研资源楼，基地训练的项目中：田径、游泳、乒乓球、举重、射击、柔道、盲人门球都是残奥会我国某某运动员的优势项目，是2008年残奥会力争夺取多项奖牌的项目。其他项目是我们的弱项，可以借助于训练基地的训练、科研、培训一体配套的优势，利用所建设的先进设施，经过教练员和运动员努力训练，这些项目有很大的发展潜力。同时，训练基地的建设必然为国家输送大量的高素质的某某运动员、教练员，以及某某体育管理工作人员。利用最新的科学研究成果指导某某运动员的训练，必然提高我国某某整体的体育运动竞技水平，在2008年奥运会上，我国的某某运动健儿必将取得更优异的成绩。

（3）促进全社会精神文明建设。尊老爱幼、扶弱济残一直是中华民族的传统美德，也是社会主义精神文明的一个重要体现。建设无障碍体育设施，是为某某和其他社会成员创造平等、自强不息环境的重要措施，是现代文明城市建设的一项必不可少的内容，也是社会文明进步的重要标志之一。

建设某某项目有利于促进某某体育事业的发展，使广大某某在社会主义的幸福大家庭里，更健康的生活工作。进一步激发某某爱国家、爱北京的热情，在形成和谐互助的人机关系、奋发进取的工作精神和遵守社会公德等方面创造新局面。同时，促成全社会关心和爱护某某事业，万众一心为国家的腾飞，民族的昌盛提供精神力量。

对于某某来说，现代竞技运动探索极限，"更高、更快、更强"这句奥林匹克口号，更具有特殊意义。某某身残志坚的表现，有利于激发全国人民的爱国热情和民族自豪感，将为全国人民尤其是数百万青少年创造宝贵的精神财富。

本项目的建设必将促进我国体育事业的发展和体育竞技水平的提高，使我国运动员在国际大赛中取得更多的奖牌。运动员在国家大赛中取得奖牌对全国人民的精神鼓舞作用是一般教育和宣传无法比拟的。

（4）提高北京的知名度，丰富城市的文化内涵。建设现代化的训练场馆，可以加强公民的环保意识，使区域生态环境明显改善，为北京带来巨大的环境效益，使古老而美丽的历史名城更增添一道亮丽的风景线。

同时有利于树立北京文明、开放、发展的现代化国际大都市的形象，也是共享奥运精神，弘扬人类文明，促进东西方文化交流，展示辉煌成就，加强对外开放，促进自身发展的良好契机。

（5）促进某某体育事业的全名发展，维护某某权益，满足自身的健康需求，提高生活质量。

我们经常呼吁平等，但是现有普通的公共设施却无形地在他们与健全之见人设置了无法逾越的障碍。对于某某的关怀不仅仅是为他们设置无障碍设施，更重要的是为他们创造平等参与社会的环境。

我国是一个重视人权的国家，建设某某体育综合训练基地，充分考虑某某的文化、体育，是我国一贯倡导、维护和尊重人权的重要体现，并体现了政府和社会对某某的关爱。

从项目建设的政治意义和重要性回归到文化领域，实现以人为本，辐射多种层面，走向以国家民族利益为重、长远关注个体和人类发展的立体层次。项目建成后，对推广某某体育健身项目，为某某提供日益绚丽多彩的身体运动娱乐方式都具有重要意义。

9　环境影响分析

根据《中华人民共和国环境保护法》和中华人民共和国《建设项目环境保护管理条例》等有关环境保护法规，我们对于该项目建成并投入运营后的环境影响分析如下。

9.1　项目运行过程中的主要污染源

1）大气污染源

项目建成后由于全部采用水源热泵作为热源，空调制冷全部以电能为能源，因此不会对大气造成任何污染。训练基地的大气污染源主要包括：停车场汽车排放尾气、食堂厨房排放的油烟和废气。

2）水污染

鉴于项目的使用性质为大型体育公共设施，项目建成投入使用后，其排水主要应为生活污水，采取适当处理后就可以排入市政管线进行集中排放。

3）噪声污染

项目主要噪声为空调器、水泵、风机、各个机房内的机电设备以及汽车噪声。

4）固体废弃物

运营中产生的固体废弃物主要有：生活垃圾、办公垃圾、物业清洁垃圾等。

9.2　对于各种污染环境因素的治理

针对上述大气、水、噪声、固体废弃物四大污染源，项目从可研和设计阶段开始就贯彻建设项目与环境治理同步进行的方针，具体采取措施如下：

1）大气污染治理

地下车库设置专门风机排风，风口设置于7m以上；招标采购专用成套除油设备，确保饮食油烟在排放前，首先得到净化，同时在管理过程中严格执行《饮食行业油烟排放标准》。

2）水污染治理

本项目运营时产生的生活水污染不具有特殊污染源，其处理采用常规办法。粪便污水汇集后进入化粪池沉淀，化粪、污水停留时间24h，然后经过中水处理设备进行有效处理后排入市政污水管网。

洗涤废水经中水处理后，可以用于冲厕、绿化用水，厨房污水经隔油设备一次隔油后，汇集到室外隔油池做第二次隔油处理，然后排入污水管网。

游泳馆用水经过成套设备过滤消毒后进行重复利用。

3）噪声处理

为降低噪声声压级，在进行设备采购时，严格选用先进可靠的低噪声设备。对于机械引起的噪声要采取适当吸声、隔声处理，以达到控制噪声的目的。在各个训练馆或噪声强度大的设备机房房间，侧墙做吸音墙面，顶棚做吸音顶棚，必要时安置隔震垫及消声器，使用的门窗隔声效果均达到有关规定要求。

4）固体废弃物处理

基地内设置专门的生活垃圾清运设施，将生活垃圾、办公垃圾、物业清洁垃圾集中管理，并利用密封垃圾储运设施运出，由环卫部门统一清运消除。

9.3　采用水源热泵技术对于环境影响的突出贡献

为体现北京 2008 年绿色奥运、科技奥运、人文奥运理念，中国某某体育综合训练基地工程中应用水源热泵新技术，采集浅层地能以满足该项目的采暖、制冷和日常提供生活热水需求，极大地响应了节能、环保、经济、营造绿色奥运、可持续发展的理念。

中国某某体育综合训练基地工程作为奥运配套项目，规模大、技术要求复杂。工程采用水源热泵进行供暖、制冷及生活热水制备，既解决了周边市政条件不配套的困难，又可以极大地减少对石化类燃料的消耗，从而最大限度地减少项目日常运营对环境的污染。

同时，水源热泵作为一项新型能源技术的成功应用，对于在其他上规模工程建设中推广资源循环利用、重复利用以及高效利用等环保理念具有非常好的借鉴和参考价值。

总之，根据有关专业评估，在采取了有效和必要的环境影响治理手段后，该项目建成投入运行以后，将不会给周边地区的环境增加负担，完全满足主管部门对于项目环境影响方面的要求。

10　市场需求分析

中国素有"世界大工地"之称，如此大的建筑市场，为技术先进、低耗高效的企业提供了广阔的发展空间。目前，建筑节能的商机在中国已经显现。残奥训练基地工程采用了先进的围护结构、水源热泵等环保节能技术，一方面实现了最大限度地节约资源（节能、节地、节水、节材）、保护环境和减少污染，为某某提供了健康、适用和高效的使用空间；另一方面又增加了企业的竞争力和知名度，取得了经济效益和社会效益双丰收，进一步开阔了市场需求空间。

11　示范项目推广应用前景分析

示范项目中针对节约资源（节能、节地、节水、节材）、保护环境和减少污染采取的技术措施，如场馆设计防止眩目采光天窗，充分利用自然光，采用阳光控制镀膜玻璃，减少热辐射，室内设有遮阳，有效防止眩光。墙面合理开窗，有利自然通风。场馆大空间部分采用高性能低材耗、耐久性好的钢结构体系，施工速度快，材料可回收，工业化程度高，降低建筑层高的同时减轻了结构自重，提高了材料的使用率，体现了绿色环保的要求。场馆大空间采取分层空调、上部通风，节约能源。游泳馆采用地板采暖，提高舒适度。循环利用水资源，设置中水处理站、雨水收集池，回收利用中水和雨水。空调系统采用水源热泵形式，采用空调热回收技术，达到了节约能源、保护环境、节约用地、综合利用的效果。采用先进的维护结构和外墙保温技术都具有广阔的应用前景。

12 项目承担单位资质

12.1 建设单位

作为示范工程的申报单位，北京首都某某控股（集团）有限公司（以下简称某某集团）是经北京市人民政府批准，北京市国资委决定，由城开集团与天鸿集团合并重组，于2005年12月10日正式挂牌成立的国有大型房地产开发企业。某某集团注册资本为10亿元人民币，总资产达到500亿元人民币，年开复工能力超过500万 m^2，销售总额约100亿元人民币，员工总数近万人，其房地产开发主业综合实力在全国名列前茅。

12.2 设计单位

作为残奥训练基地项目的设计单位，中国某某建筑设计研究院是2000年4月由原建设部四家直属的建设部设计院、中国建筑技术研究院、中国市政工程华北设计研究院和建设部城市建设研究院组建的大型骨干科技型中央企业。

13 项目风险分析

中国某某体育综合训练基地项目的风险可以分为项目建设期间风险和项目运营期间风险。

13.1 项目建设期间风险

13.1.1 绿色建筑工程的建造风险

1）成本风险

中国某某体育综合训练基地项目作为中央首个代建试点项目，意义非常重大，有着多项具体而严格的控制目标作为考核依据。在这其中，对于项目的建安造价成本进行限额控制就是其中的一项重点工作。而在实施绿色建筑的建造过程中，往往意味着初次成本的投入增加。最为典型的是水源热泵技术应用。

中国某某体育综合训练基地应用水源热泵，以采集浅层地能满足该项目的采暖、制冷和日常提供生活热水需求，总体测算为节能、环保、经济的方案，是营造绿色奥运工程，走可持续发展的道路。

该方案与蓄能电锅炉＋水冷机、燃油锅炉＋水冷机两种常规方案相比较能够实现占地面积小，节约用地以及运行费用低等突出优点，特别是体现在运行费用上，平均仅为两种常规方案的 40%。

但是，其初次的建安费用投入要高于通常的燃油锅炉＋水冷机的方案约三分之一，同时还面临着可能因技术应用风险而增加回灌井数量造成的建造成本增加的风险。

2）技术应用风险

该工程地质构造以中细砂为主，通过对水源热泵技术运行中出现的问题做了很多调查与分析，发现此种地质情况下，易发生回灌阻塞、腐蚀等现象，是地下水源热泵运行成败的关键问题。

工程中采用了 1 抽 1 灌和 1 抽多灌的不同方式。对于前者，存在因地质条件原因造成抽灌时的短路现象的风险，即回灌水没有充分与浅表土壤进行热量交换，温度尚未恢复到初始温度，就被抽回。对于后者，存在移砂风险，即部分砂子经过滤后留在地面，剩余部分排入回灌井，回不到原位，日积月累，就会把取水井砂掏空，可能出现地面塌陷。此外，运营管理不当，还会造成回灌堵塞问题，并导致回灌井报废和后期管理费的提高。

13.1.2　主要自然灾害风险

1）暴雨

本工程地处北京市顺义区平原地带处，年降雨量为 400～500mm，夏季降雨量占年降雨量的 74%，时有短时暴雨降临。对工程建设造成的损失有：

项目开槽正值雨期，开挖深度达 8m，并涉及大量土方回填，岸边护坡处置不当，容易造成边坡塌方、滑坡，造成坡底施工人员伤亡。

暴雨可能对建筑工程材料和设备造成损失。如工地水泥结块报废、钢筋锈蚀、电子设备和器件遇水报废。

暴雨导致正在施工的混凝土工程失败，发生返工事故；持续的暴雨，导致工程长时间停工，从而给工程建设造成严重损失。

北京地区近年来时常发生突破历史记录的自然灾害，暴雨的风险不容忽视。

2）洪水风险

现场查勘及有关资料了解到，本工程和温榆河及其支流相临，防洪标准为五十年一遇，工程施工中遭遇类似的洪水，项目建设将遭受损失。

3）雪灾

项目的部分结构施工以及 50% 左右的装修工程在冬期完成。冬期低温施工与降雪给工程建设质量以及成本控制造成严重困难，特别是北京地区降雪不仅频繁而且雪量增大，导致工程实际施工时间缩短，额外费用增加，工程事故频率增大。

4）风灾

尽管北京地区不是台风影响区域，但北京地区风力超过 5 级的天数有几十天，当风速在 10.8m/s 以上时，高空作业等有关工程作业必须停止。注意到工程所处的位置处于北京郊区的平原地区，短时的大风可能导致大面积施工作业事故的发生。

5）雷暴

根据《中华人民共和国国家自然地图集》介绍，北京地区年冰雹日为 2，年雷暴日为 30。雷暴发生时，能够产生雷击灾害，由于工程是在周边空旷的场地上进行施工，施工场地直接面临雷暴袭击的风险。

6）地震

根据《中国地震烈度区划图（1990）》标明，北京地区基本烈度为8度。在工程施工过程，地震有可能造成工程建设财产损失事件的发生。

13.1.3　施工中面临的重大工程事故风险

1）土方工程

通过现场查勘及有关资料分析，由于建设选址处于相对洼地，残训基地土方回填量大，且基槽开挖面广。首先，工程前期总共涉及20多万方土方回填，由于面临工期紧迫的突出矛盾，土方工程需要在春季大量回填。其次，开工后遭遇连续大雨，雨季大面积开挖且挖槽深度至少在8m以上，工期和质量均面临挑战。最后，结构工程完工后恰好进入冬季，又要进行大量的房心回填。土方工程的质量直接影响到工程整体结构质量，而且土方工程不仅有回填和开挖工序，也涉及清运和存储问题。

2）人工湖围堰工程

根据项目整体建设要求，需要在场地西南角对原状人工湖进行回填，涉及7万方毛石和土方工程。要进行回填，必须首先对原状人工湖实施围堰截流工程，为后续土石方的顺利回填创造条件。若该项水利工程施工组织不当，围堰施工塌方，将导致工程质量和工程财产损失。

3）大型钢网架整体提升

田径力量馆屋面钢网架整体达到400t，施工过程中采取了一次性整体提升方案。该工程对于田径力量馆工期进度的实现十分重要，直接影响到场馆的结构工程封顶和冬期施工前的封闭，对于后续装修作业有直接影响。工程得到多方领导的关注，投入较多的人力物力和充分的准备，如果提升过程出现偏差，将会给整个训练基地的建设造成多方面的不利影响。

4）机电设备安装工程

残训基地的机电设备安装工程多，分包安装队伍多，主要包括主变配电设备、照明控制设备、消防监控设备、通信数据有线电视设备、电子显示屏设备、制冷设备、热力设备、通风空调设备、水源热泵、给水排水设备等。这些相关设备储存、安装不当或调试操作失误，有可能造成设备损失事件的发生；特别是在这些设备使用临电调试期间，风险相对集中，由于意外极易发生事故，造成工程设备损失事件。

5）配套大市政工程

由于残训基地所处位置远离顺义后沙峪中心镇，周边没有配套市政设施，成为影响项目竣工交用的一大难题。根据国家发改委的指导意见，项目部经过详细而全面的前期工作，对周边市政配套方案进行多次优化，最终确定训练基地的配套市政工程设计与投资。由于市政工程涉及临时占地、拆迁、伐移以及行业主管部门的协调工作等多个环节，其中的不确定因素较多，同时必须对整体投资进行限额控制，因此，对于工期的控制存在一定的风险。特别是电力外线和临时雨水外线，其工程的完工直接关系到整体工程交用。

13.1.4　代建管理过程风险

1）盗窃和恶意破坏风险

工程使用大量、高档的建筑材料和一些高价值的机电产品，有可能成为一些盗窃分子的目标，盗窃风险不容忽视；同时，也应该注意到，某些人员出于某种目的也有可能恶意破坏设备和材料。另外，施工单位的极个别员工也存在偷窃或恶意破坏行为的风险。

2）公共卫生事件风险

应该注意到，工程建设人员来往频繁，因意外事故，水上公园工程面临因个别或某些员工染上传染性疾病，而被迫关闭停工一段时间的风险，工程因此面临额外费用增加的风险。

3）工程建设过程中人员事故风险

参加工程建设的人员，不仅包括业主、承包商、分承包商，而且也要包括技术顾问，如业主聘请的对工程进行设计咨询和监理的建筑师、设计师、工程师和其他专业技术顾问，设备、材料供应商等。由于施工现场的复杂性，有时难以保证施工现场条件处于良好安全状态，工程建设的其他相关人员进入现场由于疏忽、过失或故意行为，极易发生人员伤害事故。

4）第三者责任风险

因为项目意义重大，工程时常会有大量外部人员参观进入或接近于工地区域，因而工程施工活动有可能对这些外来人员产生伤害，如高空落物砸伤参观者，施工机械碰伤行人等。相对来说，第三者的人身伤害风险较大。

5）暴乱和骚乱风险

工程在建设过程中，涉及方方面面的利益，有可能发生农民工因为讨薪而引发的暴乱或骚乱事件，同时更应注意社会外部人员在工地或相关场地制造骚乱事故的可能性。

6）设计师责任风险

应该注意到工程设计是一项创造性的工作，涉及建筑设计师、结构设计师、电气工程设计师等一系列专业工作，由于设计疏忽或错误，极有可能造成工程事故的发生，这些事故均会导致工程财产事故损失的发生。

7）监理工程师责任风险

监理工程师作为业主按监理合同聘用的工程技术负责人，对业主尽职尽责以确保工程的质量和进度。行为公正、认真负责是监理工程师的行为准则。监理工程师的疏忽或过失，没有正确的执行监理合同或发出错误指令，能够导致工程轻则返工修复，重则可能导致工程全毁和人身伤亡的严重事故。

8）履约风险

工程的顺利建设，离不开承包商、材料供应商、设备供应商、指定分包商的顺利履约。应该注意到该工程的承包商、供应商有几十家，来自全国多个地区，尽管有严格的采购程序，选择合适的承包商和供应商，但难免会有不讲信用的承包商、供应商不认真履行签订的合同，从而干扰工程的正常进行，导致工程等工、返工等事故的出现，从而造成工程损失。

承包商、供应商在开始履行合同时，往往从业主处获得首期工程预付款，而在承包商、供应商履行合同后，才有进一步的业主工程付款。由于多种原因，承包商、供应商没有达到首期工程款的合同目标，因此造成材料设备不能及时到场，影响工期。

9）货物运输风险

工程中部分选用了进口产品和分包商，通过海运、陆运等多种运输工具运至工地现场。而在运输过程中运输工具遭遇自然灾害或意外事故极易导致物品的损失。而由于这些材料、设备或其他物品不能及时运抵工地现场，将影响工程的正常进行，导致相关工程建设的延迟，发生工程停工、等工事件，增加工程建设的额外费用。

13.2　运营期间风险分析

13.2.1　自然灾害风险

前述的暴雨、洪水、冰雹、雷暴、地震等自然灾害因素同样会对训练基地的经营造成相当的风险。

13.2.2　意外事故风险

1）火灾爆炸风险

首先，许多场所顶面、墙面、地面使用了较多非阻燃性建筑材料，潜在的火灾隐患较大；其次，由于用电设施设备众多，引发电气火灾的可能性相应较大；最后，日常运营中，难免会有室内装修、设备维修、地毯清洁等作业，操作人员的违章作业也是引起火灾的原因之一。

2）机电设备损坏风险

设备机房的机器设备，如交换机组，这些机器设备由于操作失误、监控仪表失灵能够导致机器损坏，严重时能够导致能源供应的中断；变压器、高低压配电柜、柴油发电机等设备，由于意外事故，而发生电路短路现象，会导致本身设备的损坏。

3）公共责任风险

训练基地不仅提供了大规模群众活动的场所，而且也将提供餐饮、商品销售等服务。如组织不当，设施维护不力，极易发生公众受伤害事件，运营方均需对有关公众承担赔偿责任。

4）雇主责任风险

保安在执行任务时，工程人员在进行正常检修、维修工作时或其他有关员工从事其岗位工作时，发生意外可能导致人身伤害事件的发生，雇主是否提供了符合国家劳动法规规定的工作条件，是确定雇主责任的重要依据，在任何一个企业，雇主均有可能由于疏忽而导致雇主责任风险的存在。

5）雇员忠诚风险

由于工作的需要，一些员工接触现金或从事重要的工作，雇员的不诚实行为，可能给基地的运营带来损失。

6）盗窃风险

内部服务人员众多，发生各种盗窃事件的风险增大。

7）工程保修风险

根据工程合同要求，工程验收合格竣工后，承包商在缺陷责任期内仍应承担维修责任，而由于多方面原因，承包商常常不能按照合同要求，及时完成维修任务，业主不得不采取必要措施，如自付费用完成合同规定的维修任务。

14　工程立项批件和开发企业资质证明材料的复印件

（略）

附录 2 复利系数表

为了使用的方便，现将复利计算常用的六大公式进行汇总如附表 2-1 所示。附表 2-2～附表 2-11 中列出了用该程序计算得到的常用复利系数表。

复利计算公式汇总表　　　　　　　　　　　　　　　附表 2-1

序号	公式名称	已知	求	公式
1	复利终值公式	P,i,n	F	$F=P(1+i)^n=P(F/P,i,n)$
2	复利现值公式	F,i,n	P	$P=F(1+i)^{-n}=F(P/F,i,n)$
3	年金终值公式	A,i,n	F	$F=A\dfrac{(1+i)^n-1}{i}=A(F/A,i,n)$
4	偿债基金公式	F,i,n	A	$A=F\dfrac{i}{(1+i)^n-1}=F(A/F,i,n)$
5	资本回收公式	P,i,n	A	$A=P\dfrac{i(1+i)^n}{(1+i)^n-1}=P(A/P,i,n)$
6	年金现值公式	A,i,n	P	$P=A\dfrac{(1+i)^n-1}{i(1+i)^n}=A(P/A,i,n)$

$i=1\%$　　　　　　　　　　　　　　　　　　　　附表 2-2

	一次支付		等额多次支付				
n	$(F/P,i,n)$	$(P/F,i,n)$	$(F/A,i,n)$	$(A/F,i,n)$	$(A/P,i,n)$	$(P/A,i,n)$	n
1	1.0100	0.9901	1.0000	1.0000	1.0100	0.9901	1
2	1.0201	0.9803	2.0100	0.4975	0.5075	1.9704	2
3	1.0303	0.9706	3.0301	0.3300	0.3400	2.9410	3
4	1.0406	0.9610	4.0604	0.2463	0.2563	3.9020	4
5	1.0510	0.9515	4.1010	0.1960	0.2060	4.8534	5
6	1.0615	0.9420	6.1520	0.1625	0.1725	4.7955	6
7	1.0721	0.9327	7.2135	0.1386	0.1486	6.7282	7
8	1.0829	0.9235	11.2857	0.1207	0.1307	7.6517	8
9	1.0937	0.9143	9.3685	0.1067	0.1167	11.5660	9
10	1.1046	0.9053	6.4622	0.0956	0.1056	9.4713	10
11	1.1157	0.8963	11.5668	0.0865	0.0965	6.3676	11
12	1.1268	0.8874	12.6825	0.0788	0.0888	11.2551	12
13	1.1381	0.8787	13.8093	0.0724	0.0824	12.1337	13
14	1.1495	0.8700	14.9474	0.0669	0.0769	13.0037	14
15	1.1610	0.8613	16.0969	0.0621	0.0721	13.8651	15
16	1.1726	0.8528	17.2579	0.0579	0.0679	14.7179	16
17	1.1843	0.8444	111.4304	0.0543	0.0643	14.5623	17
18	1.1961	0.8360	19.6147	0.0510	0.0610	16.3983	18
19	1.2081	0.8277	20.8109	0.0481	0.0581	17.2260	19
20	1.2202	0.8195	22.0190	0.0454	0.0554	18.0456	20

$i=2\%$

	一次支付		等额多次支付				
n	$(F/P,i,n)$	$(P/F,i,n)$	$(F/A,i,n)$	$(A/F,i,n)$	$(A/P,i,n)$	$(P/A,i,n)$	n
1	1.0200	0.9804	1.0000	1.0000	1.0200	0.9804	1
2	1.0404	0.9612	2.0200	0.4950	0.5150	1.9416	2
3	1.0612	0.9423	3.0604	0.3268	0.3468	2.8839	3
4	1.0824	0.9238	4.1216	0.2426	0.2626	3.8077	4
5	1.1041	0.9057	4.2040	0.1922	0.2122	4.7135	5
6	1.1262	0.8880	6.3081	0.1585	0.1785	4.6014	6
7	1.1487	0.8706	7.4343	0.1345	0.1545	6.4720	7
8	1.1717	0.8535	11.5830	0.1165	0.1365	7.3255	8
9	1.1951	0.8368	9.7546	0.1025	0.1225	11.1622	9
10	1.2190	0.8203	6.9497	0.0913	0.1113	11.9826	10
11	1.2434	0.8043	12.1687	0.0822	0.1022	9.7868	11
12	1.2682	0.7885	13.4121	0.0746	0.0946	6.5753	12
13	1.2936	0.7730	14.6803	0.0681	0.0881	11.3484	13
14	1.3195	0.7579	14.9739	0.0626	0.0826	12.1062	14
15	1.3459	0.7430	17.2934	0.0578	0.0778	12.8493	15
16	1.3728	0.7284	111.6393	0.0537	0.0737	13.5777	16
17	1.4002	0.7142	20.0121	0.0500	0.0700	14.2919	17
18	1.4282	0.7002	21.4123	0.0467	0.0667	14.9920	18
19	1.4568	0.6864	22.8406	0.0438	0.0638	14.6785	19
20	1.4859	0.6730	24.2974	0.0412	0.0612	16.3514	20

$i=3\%$

	一次支付		等额多次支付				
n	$(F/P,i,n)$	$(P/F,i,n)$	$(F/A,i,n)$	$(A/F,i,n)$	$(A/P,i,n)$	$(P/A,i,n)$	n
1	1.0300	0.9709	1.0000	1.0000	1.0300	0.9709	1
2	1.0609	0.9426	2.0300	0.4926	0.5226	1.9135	2
3	1.0927	0.9151	3.0909	0.3235	0.3535	2.8286	3
4	1.1255	0.8885	4.1836	0.2390	0.2690	3.7171	4
5	1.1593	0.8626	4.3091	0.1884	0.2184	4.5797	5
6	1.1941	0.8375	6.4684	0.1546	0.1846	4.4172	6
7	1.2299	0.8131	7.6625	0.1305	0.1605	6.2303	7
8	1.2668	0.7894	11.8923	0.1125	0.1425	7.0197	8
9	1.3048	0.7664	6.1591	0.0984	0.1284	7.7861	9
10	1.3439	0.7441	11.4639	0.0872	0.1172	11.5302	10
11	1.3842	0.7224	12.8078	0.0781	0.1081	9.2526	11
12	1.4258	0.7014	14.1920	0.0705	0.1005	9.9540	12
13	1.4685	0.6810	14.6178	0.0640	0.0940	6.6350	13
14	1.5126	0.6611	17.0863	0.0585	0.0885	11.2961	14
15	1.5580	0.6419	111.5989	0.0538	0.0838	11.9379	15
16	1.6047	0.6232	20.1569	0.0496	0.0796	12.5611	16
17	1.6528	0.6050	21.7616	0.0460	0.0760	13.1661	17
18	1.7024	0.5874	23.4144	0.0427	0.0727	13.7535	18
19	1.7535	0.5703	24.1169	0.0398	0.0698	14.3238	19
20	1.8061	0.5537	26.8704	0.0372	0.0672	14.8775	20

$i=4\%$　　　　　　　　　　　　　　附表 2-5

	一次支付		等额多次支付				
n	$(F/P,i,n)$	$(P/F,i,n)$	$(F/A,i,n)$	$(A/F,i,n)$	$(A/P,i,n)$	$(P/A,i,n)$	n
1	1.0400	0.9615	1.0000	1.0000	1.0400	0.9615	1
2	1.0816	0.9246	2.0400	0.4902	0.5302	1.8861	2
3	1.1249	0.8890	3.1216	0.3203	0.3603	2.7751	3
4	1.1699	0.8548	4.2465	0.2355	0.2755	3.6299	4
5	1.2167	0.8219	4.4163	0.1846	0.2246	4.4518	5
6	1.2653	0.7903	6.6330	0.1508	0.1908	4.2421	6
7	1.3159	0.7599	7.8983	0.1266	0.1666	6.0021	7
8	1.3686	0.7307	9.2142	0.1085	0.1485	6.7327	8
9	1.4233	0.7026	6.5828	0.0945	0.1345	7.4353	9
10	1.4802	0.6756	12.0061	0.0833	0.1233	11.1109	10
11	1.5395	0.6496	13.4864	0.0741	0.1141	11.7605	11
12	1.6010	0.6246	15.0258	0.0666	0.1066	9.3851	12
13	1.6651	0.6006	16.6268	0.0601	0.1001	9.9856	13
14	1.7317	0.5775	111.2919	0.0547	0.0947	6.5631	14
15	1.8009	0.5553	20.0236	0.0499	0.0899	11.1184	15
16	1.8730	0.5339	21.8245	0.0458	0.0858	11.6523	16
17	1.9479	0.5134	23.6975	0.0422	0.0822	12.1657	17
18	2.0258	0.4936	24.6454	0.0390	0.0790	12.6593	18
19	2.1068	0.4746	27.6712	0.0361	0.0761	13.1339	19
20	2.1911	0.4564	29.7781	0.0336	0.0736	13.5903	20

$i=5\%$　　　　　　　　　　　　　　附表 2-6

	一次支付		等额多次支付				
n	$(F/P,i,n)$	$(P/F,i,n)$	$(F/A,i,n)$	$(A/F,i,n)$	$(A/P,i,n)$	$(P/A,i,n)$	n
1	1.0500	0.9524	1.0000	1.0000	1.0500	0.9524	1
2	1.1025	0.9070	2.0500	0.4878	0.5378	1.8594	2
3	1.1576	0.8638	3.1525	0.3172	0.3672	2.7232	3
4	1.2155	0.8227	4.3101	0.2320	0.2820	3.5460	4
5	1.2763	0.7835	4.5256	0.1810	0.2310	4.3295	5
6	1.3401	0.7462	6.8019	0.1470	0.1970	5.0757	6
7	1.4071	0.7107	11.1420	0.1228	0.1728	4.7864	7
8	1.4775	0.6768	9.5491	0.1047	0.1547	6.4632	8
9	1.5513	0.6446	11.0266	0.0907	0.1407	7.1078	9
10	1.6289	0.6139	12.5779	0.0795	0.1295	7.7217	10
11	1.7103	0.5847	14.2068	0.0704	0.1204	11.3064	11
12	1.7959	0.5568	14.9171	0.0628	0.1128	11.8633	12
13	1.8856	0.5303	17.7130	0.0565	0.1065	9.3936	13
14	1.9799	0.5051	19.5986	0.0510	0.1010	9.8986	14
15	2.0789	0.4810	21.5786	0.0463	0.0963	6.3797	15
16	2.1829	0.4581	23.6575	0.0423	0.0923	6.8378	16
17	2.2920	0.4363	24.8404	0.0387	0.0887	11.2741	17
18	2.4066	0.4155	211.1324	0.0355	0.0855	11.6896	18
19	2.5270	0.3957	30.5390	0.0327	0.0827	12.0853	19
20	2.6533	0.3769	33.0660	0.0302	0.0802	12.4622	20

$i=6\%$ 附表 2-7

	一次支付		等额多次支付				
n	$(F/P,i,n)$	$(P/F,i,n)$	$(F/A,i,n)$	$(A/F,i,n)$	$(A/P,i,n)$	$(P/A,i,n)$	n
1	1.0600	0.9434	1.0000	1.0000	1.0600	0.9434	1
2	1.1236	0.8900	2.0600	0.4854	0.5454	1.8334	2
3	1.1910	0.8396	3.1836	0.3141	0.3741	2.6730	3
4	1.2625	0.7921	4.3746	0.2286	0.2886	3.4651	4
5	1.3382	0.7473	4.6371	0.1774	0.2374	4.2124	5
6	1.4185	0.7050	6.9753	0.1434	0.2034	4.9173	6
7	1.5036	0.6651	11.3938	0.1191	0.1791	4.5824	7
8	1.5938	0.6274	9.8975	0.1010	0.1610	6.2098	8
9	1.6895	0.5919	11.4913	0.0870	0.1470	6.8017	9
10	1.7908	0.5584	13.1808	0.0759	0.1359	7.3601	10
11	1.8983	0.5268	14.9716	0.0668	0.1268	7.8869	11
12	2.0122	0.4970	16.8699	0.0593	0.1193	11.3838	12
13	2.1329	0.4688	111.8821	0.0530	0.1130	11.8527	13
14	2.2609	0.4423	21.0151	0.0476	0.1076	9.2950	14
15	2.3966	0.4173	23.2760	0.0430	0.1030	9.7122	15
16	2.5404	0.3936	24.6725	0.0390	0.0990	6.1059	16
17	2.6928	0.3714	211.2129	0.0354	0.0954	6.4773	17
18	2.8543	0.3503	30.9057	0.0324	0.0924	6.8276	18
19	3.0256	0.3305	33.7600	0.0296	0.0896	11.1581	19
20	3.2071	0.3118	36.7856	0.0272	0.0872	11.4699	20

$i=7\%$ 附表 2-8

	一次支付		等额多次支付				
n	$(F/P,i,n)$	$(P/F,i,n)$	$(F/A,i,n)$	$(A/F,i,n)$	$(A/P,i,n)$	$(P/A,i,n)$	n
1	1.0700	0.9346	1.0000	1.0000	1.0700	0.9346	1
2	1.1449	0.8734	2.0700	0.4831	0.5531	1.8080	2
3	1.2250	0.8163	3.2149	0.3111	0.3811	2.6243	3
4	1.3108	0.7629	4.4399	0.2252	0.2952	3.3872	4
5	1.4026	0.7130	4.7507	0.1739	0.2439	4.1002	5
6	1.5007	0.6663	7.1533	0.1398	0.2098	4.7665	6
7	1.6058	0.6227	11.6540	0.1156	0.1856	4.3893	7
8	1.7182	0.5820	6.2598	0.0975	0.1675	4.9713	8
9	1.8385	0.5439	11.9780	0.0835	0.1535	6.5152	9
10	1.9672	0.5083	13.8164	0.0724	0.1424	7.0236	10
11	2.1049	0.4751	14.7836	0.0634	0.1334	7.4987	11
12	2.2522	0.4440	17.8885	0.0559	0.1259	7.9427	12
13	2.4098	0.4150	20.1406	0.0497	0.1197	11.3577	13
14	2.5785	0.3878	22.5505	0.0443	0.1143	11.7455	14
15	2.7590	0.3624	24.1290	0.0398	0.1098	11.1079	15
16	2.9522	0.3387	27.8881	0.0359	0.1059	9.4466	16
17	3.1588	0.3166	30.8402	0.0324	0.1024	9.7632	17
18	3.3799	0.2959	33.9990	0.0294	0.0994	10.0591	18
19	3.6165	0.2765	37.3790	0.0268	0.0968	6.3356	19
20	3.8697	0.2584	40.9955	0.0244	0.0944	6.5940	20

			$i=8\%$				附表 2-9
	一次支付		等额多次支付				
n	$(F/P,i,n)$	$(P/F,i,n)$	$(F/A,i,n)$	$(A/F,i,n)$	$(A/P,i,n)$	$(P/A,i,n)$	n
1	1.0800	0.9259	1.0000	1.0000	1.0800	0.9259	1
2	1.1664	0.8573	2.0800	0.4808	0.5608	1.7833	2
3	1.2597	0.7938	3.2464	0.3080	0.3880	2.5771	3
4	1.3605	0.7350	4.5061	0.2219	0.3019	3.3121	4
5	1.4693	0.6806	4.8666	0.1705	0.2505	3.9927	5
6	1.5869	0.6302	7.3359	0.1363	0.2163	4.6229	6
7	1.7138	0.5835	11.9228	0.1121	0.1921	4.2064	7
8	1.8509	0.5403	6.6366	0.0940	0.1740	4.7466	8
9	1.9990	0.5002	12.4876	0.0801	0.1601	6.2469	9
10	2.1589	0.4632	14.4866	0.0690	0.1490	6.7101	10
11	2.3316	0.4289	16.6455	0.0601	0.1401	7.1390	11
12	2.5182	0.3971	111.9771	0.0527	0.1327	7.5361	12
13	2.7196	0.3677	21.4953	0.0465	0.1265	7.9038	13
14	2.9372	0.3405	24.2149	0.0413	0.1213	11.2442	14
15	3.1722	0.3152	27.1521	0.0368	0.1168	11.5595	15
16	3.4259	0.2919	30.3243	0.0330	0.1130	11.8514	16
17	3.7000	0.2703	33.7502	0.0296	0.1096	11.1216	17
18	3.9960	0.2502	37.4502	0.0267	0.1067	9.3719	18
19	4.3157	0.2317	41.4463	0.0241	0.1041	9.6036	19
20	4.6610	0.2145	44.7620	0.0219	0.1019	9.8181	20

			$i=9\%$				附表 2-10
	一次支付		等额多次支付				
n	$(F/P,i,n)$	$(P/F,i,n)$	$(F/A,i,n)$	$(A/F,i,n)$	$(A/P,i,n)$	$(P/A,i,n)$	n
1	1.0900	0.9174	1.0000	1.0000	1.0900	0.9174	1
2	1.1881	0.8417	2.0900	0.4785	0.5685	1.7591	2
3	1.2950	0.7722	3.2781	0.3051	0.3951	2.5313	3
4	1.4116	0.7084	4.5731	0.2187	0.3087	3.2397	4
5	1.5386	0.6499	4.9847	0.1671	0.2571	3.8897	5
6	1.6771	0.5963	7.5233	0.1329	0.2229	4.4859	6
7	1.8280	0.5470	9.2004	0.1087	0.1987	5.0330	7
8	1.9926	0.5019	11.0285	0.0907	0.1807	4.5348	8
9	2.1719	0.4604	13.0210	0.0768	0.1668	4.9952	9
10	2.3674	0.4224	14.1929	0.0658	0.1558	6.4177	10
11	2.5804	0.3875	17.5603	0.0569	0.1469	6.8052	11
12	2.8127	0.3555	20.1407	0.0497	0.1397	7.1607	12
13	3.0658	0.3262	22.9534	0.0436	0.1336	7.4869	13
14	3.3417	0.2992	26.0192	0.0384	0.1284	7.7862	14
15	3.6425	0.2745	29.3609	0.0341	0.1241	8.0607	15
16	3.9703	0.2519	33.0034	0.0303	0.1203	11.3126	16
17	4.3276	0.2311	36.9737	0.0270	0.1170	11.5436	17
18	4.7171	0.2120	41.3013	0.0242	0.1142	11.7556	18
19	4.1417	0.1945	46.0185	0.0217	0.1117	11.9501	19
20	4.6044	0.1784	51.1601	0.0195	0.1095	11.1285	20

$$i = 10\%$$

	一次支付				等额多次支付			
n	$(F/P,i,n)$	$(P/F,i,n)$	$(F/A,i,n)$	$(A/F,i,n)$	$(A/P,i,n)$	$(P/A,i,n)$	n
1	1.1000	0.9091	1.0000	1.0000	1.1000	0.9091	1
2	1.2100	0.8264	2.1000	0.4762	0.5762	1.7355	2
3	1.3310	0.7513	3.3100	0.3021	0.4021	2.4869	3
4	1.4641	0.6830	4.6410	0.2155	0.3155	3.1699	4
5	1.6105	0.6209	6.1051	0.1638	0.2638	3.7908	5
6	1.7716	0.5645	7.7156	0.1296	0.2296	4.3553	6
7	1.9487	0.5132	9.4872	0.1054	0.2054	4.8684	7
8	2.1436	0.4665	11.4359	0.0874	0.1874	4.3349	8
9	2.3579	0.4241	13.5795	0.0736	0.1736	4.7590	9
10	2.5937	0.3855	14.9374	0.0627	0.1627	6.1446	10
11	2.8531	0.3505	111.5312	0.0540	0.1540	6.4951	11
12	3.1384	0.3186	21.3843	0.0468	0.1468	6.8137	12
13	3.4523	0.2897	24.5227	0.0408	0.1408	7.1034	13
14	3.7975	0.2633	27.9750	0.0357	0.1357	7.3667	14
15	4.1772	0.2394	31.7725	0.0315	0.1315	7.6061	15
16	4.5950	0.2176	34.9497	0.0278	0.1278	7.8237	16
17	5.0545	0.1978	40.5447	0.0247	0.1247	8.0216	17
18	4.5599	0.1799	44.5992	0.0219	0.1219	11.2014	18
19	6.1159	0.1635	51.1591	0.0195	0.1195	11.3649	19
20	6.7275	0.1486	57.2750	0.0175	0.1175	11.5136	20

参 考 文 献

[1] 赵彬. 建设工程经济与管理 [M]. 武汉：武汉理工大学出版社，2009.

[2] 刘晓君. 建设项目投资决策理论与方法 [M]. 北京：中国建筑工业出版社，2009.

[3] 刘晓君. 工程经济学 [M]. 北京：中国建筑工业出版社，2012.

[4] 刘晓君. 技术经济学 [M]. 北京：科学出版社，2012.

[5] 刘新梅. 工程经济学 [M]. 北京：北京大学出版社，2009.

[6] 肖跃军. 工程经济学 [M]. 徐州：中国矿业大学出版社，2012.

[7] 全国一级建造师执业资格考试用书编写委员会. 建设工程经济 [M]. 北京：中国建筑工业出版社，2017.

[8] 全国一级建造师执业资格考试用书编写委员会. 建设工程经济复习题集 [M]. 北京：中国建筑工业出版社，2017.

[9] 全国造价工程师职业资格考试培训教材编审委员会. 建设工程造价管理 [M]. 北京：中国计划出版社，2013.

[10] 李慧民. 工程经济与项目管理 [M]. 北京：中国建筑工业出版社，2009.

[11] 都沁军. 工程经济学 [M]. 北京：北京大学出版社，2012.

[12] 杨双全. 工程经济学 [M]. 武汉：武汉理工大学出版社，2012.

[13] 杜葵. 工程经济学 [M]. 重庆：重庆大学出版社，2011.

[14] 陆宁. 工程经济学 [M]. 北京：化学工业出版社，2008.

[15] 田恒久. 工程经济学 [M]. 武汉：武汉理工大学出版社，2007.

[16] 应试指导专家组. 环境影响评价技术方法 [M]. 北京：化学工业出版社，2012.

[17] 李娜. 建设工程经济 [M]. 西安：西安交通大学出版社，2011.

[18] 刘颖春. 工程经济学 [M]. 北京：中国电力出版社，2013.

[19] 谭大璐，赵世强. 工程经济学 [M]. 武汉：武汉理工大学出版社，2008.

[20] 宋伟，王恩茂. 工程经济学 [M]. 北京：人民交通出版社，2007.

[21] 郭献芳. 工程经济分析 [M]. 北京：化学工业出版社，2008.

[22] 王诺，梁晶. 建设项目经济分析案例教程 [M]. 北京：化学工业出版社，2008.

[23] 瞿焱. 工程造价辅导与案例分析 [M]. 北京：化学工业出版社，2008.

[24] 葛震明. 建设工程经济 [M]. 上海：同济大学出版社，2012.

[25] 全国一级建造师执业资格考试研究组. 建设工程经济 [M]. 北京：北京科学技术出版社，2012.

[26] 优路教育一级建造师考试命题研究委员会. 建设工程经济 [M]. 北京：机械工业出版社，2012.

[27] 刘颖春. 工程经济学 [M]. 北京：中国电力出版社，2013.

[28] 武献华，宋维维，屈哲. 工程经济学 [M]. 北京：科学出版社，2010.

[28] 全国咨询工程师（投资）职业资格考试参考教材编写委员会. 现代咨询方法与实各（2017 年版）[M]. 北京：中国计划出版社，2018.